21 世纪高等院校规划教材

水分析化学

第三版

王国惠　主编

郭　波　梁美生　孙旭晖　副主编

化学工业出版社

·北京·

本书以水质项目为基础，主要内容包括有关水质的概念，数据处理及各种分析方法（酸碱滴定法、配位滴定法、沉淀滴定法、氧化还原滴定法、分光光度法、光谱分析法、电化学分析法、气相色谱法、高效液相色谱法、流动注射分析法）的基本概念、基本原理、基本理论及相关应用。此外，还安排了实验操作内容。各章后都附有思考题与习题，以供复习与练习。

本书内容全面，注重理论联系实际，可作为高等院校环境工程、给水排水、环境科学等相关专业本科生的教材，也可供研究生和相关专业的教师及从事环境保护工作的科技人员参考。

图书在版编目（CIP）数据

水分析化学/王国惠主编 . —3 版 . —北京：化学工业出版社，2015.2（2023.1重印）
21 世纪高等院校规划教材
ISBN 978-7-122-22687-7

Ⅰ. ①水… Ⅱ. ①王… Ⅲ.①水质分析-分析化学-高等学校-教材 Ⅳ. ①O661.1

中国版本图书馆 CIP 数据核字（2014）第 310033 号

责任编辑：张建茹　　　　　　　　　装帧设计：张　辉
责任校对：宋　玮

出版发行：化学工业出版社（北京市东城区青年湖南街 13 号　邮政编码 100011）

印　　　装：北京印刷集团有限责任公司

787mm×1092mm　1/16　印张 19　字数 514 千字　2023 年 1 月北京第 3 版第 6 次印刷

购书咨询：010-64518888　　　　　　售后服务：010-64518899
网　　　址：http://www.cip.com.cn
凡购买本书，如有缺损质量问题，本社销售中心负责调换。

定　价：49.80 元　　　　　　　　　　　　　　　　　版权所有　违者必究

前　言

《水分析化学》是在 2009 年 1 月（第二版）的基础上进行的第三版修订。在这八年的时间里，本书在相关教学领域发挥了重要作用。

水是人类赖以生存的重要资源，是构成自然环境的基本要素，在经济建设、社会发展和人民生活中发挥着重要的作用。中国淡水资源有限，且分布不均，甚至某些地区水资源十分缺乏，特别是随着人口的急剧增加，不仅用水量大幅度地增加，而且也大大地增加了污水排放量。保护环境，防止水的污染与破坏，合理开发水资源是一项重要国策。

水分析化学是环境工程、给水排水、环境科学等专业非常重要的专业技术基础课。是保护水资源，开发利用水资源及制定合理的污水处理方案的有力工具。

本书的指导思想是力图完整地反映水分析化学最新的技术、内容与发展水平；系统介绍水分析化学的基本理论知识和基本操作技能；注重理论与实践的结合，特别是各种分析方法的具体应用。通过本课程的学习，使学生全面地掌握有关水分析化学的理论知识与实验技能，同时使学生对水分析化学的实际应用有一个较为透彻的了解。

本书是在实践的基础上，通过参阅、借鉴大量先进教材、专著及文献，并经过广泛征求意见，同时结合中国相关专业的特点编写而成。根据环境工程、给水排水、环境科学等专业的情况，课堂讲授内容一般可安排 50～70 学时，建议实验学时不低于课堂学时的 15%。

本次修订主要针对在教学过程中所发现的某些问题及不足等进行纠正和理顺，并对书中的某些标点、符号及字、词等进行了规范、统一，使本书更适应当今教学的需求。

本书由王国惠（中山大学）担任主编，并负责全书的统稿工作。郭波、梁美生、孙旭晖任副主编。全书由王国惠、郭波、梁美生、孙旭晖、王云波、刘军坛、张静雯及刘海成共同编写完成。

具体分工如下：第 1 章、第 4 章由王国惠、王云波共同编写；第 2 章由刘军坛、王国惠共同编写；第 3 章、第 6 章、第 7 章、第 8 章及实验部分由王国惠、郭波共同编写；第 5 章、第 9 章、第 10 章及第 11 章由王国惠、张静雯、梁美生、孙旭晖、刘海成共同编写。

王伟、王晓丽、李冠宇、李春茂、万凤仙、胡书俊、李春雷、谢玉欣、王辉、李兰等在文稿录入、校对、绘图等方面做了大量的工作，马青兰老师对第二版的修改提出了宝贵意见，在此一并表示诚挚的谢意！

由于编者水平所限，不妥之处难以避免，敬请广大同仁、读者批评指正。

编者

2015 年 1 月

目　　录

第1章 绪 论

内容提要 本章主要介绍了水分析化学的性质和任务。水样的采集、保存、预处理、水样组分及含量的测定及对测定结果的处理。重点内容为水分析化学的分类和测定结果的表示。

水是生命之源，是人类赖以生存的物质基础。水的存在和循环是地球孕育出万物的重要保证，没有水就不会有生命的存在。水在人类生产和生活中占有特别重要的地位。水被广泛利用，不仅用于农业灌溉、工业生产、城乡生活，而且还用于发电、航运、水产养殖、旅游娱乐、改善生态环境等。

水资源是国民经济和社会发展的重要物质基础。随着生产力的发展，需水量将大大增加，而自然界所能提供的可利用水资源又有一定的限度。因此，人类在对水资源的合理开发利用的同时，应注重对水资源的保护，提高水质检测与水处理水平，实现水资源的可持续发展。

水在人们生活中的重要地位决定了人们不仅要关心水量，更要注重水质。人们追求更高的生活质量，对水质也提出了更高的要求。桶装水、瓶装水、管道直饮水在适应着人们不同的要求，矿泉水、纯净水、太空水、蒸馏水、磁化水也走入了人们的生活。水分析化学作为水质分析的重要工具，无疑具有重大意义。

1.1 水分析化学的性质和任务

1.1.1 水分析化学的性质和任务

水中存在着各种物质，包括各种无机和有机化合物。随着人口的急剧增加，人类生活水平的快速提高，工业生产的迅猛发展，人类活动导致的水污染问题越来越严重。认识和解决水污染问题必须对化学物质的性质、来源、含量及其形态进行细致的监测和分析。水分析化学是研究水及水中杂质、污染物的组成、含量、性质及其分析方法的一门学科。

通过水分析化学这门课程的学习，使学生系统地掌握水质分析的基本方法（包括四大滴定方法和主要仪器分析法）、基本概念、基本理论。掌握水质分析的基本操作技术。同时，培养学生严谨的科学态度，独立分析问题和解决问题的能力。

水分析化学所提供的水环境中化学物质的种类、含量、形态等信息将为水环境质量评价、水污染控制、水污染治理、制定水环境保护政策、保护水环境提供科学依据。

1.1.2 水分析化学的特点和发展趋势

水分析化学研究分析的是水环境中的化学物质。水环境中的化学物质种类多、样品组成复杂、含量低、不稳定。因此，要求分析方法除满足一般分析所要求的准确度和精密度高的特点外，还要具备灵敏度高、检出极限低、选择性好、适用范围广等特点。

随着国民经济持续快速的发展，水资源供需矛盾将愈来愈突出。水质恶化现象日益严重，水资源的短缺和水环境污染已成为经济持续、健康发展的制约因素。改善水环境已成为人类所面临的一项重要工作，要对水资源进行有效保护，水质分析和监测技术水平显得尤为重要。水分析化学在不断发展，其方法和技术在不断提高和完善。主要表现在以下几个方面：

（1）建立高效预富集、分离方法。当待测物浓度低于分析方法的检出极限以及干扰很大时，直接测定是不可能的，需要采用预富集、分离的方法。传统的预富集、分离方法操作过程冗长、分离效率不高、手续繁琐，因此，建立高效的预富集、分离技术是水分析化学中较为活跃的领域。

（2）水分析监测技术的连续自动化。为满足水中污染物质随时空变化的情况，需要自动连续的分析监测系统。水质连续自动监测系统是指在一个水系或一个区域设置若干个装有连续自动水质监测仪器的监测子站与计算机控制中心，组成采样和测定的网络，通过计算机技术及多媒体技术对水环境常规监测数据、自动监测数据及水环境相关信息进行分析评价、预测。目前，已有很多新仪器、新技术可以实现连续自动化。此外，还发展了自动化程度相当高的遥感技术，可以定点、连续的监测，更深入的了解污染物的传递、转移过程，大大地提高了分析能力和研究水平。水质连续自动监测系统可以获得准确的水质数据，及时反映水质情况，满足多方位、多信息、高速度、高水平的管理要求。

（3）开发新的用于水分析中的计算机软件。计算机的应用大大提高了水分析的速度和能力，目前水分析的一些仪器已不同程度的计算机化，但还需要不断开发这方面的软件以进一步的提高分析效率和分析水平。

（4）各种方法和仪器的联用。各种方法和技术，均有其优势和不足之处，因此将不同方法和仪器联用，取长补短，有效发挥各种技术特长，可解决重大的、复杂的水质分析问题。如气相色谱-质谱联用（GC/MS），可以实现高效率的分离和定量测定。

1.2　水分析技术的分类

1.2.1　化学分析和仪器分析

水质分析方法很多。在一般分析工作中，需要先作定性分析再作定量分析，而水质分析中一般要分析的项目大都是已知的，故不需要作定性分析，而直接进行定量分析。分析时，按所分析的物质的性质和定量分析手段可分为化学分析法和仪器分析法。

1.2.1.1　化学分析法

化学分析法是以化学反应为基础的方法，是通过将水中被分析物质与另一种已知成分、性质、含量的物质发生化学反应，而产生具有特殊性质的新物质，从而确定水中被分析物质的存在、组成、性质和含量的方法。被分析的水称为水样或试样，加入的已知成分、性质、含量的物质为试剂。

化学分析法历史悠久，是分析化学的基础，故又称为经典化学分析方法。化学分析法主要包括重量分析法和滴定分析法。

（1）重量分析法

重量分析法（Gravimetric analysis）是将水中被分析的组分与其他组分分离以后，转化为一定的称量形式，然后用称量方法计算该组分在水样中的含量。重量分析法根据分离方法的不同又可分为气化法、沉淀法、电解法和萃取法等。

沉淀重量法是最重要、应用最广的重量分析法。习惯上常把沉淀重量法简称为重量法。沉淀重量法的过程大致是：首先在试液中加入某种沉淀剂，使待测组分以难溶化合物的形式沉淀下来，再经过滤使沉淀物与溶液分离，经烘干或灼烧等处理使之转化为具有确定组成的物质，通过称量，计算出待测组分的含量。

重量分析法主要用于水中不可滤残渣或悬浮物（Suspending solide，SS）、总残渣（Total residue）、总可滤残渣（Total filterable residue）、挥发性残渣（Volatile residue）、Ca^{2+}、Mg^{2+}、Ba^{2+}、SiO_2、SO_4^{2-} 等的测定。

重量分析法适用于常量分析，比较准确，相对误差在 $0.1\%\sim0.2\%$，不需要昂贵的分析仪器。但操作麻烦、费时，不适用于微量组分的测定。

（2）滴定分析法

滴定分析法（Titration analysis）又称为容量分析法。滴定分析法是将一已知准确浓度的试剂溶液和被分析物质的组分定量反应完全，根据反应完成时所消耗的试剂溶液浓度和用量，计算出被分析物质的含量的方法。

滴定分析法根据反应基础的不同将其分为四大类方法：酸碱滴定法、沉淀滴定法、配位滴定法、氧化还原滴定法。滴定分析法广泛用于水质指标的测定，如碱度、酸度、硬度、Ca^{2+}、Mg^{2+}、Al^{3+}、Cl^-、硫化物、溶解氧、生化需氧量、化学需氧量等。滴定按分析方式可分为直接滴定、间接滴定及返滴定等。

滴定分析要求化学反应必须满足：

① 反应必须定量的完成，在化学计量点反应的完全程度一般应在 99.9% 以上；

② 反应必须有确定的化学计量关系，反应按照一定的反应方程式来进行，这是定量计算的基础；

③ 反应迅速；

④ 有较方便可靠的方法确定滴定终点。

凡能完全满足上述条件的反应都可用于直接滴定。直接滴定是滴定分析中常用和基本的滴定方式。有些反应不能完全符合上述条件，则不能采用直接滴定法，可采用间接滴定或返滴定法达到测定的目的。

在滴定法中，已知准确浓度的试剂溶液称为标准溶液。将标准溶液从计量管计量并滴加到被分析溶液中的过程叫滴定。标准溶液与被测定物质定量反应完全时的那一点称为化学计量点，简称计量点，以 sp 表示。在滴定过程中，指示剂正好发生颜色变化的那一点称为滴定终点，以 ep 来表示。从理论上讲，滴定终点与化学计量点应该是一致的。但由于操作误差，往往使得二者不一致，由此所产生的误差称为滴定误差或终点误差。

滴定分析方法简便、快速，有足够的准确度，相对误差在 0.2% 左右，主要用于水中常量组分的测定，对水样中微量组分的测定有一定的限制。

1.2.1.2　仪器分析法

以水样中被分析组分的物理性质，如光、电、磁、热及声等性质，以成套的物理仪器为手段，对水样中的化学成分和含量进行测定的方法称为仪器分析法。仪器分析法主要有光学分析法、电化学分析法、色谱分析法、质谱分析法等。近几年，气相色谱-质谱（GC/MS）、气相色谱-核磁共振（GC/NMR）及其计算机联用技术在水质分析中也得到了迅速发展。

仪器分析法是目前常用的微量和痕量分析方法，绝大部分的无机物和有机物都可以分析。如可以用光学分析法来分析水中的色度、浊度、余氯、NH_4^+—N、NO_2^-—N、NO_3^-—N、CN^-、Hg^{2+}、Cd^{2+}、Cr^{3+}、Zn^{2+}、Fe^{2+}、Fe^{3+} 等；电化学分析法主要用于水中 pH、酸度、碱度的测定；色谱分析法可用于水中许多成分的分离和超微量测定，如测定水中的有机卤代物、有机磷农药、苯系化合物、丙烯酰胺等多种有机化合物都能测定。

1.2.2　常量分析、半微量分析和微量分析

按水样用量可以将分析方法分为常量分析法、半微量分析法、微量分析法和超微量分析法。按分析时所需试样的量分类如表 1-1 所示。

表 1-1　根据试样量或相对含量对分析法分类的标准

分 类 名 称	所需试样质量/mg	所需试液体积/mL	相对含量/%
常量分析	100~1000	10~100	>1
半微量分析	10~100	1~10	—
微量分析	0.1~10	0.01~1	0.01~1
痕量分析	—	—	<0.01

1.3　水样的采集和预处理

1.3.1　水样的采集与保存

水样应能够充分的代表该水的全面性，并不能受到任何的意外污染。采样前应做好现场的调查和资料收集，而采样的地点、时机、频率、采样持续时间、样品处理主要取决于采样目的。所以在设计采样方案之前，要首先确定采样目的。通常采集水样目的主要有质量控制检测、质量特性检测、污染源的鉴别等。

对于不同水体应采取不同的采样方法。对开阔水体采样时，由于地点不同和温度的分层现象可引起水质很大的差异，调查水域污染状况时，需进行综合分析判断，抓住基本点。开阔河流的采样，污水流入河流后，应在充分混合的地点、混合前的主流与支流地点、主流分流后地点等采样；对封闭管道采样时，采样器探头或采样管应妥善地放在进水的下游，采样管不能靠近管壁、湍流部位等。总之，采集的水样必须具有全面性和代表性。

当采集的水样不能立即在现场分析，必须送往实验室测试时，从采集到分析这段时间里，由于物理的、化学的、生物的作用会使水样发生不同程度的变化，使得进行分析时的样品已不再是采样时的样品。生物作用是指细菌、藻类及其他生物体的新陈代谢会消耗水样中的某些组分，产生一些新的组分，改变一些组分的性质。生物作用会对样品中待测的一些项目如溶解氧、二氧化碳、含氮化合物、磷及硅等的含量及浓度产生影响；化学作用是指水样各组分间可能发生化学反应，从而改变了某些组分的含量与性质。例如溶解氧或空气中的氧能使二价铁、硫化物等氧化；物理作用是指光照、温度、静置或振动、敞露或密封等保存条件及容器材质都会影响水样的性质。如温度升高或强振动会使得一些物质如氧、氰化物及汞等挥发，长期静置会使 $Al(OH)_3$、$CaCO_3$ 及 $Mg_3(PO_4)_2$ 等沉淀，某些容器的内壁能不可逆地吸附或吸收一些有机物或金属化合物等。因此必须采取必要的保护措施，并尽快地进行分析。

盛装水样容器材质的选择及清洗是样品保存的首要问题。容器不能引起新的沾污，不应与某些待测组分发生反应。容器的清洗方法应根据水样测定项目的要求来确定。用于进行一般化学分析的容器清洗的一般程序是：用水和洗涤剂洗，再用酸洗，然后用自来水和蒸馏水冲洗干净即可。所用的洗涤剂类型和选用的容器材质要随待测组分来确定。

水样的保存措施主要有：将水样充满容器至溢流并密封，为避免样品在运输途中的振荡，以及空气中的氧气、二氧化碳对容器内样品组分和待测项目的干扰，不对酸碱度、BOD、DO等产生影响，应使水样充满容器至溢流并密封保存。但对准备冷冻保存的样品不能充满容器，否则水冻冰之后，因体积膨胀致使容器破裂；将水样冷藏，水样采集后立即放在冰箱或冰水浴中，置暗处保存，一般于 2~5℃ 冷藏，冷藏并不适用长期保存；将水样冷冻（－20℃），一般能延长贮存期，水样结冰时，体积膨胀，一般都选用塑料容器；加入保护剂（固定剂或保存剂）经常使用的保护剂有各种酸、碱及生物抑制剂，加入量因需要而异。

表 1-2 列出的是有关水样保存技术的要求、样品的保存时间、容器材质的选择以及保存措施。

现实中的水样是千差万别的,因此每个分析工作者都应结合具体工作验证这些要求是否适用。

表 1-2　水样的保存技术要求

测定项目	容器类别[①]	保存方法	分析地点	保存时间	建议
pH	P 或 G		现场		现场直接测试
酸度及碱度	P 或 G	在 2～5℃暗处冷藏	实验室	24h	水样充满容器
电导率	P 或 G	冷藏于 2～5℃	实验室	24h	最好在现场进行测试
色度	P 或 G	在 2～5℃暗处冷藏	现场、实验室	24h	
悬浮物、沉积物	P 或 G		实验室	24h	单独定容采样
浊度	P 或 G		实验室	尽快	最好在现场测试
余氯	P 或 G		现场	6h	现场分析,或用过量 NaOH 固定保存
溶解氧	(溶解氧瓶)	现场固定,并存放在暗处	现场、实验室	几小时	碘量法加高锰酸钾或碱性碘化钾
非离子型表面活性剂	G	使水样含 1%(体积分数)的甲醛溶液,在 2～5℃下冷藏,并使水样充满容器	实验室	1 月	
砷	P 或 G	加 H_2SO_4 使 pH<2	实验室	数月	不能使用硝酸酸化
硫化物	P 或 G	加 2mL 1mol/L 醋酸锌并加入 1mL 1mol/L 的 NaOH 冷藏	实验室	24h	必须现场固定
总氰	P	用 NaOH 调节至 pH>12	实验室	24h	
COD	G	用 H_2SO_4 酸化至 pH<2 2～5℃暗处冷藏	实验室	7d 24h	如果 COD 是因为存在有机物引起的,则必须加以酸化。COD 值低时,最好用玻璃瓶保存
BOD	G 或 P	在 2～5℃暗处冷藏 20℃冷冻(一般不使用)	实验室	尽快 1 月	BOD 值低时,最好用玻璃容器
硝酸盐氮	P 或 G	酸化至 pH<2 并在 2～5℃冷藏	实验室	24h	有些废水样品不能保存,需要现场分析
亚硝酸盐氮	P 或 G	在 2～5℃下冷藏	实验室	尽快	最好立即分析
有机碳	G	用 H_2SO_4 酸化至 pH<2 冷冻	实验室	1 周	应尽快测试
有机氯农药	G	在 2～5℃冷藏	实验室		
有机磷农药	G	在 2～5℃冷藏	实验室	24h	加入萃取剂萃取
酚	P 或 G	用 $CuSO_4$ 抑制生化,并用 H_3PO_4 酸化或用 NaOH 调节至 pH>12	实验室	24h	保存方法取决于所用的分析方法

① P—塑料容器,G—玻璃容器。

1.3.2　水样的预处理

对水样进行分析前,常根据不同的分析目的、水质状况、有无干扰等对水样作预处理。常用的预处理方法主要有以下几种。

① 过滤。在采样时或采样后不久,用滤纸、滤膜或砂芯漏斗,玻璃纤维等来过滤样品或将样品离心分离都可以除去其中的悬浮物,沉淀、藻类及其他微生物。分析时,在滤器的选择上要注意可能的吸附损失。

② 浓缩或稀释。如水样中被分析组分的含量较低,可通过蒸发、溶剂萃取或离子交换等措施浓缩后再进行分析。当水样中被分析组分的含量较高,超过分析方法的分析范围,还可进行稀释。

③ 蒸馏。若水样中存在干扰物质,且干扰物质和待测组分具有不同的沸点,可以通过蒸馏的方法来消除干扰。如测定水样中的酚类化合物、氟化物、氢化物时,在适当的条件下可通过蒸馏将酚类化合物、氟化物、氢化物蒸出后测定,共存干扰物质残留在蒸馏液中而消

除干扰。

④ 消解。消解方法分为分解性消解、干式消解和改变价态消解。如水样中同时存在无机结合态和有机结合态的金属，可加酸进行酸式消解。经过强烈的化学作用，使金属离子释放出来，再进行测定。如测定水样中的总汞时，加强酸和加热的条件下用高锰酸钾和过硫酸钾将水样进行改变价态消解，使水样中所含的总汞全部转化为二价汞后，再进行测定。进行金属离子或无机离子测定，有时通过高温灼烧去除有机物，将灼烧后的残渣用硝酸或盐酸溶解，并过滤于容量瓶中再进行测量，就是利用了干式消解。

1.4　水质指标和水质标准

1.4.1　水的物化性质

纯水是无色、无味、无臭的液体。但自然界中的水是各式各样的，有江河湖泊、海洋等天然水，也有自来水、纯净水、矿泉水、各种饮料等，还有工业用水、农田灌溉用水、渔业用水以及生产生活排放的污废水、雨水等。

水是一种良好的溶剂，能溶解多种固态的、液态的和气态的物质，水在循环过程中，和大气、土壤、岩石等物质接触，许多物质就会进入水中。进入水中的物质称为杂质，天然水中的杂质按大小及其在水中的存在状态可分为三类：悬浮物质、溶解物质和胶体物质。

① 溶解物质。溶解物质由分子或离子组成，包括钙、镁、钠、铁、锰、硅、铝、磷等的盐类或化合物，还包括氧和二氧化碳等气体。它们作为溶质存在，颗粒一般小于 1nm。

② 胶体物质。胶体物质介于悬浮物质与溶解物质之间，天然水中的胶体物质通常主要包括黏土、某些细菌、病毒、腐殖质及蛋白质等，颗粒一般小于 $1\mu m$。它们在水中呈高度分散状态，不易沉降。

③ 悬浮物质。水中的悬浮物质包括泥、碎片、浮渣、沙、黏土、细菌和藻类等，也包括引起感官不快的物质。这些物质悬浮于水中使水浑浊。悬浮固体在重力或其他物理作用下沉或上浮从而与水分离。悬浮物的化学性质十分复杂，可能是无机物、有机物，还可能是有毒物质。悬浮物质在沉淀过程中还会夹带或吸附其他污染物质，如重金属等。

水中的污染物质种类相当多，主要概括为四类。

① 病原微生物。病原微生物是指进入水体的细菌、病毒和寄生物，含有大量的各种病原体，容易传染疾病。这些病原微生物主要来自生活污水、畜禽场污水以及制革厂、生物制品厂、洗毛厂、屠宰场、医院等部门排放的废水和污水。

② 需氧物质。包括碳水化合物、蛋白质、油脂和木质素等。这些物质本身没有毒性，但在微生物的生物化学作用下容易分解。分解过程中要消耗水中的溶解氧，影响水生生物生长，并促使有机物在厌氧菌作用下分解，产生毒物及臭气。

③ 植物营养物质。主要指氮、磷两种元素，当其含量高时，浮游生物和水生植物大量繁殖，水色变黄，发出腥臭味，植物腐烂产生有害的硫化氢气体。工业废水和生活污水的排放、农业施肥都使大量的含氮、磷元素的营养物质进入水体，导致各类藻类大量繁殖，使水体严重缺氧，加速水体向富营养化阶段发展。

④ 石油类物质。油膜的覆盖使水中缺氧，危害水生生物的生长，使水产品出现油臭，这种水不能食用。

⑤ 有毒化学物质。主要是重金属，农药和某些有机物质。这些物质不易消失，通过食物、饮水进入人体后引起慢性中毒，还会危害鱼类、鸟类，甚至使它们中毒死亡。污染严重的重金属主要指汞、铅、铬、砷等生化毒性显著的元素，也包括具有毒性的锌、铜、钴、

镍、锡等。重金属以汞毒性最大，镉次之，铅、铬、砷也有相当毒性，俗称为五毒。采矿和冶炼是向环境中释放重金属的主要污染源，此外不少工业部门也通过三废向环境中排放重金属，重金属污染物在水体中不能被微生物降解，只能发生各种形态之间的相互转化、分散和富集。重金属在水体中沉淀和吸附，大量聚集在排水口附近的底泥中，成为长期的次生污染源。

⑥ 放射性物质。可附着在生物表面或通过食物链在生物体内富集，可能引起癌症和遗传变异等。

1.4.2　水质指标

水质是指水的使用性质，是水及其中的杂质共同表现的综合特性。水质好坏是一个相对的概念，仅仅根据水中杂质的颗粒大小还远不能反映水的物理学、化学和生物学特性。通常都采用水质指标来衡量水质的好坏。凡是能反映水的使用性质的一种量都叫水质指标，水质指标表示水中杂质的种类和数量，水质指标又叫水质参数。绝大多数的水质指标都是指一种水中的具体成分，如水中各种溶解离子；另外还有一类称为替代参数（Surrogate parameter）的水质参数。替代参数也称为集体参数（Collective parameter）。总溶解固体TDS、浊度、色度等就是替代参数。替代参数并不代表某一具体成分，但能直接或间接的反映水的某一方面的使用性质，如 TDS 和电导率直接和间接的反映了水中溶解无机离子的作用；替代参数反映的可能是化学成分已经清楚的一类物质，但这类物质却不一定能够完全列举出来，如硬度所替代的成分可以列举出来，而 TDS 所替代的成分却不能一一列举出来；替代参数所反映的物质，有时成分完全不清楚，或者对其只有一些模糊概念，同时在一般情况下也不需要对其进行研究，如浊度、色度、臭、味等；替代参数的计量除采用重量单位外，还采用光学及感官性等其他单位，如浊度、色度、臭、味等。

水质指标项目繁多，主要可以分为物理性水质指标、化学性水质指标和生物学水质指标三大类。

（1）物理性水质指标

物理性水质指标包括：感官物理性状指标，如温度、色度、臭和味、浑浊度、透明度等；其他物理性状指标，如总残渣（总固体）、总不可滤残渣（悬浮固体）、总可滤残渣（溶解固体）、可沉降物（可沉固体）、电导率（电阻率）等。

① 温度。用温度计现场测定。水的物理化学性质与水温有密切的关系。水中溶解气体的溶解度，水中微生物的活动、pH 等都受水温变化的影响。温度升高时水中生物活性增加，溶解氧减少。水温超过一定界限时，出现热污染，危及水生生物。

② 色度。色度是水质的一项指标，是水样光学性质的反应。水中含有污染物质时，水色随污染物质的不同而变化。水中呈色的杂质可处于悬浮态、胶体或溶解状态，有颜色的水可以用表色和真色来描述。

表色是由水中所含呈悬浮态、胶体或溶解状态的杂质所构成的水色，即未经过沉淀、离心等处理的原始水样的颜色，用定性文字来描述。例如，废水和污水的颜色可以呈现为黄色、绿色、灰色等颜色就是指的水样的表色。对于含有泥土或其他细小分散颗粒的悬浮水样，在经过适当的预处理后仍不透明时，只测表色。

在天然水和饮用水的水质分析中颜色是指水的真色。真色是水样除去悬浮杂质后，由胶体及溶解态杂质所造成的颜色。

真色的单位为"度"，规定每升蒸馏水中含有 1mg 铂和 0.5mg 钴时产生的颜色为 1 度。在测定时，如水样比较浑浊可事先静置沉淀或离心分离除去悬浮物后，进行测定，但不能用滤纸过滤。对于比较清洁的水样可直接进行测定。测定时可采用铂钴比色法或铬钴比色法。水的颜色受 pH 的影响，因此在测定时需要注明水样的 pH。

在一般情况下色度超过 20 度的水，呈现为较易觉察的微黄色。生活饮用水水质标准中规定色度不得超过 15 度。另外天然水，由于某些水文、地质原因或受工业废水的污染，一些特殊物质使水呈现其他颜色，不能用通常采用的铂钴标准比色法测定水的色度，故同时规定"不得呈现其他异色"。工业用水的颜色要求更加严格，如纺织用水色度不超过 10～12 度，造纸用水不超过 15～30 度，因此特殊工业用水使用之前要进行脱色处理。

③ 臭、味。臭和味是两种不同的感觉，却有密切的关系。纯净的水无臭无味，水体受污染后，水中溶解不同物质时，会产生不同臭和味。水中的臭和味一般是由以下原因造成的：微生物特别是藻类的大量繁殖；有机物质的腐败分解；水中含有硫化氢、氨等带恶臭的气体；水源中排入了工业废水以及含酚水加氯时产生的酚氯臭；过量加氯引起的剩余氯臭；水中含有铁、氯化钠、氯化镁、硫酸镁等能产生涩、咸、苦味的矿物杂质。

由于检测人员嗅觉、味觉敏感性的差异，测得水样的臭和味会有较大的差异。

生活饮用水的水质标准规定"不得有异臭异味"，是指绝大多数的人在饮用时不应感到水有异臭和异味。采用常规的处理方法，臭和味很难被去除，一般需增加预处理或深度处理。因此注意选择良好的水源、保护好水源非常重要。

④ 浊度。浊度也称浑浊度，指水的浑浊程度，是用来反映水中悬浮物含量的一个替代参数，表示了水样中的悬浮物质对光线透过时的阻碍程度，是水样的光学性质。水中的泥土、粉砂、微细的有机物和无机物、浮游生物和其他微生物一类的悬浮物等都能造成水的浊度。由于不同的悬浮物质在水中的含量、颗粒大小、形状、表面反射性能不同，因此浊度与以 mg/L 表示的悬浮物浓度不存在规律性的定量关系。

浊度的测定方法和浊度的单位是不断发展的。1901 年出现以蒸馏水中含有 1mg/L 二氧化硅作为标准浊度单位，表示为 10^{-6}。标准浊度溶液开始是采用高岭土来配置，后来 Jackson 研究认为用硅藻土配制标准溶液比用高岭土配置的重现性好，这个概念一直沿用到现在。

人们测定浊度的装置也不断发展，曾采用过浊度棒、Jackson 浊度计、光电浊度计等。光电浊度计的诞生使人们对浊度有了更深刻的认识。光电浊度计运用了光的散射原理。利用光源入射后，在垂直方向上产生的散射光强度与入射光强度之间的关系为原理设计的浊度计为散射光浊度计，利用透射光与前进散射光强度之和与入射光强度之间的关系为原理设计的浊度计为透射光浊度计。

Jackson 浊度计是一种透射式的目视浊度计，浊度单位为 JTU（Jackson 度）相当于 10^{-6}。由于人眼分辨极弱光强度的差别使得目视浊度计的应用受到了限制。

由于浊度很低时很难测定透射光的变化，散射光浊度计更适于低浊度水的测量。在给水处理中低浊度水的测量是一个重要问题。散射光浊度计的标准溶液由福尔马肼（Formazin）配成。福尔马肼浊度储备液由硫酸肼溶液（100mL 中含有 1.000g 硫酸肼）和六亚甲基四胺溶液（100mL 中含有 10.000g 六亚甲基四胺）各 5.0mL 混合，稀释为 100mL 溶液配制而成的，其浊度为 400NTU（散射度，散射浊度单位）。由于散射浊度标准溶液是由福尔马肼配制的，所以 1NTU 也称 1FTU。

标准浊度单位为"度"，规定 1mg/L 的硅藻土对光源透过时所发生的浑浊程度作为 1 度。可见 1NTU 约相当于 1JTU，中国浊度单位"度"可以解释为相当于 NTU（或 FTU）或 JTU。

浊度是一项重要的水质指标，也是自来水厂设计和设备选型的重要参数，是水厂运行和确定投药量的重要控制指标。水的浊度达到 10 度时，人们已可感到水质浑浊。水的浑浊度高可影响消毒效果，增加消毒剂的用量。经净化处理，浑浊度的降低意味着水中某些有害物质、细菌和病毒的减少。为提高饮用水的安全，应力求供给浑浊度尽量低的水。中国生活饮用水标准规定不超过 1 度，特殊情况下不超过 5 度。

⑤ 残渣。残渣分为总残渣（Total Residue）、总可滤残渣（Volatile Filterable Residue）、总不可滤残渣（Volatile Unfilterable Residue）三种。总残渣分为总可滤残渣（总溶解性固体）与总不可滤残渣（悬浮物）。对于总不可滤残渣还可根据挥发性能分为挥发性残渣（Volatile Residue）和固定性残渣（Fixed Residue）。

对于饮用水、地表水、生活污水、工业废水的残渣的测定可采用重量法。残渣量计算公式为

$$c\,(\mathrm{mg/L}) = \frac{A - B}{V} \times 1000 \qquad\qquad (1\text{-}1)$$

式中各符号的含义、单位和测定过程如表 1-3 所示。

表 1-3　残渣的测定条件

$c/(\mathrm{mg/L})$	A/mg	B/mg	V/mL	烘干条件/℃
总残渣	原始水样水浴蒸干后残渣与蒸发皿一起烘干后的重量	称至恒重的蒸发皿的净重	水样的体积	103～105
总可滤残渣	水样混合均匀后通过 $0.45\mu\mathrm{m}$ 的标准纤维滤膜的滤液与蒸发皿一起烘干后的重量	称至恒重的蒸发皿的净重		103～105 或 180
总不可滤残渣	水样混合均匀后通过 $0.45\mu\mathrm{m}$ 的标准纤维滤膜截留的物质与滤膜的重量	滤膜重		103～105

⑥ 电导率。电导率表示水溶液传导电流的能力。纯水的电导率很小，电流难以通过，但当水中溶解有各种盐类时增加了水的电导率，因此通过电导率的测定可以间接的表示水中离子成分的总浓度。电导率用电导率仪来测定，通常用来检测水的纯度，监测水质受污染情况等。

（2）化学性水质指标

化学性水质指标包括：一般的化学性水质指标，如 pH、酸碱度、硬度、各种阳离子、各种阴离子、总含盐量、一般有机物质等；有毒的化学性水质指标，如重金属、氰化物、多环芳烃、各种农药等；有关氧平衡的水质指标，如溶解氧（DO）、化学需氧量（COD）、生化需氧量（BOD）、总需氧量（TOD）等；放射性指标等。

① pH。pH 是检测水体受酸碱污染程度的一个重要指标，pH 是表示溶液中氢离子浓度的大小，是水中氢离子浓度或活度的负对数，它的定义式为

$$\mathrm{pH} = -\lg[\mathrm{H}^+]$$

pH 反映水的酸碱性质，天然水体的 pH 一般在 7.0～8.5 之间。pH 决定于水体所在环境的物理、化学和生物特性。酸性、碱性废水破坏水体的自然缓冲作用，妨碍水体的自净功能，不利于人类水上娱乐和水生生物繁殖，而且产生腐蚀作用，引起管道腐蚀碎裂，罐头、水果、饮料变质，长期使用碱性强的灌溉水会使农作物死亡。pH 还会影响水生生物和细菌的生长活动。世界卫生组织规定的饮用水标准中 pH 的合适范围为 7.0～8.5，极限范围是 6.5～9.2，中国规定饮用水的 pH 应在 6.5～8.5 之间，极限范围为 6.0～9.0，农田灌溉用水水质标准为 5.5～8.5。

② 酸度和碱度。水的酸度是水中所有能给出质子的物质的总量，水的碱度是指水中所有能接受质子的物质的总量。二者都是水的综合特性的度量，只有当水样的化学成分已知时，它才被解释为具体的物质。

酸度包括强无机酸、弱酸和强酸弱碱型水解盐。酸具有腐蚀性，并影响化学反应的速度、化学物品的形态、生物过程等。酸度的测定可以反映水源水质的变化情况。

碱度包括水中的重碳酸盐碱度、碳酸盐碱度和氢氧化物碱度。一般天然水中只含有重碳

酸盐碱度，碱性较强的水中含有碳酸盐碱度和氢氧化物碱度。组成碱度的离子一般不会造成危害，但它们同水中许多化学反应过程有关系，为常用的水质指标。

③ 硬度。水的总硬度指溶解于水中的 Ca^{2+}、Mg^{2+} 离子的总量。水的硬度由碳酸盐硬度和非碳酸盐硬度所组成。水中的阴离子主要有 HCO_3^-、CO_3^{2-}、SO_4^{2-} 和 Cl^-，阳离子主要有 Ca^{2+}、Mg^{2+}、Na^+、K^+，也包括铜、锰、铅、汞、铁等微量元素、少量硝酸盐、有机物等。

由 $Ca(HCO_3)_2$ 和 $Mg(HCO_3)_2$ 及 $MgCO_3$ 形成的硬度为碳酸盐硬度，当水煮沸时碳酸平衡被破坏，这些盐类即分解析出沉淀，从而使水的碳酸盐硬度基本消除，因此碳酸盐硬度也叫暂时硬度。而由 $CaSO_4$、$MgSO_4$、$CaCl_2$、$MgCl_2$、$CaSiO_3$、$Ca(NO_3)_2$、$Mg(NO_3)_2$ 等形成的硬度为非碳酸盐硬度，又称永久硬度，在常压下沸腾，体积不变时，它们不形成沉淀。

一般认为硬度高的水对人体健康并无多大影响，人们对水的硬度有一定的适应性。改饮不同硬度的水可引起肠胃功能的暂时紊乱，但一般在短期内即能适应。近年来国内外报道，改用低硬度的水可能与某些地方性疾病和心血管疾病有关，不过至今尚无定论。

但硬度过高的水对人们的日常生活是有影响的。例如用硬水泡茶可使茶变味；用硬水洗澡可使身体产生不舒服的感觉，对皮肤干的人有刺激作用；用硬水洗涤衣物会增加肥皂的用量。

硬度对工业生产同样也有影响。尤其在化工生产中，蒸气动力工业、运输业、纺织洗涤等部门都对用水硬度有一定的要求，特别是高压锅炉用水对硬度要求更为严格。蒸气锅炉若长期使用硬水会形成坚实的锅垢，引起传热不良、受热不均，不仅浪费燃料，严重时会引起锅炉爆裂，造成事故。

④ 总含盐量。也称矿化度。表示水中各种盐类的总和，也就是水中全部阳离子和阴离子的和。

⑤ 有机物综合指标。水中有机物成分极其复杂，定性和定量的测定都很困难，常用替代参数来表示。常用的替代参数有总有机碳（TOC）、化学需氧量（COD）、高锰酸钾指数、生化需氧量（BOD_5^{20}）、总需氧量（TOD）、溶解氧（DO）、三卤甲烷（THM）、活性炭氯仿萃取物（CCE）等。不少有机污染物对人体有急性或慢性、直接或间接的毒害作用，甚至有致癌、致畸、致突变的作用。20 世纪 80 年代以来水中的有机污染物成为人们最关注的问题之一，这些水质指标在水处理、水质分析中有着重要的意义。

总有机碳（Total organic carbon，TOC）表示水中有机物总的含碳量。单位为 mg/L。TOC 标志着水中有机物的含量，反映了水中总有机物污染程度。

化学需氧量（Chemical oxygen demand，COD）是在一定的条件下水中能被 $K_2Cr_2O_7$ 氧化的有机物质的总量，又简称耗氧量，以 O_2 mg/L（也可写为 mg O_2/L）表示。

化学需氧量可以近似地反映水中有机物的总量。但废水中还原物质也会消耗强氧化剂，使 COD 值增高。化学需氧量的测定需时较短，所以得到了广泛的应用。

高锰酸盐指数（Permanganate index）是指在一定条件下以 $KMnO_4$ 作为氧化剂，处理水样时所消耗的氧的量，以 O_2 mg/L 表示。水中的还原性无机物如亚硝酸盐、亚铁盐、硫化物等以及可被氧化的有机物，均可消耗高锰酸钾，因此，高锰酸钾指数是水体中还原性有机物（含无机物）污染程度的一项综合指标。

生化需氧量（Biochemical oxygen demand，BOD_5^{20}）是在规定的条件下微生物分解水中的有机物所进行的生化过程中，所消耗的溶解氧的量，简称生化需氧量，用 BOD 表示，单位为 O_2 mg/L。

由于有机物的生物氧化速度非常缓慢，因此规定用 5d 作为测定 BOD 的标准时间，20℃为标准温度。即水样在（20 ± 1）℃下培养 5d，培养前后溶解氧之差就是生物化学需氧量，

用 BOD_5^{20} 表示。生化需氧量的测定条件与有机物进入天然水体后被微生物氧化分解的情况较相似，因此能够较准确地反映有机物对水质的影响。

生物化学需氧量所表示的有机物含量是指能够被耗氧微生物氧化分解的有机物，称为可生物降解的有机物，而不包括不可分解的有机物（如维生素、洗衣粉等），因此它的数值要低于水中有机物完全氧化时所需氧的理论值。尽管如此，生化需氧量仍不失为水质分析与水处理中的重要参数。

总需氧量（Total oxygen demand，TOD）是指水中的有机物和还原性无机物在高温条件下燃烧生成稳定的氧化物时所需要的氧量，用 TOD 表示，单位为 $O_2\,mg/L$。

溶解氧（Dissolved oxygen，DO）是指溶解于水中的氧，用 DO 表示，单位为 $O_2\,mg/L$。清洁的地表水中溶解氧一般接近饱和，淡水中若含有藻类植物，由于光合作用，会使水中溶解氧含量增加；水体中耗氧有机物在分解时会消耗水中大量的溶解氧，如果耗氧速度超过了氧由空气中进入水体和水生植物的光合作用产生氧的速度，水中的溶解氧会不断减少，甚至趋近于零，使厌氧菌繁殖，有机物腐败，水质变坏，并给鱼类生存造成很大威胁。溶解氧多，适于微生物生长，水体自净能力强。溶解氧含量的大小是反映自然水体是否受到有机物污染的一个重要指标，是保护水体感官质量及保护鱼类和其他水生物的重要项目。因此 DO 的测定，对了解水体的自净作用、控制水污染和水处理工艺具有重要作用，也是一项重要的水质指标。

三卤甲烷（THM）是水中的有机物在加氯消毒的过程中产生的副产物。THM 包括四种化合物：氯仿 $CHCl_3$、溴二氯甲烷 $CHBrCl_2$、二溴氯甲烷 $CHBr_2Cl$ 和溴仿 $CHBr_3$。消毒过程中产生的总三卤甲烷（THM_s 或 TTHM），在天然水中并不存在。能和氯发生反应产生 THM 的物质称为 THM 的前体物。天然水中的 THM 的前体主要是腐殖质。自 20 世纪 70 年代发现用氯消毒的饮用水中含的 THM_s 有危害健康成分以来，THM_s 受到了给水工作者的关注。

由于有机物种类繁多，组成复杂，要分别测定其含量是很困难的。在水污染防治中，一般采用化学需氧量和生化需氧量这两个综合性的间接指标来衡量水中有机污染物的量。只有当某些有机物具有毒性，需要加以控制才分别测定其含量。

⑥ 放射性指标。水中放射性物质主要来源于天然和人工核素。这些物质不时的产生 α、β、γ 放射性。这些放射性物质具有致癌、致突变等毒害作用，甚至导致死亡。中国饮用水卫生标准中对此做了规定。

（3）生物学水质指标

主要包括细菌总数、大肠菌群和游离性余氯等。

① 细菌总数。指 1mL 水样在营养琼脂培养基中，在 37℃ 培养 24h 后，所生长细菌菌落的总数。水中细菌总数用来判断饮用水、水源水、地面水等的污染程度。

② 大肠菌群。饮用水中的细菌和病毒受条件限制不是随时都能检测出来的，因此为保证人体健康和预防疾病，便于随时判断致病的可能性和水受污染的程度，将细菌总数和大肠菌数作为指标，确定水受生活污水及粪便污染的程度。

③ 游离性余氯。饮用水消毒之后为保证对水的持续消毒效果，饮用水标准中对游离性余氯做了规定。

1.4.3 水质标准

为了保护水资源，控制水质污染，维持生态平衡，各国对不同用途的水体都规定了具体的水质要求，即水质标准。水质标准是用水对象所要求的各项水质指标所应达到的限值。水质标准是评价水体是否受到污染和水环境质量好坏的准绳，也是判断水质适用性的尺度，它反映了国家保护水资源政策目标的具体要求。水质标准分为水环境质量标准、污染物排放标准和用水水质标准。

(1) 水环境质量标准

水环境质量标准是为保障人体健康，保证水资源有效利用而规定的各种污染物在天然水体中的允许含量。它是根据大量科学试验资料并考虑现有科学技术水平和经济条件制定的。

中国在 20 世纪 80 年代以来制定的国家水环境质量标准主要有：《海水水质标准（GB 3097—97）》、《地下水质量标准（GB/T 14848—93）》、《地表水环境质量标准（GB 3838—2002）》等。

《地表水环境质量标准（GB 3838—2002）》依据地表水水域环境功能和保护目标，按功能高低依次划分为五类，不同功能类别分别执行相应类别的标准值。

Ⅰ类　主要适用于源头水、国家自然保护区；

Ⅱ类　主要适用于集中式生活饮用水地表水源地一级保护区、珍稀水生生物栖息地、鱼虾类产卵场、仔稚幼鱼的索饵场等；

Ⅲ类　主要适用于集中式生活饮用水地表水源地二级保护区、鱼虾类越冬场、洄游通道、水产养殖区等渔业水域及游泳区；

Ⅳ类　主要适用于一般工业用水区及人体非直接接触的娱乐用水区；

Ⅴ类　主要适用于农业用水区及一般景观要求水域。

(2) 污染物排放标准

为了实现水环境质量标准，对污染源排放的污染物质或排放浓度提出的控制标准，即污染物排放标准。中国国家环保局制定了《污水排放标准（GB 8978—88）》、《污水综合排放标准（GB 8978—1996）》。一些地方和行业还根据本地的技术、经济、自然条件或本行业的生产工艺特点，制定了专用的排放标准。如《造纸工业水污染物排放标准（GWPB 2—1999）》、《钢铁工业水污染物排放标准（GB 13456—92）》等。

排放标准多用排放浓度表示，这有利于统一要求、方便管理，但在排放标准中没有考虑河流的自净能力。事实上，对小河流或封闭性水域，水体自净能力差，如按规定浓度排污，水体质量仍达不到环境质量的要求，对自净能力强的河流，还可以提高排污浓度。因此，制定更为合理的污染物排放标准还应综合考虑各种影响因素。

(3) 用水水质标准

用水水质标准中包括的指标很多，不同用户对水质要求差异很大，所要求的水质标准需要分别制定。中国已制定的用水水质标准有《生活饮用水卫生标准（GB 5749—85）》、《农田灌溉水质标准（GB 5084—92）》、《渔业水质标准（GB 11607—89）》、《景观娱乐用水水质标准（GB 12941—91）》、《生活饮用水卫生规范》等。

饮用水的安全性对人体健康至关重要。世界很多国家有不同的饮用水水质标准，而最具有代表性和权威性的是世界卫生组织（WHO）水质准则，另外，还有比较有影响的欧共体饮水指令（EC Directive）和美国安全饮用水法案（Safe Drinking Water Act）。其他国家均以上述三种标准为基础，制定本国的国家标准。

中国 1985 年颁布实施的《生活饮用水卫生标准（GB 5749—85）》反映了人体健康和饮用习惯对水质的要求，如表 1-4 所示。与国外的饮用水标准相比，主要差别在于微生物学指标项目少、指标低，缺少有机物和消毒副产物指标。国家建设部组织中国城镇供水协会于 1992 年编制了《城市供水行业 2000 年技术进步发展规划》，对一、二类水司提出一部分比国家水质标准更高的要求，对供水企业的技术进步和供水水质的提高起到了推动作用。而后中国卫生部于 2001 年 6 月 7 日颁布了《生活饮用水卫生规范》，并于 9 月 1 日起执行。

表 1-4　生活饮用水水质标准（GB 5749—85）

项　目		标　准	项　目		标　准
感官性状和一般化学指标	色	色度不超过 15 度，并不得呈现其他异色	毒理学指标	硒	0.01mg/L
	浑浊度	不超过 3 度,特殊情况不超过 5 度		汞	0.001mg/L
				镉	0.01mg/L
	臭和味	不得有异臭、异味		铬（六价）	0.05mg/L
	肉眼可见物	不得含有		铅	0.05mg/L
	pH	6.5～8.5		银	0.05mg/L
	总硬度（以碳酸钙计）	450mg/L		硝酸盐（以氮计）	20mg/L
	铁	0.3mg/L		氯仿	60μg/L
	锰	0.1mg/L		四氯化碳	3μg/L
	铜	1.0mg/L		苯并[a]芘	0.01μg/L
	锌	1.0mg/L		滴滴涕	1μg/L
	挥发酚类（以苯酚计）	0.002mg/L		六六六	5μg/L
	阴离子合成洗涤剂	0.3mg/L	细菌学指标	细菌总数	100 个/mL
	硫酸盐	250mg/L		大肠菌群	3 个/L
	氯化物	250mg/L		游离余氯	在与水接触 30min 后应不低于 0.3mg/L。集中式给水除出厂水应符合上述要求外，管网末梢水不应低于 0.05mg/L
	溶解性总固体	1000mg/L			
毒理学指标	氟化物	1.0mg/L			
	氰化物	0.05mg/L	放射性指标	总 α 放射性	0.1Bq/L
	砷	0.05mg/L		总 β 放射性	1Bq/L

　　《生活饮用水卫生规范》对生活饮用水水质标准的一些项目作了修改并增加了一些项目，是继 1985 年颁布《生活饮用水水质标准》后跨出的一大步。新的规范规定了 34 项常规检验项目（表 1-5），在原 35 项水质项目基础上增加了铝、粪大肠菌群（世界卫生组织有规定）

表 1-5　《生活饮用水卫生规范》生活饮用水水质常规检验项目及限值

项　目		限　值	项　目		限　值
感官性状和一般化学指标	色	色度不超过 15 度,并不得呈现其他异色	毒理学指标	氟化物	1.0mg/L
	浑浊度	不超过 1 度(NTU)①,特殊情况下不超过 5 度(NTU)		氰化物	0.05mg/L
				砷	0.05mg/L
				硒	0.01mg/L
				汞	0.001mg/L
	臭和味	不得有异臭、异味		镉	0.005mg/L
	肉眼可见物	不得含有		铬（六价）	0.05mg/L
	pH	6.5～8.5		铅	0.01mg/L
	总硬度（以 CaCO₃ 计）	450mg/L		硝酸盐（以氮计）	20mg/L
	铝	0.2mg/L		氯仿	0.06mg/L
	铁	0.3mg/L		四氯化碳	0.002mg/L
	锰	0.1mg/L	细菌学指标	细菌总数	100(CFU/mL)③
	铜	1.0mg/L		总大肠菌群	每 100mL 水样中不得检出
	锌	1.0mg/L		粪大肠菌群	每 100mL 水样中不得检出
	挥发酚类（以苯酚计）	0.002mg/L		游离余氯	在与水接触 30min 后应不低于 0.3mg/L,管网末梢水不应低于 0.05mg/L(适用于加氯消毒)
	阴离子合成洗涤剂	0.3mg/L			
	硫酸盐	250mg/L			
	溶解性总固体	1000mg/L			
	耗氧量（以 O₂ 计）	3mg/L,特殊情况下不超过 5mg/L②	放射性指标④	总 α 放射性	0.5(Bq/L)
				总 β 放射性	1(Bq/L)

　　①表中 NTU 为散射浊度单位。②特殊情况包括水源限制等情况。③CFU 为菌落形成单位。④放射性指标规定数值不是限值，而是参考水平。放射性指标超过表中所规定的数值时，必须进行核素分析和评价，以决定能否饮用。

与耗氧量。而根据统计银、滴滴涕、六六六、苯并［a］芘在一般情况下都不超标，故放入非常规检验。常规检验中比较大的变动主要是浊度由原来的 3NTU 改为 1NTU。此外，增加了新的有机物综合性指标——耗氧量。

工业用水的水质取决于工业类型和工艺及产品质量要求。由于工业种类繁多，不可能制定出统一的水质标准。各种工业对水质的要求由有关工业部门制订。

灌溉用水的水质标准要求在农田灌溉后，水中各种盐类被植物吸收后不会因食用而中毒或引起其他的影响。

渔业用水水质标准除保证鱼类正常的生长、繁殖外，还要防止饮水中有毒有害物质通过食物链在鱼体内富集、转化，引起鱼类死亡或人类中毒。

随着技术经济水平的提高，一些标准不再适合，旧的标准不断的修订和废止。如《地表水环境质量标准（GB 3838—2002）》是《地面水环境质量标准（GB 3838—83）》在 1988 年、1999 年修订后的第三次修订，标准自 2002 年 6 月 1 日起实施。而《地面水环境质量标准（GHZB 1—1999）》、《地面水环境质量标准（GB 3838—88）》和《景观娱乐用水水质标准（GB 12941—91）》同时废止。2001 年颁布实施的《生活饮用水卫生规范》也将取代《生活饮用水卫生标准（GB 5749—85）》。

1.5 数据处理

1.5.1 数据与误差

水分析的目的是为了准确的测定水样中有关组分及其含量，这就要求测定结果有一定的准确度。世界上没有绝对准确的分析结果，分析过程中的误差是客观存在的，只能减少它，却不能消除它。

（1）误差的分类

根据误差的来源和性质可将误差分为系统误差和随机误差。

系统误差又叫可测误差，是由于某些经常的原因，使测定结果系统地偏高或偏低。系统误差的大小、正负具有一定的规律性、重复性和可测性。

系统误差包括方法误差、仪器和试剂误差以及操作误差。由于分析方法本身不够完善或有缺陷造成的误差叫方法误差，如滴定分析方法中由于化学计量点和滴定终点不一致、反应进行不完全、干扰离子的存在、副反应的发生等所产生的误差。由于仪器本身不够精确和试剂或蒸馏水不纯造成的误差称为仪器和试剂误差，如砝码重量、滴定管刻度，试剂中含有被测物质或干扰物质等所引起的误差。操作误差是由于操作人员自身的生理习惯所造成的，如不同人辨别滴定终点的颜色深浅不同。

随机误差又叫偶然误差，是由于某些偶然原因引起的。随机误差的大小、正负无法测定，也不能校正，所以随机误差又叫不可测误差。如水温、气压、仪器的微小波动，不同操作人员操作技术上的微小差别，对天平、滴定管最后一位数字的估读等一些不可避免的偶然因素所造成的误差。

除了系统误差和偶然误差外，还有一类由于分析人员粗心大意，不按规程操作引起的差错，即过失误差，例如加错试剂、读错刻度等引起的误差。严格来说，过失误差应该叫作错误。不过，只要操作过程中认真负责，过失误差是完全可以避免的。在分析工作中，过失引起的错误数据，应予舍弃。

（2）误差与准确度

误差分为绝对误差和相对误差。绝对误差是测量值与真实值之差，以 E 表示；相对误

差是绝对误差在真值中所占的百分率，以 RE（%）来表示。它们的计算公式为

$$E = X - X_T \tag{1-2}$$

$$RE(\%) = \frac{E}{X_T} \times 100\% \tag{1-3}$$

式中　X——测量值；

　　　X_T——真值。

真值是客观存在的，却是未知的，真值可以是理论真值（如水样中某个组分的理论组成）、计量学约定真值（如原子质量、物理常数等）和相对真值（如国家标准局提供的标准样品含量）。

测定结果与真实值之间的接近程度叫准确度。误差越小，准确度越高。分析方法的准确度由系统误差和随机误差所决定，可以用绝对误差或相对误差表示。

（3）偏差与精密度

在一般情况下，真实值是不知道的，所以，通常在消除系统误差的情况下，认为多次测定结果的平均值接近真实值。通常把测定值和平均值之差称为绝对偏差，以 d 来表示，或用偏差的平均值，即平均偏差 $\overline{d}$ 来表示；绝对偏差在平均值中所占的百分数称为相对偏差，以 d（%）来表示；而平均偏差在平均值中所占的百分数称为平均相对偏差，以 $\overline{d}$（%）表示。计算表达式分别为

$$d = X - \overline{X} \tag{1-4}$$

$$d(\%) = \frac{d}{X} \times 100\% \tag{1-5}$$

$$\overline{d} = \frac{\sum_{i=1}^{n} |d_i|}{n} \tag{1-6}$$

$$\overline{d}(\%) = \frac{\overline{d}}{X} \times 100\% \tag{1-7}$$

式中　n——测定次数；

　　　$\overline{X}$——多次测定结果的平均值。

各次测定结果之间的接近程度称为精密度，由于平均偏差或相对平均偏差取了绝对值，因而都是正值，所以偏差越小，精密度越高，否则相反。分析方法的精密度取决于随机误差。

在水分析化学中，不同情况下的精密度可以用平行性、重复性和再现性来表示。平行性指两个或多个平行水样测定结果的符合程度；重复性表示同一分析人员在同一分析条件下所得分析结果的精密度；再现性表示不同分析人员或不同的实验室之间在各自的条件下所得分析结果的精密度。

准确度是由系统误差和随机误差所决定的，所以要获得很高的准确度，则必须有很高的精密度，而精密度是由随机误差所决定的，与系统误差无关。因此，分析结果的精密度很高并不等于准确度也很高。二者的关系可以图 1-1 所示的打靶图为例说明。

（4）提高准确度与精密度的方法

测定水样的目的是为了得到更为准确的测定结果，因此要尽量减少测定过程中的误差，提高测定结果的准确度和精密度，常用的方法主要有下面几种。

① 选择合适的分析方法　不同的测定方法都有一定的测定误差和适合的测定范围，因此选择合适的分析方法，对于减少误差提高准确度和精密度至关重要。分析方法的选择要考虑试样中待测组分的含量以及各种分析方法的灵敏度和准确度。如对常量组分的

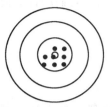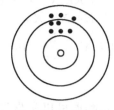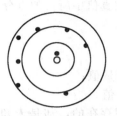

准确度精密度都高　　　精密度高但准确度低　　　准确度精密度都低

图 1-1　表示准确度与精密度的关系的打靶图

测定常采用重量分析法和滴定分析法，而对微量组分或超微量组分的测定则宜采用仪器分析法。

② 减小系统误差　减少系统误差包括校准仪器、做空白试验和对照实验对分析结果校正等。

校准仪器主要指定期对滴定管、容量瓶、移液管、砝码以及精密仪器等进行校正，校准仪器用于消除仪器误差。

空白试验用来检验和消除试剂（或去离子水）误差。不加试样但按照试样的测定步骤和条件而进行的试验称为空白试验，得到的结果是空白值。试样分析结果应用空白值对试样测定值进行修正，从而减少误差。

有时也采用对照试验检验和消除方法误差。通常有两种作法：一是用该方法对已知准确含量的标准试样或纯物质进行分析，将测定结果与标准值对照；二是用标准方法和该方法对同一试样进行分析，将两组测定结果加以对照。对照试验的数据通过显著性检验，即可得出方法是否可靠的结论。或同一水样进行不同人员、不同单位的对照分析。对于一些分析方法本身产生的误差，且误差原因明确、可测，应对分析结果进行校正。

③ 减小测量误差　在滴定分析中，测量值为分析天平称量值和滴定管读数值。为减小测量误差应尽量减小分析天平和滴定管的读数误差。

定量分析中使用的分析天平测量精度为万分之一克，即称量一次的不确定性为 $\pm0.0001g$，称取试样的绝对误差为 $\pm0.0002g$，当称量的相对误差要求小于或等于 $\pm0.1\%$ 时，试样质量必须在 0.2g 以上。

滴定管刻度误差 $\pm0.01mL$，一次滴定中需读数两次，故读数的绝对误差应为 $\pm0.02mL$，为了使测量时读数的相对误差小于或等于 $\pm0.1\%$，滴定的体积需在 20mL 以上。

④ 减小偶然误差　在系统误差消除后，偶然误差符合统计规律，增加平行测定次数可以减小偶然误差。测定次数越多，平均值越接近真实值。在一般的分析工作中，通常要求平行测定 3～5 次，而学生进行实验时，大多数为方法验证性实验，平行测定 3 次就可以了。

1.5.2　数据的修正与取舍

（1）可疑数据的取舍

在一组平行试验所测得的数据中，常有个别测定值与其他数据相差较远，这一数据称为可疑测定值。如果确切知道该数据是由于试验过程中操作上的错误引起的，则可以舍弃这个数据。否则，需要根据误差理论来决定可疑数据的取舍。

在实际工作中测定次数在四次以上时，常可以按照 $4d$ 准则来进行数据处理，具体步骤为：

① 将可疑数据除外，计算其余数据的平均值（$\overline{X_{n-1}}$）和平均偏差（$\overline{d_{n-1}}$）；

② 求可疑数据（X）与平均值（$\overline{X_{n-1}}$）之差的绝对值；

③ 求 $\dfrac{|X-\overline{X_{n-1}}|}{d_{n-1}}=m$。

若可疑测定值与平均值的偏差大于平均偏差的 4 倍，即 $m>4$，则此可疑值应舍去，否则应予以保留。

采用这种方法比较简单，但不是很严格。另外还有 Q 检验法，置信区间检验法等。

（2）有效数字与数据的修约

在实验中分析结果的数值不仅表示被测组分的含量，还反映测定的准确度。因而在记录实验数据、表达分析结果时必须注意有效数字的问题。有效数字是指实际上能测量得到的数字。它是由全部准确数字和最后一位不确定的可疑数字组成的。有效数字位数的多少直接反映测量的精度，有效位数越多，测量精度就越高。

对测量结果进行记录时，除了末位数字不确定或可疑外，其他数字都是确定的，对于一个实验者来说，只要方法、仪器等确定了，那么测量结果的有效数字的位数也是确定的。例如滴定管的读数为 15.64mL，滴定管的最小刻度为 1/10mL，所以，前三个数字都是确定的，最后一位数字是估读的，数据中的每个数字都是有效的，有效数字为四位，同时还反映出相对误差小于千分之一。

测量结果或数据处理结果的有效数字位数 n 确定后，从 $n+1$ 位记，右边的数字都应处理掉，这就是数据的修约。采用的修约规则是"四舍六入五凑偶"，即第 $n+1$ 位数小于 5 舍去，大于 5 入 1，恰好为 5 时，5 前面是奇数则入 1，5 前面是偶数则舍去，若 5 后面有数（不为零）则一概往前入 1。

根据误差的传递规律，在加减运算中所得结果的误差比任何一个数的误差都大。所以结果的可疑数字应以各数中绝对误差最大（小数点后位数最小）的为标准。如 0.0224、37.12、2.14515 这三个数字相加，应以 37.12 为标准，按照"四舍六入五凑偶"的原则先对数字进行修约，然后相加的结果为 39.29。

在乘除运算中结果的可疑数字应以各数中相对误差最大（有效数字最少）的那个数为标准，所以运算结果以有效数字最少的为标准。

质量、滴定分析的测量数据，一般保留四位有效数字。在确定有效数字时一定要根据实际情况，灵活应用。

1.5.3 数据处理方法

（1）用平均值表示分析结果

平均值表示多次测定或一组数据的平均水平，平均值有算术平均值和几何平均值两种表示方法。

① 算术平均值（$\overline{X}$）

算术平均值：
$$\overline{X}=\frac{X_1+X_2+X_3+\cdots+X_n}{n}=\frac{1}{n}\sum_{i=1}^{n}X_i \qquad (1\text{-}8)$$

式中　n——测定次数；

X_i——i 次测定值，$i=1,2,3,\cdots,n$。

用算术平均值表示分析结果适用于分析数据呈正态分布的情况。用 $\overline{X}$ 表示分析结果（真值）有相当可靠的程度。

② 几何平均值（$\overline{X_g}$）

几何平均值：
$$\overline{X_g}=\sqrt[n]{X_1X_2X_3\cdots X_n} \qquad (1\text{-}9)$$

在分析数据不呈正态分布，对分析结果准确度要求不高的情况下，可用几何平均值表示分析结果。

（2）有限次测量数据的统计处理

分析结果的系统误差是易于测量和校正的，而随机误差是无法测量和消除的。但随机误差服从正态分布，正态分布规律是在有无限次的测量数据时，测量的平均值才完全等于真值。而实际的分析测量次数都是有限的，这样正态分布不再适用了，而采用 t 分布规律，即有限次测量的分布规律。

当用有限次测定数据经过统计处理后来表示分析结果时，由于带有一定的不确定性，所以通常根据测定数据的平均值在一定的置信度下估算真值可能存在的区间，即置信区间。置信区间是指在一定的置信度下，以测定结果为中心的包括总体平均值在内的可靠性范围，如考察在测量值（X）附近某一范围内出现真值（X_T）的把握性有多大，在水分析工作中，常表示为

$$X_T = \overline{X} \pm t_表 S_{\overline{X}} = \overline{X} \pm t_表 \frac{S}{\sqrt{n}} \tag{1-10}$$

式中　$\overline{X}$——多次测量结果的平均值；

　　　X_T——真值；

　　　$t_表$——自由度（$f=n-1$）与概率 P（置信度）相对应的 t 值，由 t 值表（表1-6）查出；

　　　S——标准偏差；

　　　$S_{\overline{X}}$——平均值的标准偏差，表示分析结果的分散程度；

　　　n——测量次数。

表 1-6　$t(f,P)$ 值表

f＼P	0.50	0.90	0.95	0.99
1	1.00	6.31	12.71	63.66
2	0.82	2.92	4.30	9.93
3	0.76	2.35	3.18	5.84
4	0.74	2.13	2.78	4.60
5	0.73	2.02	2.57	4.03
6	0.72	1.94	2.45	3.71
7	0.71	1.90	2.37	3.50
8	0.71	1.86	2.31	3.36
9	0.70	1.83	2.26	3.25
10	0.70	1.81	2.23	3.17
20	0.69	1.72	2.09	2.85
∞	0.67	1.64	1.96	2.58

$$S = \sqrt{\frac{\sum\limits_{i=1}^{n}(X_i - \overline{X})}{n-1}}; \qquad S_{\overline{X}} = \frac{S}{\sqrt{n}} = \sqrt{\frac{\sum\limits_{i=1}^{n}(X_i - \overline{X})^2}{n(n-1)}} \tag{1-11}$$

在日常分析实验中，对每个试样平行测定 3～4 次，然后计算出相对平均偏差，如果相对平均偏差不大于 0.2％，可认为符合要求，取分析结果平均值写出报告。否则，应重做实验。但对于要求非常准确的测定，需要多次测定，然后用统计方法进行处理。

（3）标准曲线法与回归分析法

定量分析中经常遇到相互间存在着一定关系的变量，如有色化合物的浓度与该物质对光吸收的程度（称为吸光度）就存在一定联系。为了测定某种有色物质的含量，常将待测组分的标准含量（单位体积中）与吸光度的关系绘成标准曲线，根据标准曲线来计算待测组分含量。标准曲线法是把两个具有线性关系的变量的多次测定的结果点绘在图上，并拟合成直线。待测物质如果测得其中一个变量值，另外一个变量的对应值即可在标准曲线图上查出。

绘制标准曲线是否合理对分析结果的准确性至关重要，统计学上用回归分析法解决这一问题。

把两个变量间的线性关系拟合成直线的方法称为回归分析法，又称最小二乘法。定量分析中的标准曲线属于一元线性回归。

自变量 x 取某值 x_i 时（$i=1,2,3,\cdots,m$），测得因变量 y 的对应值为 y_i（$i=1.2,3,\cdots,n$）。如果 x 与 y 之间呈直线关系，则二者间的一元线性回归的方程为

$$Y = aX + b \tag{1-12}$$

式中　a——回归直线的斜率，又称回归系数；

　　　b——回归直线的截距；

　　　Y——因变量，水样中某物质的浓度或含量；

　　　X——自变量，该物质对应的响应值。

只要方程式中的 a、b 确定以后，就可以得到 X 和 Y 的关系，从而利用方程式进行组分浓度或含量分析。a、b 值由求极值方法求得。

$$a = \frac{S_{xy}}{S_{xx}}; \qquad b = \overline{Y} - a\overline{X}$$

式中，$\overline{X} = \dfrac{1}{n}\sum\limits_{i=1}^{n} X_i$；　$\overline{Y} = \dfrac{1}{n}\sum\limits_{i=1}^{n} Y_i$；　$S_{xx} = \sum\limits_{i=1}^{n}(X_i - \overline{X})^2$；　$S_{xy} = \sum\limits_{i=1}^{n}(X_i - \overline{X})(Y_i - \overline{Y})$。

判断回归直线是否有意义，常用相关系数，相关系数表示两个变量之间的接近程度，用 r 表示。r 越接近 1，线性关系就越好。其定义式为

$$r = \frac{S_{xy}}{\sqrt{S_{xx}S_{yy}}} = \frac{\sum\limits_{i=1}^{n}(X_i - \overline{X})(Y_i - \overline{Y})}{\sqrt{\sum\limits_{i=1}^{n}(X_i - \overline{X})^2 \sum\limits_{i=1}^{n}(Y_i - \overline{Y})^2}} \quad (0 \leqslant |r| \leqslant 1) \tag{1-13}$$

回归分析不能代替直接测量，而且只有当两个变量之间确实存在某种线性关系时，回归分析才有意义。

数据处理包括对原始数据的整理、统计、分析等过程。水分析实验涉及的数据较多，有时实验内容不同但数据处理方法相同，要重复使用一个或几个公式计算多次，整个计算过程费时又枯燥，而且易出错。随着计算机技术的应用普及，水质数据处理已逐步实现计算机化。

Excel 是 Microsoft office 中文版大型办公自动化软件中的一个重要应用程序。由于它强大的数据统计、数据分析和数据报告功能和各种专业图表的绘制，已广泛使用于各种领域。应用 Excel 对水分析结果进行数据处理，简单、快捷、明了，并能减小在数据处理过程中出现的误差。同时能方便地制作实验数据表格，绘制各类图形和图表，生成实验报告。

1.6　分析结果的表示方法

1.6.1　标准溶液和物质的量浓度

（1）基准物质

在滴定分析中已知准确浓度的溶液称为标准溶液。能用于直接配置或标定标准溶液的物质称为基准物质或标准物质。

基准物质必须满足以下几个条件。

① 纯度高。杂质含量<0.01%～0.02%。

② 稳定。不吸水、不分解、不挥发、不吸收 CO_2、不易被空气氧化。

③ 易溶解。

④ 有较大的摩尔质量。称量时可减少称量误差。

⑤ 定量参加反应，无副反应。

⑥ 试剂的组成和它的化学式完全相符。

滴定分析中常用的基准物质有下列几类。

① 用于酸碱滴定：Na_2CO_3（无水碳酸钠）、$Na_2B_4O_7 \cdot 10H_2O$（硼砂）、$KHC_8H_4O_4$（邻苯二甲酸氢钾）、$HOSO_2NH_2$（氨基磺酸）等。

② 用于配合滴定：Zn、ZnO、$CaCO_3$ 等。

③ 用于沉淀滴定：$NaCl$、KCl、NaF 等。

④ 用于氧化还原滴定：$K_2Cr_2O_7$、$Na_2C_2O_4$、$KBrO_3$、KIO_3、As_2O_3、$H_2C_2O_4 \cdot 2H_2O$ 等。

（2）标准溶液

标准溶液的配制有直接法和标定法。

用基准物质来配制标准溶液时，可以直接配制。准确称量一定量的基准物质，用少量水（或其他溶剂）溶解后，稀释成一定体积的溶液，根据所称物质的质量和溶液体积来计算其准确浓度。

不能作基准物质的不能直接配制标准溶液。这些物质在配制标准溶液时首先需要配成近似浓度的溶液，再用其他标准溶液或基准物质测定其准确浓度，这个过程叫标定，这种配制标准溶液的方法叫标定法。如欲配制 0.1mol/L 的 HCl 标准溶液，HCl 不是基准物质需要用标定法来配制。先用 10mL 浓 HCl 加水稀释至 1L，配成浓度约为 0.1mol/L 的溶液，然后用一已知浓度的 NaOH 标准溶液或一定量的硼砂标定出其准确浓度。在滴定分析中常用的标准溶液的配制详见各章节的介绍。

（3）基本单元与物质的量浓度

物质的量浓度指单位体积的溶液中所含溶质的物质的量，单位为 mol/L 或 mmol/L，用符号 c 来表示。物质的量指溶液中所含溶质的量，单位为 mol 或 mmol。物质的量或物质的量浓度都与基本单元有关，相同的物质，基本单元选择不同，结果也不同。基本单元的选择一般以化学反应的计量关系为依据。一般采用分子、原子、离子及其他粒子或这些粒子的特定组合作为基本单元。

物质的量 n 与质量 m 之间的关系为

$$m = nM \tag{1-14}$$

式中　m——物质的质量；

　　　M——物质的摩尔质量，$M = m/n$。对同一物质，规定的基本单元不同，其摩尔质量也不同。

滴定分析法是以化学定量反应为基础，假设化学反应的一般通式为

$$a\mathrm{A}+b\mathrm{B}\rightleftharpoons c\mathrm{C}+d\mathrm{D}$$

在滴定反应中，分析计算的基础是等物质的量的规则，即当反应达到化学计量点时，所消耗的两反应物 A 和 B 的物质的量相等，表示为

$$n_\mathrm{A}=n_\mathrm{B}\quad 即\quad c_\mathrm{A}V_\mathrm{A}=c_\mathrm{B}V_\mathrm{B} \tag{1-15}$$

滴定分析中，水样中待测物质的量浓度计算式可统一表示为

$$c_\mathrm{A}=\frac{c_\mathrm{B}V_\mathrm{B}}{V_\mathrm{A}} \tag{1-16}$$

式中　c_A，V_A——待测物质的量浓度和体积；

　　　c_B，V_B——标准溶液的浓度和体积；

　　　n_A，n_B——分别为待测物质的量和标准溶液的物质的量。

应用等物质的量的规则时，关键在于选择基本单元。原则是可根据滴定反应的实质先确定某物质的基本单元，据此再确定与之反应的另一类物质的基本单元。

在酸碱滴定法中，用 NaOH 标准溶液滴定 H_2SO_4 溶液时，反应式为

$$H_2SO_4+2NaOH\rightleftharpoons Na_2SO_4+2H_2O$$

反应中 NaOH 接受 1 个质子，H_2SO_4 给出 2 个质子，如选取 NaOH 作为基本单元，则 H_2SO_4 的基本单元应选为 $1/2\ H_2SO_4$。此时，按照等物质的量的规则，当反应达化学计量点时：

$$c\left(\frac{1}{2}H_2SO_4\right)V\left(\frac{1}{2}H_2SO_4\right)=c(NaOH)V(NaOH)$$

在氧化还原滴定法中，其反应实质是电子的转移，可据此先确定标准溶液的基本单元，然后根据有关反应很容易确定待测物的基本单元。例如，用 $Na_2C_2O_4$ 为基准物质标定 $KMnO_4$ 标准溶液的浓度，反应式为

$$5C_2O_4^{2-}+2MnO_4^-+16H^+\rightleftharpoons 2Mn^{2+}+10CO_2\uparrow+8H_2O$$

在此反应中，每个 MnO_4^- 得到 5 个电子，每个 $C_2O_4^{2-}$ 失去 2 个电子，因此 $KMnO_4$ 可以 $1/5KMnO_4$ 为基本单元，而 $Na_2C_2O_4$ 则以 $1/2Na_2C_2O_4$ 作为基本单元。当反应到达化学计量点时，按等物质的量的规则：

$$c\left(\frac{1}{2}Na_2C_2O_4\right)V\left(\frac{1}{2}Na_2C_2O_4\right)=c\left(\frac{1}{5}KMO_4\right)V\left(\frac{1}{5}KMnO_4\right)$$

在配位滴定法中，根据反应实质常选择 $\mathrm{EDTA}(H_2Y^{2-})$ 为基本单元，沉淀银量法中以 $AgNO_3$ 为基本单元。当基本单元选准之后就可以利用等物质的量的规则进行有关计算。

此外，也可利用当滴定反应达化学计量点时，根据反应方程式中两反应物的计量比来确定基本单元。这种确定方法无论对哪种滴定方法都适用，而且更直观、方便。

以直接滴定法为例，若被测物 A 与滴定剂 B 之间的化学反应为

$$a\mathrm{A}+b\mathrm{B}\rightleftharpoons c\mathrm{C}+d\mathrm{D}$$

当滴定达化学计量点时，a mol 的 A 物质恰好与 b mol 的 B 物质定量反应完全，由化学反应的化学计量比（过去称摩尔比）可得出

$$\frac{n_\mathrm{A}}{n_\mathrm{B}}=\frac{a}{b} \tag{1-17}$$

因此确定被测物质 A 的基本单元为 $\frac{1}{b}A$，滴定剂 B 的基本单元为 $\frac{1}{a}B$。

【例 1-1】 含有 10.599g 的 Na_2CO_3 的 1L 溶液，计算溶液的物质的浓度，若以此标准溶液标定 HCl 的浓度，表示其基本单元和标准溶液的物质的浓度。

解 因为 Na_2CO_3 的摩尔质量为 105.99，所以若以 Na_2CO_3 作为基本单元，则 Na_2CO_3 的物质的量 $n(Na_2CO_3)=0.1mol$，浓度 $c(Na_2CO_3)=0.1mol/L$。

若以此标准溶液来标定 HCl 的浓度，化学反应为

$$Na_2CO_3 + 2HCl \Longleftrightarrow 2NaCl + H_2O + CO_2 \uparrow$$

按照确定基本单元的方法，确定 Na_2CO_3 的基本单元为 $\frac{1}{2}Na_2CO_3$，则 Na_2CO_3 的物质的量表示为 $n\left(\frac{1}{2}Na_2CO_3\right)=0.2mol$，浓度 $c\left(\frac{1}{2}Na_2CO_3\right)=0.2mol/L$。

由此例可见，以不同基本单元表示的同一溶液的物质的量、物质的浓度是不同的，所以在表示物质的浓度时必须指明基本单元。在按照等物质的量的规则进行计算时溶液的浓度也必须是基本单元对应的物质的浓度。

（4）滴定度

在实际工作中，特别是在生产单位，除了物质的浓度以外，常用滴定度来表示标准溶液的浓度。滴定度是指每毫升标准溶液相当于被测物质的质量，常以符号 $T_{A/B}$ 表示，单位为 g/mL 或 mg/mL 其中 A 表示被测物质，B 表示标准溶液。

【例 1-2】 用 $KMnO_4$ 标准溶液滴定试样中的 Fe^{2+}，若 $KMnO_4$ 标准溶液对 Fe^{2+} 的滴定度为 $T_{Fe^{2+}/KMnO_4} = 5.802mg/mL$，即表示每毫升 $KMnO_4$ 标准溶液相当 5.802mg 的 Fe^{2+}，若滴定某一试样中的 Fe^{2+}，用去 21.52mL 的 $KMnO_4$ 标准溶液，计算试样中的 Fe^{2+} 的含量。

解 由滴定度的概念，可以算出试样中的 Fe^{2+} 的含量为

$$m_{Fe^{2+}} = 5.802mg/mL \times 21.52mL = 124.8mg$$

如果每次将滴定所取的试样量或试液体积固定，滴定度还可以用每毫升标准溶液相当于被测组分的百分含量来表示。

用滴定度来表示标准溶液的浓度，对于分析对象固定的例行分析，或对某一试样中的某一组分进行大批量测定时，不仅使用起来很方便，而且可以大大加快分析速度。

1.6.2 溶液浓度的表示方法

对于水样中组分的含量可以用质量浓度（g/L、mg/L、μg/L、ng/L）、物质的量浓度（mol/L、mmol/L）、质量百分数（%）来表示。

在水质分析中，由于待测物质的含量较少，常用 mg/L 表示分析结果，有时也用 mmol/L 来表示。另外对于水质分析中一些物理指标（如色度、浊度、电导率等）和一些微生物学指标（如细菌总数、大肠菌群等）以及部分化学指标（如 pH、硬度、碱度等）的分析结果还常由它们各自的单位来表示。

思考题与习题

1-1. 解释下列概念：

滴定、滴定剂、化学计量点、滴定终点、终点误差、滴定分析法、直接滴定、标准溶液、基准物质、标定、滴定度

1-2. 配制 $c\left(\dfrac{1}{6}K_2Cr_2O_7\right)=0.0200mol/L$ 的 $K_2Cr_2O_7$ 标准溶液 5L，需称量 $K_2Cr_2O_7$ 多少克？

1-3. 标定 0.10mol/L 的 HCl 溶液时，欲使滴定所消耗的 HCl 溶液控制在 20～25mL 之间，应称取分析纯的硼砂（$Na_2B_4O_7 \cdot 10H_2O$）的质量范围是多少？

1-4. 为标定硫酸亚铁铵（$(NH_4)_2Fe(SO_4)_2$）溶液的准确浓度，准确量取 5.0mL 的重铬酸钾标准溶液 $\left[c\left(\dfrac{1}{6}K_2Cr_2O_7\right)=0.2000mol/L\right]$，用硫酸亚铁铵溶液滴定消耗 10.25mL，问该溶液的物质的浓度 $[(NH_4)_2Fe(SO_4)_2, mol/L]$ 为多少？

1-5. 滴定管的读数误差为 $\pm 0.01mL$，如果滴定时用去标准溶液 12.2mL，相对误差是多少？

1-6. 已知 $AgNO_3$ 标准溶液对 Cl^- 的滴定度 $T(Cl^-/AgNO_3)$ 为 0.03540g/mL，用该 $AgNO_3$ 标准溶液滴定 50mL 水样中的 Cl^- 时，消耗 12.50mL，求水样中 Cl^- 的含量（mg/L 表示）。

第 2 章　酸碱滴定法

内容提要　酸碱滴定法是以酸碱反应为基础的滴定分析方法。本章主要讲述了酸碱的概念、酸碱质子理论，酸碱平衡的有关知识；阐述了酸碱滴定的基本原理；介绍了各种酸碱溶液中 [H$^+$] 浓度的计算式、滴定曲线的绘制、酸碱指示剂的选择及水中酸度、碱度的测定方法等。

酸碱滴定法是以质子传递反应为基础的滴定分析方法。酸碱反应的实质是质子传递的反应。酸碱滴定法应用十分广泛，一般的酸、碱以及能与酸、碱直接或间接发生质子传递反应的物质，几乎都可以利用酸碱滴定法进行测定。在水质分析中，酸碱滴定法主要用于测定水中的酸度、碱度和 pH 等重要的水质指标。

本书以布朗斯特德-劳莱（Bronsted-Lowry）酸碱质子理论为基础，将水溶液和非水溶液中的酸碱平衡统一起来，处理酸碱平衡的相关问题。本章要求在酸碱质子理论的基础上，掌握酸碱滴定分析的基本原理，正确选择酸碱溶液中氢离子平衡浓度的计算公式，并能解决水处理实践中的一些实际问题。

2.1　酸碱理论及酸碱质子理论

2.1.1　酸碱理论的发展

1884 年瑞典化学家阿伦尼乌斯（S. Arrhenius）首先创立了电离理论。阿伦尼乌斯认为凡能在水溶液中电离出的阳离子全部是氢离子（H$^+$）的物质叫做酸；凡能电离出阴离子全部是氢氧根离子（OH$^-$）的物质叫做碱。酸碱中和反应的实质就是 H$^+$ 和 OH$^-$ 结合生成 H$_2$O 的过程。此理论对于水溶液是适用的，但对非水溶液体系就不能给出合理的解释。因此，该理论的使用受到了限制。

1923 年美国化学家路易斯（G. N. Lewis）提出了适用范围较广的酸碱电子理论。路易斯认为，酸是任何可以接受电子对的分子或离子物种，它是电子对的接受体，必须具有可以接受电子对的空轨道；碱是可以给出电子对的分子或离子物种，它是电子对的给予体，必须具有未共享的孤对电子。酸碱之间以共价键相结合，并不发生电子转移。例如，H$^+$ 与 OH$^-$ 反应生成 H$_2$O，H$^+$ 有空轨道，可以接受电子对，是酸；OH$^-$ 具有孤对电子，能给出电子对，是碱。H$^+$ 与 OH$^-$ 反应形成配位键 H←OH。酸碱电子理论在解释某些物质酸碱性质时，可以不受溶剂、离子等条件的限制，如 CO$_2$ 等酸性氧化物和 CaO 等碱性氧化物间的成盐（CaCO$_3$ 等）反应。这种路易斯酸碱理论至今仍然在催化领域中用来解释许多催化剂催化作用的化学本质。

在酸碱理论的发展过程中，除了前面提到的一些理论外，人们还提出了溶剂理论、质子理论和软硬酸碱理论。

2.1.2　酸碱质子理论

酸碱滴定法是以质子传递反应为基础的滴定分析方法。酸碱质子理论是酸碱滴定法的理论基础。

1923 年，丹麦化学家布朗斯特（J. N. Bronsted）和英国化学家劳莱（T. M. Lowry）各自独立地提出了新的酸碱理论——质子论。所以，质子理论又称为布朗斯特-劳莱（Bronsted-Lowry）酸碱理论。酸碱质子理论认为，凡能给出质子（H^+）的任何含氢原子的分子或离子都是酸；凡能与质子（H^+）结合的分子或离子都是碱。简言之，酸是质子的给予体，碱是质子的接受体。例如，HCl、HAc、NH_4^+、HCO_3^- 都能放出质子（H^+），是酸。当 HCl、HAc、NH_4^+、HCO_3^- 放出质子后，剩余的 Cl^-、Ac^-、NH_3、CO_3^{2-} 又都能接受质子，是碱。可见酸碱可以是阳离子、阴离子，也可以是中性分子。

酸碱质子理论强调酸与碱之间的相互依赖关系。酸与碱是不能分开的。这种酸与碱的相互依存、相互转化关系称酸碱共轭关系。因一个质子的得失而互相转变的一对酸碱称为共轭酸碱对。相应的反应称为酸碱半反应。酸碱反应是由两个酸碱半反应相结合而完成的。

酸碱质子理论认为，中和反应是质子的传递反应，不一定有盐的生成。反应不限于在溶液（水溶液或其他能电离的溶剂组成的溶液）中进行，也可以在气态中进行。但该理论对于无质子（H^+）的溶剂如液态 SO_2 中的酸碱反应就不能解释，所以酸碱质子理论也有其局限性。

根据酸碱质子理论，酸和碱的中和反应及盐的水解过程也是质子转移的过程，它们和酸碱离解过程在本质上是相同的。各种酸碱反应过程本质上都是质子转移过程。

2.2　水溶液中的酸碱平衡

2.2.1　酸碱反应

从酸碱质子理论可知，酸碱反应的实质是质子的转移（得失）。酸碱反应是两个共轭酸碱对共同作用的结果。例如 HCl 在水中的离解，是由 HCl-Cl^- 与 H_3O^+-H_2O 两个共轭酸碱对作用的结果。即

$$HCl + H_2O \Longrightarrow H_3O^+ + Cl^-$$

作为溶剂的水分子同时起着碱的作用。质子（H^+）在水中不能单独存在，而是以水合质子状态存在，常写作 H_3O^+。为了书写方便，简写成 H^+。故上式可简化为

$$HCl \Longrightarrow H^+ + Cl^-$$

必须注意，当采用这种简化的表示式时，不要忘记溶剂水分子所起的作用，它所代表的是一个完整的酸碱反应。

NH_3 与 H_2O 的反应也是一种酸碱反应。不同的是，作为溶剂的水分子在此处起着酸的作用。即

$$NH_3 + H_2O \Longrightarrow OH^- + NH_4^+$$

同样 NH_3 与 HCl 的反应，质子的转移也是通过水合质子实现的。即

$$HCl + H_2O \Longrightarrow H_3O^+ + Cl^-$$

$$NH_3 + H_3O^+ \Longrightarrow NH_4^+ + H_2O$$

$$\overline{\qquad NH_3 + HCl \Longrightarrow NH_4^+ + Cl^- \qquad}$$

2.2.2 水溶液中的酸碱强度

在水溶液中，酸的强度取决于它将质子给予水分子的能力；碱的强度取决于它从水分子中夺取质子的能力。这种给出与获得质子能力的大小通常用酸碱在水中的离解平衡常数的大小来衡量。常见的一些共轭酸碱对的离解常数如表 2-1。酸的离解平衡常数用 K_a 表示；碱的离解平衡常数用 K_b 表示。有时也将 K_a 或 K_b 叫做酸度常数或碱度常数。如表 2-1 所示，离解平衡常数越大，酸或碱的强度也越大。酸性越强，与其共轭的碱则越弱；反之碱性越强，与其共轭的酸则越弱。由于强酸或强碱在水溶液中是完全离解，故 K_a 或 $K_b \gg 1$，而其共轭酸或共轭碱的离解平衡常数则非常小。

表 2-1　一些共轭酸碱对的离解常数（25℃）

	酸	$K_a^\ominus$	碱	$K_b^\ominus$	
	HNO_2	4.6×10^{-4}	NO_2^-	2.2×10^{-11}	
	HF	3.53×10^{-4}	F^-	2.38×10^{-11}	
酸	HAc	1.76×10^{-5}	Ac^-	5.68×10^{-10}	碱
性	H_2CO_3	4.3×10^{-7}	HCO_3^-	2.33×10^{-8}	性
	H_2S	9.1×10^{-8}	HS^-	1.1×10^{-7}	
	$H_2PO_4^-$	6.23×10^{-8}	HPO_4^{2-}	1.61×10^{-7}	
增	NH_4^+	5.65×10^{-10}	NH_3	1.77×10^{-5}	增
	HCN	4.93×10^{-10}	CN^-	2.03×10^{-5}	
强	HCO_3^-	5.61×10^{-11}	CO_3^{2-}	1.78×10^{-4}	强
	HS^-	1.1×10^{-11}	S^{2-}	9.1×10^{-3}	
	HPO_4^{2-}	2.2×10^{-13}	PO_4^{3-}	4.5×10^{-2}	

从表 2-1 中可以看出，酸和碱可以是中性分子，也可以是阳离子或阴离子。而 $H_2PO_4^-$ 既可表现为酸，也可表现为碱，所以是两性物质。同理，像 H_2O、HCO_3^- 等也属于酸碱两性物质。

酸碱强度除了与其本身性质有关外，还与溶剂的性质有关，如

$$HAc + H_2O \Longleftrightarrow H_3O^+ + Ac^-$$

$$HAc + NH_3 \Longleftrightarrow NH_4^+ + Ac^-$$

同样是 HAc，在水溶液中微弱离解，HAc 表现为弱酸；而在 NH_3 中全部反应，HAc 呈现强酸性。这是因为两溶剂的碱性不同，NH_3 的碱性远远大于 H_2O 的碱性，故 HAc 易将 H^+ 传给 NH_3。

2.2.3 水的离子积常数 K_w

水的离解可以用下式表示：

$$H_2O + H_2O \Longleftrightarrow H_3O^+ + OH^-$$

由上式可知，水既是酸，又是碱。纯水中的 H_3O^+ 和 OH^- 浓度非常小，在理想状态时，上式的平衡常数的表达式为

$$K_a = \frac{[H^+][OH^-]}{[H_2O]} \tag{2-1}$$

25℃时，K_a 的值为 1.8×10^{-16} mol/L。

纯水中 H_2O 的浓度（或活度）约为 55.5mol/L（即 1L 纯水的质量为 1000g，摩尔质量为 18g/mol，$\frac{1000}{18}\approx55.5$ mol）。在化学反应过程中，对于稀溶液 H_2O 的浓度常被看作常数，并入 K_a 值中，则水的离子积常数为

$$K_w = 55.5 \times K_a = 55.5 \times 1.8 \times 10^{-16} = [\text{H}^+][\text{OH}^-]$$

25℃时，水的离子积常数 K_w 为 10^{-14}。

2.2.4　共轭酸碱对 K_a 与 K_b 的关系

共轭酸碱对的离解常数 K_a 和 K_b 之间有确定的关系。

一元酸碱以 HAc 为例，推导如下：

$$\text{HAc} \rightleftharpoons \text{H}^+ + \text{Ac}^-$$

$$K_a = \frac{[\text{H}^+][\text{Ac}^-]}{[\text{HAc}]} \tag{2-2}$$

$$\text{Ac}^- + \text{H}_2\text{O} \rightleftharpoons \text{HAc} + \text{OH}^-$$

$$K_b = \frac{[\text{HAc}][\text{OH}^-]}{[\text{Ac}^-]} \tag{2-3}$$

$$K_a K_b = \frac{[\text{H}^+][\text{Ac}^-]}{[\text{HAc}]} \times \frac{[\text{HAc}][\text{OH}^-]}{[\text{Ac}^-]} = [\text{H}^+][\text{OH}^-] \tag{2-4}$$

$$K_a K_b = K_w \tag{2-5}$$

因此，若已知酸的离解平衡常数 K_a，便可以计算出它的共轭碱的离解平衡常数 K_b，反之亦然。K_a 和 K_b 是成反比的，所以在共轭酸碱对中，酸的强度越大，其共轭碱的强度越小；反之，碱的强度越大，其共轭酸的强度越小。

多元酸碱以 H_2CO_3 为例。

H_2CO_3 的一级离解为

$$\text{H}_2\text{CO}_3 \rightleftharpoons \text{H}^+ + \text{HCO}_3^- \qquad K_{a1} = 4.36 \times 10^{-7} = \frac{[\text{H}^+][\text{HCO}_3^-]}{[\text{H}_2\text{CO}_3]} \tag{2-6}$$

二级离解为

$$\text{HCO}_3^- \rightleftharpoons \text{H}^+ + \text{CO}_3^{2-} \qquad K_{a2} = 4.68 \times 10^{-11} = \frac{[\text{H}^+][\text{CO}_3^{2-}]}{[\text{HCO}_3^-]} \tag{2-7}$$

而 CO_3^{2-} 的一级离解为

$$\text{CO}_3^{2-} + \text{H}_2\text{O} \rightleftharpoons \text{OH}^- + \text{HCO}_3^- \qquad K_{b1} = 1.78 \times 10^{-4} = \frac{[\text{OH}^-][\text{HCO}_3^-]}{[\text{CO}_3^{2-}]} \tag{2-8}$$

二级离解为

$$\text{HCO}_3^- + \text{H}_2\text{O} \rightleftharpoons \text{OH}^- + \text{H}_2\text{CO}_3 \qquad K_{b2} = 2.33 \times 10^{-8} = \frac{[\text{OH}^-][\text{H}_2\text{CO}_3]}{[\text{HCO}_3^-]} \tag{2-9}$$

$$K_{a1} K_{b2} = K_{a2} K_{b1} = K_w \tag{2-10}$$

对于多元酸碱，在分级离解时，一级离解常数往往大于二级以上的离解常数。因此，多元弱酸或弱碱的离解以一级离解为主。

2.2.5　溶液中酸碱组分的分布

水溶液中某种溶质的分析浓度是溶液中溶质各种型体的浓度的总和，故又称总浓度，用符号 c 表示。

在反应达到平衡时，水溶液中溶质的某种型体的实际浓度称为平衡浓度，通常以 [ ] 符号表示。

在酸碱反应中，当共轭酸碱对处于平衡状态时，溶液中同时有多种不同酸或碱的存在形式。当 pH 改变时，平衡发生移动，各种酸或碱的存在形式及其浓度也随之变化。酸碱平衡体系中某种存在形式的平衡浓度占总浓度的分数，称为分布分数，以 δ_i 表示。其中 i 可表示该型体所含的质子数。分布分数能定量说明溶液中的各种酸碱组分的分布情况。分布分数与 pH 之间的关系曲线称为分布曲线。下面对一元酸和多元酸溶液的分布分数和分布曲线分别进行讨论。

（1）一元酸

以 HAc 为例，它在溶液中以 HAc 和 Ac$^-$ 两种形式存在。设它的总浓度为 c，则 $c=$ [HAc]+[Ac$^-$]。又设 δ_{HAc} 和 δ_{Ac^-} 分别为 HAc 和 Ac$^-$ 的分布分数，则

$$\delta_1=\delta_{HAc}=\frac{[HAc]}{c}=\frac{[HAc]}{[HAc]+[Ac^-]}=\frac{[H^+]}{K_a+[H^+]} \tag{2-11}$$

$$\delta_0=\delta_{Ac^-}=\frac{[Ac^-]}{c}=\frac{[Ac^-]}{[HAc]+[Ac^-]}=\frac{K_a}{K_a+[H^+]} \tag{2-12}$$

$$\delta_0+\delta_1=1 \tag{2-13}$$

如果以 pH 为横坐标，HAc 和 Ac$^-$ 的分布分数为纵坐标，可得到图 2-1 所示的关系曲线。

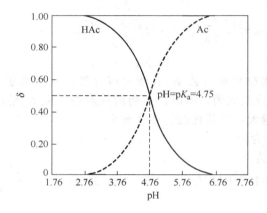

图 2-1　HAc 和 Ac$^-$ 的分布分数与溶液 pH 的关系

从图 2-1 中可以看到，当 pH＝pK_a＝4.75 时，$\delta_{HAc}=\delta_{Ac^-}=0.5$，即溶液中 HAc 和 Ac$^-$ 两种形式各占 50%；当 pH＜pK_a 时，溶液中 HAc 为主要存在形式；而当 pH＞pK_a 时，则溶液中 Ac$^-$ 为主要存在形式。

一元弱碱可看成是共轭酸失去质子后的共轭碱，其分布分数和分布曲线的变化规律与一元弱酸相同。例如，对于浓度为 c mol/L 的氨水，其分布分数的计算如下：

$$\delta_{NH_3}=\frac{[NH_3]}{c_{NH_3}}=\frac{[OH^-]}{[OH^-]+K_b}=\frac{K_a}{K_a+[H^+]} \tag{2-14}$$

$$\delta_{NH_4^+}=\frac{[NH_4^+]}{c_{NH_3}}=\frac{K_b}{K_b+[OH^-]}=\frac{[H^+]}{K_a+[H^+]} \tag{2-15}$$

因此，一元弱酸或弱碱中共轭酸碱对的分布分数计算通式是

$$\delta_{共轭酸}=\frac{[H^+]}{K_a+[H^+]} \tag{2-16}$$

$$\delta_{共轭碱}=\frac{K_a}{K_a+[H^+]} \tag{2-17}$$

（2）多元酸

以碳酸为例。由于碳酸为二元弱酸，在溶液中有三种存在形式：H_2CO_3、HCO_3^- 和 CO_3^{2-}。设碳酸的总浓度为 c(mol/L)，则

$$c=[H_2CO_3]+[HCO_3^-]+[CO_3^{2-}]$$

δ_2、δ_1 和 δ_0 分别对应于 H_2CO_3、HCO_3^- 和 CO_3^{2-} 的分布分数，则

$$\delta_0 + \delta_1 + \delta_2 = 1$$

$$\delta_2 = \frac{[H_2CO_3]}{c} = \frac{[H_2CO_3]}{[H_2CO_3] + [HCO_3^-] + [CO_3^{2-}]}$$

$$= \frac{1}{1 + \dfrac{K_{a1}}{[H^+]} + \dfrac{K_{a1}K_{a2}}{[H^+]^2}} = \frac{[H^+]^2}{[H^+]^2 + K_{a1}[H^+] + K_{a1}K_{a2}} \tag{2-18}$$

同样可以求得

$$\delta_1 = \frac{K_{a1}[H^+]^2}{[H^+]^2 + K_{a1}[H^+] + K_{a1}K_{a2}} \tag{2-19}$$

$$\delta_0 = \frac{K_{a1}K_{a2}}{[H^+]^2 + K_{a1}[H^+] + K_{a1}K_{a2}} \tag{2-20}$$

图 2-2 是碳酸的三种存在形式在不同 pH 时的分布曲线，可以看出，其情况较一元酸要复杂一些。pH＝pK_{a1}＝6.38 和 pH＝pK_{a2}＝10.25 分别对应于 $\delta_2 = \delta_1 = 0.5$ 和 $\delta_1 = \delta_0 = 0.5$ 处。当 pH＜pK_{a1} 时，溶液中以 H_2CO_3 为主要存在形式；当 pK_{a2}＞pH＞pK_{a1} 时，溶液中以 HCO_3^- 为主要存在形式；当 pH＞pK_{a2} 时，溶液中以 CO_3^{2-} 为主要存在形式。

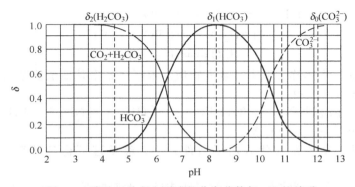

图 2-2　碳酸三种存在形式的分布分数与 pH 的关系

2.2.6　酸碱溶液 [H⁺] 的计算

2.2.6.1　质子条件式

一般情况下，水溶液的酸碱性用溶液中 H⁺ 浓度的大小表示。由于在纯水中 H⁺ 浓度很小，在 $10^{-7}\,mol/L$ 左右。为表示方便，水溶液的酸碱性通常还可用 H⁺ 浓度的负对数表示，即 pH＝$-\lg[H^+]$。pH 是表示水中酸碱性强弱的一项重要指标。

在酸碱反应过程中，当酸碱反应达到平衡时，酸失去的质子数必然等于碱得到的质子数。这种得失质子相等的关系称为质子条件，其数学表达式称为质子条件式。建立质子条件式一般以参与质子转移的溶质和溶剂作为参考水准，定为零基准。然后与零基准比较，判断哪些物质是得质子产物，哪些物质是失去质子产物，得失质子的物质的量应该相等。以一元弱酸 HA 为例，选溶质 HA 和溶剂 H_2O 作为零基准，溶液中存在的反应为

$$HA + H_2O \Longrightarrow H_3O^+ + A^-$$

$$H_2O + H_2O \Longrightarrow H_3O^+ + OH^-$$

与零基准比较，H_3O^+ 为得质子产物，A^-、OH^- 为失去质子产物，得失质子数应当相等，故质子条件式为

$$[H_3O^+] = [A^-] + [OH^-] \tag{2-21}$$

【例 2-1】　写出 Na_2S 溶液的质子条件式。

解　在 Na_2S 溶液中存在如下离解平衡：

$$Na_2S \Longrightarrow 2Na^- + S^{2-}$$
$$S^{2-} + H_2O \Longrightarrow HS^- + OH^-$$
$$HS^- + H_2O \Longrightarrow H_2S + OH^-$$
$$2H_2O \Longrightarrow H_3O^+ + OH^-$$

S^{2-} 和 H_2O 作为该体系的零基准物质。对 S^{2-} 来说，HS^- 和 H_2S 是得质子产物，各得质子数分别为 1 和 2；对 H_2O 来说，H_3O^+ 是得质子产物，OH^- 是失质子产物，得失质子数均为 1。

则质子条件式为
$$[H_3O^+] + [HS^-] + 2[H_2S] \Longrightarrow [OH^-]$$
或
$$[H^+] \Longrightarrow [OH^-] - [HS^-] - 2[H_2S]$$

需指出，质子条件式中各组分的浓度之前必须乘以相对应的系数，即得失质子数。

【**例 2-2**】 写出 $NaNH_4HPO_4$ 溶液的质子条件式。

解 在 $NaNH_4HPO_4$ 溶液中存在如下离解关系：

$$NH_4^+ \Longrightarrow H^+ + NH_3$$
$$HPO_4^{2-} \Longrightarrow H^+ + PO_4^{3-}$$
$$HPO_4^{2-} + H_2O \Longrightarrow H_2PO_4^- + OH^-$$
$$HPO_4^{2-} + 2H_2O \Longrightarrow H_3PO_4 + 2OH^-$$
$$H_2O \Longrightarrow H^+ + OH^-$$

选取 NH_4^+、HPO_4^{2-} 和水作为质子零基准物质。根据体系中其他酸或碱与这些零基准物质之间的得失质子关系，可知：

$$[H^+] + [H_2PO_4^-] + 2[H_3PO_4] \Longrightarrow [OH^-] + [NH_3] + [PO_4^{3-}]$$

2.2.6.2 酸碱溶液 [H⁺] 的计算

将有关的酸碱平衡关系式代入质子条件式中，经整理可得到计算 $[H^+]$ 的精确计算式。

需要说明的是，在下列情况下，可对精确式进行近似处理，得到计算 $[H^+]$ 的简化式或最简化式。

① 水的离解对溶液中 $[H^+]$ 的影响较小，则可以忽略水的离解的影响。

② 弱酸、弱碱本身离解对总的 $[H^+]$ 浓度影响较小时，可以用总的浓度 c 代替平衡浓度。

③ 多元酸、碱溶液，一级离解常数比二级或多级离解常数大得多的情况下，可近似看作一元酸碱。

如果不能满足以上条件，应该采用精确计算式。实际上，酸碱滴定的 pH 计算要求不是很严格。因此，通常采用简化计算。下面介绍求各类酸 pH 的方法。

(1) 强酸（强碱）溶液

设强酸的浓度为 c（mol/L），强酸在溶液中全部离解，而纯水中 $[H^+] = 1.0 \times 10^{-7}$ mol/L。因此，当 $c > 10^{-6}$ mol/L 时，由水离解出来的 $[H^+]$ 可以忽略不计，此时强酸溶液的 $[H^+] = c$。

当 $c < 10^{-6}$ mol/L 时，则要考虑由水离解出来的 H^+，则

$$[H^+] = c + \frac{K_w}{[H^+]}$$

解此一元二次方程，得

$$[H^+] = \frac{c + \sqrt{c^2 + 4K_w}}{2} \tag{2-22}$$

式(2-22) 为计算 $[H^+]$ 的精确公式。

对于强碱溶液，其 $[H^+]$ 的计算与强酸相似。

（2）一元弱酸（弱碱）溶液

设弱酸 HA 溶液的浓度为 $c(\mathrm{mol/L})$，它在水溶液中有下面的离解平衡：

$$HA \Longleftrightarrow H^+ + A^-$$

HA 的离解常数是 K_a，根据离解平衡得到的质子条件式：

$$[H^+] = [A^-] + [OH^-] = \frac{K_a[HA]}{[H^+]} + \frac{K_w}{[H^+]} \tag{2-23}$$

$$[H^+] = \sqrt{K_a[HA] + K_w} \tag{2-24}$$

式(2-24) 为计算一元弱酸溶液中 $[H^+]$ 的精确公式。$[HA]$ 为 HA 的平衡浓度，则由分布分数的公式得

$$[HA] = c\delta_{HA} = c\,\frac{[H^+]}{[H^+] + K_a}$$

整理后得

$$[H^+]^3 + K_a[H^+]^2 - (cK_a + K_w)[H^+] - K_aK_w = 0 \tag{2-25}$$

这个方程的求解比较麻烦，在实际中通常可根据具体情况进行合理的近似处理。

如果弱酸的 K_a 不是很小，即一元弱酸不是很弱，溶液的浓度不是很稀时，弱酸的离解是溶液中 H^+ 的主要来源，水离解的影响较小，即当 $cK_a \geqslant 20K_w$ 时，可将式(2-24) 中 K_w 略去，则得

$$[H^+] \approx \sqrt{K_a[HA]} = \sqrt{K_a(c - [H^+])} \tag{2-26}$$

$$[H^+] = \frac{-K_a + \sqrt{K_a^2 + 4K_a c}}{2} \tag{2-27}$$

式(2-27) 为计算一元弱酸 $[H^+]$ 的近似公式。

若平衡时溶液中的 $[H^+]$ 远小于弱酸的原始浓度，则 $[HA] \approx c$，可由式(2-20) 得到最简公式为

$$[H^+] = \sqrt{K_a c} \tag{2-28}$$

当 $cK_a \geqslant 20K_w$（可以忽略 K_w），且 $c/K_a \geqslant 500$（可以忽略 HA 离解产生的 $[H^+]$）时，即可采用最简公式进行计算。实际上它也是计算一元弱酸 pH 最常用的公式。

对于一元弱碱溶液，只要将 K_a 换成 K_b，就完全适用于计算弱碱溶液中 $[OH^-]$。同样，对于浓度不是太稀和强度不是太弱的碱的溶液，计算 $[OH^-]$ 时可以忽略水本身离解的影响。计算 $[OH^-]$ 的近似公式和最简公式如下：

$$[OH^-] = \frac{-K_b + \sqrt{K_b^2 + 4K_b c}}{2} \tag{2-29}$$

$$[OH^-] = \sqrt{K_b c} \tag{2-30}$$

当 $c/K_b > 500$ 时，用式(2-30) 计算，否则就用式(2-29) 计算。

当碱极弱或浓度非常稀时，则用下式计算 OH^- 浓度：

$$[OH^-] = \sqrt{cK_b + K_w} \tag{2-31}$$

对于极弱和极稀酸溶液往往 $cK_a \leqslant 20K_w$，此时不能忽略水的离解，若同时 $c/K_a \geqslant 500$，即可认为 $c_{HA} = [HA]$，于是可以得出计算极弱和极稀酸溶液中 H^+ 浓度的计算式：

$$[H^+] = \sqrt{K_a c_{HA} + K_w} \tag{2-32}$$

当弱酸溶液中同时 $cK_a \leqslant 20K_w$ 和 $c/K_a < 500$，则 K_w 不能忽略，且 HA 的离解度较

大，此时不能采用近似公式，而需要采用精确式（2-25）计算。

（3）多元酸（碱）溶液

以二元弱酸 H_2A 为例，设其浓度为 $c(mol/L)$，根据 H_2A 的两个离解平衡，将式中的 $[HA^-]$ 和 $[A^{2-}]$ 以 K_{a1}、K_{a2} 和 $[H^+]$ 的关系式代入其质子条件式中，整理可得

$$[H^+]=\frac{K_w}{[H^+]}+\frac{K_{a1}[H_2A]}{[H^+]}\left(1+\frac{2K_{a2}}{[H^+]}\right) \tag{2-33}$$

如果酸的第二级离解很弱，即 K_{a2} 很小，$2K_{a2}/[H^+]\ll1$，则又可以简化为

$$[H^+]=\frac{K_w}{[H^+]}+\frac{K_{a1}[H_2A]}{[H^+]} \tag{2-34}$$

$$[H^+]=K_w+\sqrt{K_{a1}[H_2A]} \tag{2-35}$$

当 $cK_{a1}\geqslant20K_w$ 且 $c/K_{a1}>500$ 时，说明二元酸的离解度较小，此时，二元弱酸的平衡浓度可视为等于其原始浓度 c，即 $[H_2A]\approx c$，则可为

$$[H^+]=\sqrt{K_{a1}c} \tag{2-36}$$

式（2-36）是计算二元弱酸溶液 $[H^+]$ 的最简公式。

（4）两性物质的溶液

在酸碱反应中既可作为酸又可作为碱的物质称为两性物质。如多元酸的酸式盐（HCO_3^-）、弱酸弱碱盐（NH_4Ac）和氨基酸等。两性物质溶液中的酸碱平衡计算比较复杂，将相关的酸碱平衡关系式代入其质子条件式中，整理可得精确计算式：

$$[H^+]=\sqrt{\frac{K_{a2}[HA^-]+K_w}{1+\dfrac{[HA^-]}{K_{a1}}}} \tag{2-37}$$

其中，K_{a1} 和 K_{a2} 分别对应于多元酸 H_2A 的一级和二级离解平衡常数。

当 $c<20K_{a1}$，忽略 $[H_2A]$ 和 $[A^{2-}]$，认为 $[HA^-]\approx c$ 时

$$[H^+]=\sqrt{\frac{K_{a1}(cK_{a2}+K_w)}{c+K_{a1}}} \tag{2-38}$$

若式（2-38）中，$cK_{a2}>20K_w$ 时，可简化为

$$[H^+]=\sqrt{\frac{K_{a1}K_{a2}c}{c+K_{a1}}} \tag{2-39}$$

式（2-39）中，当 $c>20K_{a1}$，可认为 $c+K_{a1}\approx c$，则最简式为

$$[H^+]=\sqrt{K_{a1}K_{a2}} \tag{2-40}$$

需要指出，弱酸弱碱盐溶液（如 NH_4Ac）$[H^+]$ 的计算中，K_{a1} 和 K_{a2} 分别对应于弱碱（Ac^-）的共轭酸（HAc）和弱酸（NH_4^+）的 K_a 值，且需满足 $K_{a1}>K_{a2}$。

（5）弱酸混合溶液

假设有一元弱酸 HA 和 HB 的混合溶液，其浓度分别为 $c_{HA}(mol/L)$ 和 $c_{HB}(mol/L)$，离解常数为 K_{HA} 和 K_{HB}，根据溶液中的质子条件平衡关系，可得到

$$[H^+]=\sqrt{K_{HA}c_{HA}+K_{HB}c_{HB}} \tag{2-41}$$

若 $K_{HA}c_{HA}\gg K_{HB}c_{HB}$，则最简公式为：

$$[H^+]=\sqrt{K_{HA}c_{HA}} \tag{2-42}$$

这就是计算一元弱酸混合溶液 $[H^+]$ 的最简公式。

2.3　酸碱指示剂

酸碱指示剂一般是一些有机弱酸或弱碱。当溶液 pH 改变时，指示剂获得质子转化为酸式结构或失去质子转化为碱式结构，由于指示剂的酸式结构和碱式结构差别很大，因而具有不同的颜色。当指示剂的酸式型和碱式型互变所表现出的颜色变化发生在酸碱滴定过程中化学计量点附近时，就可以有效地指示酸碱滴定过程的终点。

2.3.1　酸碱指示剂的作用原理

大多数酸碱指示剂都是结构复杂的有机弱酸或弱碱，在溶液中离解。其分子与相应的离子具有不同的颜色。在水溶液的酸碱性发生变化时，会因离解平衡的移动而改变颜色。例如，若用 HIn 表示石蕊指示剂，则它在溶液中的离解平衡为

$$HIn \Longrightarrow H^+ + In^-$$
$$\text{（红色）}\qquad\text{（蓝色）}$$

当溶液中 H^+ 浓度增加，平衡逆向移动，溶液就显示红色；OH^- 浓度增加，平衡正向移动，溶液便显蓝色。在中性溶液中，H^+ 与 OH^- 浓度相等，显紫色。

而酚酞指示剂是一种有机弱酸（$K_a = 6 \times 10^{-10}$），在水溶液中存在如下平衡，即

酚酞是二元弱酸，在水溶液中几乎完全以内酯式结构存在，是无色的。若在溶液中加入碱，平衡向右移动，酚酞的内酯式结构转化成为其共轭体醌式结构而显红色。这个转化过程是一个可逆过程，若在溶液中加入酸，则平衡向左移动，酚酞由醌式结构转化成为其共轭体内酯式结构而显无色。使用时，酚酞一般配成 0.1% 或 1% 的 90% 乙醇溶液。

应该指出，酚酞的碱式色不稳定，在浓碱溶液中，醌式盐结构变成羧酸盐式离子，由红色变为无色，这是实际应用中应该注意的。

综上所述，酸碱指示剂变色是由于随溶液 pH 的变化，指示剂的结构发生了改变。

2.3.2　酸碱指示剂的变色范围

指示剂的变色范围可以由指示剂在溶液中的离解平衡来解释。例如弱酸型指示剂

（HIn）在溶液中的离解平衡为

$$HIn \rightleftharpoons H^+ + In^-$$

$$K_{HIn} = \frac{[H^+][In^-]}{[HIn]}$$

在一定温度下，K_{HIn} 是一个常数，称为指示剂的离解常数。[HIn] 和 [In⁻] 分别对应于指示剂共轭酸碱的平衡浓度。

$$[H^+] = K_{HIn} \frac{[HIn]}{[In^-]}$$

$$pH = pK_{HIn} - \lg \frac{[HIn]}{[In^-]}$$

从 HIn 的离解平衡可以看出，溶液的颜色是由 [HIn] 与 [In⁻] 的比值决定的，若溶液中 pH 改变，其比值也相应变化。当 [HIn]＝[In⁻] 时，pH＝pK_{HIn}，这时溶液的 pH 就是指示剂的理论变色点。当 [HIn]＞[In⁻]，溶液中以 HIn（酸式色）的颜色为主；当 [HIn]＜[In⁻] 时，以 In⁻（碱式色）的颜色为主。不同的指示剂其 K_{HIn} 是不同的，发生颜色变化的 pH 即变色范围不同。

一般来说，当一种浓度是另一种浓度的 10 倍时，就只能看到浓度大的那种颜色。这就是说 $\frac{[HIn]}{[In^-]} \geq 10$ 时，只能观察出 HIn（酸式色）的颜色，这时溶液的 pH 为 $pK_{HIn}-1$；当 $\frac{[HIn]}{[In^-]} \leq \frac{1}{10}$ 时，只能观察出 In⁻（碱式色）的颜色，这时溶液的 pH 为 $pK_{HIn}+1$。因此，当溶液的 pH 由 $pK_{HIn}-1$ 变化到 $pK_{HIn}+1$ 时，能明显观察到指示剂由酸式色变为碱式色。而 $10 > \frac{[HIn]}{[In^-]} > \frac{1}{10}$ 时，指示剂呈混合色，人眼一般难以辨别。故酸碱指示剂的 pH 变色范围：pH＝$pK_{HIn} \pm 1$。表 2-2 中列出几种常见酸碱指示剂的颜色变化情况。

表 2-2　几种常见酸碱指示剂的颜色变化

指　示　剂	酸碱的表观颜色变化		pH 的变化范围
	酸　式　色	碱　式　色	
甲基橙	红	黄	3.1～4.4
甲基红	红	黄	4.2～6.3
石蕊	红	蓝	5.0～8.0
酚酞	无色	红	8.0～10.0

不同酸碱指示剂的酸式色、碱式色各不相同，变色范围也不一样。如石蕊指示剂，在 pH＜5.0 时，呈现红色；在 pH＞8.0 时，呈蓝色；pH 在 5.0～8.0 间，呈现紫色。将石蕊放入溶液中，如果溶液的 pH 从 5.0 变化到 8.0，则石蕊的颜色会经历从红→紫→蓝的变化过程，因此 pH 在 5.0～8.0 即为石蕊指示剂的变色范围。

在实际的分析过程中，由于人眼对各种颜色的敏感度不同，所以实际观察结果与理论变色范围有差异。故在酸碱滴定过程中，有时需靠经验来确定其滴定的终点。

影响指示剂变色范围的因素除了人的肉眼的敏感力外，还有指示剂浓度、用量和滴定时的温度，这些都需要在实际的操作过程中积累经验，才能充分掌握。

2.3.3　常用酸碱指示剂和混合指示剂

常用酸碱指示剂可以分为酚酞类、偶氮化合物类、磺代酚酞类和硝基苯酚类几种。现将一些常用酸碱指示剂的配制及使用列于表 2-3 中。

表 2-3　常用酸碱指示剂的配制及使用

名　称	pK_{HIn}	室温下的颜色变化		溶液的配制方法	10mL 待测液需用滴数
		pH 范围	颜色		
甲基黄	3.3	2.9～4.0	红～黄	0.1g 酚酞溶于 100mL 90％的酒精中	1
甲基橙	3.4	3.1～4.4	红～黄	100mL 水中溶解 0.1g 甲基橙	1
溴酚蓝	4.1	3.0～4.6	黄～紫	1g 溴酚蓝溶于 1000mL 的 20％酒精中	1
中性红	7.4	6.8～8.0	红～黄	1g 中性红溶于 1000mL 的 60％酒精中	1
苯酚红	8.0	6.8～8.4	黄～红	取 0.1g 苯酚红与 5.7mL 0.05mol/L 的 NaOH 溶液在研钵中研匀后用纯水溶解制成 250mL 试液	1
酚酞	9.1	8.0～10.0	无色～红	0.1g 酚酞溶于 100mL 90％的酒精中	1～3
百里酚酞	10.0	9.4～10.6	无色～蓝	1g 百里酚酞溶于 1000mL 的 90％酒精中	1～2

　　指示剂用量的多少直接影响滴定的准确度。用量过多（或浓度过大），会使单色指示剂的变色范围发生移动。通常被滴定的水样为 20～30mL 时，指示剂用量约为 1～4 滴。

　　为使指示剂的变色范围更为狭窄、颜色的转变更敏锐，有时也为使指示剂在不同的 pH 下能指示出颜色的变化，可以采用混合指示剂。混合指示剂是由一种指示剂和另一种或多种指示剂（或惰性染料）混合而成，利用颜色之间的互补作用，使变色更加敏锐。例如，当单用甲基橙指示剂时，由于红色变黄色或黄色变红色，中间都经过橙色。这种颜色变化不显著，尤其在灯光下更难确定。而当把 0.1％甲基橙溶液与 0.25％靛蓝二磺酸钠溶液等体积混合后使用，颜色变化就非常明显。靛蓝二磺酸钠是一种染料，本身为蓝色，它与甲基橙混合后，对甲基橙变色起衬托作用。

红色＋蓝色 ⇌ 橙色＋蓝色 ⇌ 黄色＋蓝色

紫色	灰色	绿色
pH＜4	pH＝4	pH＞4

在变色过程中，混合后的颜色分为紫色、灰色和绿色，三种颜色的色差很大，颜色变化非常明显，灯光下同样很清楚。

　　还有另一种混合指示剂，是以某种惰性染料（如亚甲基蓝，靛蓝二磺酸钠等）作为指示

表 2-4　几种常用混合指示剂

指示剂组成	配制比例	变色点	颜　色		备　注
			酸色	碱色	
0.1％甲基黄溶液 0.1％亚甲基蓝乙醇溶液	1∶1	3.25	蓝紫	绿	pH 3.4 绿色 3.2 蓝色
0.1％甲基橙水溶液 0.25％靛蓝二磺酸水溶液	1∶1	4.1	紫	黄绿	
0.1％溴甲酚绿乙醇溶液 0.2％甲基红乙醇溶液	3∶1	5.1	酒红	绿	
0.2％甲基红乙醇溶液 0.2％亚甲基蓝乙醇溶液	3∶2	5.4	红紫	绿	pH 5.2 红紫色 5.4 暗蓝 5.6 绿色
0.1％溴甲酚绿钠盐水溶液 0.1％氯酚红钠盐水溶液	1∶1	6.1	黄绿	蓝紫	pH 5.4 蓝绿色 5.8 蓝色 6.0 蓝带紫 6.2 蓝紫色
0.1％中性红乙醇溶液 0.1％亚甲基蓝乙醇溶液	1∶1	7.0	蓝紫	绿	pH 7.0 紫蓝色
0.1％酚红钠盐水溶液 0.1％百里酚蓝钠盐水溶液	1∶3	8.3	黄	紫	pH 8.2 玫瑰色 8.4 紫色
1％百里酚蓝 50％乙醇溶液 0.1％酚酞 50％乙醇溶液	1∶3	9.0	黄	紫	从黄到绿再到紫
0.1％百里酚酞乙醇溶液 0.1％茜素黄乙醇溶液	2∶1	10.2	黄	紫	

剂变色的背衬，也是由于两种颜色叠合及互补作用来提高颜色变化的敏锐性。

配制混合指示剂时，应严格控制两种组分的比例，否则颜色变化将不显著。几种常用的混合指示剂列于表 2-4 中。

选用酸碱指示剂的原则：应使指示剂的 pH 变色范围正好落于或部分落于滴定的 pH 突跃范围内，指示剂的 pK_{HIn} 越接近化学计量点的 pH，指示终点的结果越准确。

2.4 酸碱标准溶液的配制和标定

在水分析中，常用的酸标准溶液有 HCl 溶液和 H_2SO_4 溶液，碱标准溶液有 NaOH 溶液和 KOH 溶液。由于硝酸具有氧化性，本身稳定性也较差，很少用来配制标准溶液。硫酸标准溶液的稳定性较好，但它的第二步离解常数不大，因此，滴定突跃范围相对要小些。盐酸标准溶液的稳定性较好，应用最多。

2.4.1 酸标准溶液

酸标准溶液一般不是直接配制的，而是先配成近似浓度，然后再用基准物质标定。如配制盐酸标准溶液，可以先用市售浓盐酸（密度为 1.19g/mL，浓度为 12mol/L）初步配制，若配制 0.1mol/L 和 0.5mol/L 浓度时，可分别量取 9mL 和 45mL 浓盐酸稀释至 1000mL，再进行标定。

标定酸的基准物质，实验室常用无水碳酸钠和硼砂等。

用无水碳酸钠标定酸的步骤如下：首先将无水碳酸钠放进烘箱里，在 180℃ 干燥 2~3h 后，再将其置于干燥器内冷却备用。可用甲基橙、甲基红或溴甲酚绿-甲基红等作指示剂。根据碳酸钠的质量和消耗盐酸的体积，计算出盐酸标准溶液的浓度。

2.4.2 碱标准溶液

碱标准溶液，一般均采用强碱溶液，如 NaOH 溶液和 KOH 溶液，可将其配制成 1mol/L、0.5mol/L、0.1mol/L 等浓度。

碱标准溶液一般也是采用间接配制法，即先配成近似浓度，然后再用基准物质标定。标定碱的基准物质，实验室常用邻苯二甲酸氢钾和草酸等。另外，也可以用标准酸溶液进行标定。如配制 NaOH 标准溶液，先将 NaOH 配制成饱和溶液，注入塑料瓶中密闭放置至溶液清亮，使用前以塑料管吸取上层清液。具体配制方法见表 2-5。

表 2-5 氢氧化钠溶液的配制

配制浓度/(mol/L)	量取饱和溶液的体积/mL	蒸馏水量/mL
1	52	1000
0.5	26	1000
0.1	5	1000

配制成近似浓度后，再用草酸标定氢氧化钠溶液，其反应为

$$H_2C_2O_4 + 2NaOH \rightleftharpoons Na_2C_2O_4 + 2H_2O$$

由于滴定到终点时，溶液偏碱性（pH 约 8.4），pH 突跃范围为 7.7~10.0，指示剂选用酚酞为宜。

2.5 酸碱滴定基本原理

酸碱滴定过程中溶液 pH 随滴定剂用量变化的曲线称为滴定曲线。滴定过程中溶液 pH

可根据酸碱平衡原理进行计算。而依据滴定曲线上的 pH 突跃范围可进行指示剂的选择。由于酸、碱有强弱的不同，在滴定过程中 pH 的变化情况也不同。下面分别讨论强碱滴定强酸、强碱滴定弱酸、强酸滴定弱碱、多元酸碱和混合酸碱滴定的基本原理。

2.5.1　强碱滴定强酸

强碱滴定强酸时发生的基本反应为

$$H^+ + OH^- \rightleftharpoons H_2O$$

反应的完全程度可用反应平衡常数来衡量。在酸碱滴定中反应平衡常数又称为滴定常数，用 K_t 表示。则该反应的 K_t 为

$$K_t = \frac{1}{a_{H^+} a_{OH^-}} = \frac{1}{K_w} = 1.00 \times 10^{14}$$

可见，强碱与强酸之间的滴定反应进行得非常完全。

现以 0.1000mol/L NaOH 溶液滴定 20.00mL 0.1000mol/L HCl 溶液为例，讨论滴定过程中溶液 pH 的变化情况。

① 滴定前，溶液 [H$^+$] 等于 HCl 的初始浓度：

$$[H^+] = c = 0.1000\text{mol/L}$$
$$pH = -\lg[H^+] = 1.00$$

② 化学计量点前，溶液的 [H$^+$] 决定于剩余 HCl 的浓度。

例如，当滴入 18.00mL NaOH 溶液时，有 90% 的 HCl 被中和。

剩余 HCl 的量 = $0.1000 \times 20.00 - 0.1000 \times 18.00 = 0.2000$mmol，此时溶液的总体积为 38.00mL，则溶液的 [H$^+$] 为

$$[H^+] = \frac{20.00 - 18.00}{38.00} \times 0.1000 = 5.26 \times 10^{-3}\ (\text{mol/L})$$

$$pH = -\lg[H^+] = -\lg 5.26 \times 10^{-3} = 2.28$$

用类似的方法可求得当加入 19.98mL NaOH 时，溶液的 pH 为 4.30。

③ 化学计量点时，当加入 20.00mL NaOH 溶液时，HCl 溶液被 100% 的中和，变成了中性的 NaCl 水溶液，故溶液的 pH 由水的离解决定。即

$$[H^+] = 1.0 \times 10^{-7}\text{mol/L}$$
$$pH = 7.00$$

④ 化学计量点后，溶液的 pH 取决于过量的 NaOH。

例如，当加入 20.02mL NaOH 溶液时，NaOH 溶液过量 0.02mL，溶液的总体积为 40.02mL，则溶液的 [OH$^-$] 为

$$[OH^-] = \frac{20.02 - 20.00}{40.02} \times 0.1000 = 5 \times 10^{-5}\ (\text{mol/L})$$

$$pOH = 4.30$$
$$pH = 14.00 - 4.30 = 9.70$$

根据上述方法可以计算出滴定过程中任一点时溶液的 pH。

以溶液 pH 为纵坐标，滴加的 NaOH 标准溶液体积量为横坐标，绘制出滴定曲线，如图 2-3 所示。

从图 2-3 中可以看出，强酸滴定强碱的滴定

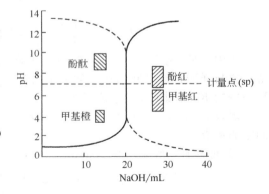

图 2-3　强碱滴定强酸的滴定曲线
（实线：0.1000mol/L NaOH 溶液滴定
同浓度 HCl 溶液的滴定曲线；
虚线：0.1000mol/L HCl 溶液滴定
同浓度 NaOH 溶液的滴定曲线）

曲线与强碱滴定强酸的滴定曲线类同，只是位置相反（见图 2-3 中虚线部分）。这类滴定曲线自左至右明显分成三段（前段、中段和后段）。前段和后段比较平坦，溶液的 pH 变化缓慢，中段曲线近乎垂直。

前段：从滴定开始，溶液中的酸量大，加入大约 18mL 碱，滴定百分数从 0 变化至 90%，pH 仅改变 1.3 个单位，这是强酸缓冲容量最大的区域，所以曲线平坦，随着滴定的进行，溶液中酸量减少，缓冲容量下降，这时若使 pH 改变一个单位，只需再加入 1.8mL NaOH。

中段：化学计量点附近，此区域的特征是当滴定百分数从 99.9% 变化至 100.1%，体系从 pH 4.3 突跃至 pH 9.7。突跃所在的 pH 范围称为滴定突跃范围。

后段：此区域的特征是随着过量滴定剂的加入，体系 pH 的变化趋于平缓。这是因为随着过量 NaOH 浓度的增大，强碱的缓冲容量增大，滴定曲线趋于平坦。

理想的指示剂应能恰好在反应的化学计量点处发生颜色变化，但在实际工作中很难使指示剂的变色点和化学计量点完全统一。指示剂的选择原则是以滴定的突跃范围为依据，选取变色范围全部或部分处在突跃范围内的指示剂指示滴定终点，这样产生的终点误差不会超过 $\pm 0.1\%$。在上述滴定中，甲基橙（pH=3.1~4.4）和酚酞（pH=8.0~10.0）的变色范围均有一部分在滴定的突跃范围内，所以都可以用来指示滴定终点。此外，甲基红、溴酚蓝和溴百里酚蓝等也可用作这类滴定的指示剂。

影响滴定突跃范围的因素有：滴定常数和滴定液与被滴定液的浓度。

强碱与强酸之间的滴定常数 $K_t = 1/K_w = 1.00 \times 10^{14}$，是一常数。故滴定突跃的大小与浓度密切相关。若是等浓度的强酸和强碱之间滴定，当滴定起始浓度增大 10 倍时，滴定突跃范围将增加 2 个 pH 单位；反之，若滴定起始浓度减小 10 倍，相应的突跃范围将减小 2 个 pH 单位。可见浓度越高，突跃范围越大。如果滴定时所用的酸碱浓度相等并小于 2×10^{-4} mol/L，滴定突跃范围就会小于 0.4 个 pH 单位，用一般的指示剂不能准确地指示出终点，故将 $c \geqslant 2 \times 10^{-4}$ mol/L 作为此类滴定的条件。

2.5.2 强碱滴定弱酸和强酸滴定弱碱

（1）强碱滴定弱酸

强碱滴定弱酸的滴定反应：

$$OH^- + HA \rightleftharpoons H_2O + A^-$$

$$K_t = \frac{[A^-]}{[OH^-][HA]} = \frac{[H^+][A^-]}{[H^+][OH^-][HA]} = \frac{K_a}{K_w}$$

式中，K_a 为弱酸（HA）的离解平衡常数。由于强碱完全离解而弱酸（HA）部分离解，故与强酸强碱之间的滴定常数相比较，K_t 值要小得多，说明反应的完全程度较差，且受弱酸的 K_a 值影响，K_a 值越大，K_t 值也越大，反应的完全程度就越高。

现以 0.1000mol/L NaOH 溶液滴定 20.00mL 0.1000mol/L HAc 溶液为例，讨论这类滴定的特点。

① 滴定前，溶液是 0.1000mol/L HAc 溶液。溶液中 $[H^+]$ 为

$$[H^+] = \sqrt{K_a c} = \sqrt{1.8 \times 10^{-5} \times 0.1000} = 1.35 \times 10^{-3} (mol/L)$$
$$pH = 2.87$$

② 滴定开始至化学计量点前，溶液中未反应的 HAc 和反应产物 Ac⁻ 同时存在，组成一个缓冲体系。溶液的 pH 按下式计算：

$$pH = pK_a + \lg \frac{[Ac^-]}{[HAc]}$$

例如，当滴入 19.98mL NaOH 溶液时（剩余 HAc 0.02mL）时，

$$[HAc] = \frac{0.02}{20.00 + 19.98} \times 0.1000 = 5.03 \times 10^{-5}(mol/L)$$

$$[Ac^-] = \frac{19.98}{20.00 + 19.98} \times 0.1000 = 5.00 \times 10^{-2}(mol/L)$$

$$pH = 4.74 + \lg\frac{5.00 \times 10^{-2}}{5.03 \times 10^{-5}} = 7.74$$

③ 化学计量点时，已滴入 20.00mL NaOH，HAc 全部被中和，生成 NaAc，但由于 Ac^- 为一弱碱，根据它在溶液中的离解平衡，求得这时溶液中的 $[OH^-]$：

$$[OH^-] = \sqrt{K_b c} = \sqrt{\frac{K_w}{K_a}c} = \sqrt{\frac{1.0 \times 10^{-14}}{1.7 \times 10^{-5}} \times 0.05000} = 5.4 \times 10^{-6}(mol/L)$$

$$pOH = 5.27$$

$$pH = 14.00 - 5.27 = 8.73$$

可见化学计量点时 pH 大于 7，溶液显碱性。

④ 化学计量点后，由于过量 NaOH 的存在，抑制了 Ac^- 的离解，溶液的 pH 取决于过量的 NaOH 浓度。例如，当加入 20.02mL NaOH 溶液时，NaOH 溶液过量 0.02mL，则溶液的 $[OH^-]$ 为

$$[OH^-] = \frac{0.02}{20.00 + 20.02} \times 0.1000 = 5.0 \times 10^{-5}(mol/L)$$

$$pOH = 4.30$$

$$pH = 14.00 - 4.30 = 9.70$$

NaOH 滴定 HAc 的滴定曲线如图 2-4 所示。它和强碱滴定强酸的滴定曲线不同。曲线起始点的 pH 为 2.87 而非 1.00。这是由于 HAc 部分离解，$[H^+] = \sqrt{K_a c}$；起始点至化学计量点前的曲线开始时，上升较快，而后较为平缓，在临近终点时又较快地上升。这是 HAc-NaAc 缓冲体系作用的表现。滴定开始，反应产生的 Ac^- 抑制了 HAc 的离解，pH 上升较明显。当 $\frac{[HAc]}{[NaAc]} = 1$ 时，该缓冲体系的缓冲能力最大，曲线变得平坦，继续加入 NaOH，缓冲能力下降，pH 的上升速度又加快。接近化学计量点时缓冲作用已很小，故 pH 上升迅速；化学计量点时溶液的 pH = 8.73，这是 NaAc 水解的结果。

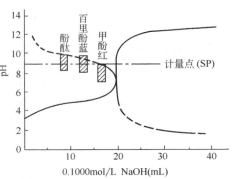

图 2-4　强碱滴定弱酸的滴定曲线
（0.1000mol/L NaOH 溶液滴定同浓度 HAc 溶液的滴定曲线）

化学计量点后，过量的 NaOH 抑制了盐的水解，溶液的 pH 由过量的 NaOH 决定。故计量点后的滴定曲线与强碱滴定强酸的滴定曲线相似。根据强碱滴定弱酸时 pH 的突跃范围，一般选用变色范围处于碱性范围内的指示剂，如常用的酚酞和百里酚蓝等。

强碱滴定弱酸的滴定突跃范围不仅与酸碱浓度有关，还与滴定常数的大小有关。由于强碱滴定弱酸的滴定常数（K_a/K_w）远小于强碱滴定强酸的滴定常数（$1/K_w$），故其突跃范围明显小于强碱滴定强酸所产生的突跃范围；而强碱滴定不同强度弱酸的滴定曲线，如图 2-5 所示，当弱酸的浓度一定时，弱酸的 K_a 值越大，滴定常数 K_t 值也越大，滴定的突跃范围越大；K_a 值越小，滴定常数 K_t 值也越小，滴定的突跃范围就越小。当 $c(HA) = 0.1000mol/L$ 时，$K_a \leqslant 10^{-9}$，已无明显的滴定突跃，此时用指示剂已无法确定反应终点。

判断弱酸是否能被强碱准确滴定的条件是：

$$c_{sp}K_a \geqslant 10^{-8} \qquad (2-43)$$

其中 c_{sp} 为计量点时的浓度。使用该条件式的前提：终点观测误差在 $\pm 0.1\%$ 范围内；且终点观测的不确定性为 ± 0.2 pH 单位。

（2）强酸滴定弱碱

强酸滴定弱碱与强碱滴定弱酸的滴定相似，只是滴定曲线的形状相反。现以 0.1000mol/L HCl 溶液滴定 20.00mL 0.1000mol/L 氨水为例，说明滴定过程中 pH 的变化及指示剂的选择。滴定反应为

$$H^+ + NH_3 \Longrightarrow NH_4^+$$

$$K_t = \frac{[NH_4^+]}{[H^+][NH_3]} = \frac{[NH_4^+][OH^-]}{[H^+][OH^-][NH_3]} = \frac{K_b}{K_w}$$

式中，K_b 为弱碱氨水的离解平衡常数。

① 滴定前：$[OH^-] = \sqrt{K_b c} = \sqrt{1.8 \times 10^{-5} \times 0.1000}$
$$= 1.35 \times 10^{-3} (mol/L)$$
$$pOH = 2.87$$
$$pH = 14.00 - 2.87 = 11.13$$

② 滴定开始至化学计量点前，根据下式计算，即

$$[OH^-] = K_b \frac{[NH_3]}{[NH_4^+]}$$

$$pOH = pK_b + lg \frac{[NH_3]}{[NH_4^+]}$$

当滴加 19.98mL 0.1000mol/L HCl 溶液时，

$$[NH_3] = \frac{0.02}{20.00 + 19.98} \times 0.1000 = 5.03 \times 10^{-5} (mol/L)$$

$$[NH_4^+] = \frac{19.98}{20.00 + 19.98} \times 0.1000 = 5.00 \times 10^{-2} (mol/L)$$

$$pOH = 4.74 + lg \frac{5.00 \times 10^{-2}}{5.03 \times 10^{-5}} = 7.74$$

$$pH = 14 - pOH = 14 - 7.74 = 6.26$$

由上面的式子计算得到，滴加 HCl 溶液 18.00mL 时，溶液的 pH 为 8.30；滴加 HCl 溶液 19.96mL 时，溶液的 pH 为 6.56。

③ 化学计量点时，已滴入 0.1000mol/L HCl 溶液 20.00mL，按下式计算，即

$$[H^+] = \sqrt{K_a c} = \sqrt{\frac{K_w}{K_b} c} = \sqrt{\frac{10^{-14}}{1.8 \times 10^{-5}} \times \frac{20.00 \times 0.1000}{20.00 + 20.00}}$$

$$pH = 5.28$$

④ 化学计量点后，溶液的 pH 取决于过量的酸。当滴加 20.02mL HCl 溶液时：

$$[H^+] = \frac{20.02 - 20.00}{20.00 + 20.02} \times 0.1000$$

$$pH = 4.30$$

当滴加 HCl 溶液 20.20mL 时，溶液的 pH 为 3.30；滴加到 22.00mL 时，溶液的 pH 为 2.30；滴加到 40.00mL 时，溶液的 pH 为 1.30。

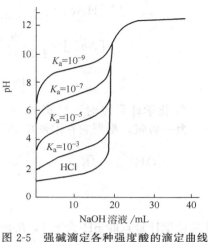

图 2-5　强碱滴定各种强度酸的滴定曲线
（0.1000mol/L NaOH 溶液滴定 20.00mL
0.1000mol/L 各种不同强度弱酸的滴定曲线）

可见，化学计量点时溶液的 pH 为 5.28，滴定的突跃范围是 6.25～4.30。对于这种类型的滴定应选择变色范围在酸性范围内的指示剂。甲基红或溴甲酚绿是这类滴定中常用的指示剂。

2.5.3　多元酸碱和混合酸碱滴定

（1）分级滴定和滴总量的条件

多元酸（如 H_2CO_3、H_3PO_4、酒石酸、草酸等）、多元碱（如 Na_2CO_3 等）以及混合酸碱均存在分级离解的问题，故应同时考虑能否直接准确滴定它们分级离解给出或接受质子的量，即分级滴定的问题以及能否直接准确滴定它们给出或接受质子的总量，即滴总量的问题。

① 分级滴定的条件　若允许的终点观测误差在 $\pm 0.1\%$ 范围内；且终点观测的不确定性为 $\pm 0.2pH$ 单位时，直接准确滴定多元酸碱或混合酸碱必须同时满足：

$$c_{sp_i} K_{a_i} （或 c_{sp_i} K_{b_i}）\geqslant 10^{-8}$$
$$\Delta pK_{a_i} （或 \Delta pK_{b_i}）\geqslant 6 \tag{2-44}$$

这里 ΔpK_{a_i}（或 ΔpK_{b_i}）为相邻两级离解常数的负对数值之差，即代表相邻两级离解常数的比值，$K_{a_i}/K_{a_{i+1}} \geqslant 10^6$ 或 $K_{b_i}/K_{b_{i+1}} \geqslant 10^6$，比值越大，分级突跃越大。

由于现存的多元酸碱中很少有能满足 ΔpK_{a_i}（或 ΔpK_{b_i}）$\geqslant 6$ 这个条件的，若在准确度要求不太高的情况下，如终点观测误差在 $\pm 1\%$ 范围内；且终点观测的不确定性为 $\pm 0.2pH$ 单位时，直接准确滴定多元酸碱或混合酸碱的判据为

$$c_{sp_i} K_{a_i} （或 c_{sp_i} K_{b_i}）\geqslant 10^{-10}$$
$$\Delta pK_{a_i} （或 \Delta pK_{b_i}）\geqslant 4 \tag{2-45}$$

② 滴总量的条件　为了与式（2-44）分级滴定的条件保持一致，当终点观测误差在 $\pm 1\%$ 范围内；且终点观测的不确定性为 $\pm 0.2pH$ 单位时，滴总量的判据为

$$c_{sp_n} K_{a_n} （或 c_{sp_n} K_{b_n}）\geqslant 10^{-10} \tag{2-46}$$

滴总量时是以多元酸碱中强度最弱的酸碱进行判断的。

（2）多元酸的滴定

现以多元酸的滴定讨论分级滴定和滴总量的应用。以 NaOH 滴定 0.1000mol/L 的 H_3PO_4 为例，H_3PO_4 的分级离解反应如下：

$$H_3PO_4 \rightleftharpoons H_2PO_4^- + H^+ \qquad K_{a1} = 7.5 \times 10^{-3}$$
$$H_2PO_4^- \rightleftharpoons HPO_4^{2-} + H^+ \qquad K_{a2} = 6.3 \times 10^{-8}$$
$$HPO_4^{2-} \rightleftharpoons PO_4^{3-} + H^+ \qquad K_{a3} = 4.4 \times 10^{-13}$$

可见 $K_{a_i}/K_{a_{i+1}}$ 均大于 10^4，由分级滴定的条件式（2-44）可知，每级离解都可分级滴定。但由于 HPO_4^{2-} 的 K_{a3} 太小，由滴总量的条件式（2-45）可知，$c_{sp}K_{a3} < 10^{-10}$，故第三级离解不能被准确滴定。滴定时，首先 H_3PO_4 被中和，生成 $H_2PO_4^-$，出现第一个化学计量点；然后 $H_2PO_4^-$ 继续被中和，生成 HPO_4^{2-}，出现第二个化学计量点；而不会出现第三个计量点。

第一计量点时的 pH 计算：H_3PO_4 被中和，生成浓度为 0.050mol/L 的 $H_2PO_4^-$，采用两性物质 pH 计算的最简式：

$$[H^+] = \sqrt{K_{a1}K_{a2}} = 2.17 \times 10^{-5} mol/L$$
$$pH = 4.66$$

第二计量点时的 pH 计算：$H_2PO_4^-$ 继续被滴定，生成浓度为 0.033mol/L 的 HPO_4^{2-}，采用两性物质 pH 计算的最简式：

$$[H^+] = \sqrt{K_{a2}K_{a3}} = 1.66 \times 10^{-10} mol/L$$

$$pH = 9.78$$

混合酸碱的滴定与多元酸相似。

2.5.4 酸碱滴定中 CO_2 的影响

在酸碱滴定中，所使用的蒸馏水和配置碱标准溶液的碱固体会溶进和吸收一定量的 CO_2，甚至在滴定过程中也会有一定量 CO_2 溶于滴定液中。这些溶入的 CO_2 对测定结果的影响大小与滴定终点时溶液的 pH 有关。表 2-6 所示为不同 pH 时 H_2CO_3 各种存在形式的分布分数。当滴定终点时溶液的 pH≈4 时，$\delta(H_2CO_3) \approx 1$，$CO_2$ 几乎不被滴定；当滴定计量点 pH≈7 时，由表 2-6 可知，$\delta(H_2CO_3) = 0.192$，$\delta(HCO_3^-) = 0.808$，此时 CO_2 的影响较大，这种情况下最好煮沸溶液驱赶 CO_2，并配制不含 CO_3^- 的碱标准溶液；当计量点 pH≈9 时，CO_2 对滴定的影响不能忽略，应对碱标准溶液所吸收的 CO_2 的量进行校正。

表 2-6　不同 pH 时 H_2CO_3 溶液中各种存在形式的分布分数

pH	$\delta(H_2CO_3)$	$\delta(HCO_3^-)$	$\delta(CO_3^{2-})$	pH	$\delta(H_2CO_3)$	$\delta(HCO_3^-)$	$\delta(CO_3^{2-})$
4	0.996	0.004	0.000	7	0.192	0.808	0.000
5	0.960	0.040	0.000	8	0.023	0.971	0.006
6	0.704	0.296	0.000	9	0.002	0.945	0.053

2.6　酸碱滴定的终点误差

在酸碱滴定中，以指示剂颜色的改变来指示滴定终点的到达。一般情况下，滴定终点与反应的化学计量点不相符，由此带来了滴定误差。这种滴定终点与反应的化学计量点不一致所引起的误差称为终点误差或滴定误差，也称指示剂误差。终点误差属于系统误差，但不包括滴定操作本身所引起的误差。正确选择指示剂并准确辨别指示剂的颜色是否过渡，可减小滴定误差，提高分析结果的准确度。

酸碱滴定误差可由滴定终点时滴加滴定剂的物质的量与计量点时所需物质的量之差占计量点时所需滴定剂的物质的量的百分比进行计算，用 TE% 表示。则

$$TE = \frac{n_{ep} - n_{sp}}{n_{sp}} \times 100\% = \frac{n'}{n_{sp}} \times 100\% \tag{2-47}$$

式中　n_{ep}——滴定终点时消耗的滴定剂的物质的量；

n_{sp}——化学计量点时理论所需滴定剂物质的量；

n'——终点时加入滴定剂物质的量与计量点时所需理论物质的量之差。

强碱强酸之间的相互滴定，以 0.1000mol/L NaOH 标准溶液滴定 20.00mL 0.1000mol/L HCl 为例。以甲基橙为指示剂，滴定终点时 pH=4.00，即 $[H^+] = 1.00 \times 10^{-4}$mol/L，化学计量点时 pH=7.00，即 $[H^+] = 1.00 \times 10^{-7}$mol/L，滴定终点提前，产生的是负误差。滴定终点时溶液总体积为 40mL，则

$$TE = \frac{n'}{n_{sp}} \times 100\% = -\frac{(1.00 \times 10^{-4} - 1.00 \times 10^{-7}) \times 40}{0.1000 \times 20} \times 100\% = -0.2\%$$

当以酚酞为指示剂，微红色终点时 pH=9.00，即 $[H^+] = 1.00 \times 10^{-9}$mol/L，或 $[OH^-] = 1.00 \times 10^{-5}$mol/L，NaOH 标准溶液的理论加入量为 20.00mL，化学计量点时 pH=7.00，滴定终点延后，产生的是正误差。滴定终点时溶液总体积为 40mL，则

$$TE = \frac{n'_{NaOH}}{n_{NaOH}} \times 100\% = \frac{(1.00 \times 10^{-5} - 1.00 \times 10^{-7}) \times 40}{0.1000 \times 20} \times 100\% = 0.02\%$$

从上面计算可以看出，以酚酞为指示剂时滴定误差较甲基橙指示剂小得多。

强碱（或强酸）滴定弱酸（或弱碱）滴定误差的计算，以 0.1000mol/L NaOH 标准溶液滴定 20.00mL 0.1000mol/L HAc 为例。以酚酞为指示剂，滴定终点时 pH＝9.00，化学计量点 pH＝8.72，滴定终点滞后，产生正误差。

在到达滴定终点时 $[OH^-]＝1.00\times10^{-5}$ mol/L，OH^- 来自稍过量的 NaOH 标准溶液以及产物 Ac^- 水解的产物，产生滴定误差的是前者，故需减去 Ac^- 水解产生的 $[OH^-]_{水解}$，方可计算出实际过量的 n'_{NaOH}，产物 Ac^- 的水解反应为

$$Ac^- + H_2O \Longleftrightarrow HAc + OH^-$$

则

$$[OH^-]_{水解}=\sqrt{K_b c}=\sqrt{\frac{K_w}{K_a}c}=\sqrt{\frac{1.0\times10^{-14}}{1.7\times10^{-5}}\times0.05000}=5.4\times10^{-6}(mol/L)$$

故

$$TE=\frac{n'_{NaOH}}{n_{NaOH}}\times100\%=\frac{(1.00\times10^{-5}-5.4\times10^{-6})\times40}{0.1000\times20}\times100\%\approx0.01\%$$

一般情况下，酸碱滴定曲线计量点附近 pH 突跃显著（如强碱滴定强酸），滴定误差相对小一些；否则，突跃越小，终点误差也越大。

2.7　酸碱滴定的应用

酸碱滴定在水质分析中的应用主要是测定水中的酸度、碱度和 pH 等水质指标。水中的碱度指水中所含能接受质子的物质的总量，即水中所有能与强酸定量作用的物质的总量；而水中的酸度是指水中所含能够给出质子的物质的总量，即水中所有能与强碱定量作用的物质的总量。碱度和酸度都是水质综合性特征指标之一。在水处理中，碱度的测定应用很普遍，如在饮用水、锅炉用水、农田灌溉用水中和其他用水中常需测定碱度。另外，碱度还常作为混凝效果、水质稳定和管道腐蚀控制的依据以及废水好氧厌氧处理设备良好运行的条件等。水中酸度、碱度的测定在评价水环境中污染物质的迁移转化规律和研究水体的缓冲容量等方面有重要的实际意义。

2.7.1　碱度

2.7.1.1　碱度的组成

水中的碱度物质主要有 3 类，一类是强碱，如 KOH、NaOH 等，在水中可全部离解产生 OH^-；一类是弱碱，如 NH_3、有机胺等，在水中部分离解产生 OH^-；另一类是强碱弱酸盐，如 Na_2CO_3、$NaHCO_3$ 等在水中水解产生 OH^-。

水中碱度主要有 3 种，即重碳酸盐（HCO_3^-）碱度、碳酸盐（CO_3^{2-}）碱度和氢氧化物（OH^-）碱度。这些碱度与水中 pH 有关，天然水中 pH＜8.3 时，主要含有 HCO_3^- 碱度；而 pH 略大于 8.3 的天然水、生活污水中除有 HCO_3^- 外，还有 CO_3^{2-} 碱度；而工业废水中如造纸、制革废水、石灰软化的锅炉水中主要有 OH^- 和 CO_3^{2-} 碱度。一般 pH＞10 时主要是 OH^- 碱度，碳酸盐水解也可以使溶液 pH 达到 10 以上。

按碳酸平衡规律，当 pH＜4.5 时，主要存在形式是 H_2CO_3，可认为碱度＝0；当 pH＝4.5～6.38 时，H_2CO_3、HCO_3^- 同时存在，以 H_2CO_3 为主；当 pH＝6.38～10.25 时，存在形式以 HCO_3^- 为主；且 pH≈8.31 时，可认为 H_2CO_3 和 CO_3^{2-} 全部转化为 HCO_3^-；当 pH＞10.25 时，以 CO_3^{2-} 碱度为主；当 pH＝12.5 时，HCO_3^- 可全部转化为 CO_3^{2-}。

一般假设水中 HCO_3^- 和 OH^- 不能同时存在，则水中可能存在的碱度组成有：

① OH^- 碱度；

② OH^- 和 CO_3^{2-} 碱度；

③ CO_3^{2-} 碱度；

④ CO_3^{2-} 和 HCO_3^- 碱度；

⑤ HCO_3^- 碱度。

2.7.1.2 碱度的测定——酸碱指示剂滴定法

水中碱度的测定除可用酸碱指示剂滴定法外，还可采用电位滴定法。

酸碱指示剂滴定测定水中碱度的具体方法有连续滴定法和分别滴定法，介绍如下：

（1）连续滴定法

取一份水样，首先以酚酞为指示剂，用酸标准溶液滴定至终点后，接着以甲基橙为指示剂，再用酸标准溶液滴定至终点，根据前后两个滴定终点消耗的酸标准溶液的量计算水样中 OH^-、CO_3^{2-} 和 HCO_3^- 碱度组成及其含量的方法为连续滴定法。令以酚酞为指示剂滴定至终点，消耗酸标准溶液的量为 $P(\text{mL})$；再以甲基橙为指示剂滴定至终点，消耗酸标准溶液的量为 $M(\text{mL})$。

由于天然水中的碱度主要有氢氧化物（OH^-）、碳酸盐（CO_3^{2-}）和碳酸氢盐（HCO_3^-）三种碱度来源，因此，用酸标准溶液滴定时的主要反应如下所示。

氢氧化物碱度：

$$OH^- + H^+ \Longrightarrow H_2O \tag{2-48}$$

碳酸盐碱度：

$$CO_3^{2-} + H^+ \Longrightarrow HCO_3^- \tag{2-49}$$

$$\underline{HCO_3^- + H^+ \Longrightarrow CO_2 \uparrow + H_2O}$$

$$CO_3^{2-} + 2H^+ \Longrightarrow CO_2 \uparrow + H_2O$$

碳酸氢盐碱度：

$$HCO_3^- + H^+ \Longrightarrow CO_2 \uparrow + H_2O \tag{2-50}$$

可见，CO_3^{2-} 与 H^+ 的反应分两步进行，第一步反应完成时，pH 在 8.3 附近，此时恰好酚酞变色，所用酸的量又恰好是为完全滴定 CO_3^{2-} 所需总量的一半。

当水样首先加酚酞为指示剂，用酸标准溶液滴定至终点时，溶液由桃红色变为无色，pH 在 8.3 附近，所消耗的酸标准溶液的量用 $P(\text{mL})$ 表示。此时水样中的酸碱反应包括两部分，即

$$OH^- + H^+ \Longrightarrow H_2O$$

$$CO_3^{2-} + H^+ \Longrightarrow HCO_3^-$$

也就是说，这两部分含有 OH^- 碱度和 $\frac{1}{2}CO_3^{2-}$ 碱度，

故
$$P = OH^- + \frac{1}{2}CO_3^{2-}$$

一般，以酚酞为指示剂，滴定的碱度为酚酞碱度（即强碱碱度）。

接着以甲基橙为指示剂用酸标准溶液滴定至终点，此时溶液由橘黄色变成橘红色，pH ≈ 4.4，所用酸标准溶液的量用 $M(\text{mL})$ 表示。此时水样中的酸碱反应为

$$HCO_3^- + H^+ \Longrightarrow CO_2 \uparrow + H_2O$$

这里的 HCO_3^- 包括水样中原来的 HCO_3^- 和另一半 CO_3^{2-} 与 H^+ 反应产生的 HCO_3^-。即

$$M = HCO_3^- + \frac{1}{2}CO_3^{2-}$$

（原有的）

因此，总碱度（T）等于 $P + M$。根据 P、M 的量，可计算出水中 OH^-、CO_3^{2-} 和 HCO_3^-

碱度及总碱度。

应该指出，总碱度也可以这样求得：水样直接以甲基橙为指示剂，用酸标准溶液滴定至终点时（pH≈4.4），所消耗酸标准溶液的量用 T 表示，此时水中碱度为甲基橙碱度，又称总碱度，它包括水样中的 OH^-、CO_3^{2-} 和 HCO_3^- 碱度的全部总和，$T = P + M$。

① 水样中只有 OH^- 碱度：一般 pH>10

$$P > 0, \quad M = 0$$

P 包括全部 OH^- 和 $\frac{1}{2}CO_3^{2-}$，但由于 $M = 0$，说明即无 CO_3^{2-}，也无 HCO_3^-，则

$$OH^- = P, \quad 总碱度 \quad T = P$$

② 水样中有 OH^- 和 CO_3^{2-} 碱度：一般 pH>10

$$P > M$$

P 包括 OH^- 和 $\frac{1}{2}CO_3^{2-}$ 碱度，M 为另一半 CO_3^{2-} 碱度，则

$$OH^- = P - M$$
$$CO_3^{2-} = 2M$$
$$T = P + M$$

③ 水样中有 CO_3^{2-} 和 HCO_3^- 碱度：一般 pH=8.5～9.5 之间

$$P < M$$

P 为 $\frac{1}{2}CO_3^{2-}$ 碱度，M 为另一半 CO_3^{2-} 和原来的 HCO_3^- 碱度

故
$$CO_3^{2-} = 2P$$
$$HCO_3^- = M - P$$
$$T = P + M$$

④ 水样中只有 CO_3^{2-} 碱度：一般 pH>9.5

$$P = M$$

P 为 $\frac{1}{2}CO_3^{2-}$ 碱度，M 为另一半 CO_3^{2-} 碱度

$$CO_3^{2-} = 2P = 2M$$
$$T = 2P = 2M$$

⑤ 水样中只有 HCO_3^- 碱度：一般 pH<8.3

$$P = 0, \quad M > 0$$

$P = 0$ 说明水样中无 OH^- 和 CO_3^{2-} 碱度，只有 HCO_3^- 碱度

故
$$HCO_3^- = M$$
$$T = M$$

（2）分别滴定法

分别滴定法除可采用酚酞和甲基橙作指示剂外，还经常采用两种混合指示剂：百里酚蓝（pH=1.2～2.8，红～黄）与甲酚红（pH=7.2～8.8，黄～红）混合指示剂，变色点 pH=8.3，终点为黄色；溴甲酚绿（pH=4.0～5.6，黄～绿）和甲基红（pH=4.4～6.2，红～黄）混合指示剂，变色点 pH=4.8，终点为浅灰紫色。

滴定时，分别取两份体积相同的水样，其中一份水样采用百里酚蓝-甲酚红混合指示剂，以 HCl 标准溶液滴定至终点时，溶液由紫色变为黄色，变色点 pH=8.3，消耗 HCl 标准溶液的量为 $V_{pH8.3}$（mL），即强碱碱度（等于酚酞碱度）。它包括：

$$V_{pH8.3} = OH^- + \frac{1}{2}CO_3^{2-}$$

另一份水样以溴甲酚绿-甲基红为指示剂，用 HCl 标准溶液滴定至终点时，溶液由绿色转变为浅灰紫色，变色点 pH＝4.8，消耗 HCl 标准溶液的量为 $V_{pH4.8}$（mL），即总碱度（T）。它包括：

$$V_{pH4.8}=OH^-+\frac{1}{2}CO_3^{2-}+\frac{1}{2}CO_3^{2-}+HCO_3^-$$

（原有的）

根据 $V_{pH8.3}$ 与 $V_{pH4.8}$ 可判断水中 OH^-、CO_3^{2-} 和 HCO_3^- 碱度组成并计算各种碱度的含量。

① 水样中只有 OH^- 碱度

$$V_{pH8.3}=V_{pH4.8}$$

则

$$OH^-=V_{pH8.3}=V_{pH4.8}$$

② 水样中有 OH^- 和 CO_3^{2-} 碱度

$$V_{pH8.3}>V_{pH4.8}$$

这里 $V_{pH8.3}$ 包括 $OH^-+\frac{1}{2}CO_3^{2-}$，而 $V_{pH4.8}$ 包括 $OH^-+\frac{1}{2}CO_3^{2-}+\frac{1}{2}CO_3^{2-}$

故 $OH^-=2V_{pH8.3}-V_{pH4.8}$

$CO_3^{2-}=2(V_{pH4.8}-V_{pH8.3})$

③ 水样中有 CO_3^{2-} 和 HCO_3^- 碱度

$$V_{pH8.3}<\frac{1}{2}V_{pH4.8}$$

这里，

$$V_{pH8.3}=\frac{1}{2}CO_3^{2-}$$

$$V_{pH4.8}=\frac{1}{2}CO_3^{2-}+\frac{1}{2}CO_3^{2-}+HCO_3^-$$

则

$$CO_3^{2-}=2V_{pH8.3}$$

$$HCO_3^-=V_{pH4.8}-2V_{pH8.3}$$

④ 水样中只有 CO_3^{2-} 碱度

$$V_{pH8.3}=\frac{1}{2}V_{pH4.8}$$

显然

$$V_{pH8.3}=\frac{1}{2}CO_3^{2-}$$

$$V_{pH4.8}=\frac{1}{2}CO_3^{2-}+\frac{1}{2}CO_3^{2-}$$

则

$$CO_3^{2-}=2V_{pH8.3}=V_{pH4.8}$$

⑤ 水样中只有 HCO_3^-

$$V_{pH8.3}=0$$
$$V_{pH4.8}>0$$

$V_{pH8.3}$ 为零，说明水样中既无 OH^- 也无 CO_3^{2-}，所以

$$HCO_3^-=V_{pH4.8}$$

2.7.1.3　碱度单位及其表示方法

① 以 CaO（mg/L）和 $CaCO_3$（mg/L）表示，则

$$总碱度（CaO 计，mg/L）=\frac{cT\times28.04}{V}\times1000$$

$$总碱度（CaCO_3 计，mg/L）=\frac{cT\times50.05}{V}\times1000$$

式中 c——HCl 标准溶液浓度，mol/L；

28.04——氧化钙摩尔质量 $\left(\frac{1}{2}CaO\right)$，g/mol；

50.05——碳酸钙摩尔质量 $\left(\frac{1}{2}CaCO_3\right)$，g/mol；

V——水样体积，mL；

T——以甲基橙为指示剂滴定至终点时消耗 HCl 标准溶液的量，mL，即总碱度。

② 以 mol/L 表示。碱度若以 HCl 标准溶液为滴定剂，用 mol/L 表示时，应注明各碱度的基本单元，如 OH^- 碱度（OH^-，mol/L）、CO_3^{2-} 碱度（$\frac{1}{2}CO_3^{2-}$，mol/L）、HCO_3^- 碱度（HCO_3^-，mol/L）。

③ 以 mg/L 表示。碱度以 mg/L 表示，在计算时，各碱度物质采用的摩尔质量：OH^- 为 17g/mol，$\frac{1}{2}CO_3^{2-}$ 为 30g/mol，HCO_3^- 为 61g/mol。由此可分别计算并表示 OH^- 碱度、CO_3^{2-} 碱度和 HCO_3^- 碱度。

碱度单位也有用"度"表示的。具体表示方法参见硬度的单位。

2.7.2 酸度

（1）酸度的组成

游离性二氧化碳和侵蚀性二氧化碳是天然水酸度的重要来源。

天然水中的 CO_2 是酸度的基本组成成分。主要来源于大气中溶解的 CO_2 以及水中有机物被微生物分解产生的 CO_2。溶于水中的 CO_2 与 H_2O 作用生成 H_2CO_3。

$$CO_2 + H_2O \Longleftrightarrow H_2CO_3$$

达到平衡时，反应平衡常数 $K_c = \dfrac{[H_2CO_3]}{[CO_2]} = 1.6 \times 10^{-3}$，$[H_2CO_3]$ 仅为 $[CO_2]$ 的 0.16%，水中的 CO_2 主要呈气体状态。这种达到平衡时呈气体状态的 CO_2 与少量的碳酸的总和称为游离二氧化碳，即平衡二氧化碳。一般地面水中的 CO_2 含量在 10～20mg/L 以下。而地下水中 CO_2 含量相对较高，一般为 30～50mg/L，有的甚至高达 100mg/L 以上。

天然水中含有的游离二氧化碳可与岩石中的碳酸盐建立下列平衡，即

$$CaCO_3 + CO_2 + H_2O \Longleftrightarrow Ca(HCO_3)_2$$
$$MgCO_3 + CO_2 + H_2O \Longleftrightarrow Mg(HCO_3)_2$$

如果水中游离 CO_2 的含量较大，破坏了上述平衡，便将碳酸盐溶解，产生重碳酸盐（HCO_3^-），使平衡向右移动。这部分能与碳酸盐起反应的 CO_2，称为侵蚀性二氧化碳。侵蚀性二氧化碳对水中建筑物具有侵蚀破坏作用，当侵蚀性二氧化碳与氧共存时，对金属（铁）具有强烈侵蚀作用。

水中的酸度除游离性二氧化碳和侵蚀性二氧化碳之外，还有许多工业废水中常含有的某些重金属盐类（尤其 Fe^{3+}、Al^{3+} 等盐）或一些酸性废液（如 HCl、H_2SO_4 等），也构成了水中的酸度。如采矿、选矿、化学制品制造、电池制造、人造及天然纤维制造以及发酵处理（啤酒）等工业废水。其中，冶金上的铁酸洗水中含有大量的 H_2SO_4，酸性矿山排放水中含有的大量的二价铁、三价铁和铝盐，经水解可产生无机酸，即

$$FeCl_3 + 3H_2O \Longleftrightarrow 3HCl + Fe(OH)_3$$

水中酸度的物质基本可分为三大类：强酸，如 HCl、H_2SO_4、HNO_3 等在水中可全部离解产生 H^+；弱酸，如 CO_2、H_2CO_3、H_2S 及各种有机弱酸等，在水中部分离解产生 H^+；强酸弱碱盐，如 $FeCl_3$ 和 $Al_2(SO_4)_3$ 等，可水解产生 H^+。

水中存在的 CO_2 对饮用无害，但水中的侵蚀性二氧化碳会对混凝土和金属有侵蚀破坏作用。如果水中还有各种强酸、强酸弱碱盐时，不仅会污染河流，伤害水中生物，还会腐蚀管道，使水的利用价值受到限制。因此，水中酸度的测定对于工业用水、农用灌溉用水、饮用水以及了解酸碱滴定过程中 CO_2 的影响都有实际意义。

（2）酸度的测定

酸度的测定与碱度的测定相仿，可采用酸碱指示剂滴定法和电位滴定法。

酸碱指示剂滴定法可分别以甲基橙或以酚酞作为指示剂，用碱标准溶液（如 NaOH 或 Na_2CO_3 标准溶液）为滴定剂，滴定至终点时由碱标准溶液的消耗量求得对应的甲基橙酸度或酚酞酸度。

若以甲基橙为指示剂，用碱标准溶液滴定至终点 pH＝3.7 的酸度称为甲基橙酸度。甲基橙酸度代表一些较强的酸，适用于废水和严重污染水中的酸度测定。

若以酚酞为指示剂，用碱标准溶液滴定至终点 pH＝8.3 的酸度称为酚酞酸度，又叫总酸度。它是水样中强酸和弱酸的总和。主要用于测定未受工业废水污染或轻度污染的水中的酸度。如天然水中游离性二氧化碳的测定。

酸度的单位及计算方法与碱度类似。

（3）酸度、碱度和 pH 的关系

pH 是反映水的酸碱性强度的一项指标。pH 的监测和控制对维护污水处理设施的正常运行、防止污水处理及输送设备的腐蚀、保护水生生物的生长和维护水体自净功能等方面都有着重要的作用。

水中的 pH 一般采用酸度计直接测定，也可以采用比色法测定。比色法测定时将已知 pH 的缓冲溶液加入适当的指示剂制成标准色列，测定时取与缓冲溶液同量的水样，加入相同的指示剂，进行对比确定水样的 pH。

酸度、碱度和 pH 都是水的酸碱性质的指标，它们既互相联系，又有区别。水中的酸度或碱度表示水中酸碱物质的含量，而 pH 表示水中酸或碱的强度，即水的酸碱性强弱。例如，0.10mol/L HCl 和 0.10mol/L HAc 的酸度是一样的，但它们的 pH 却不同。因 HCl 为强酸，在水中可完全离解，故 pH＝1.0；而 HAc 为弱酸，在水中离解度只有 1.3%，计算得到的 pH＝2.9。还应指出，多数天然水的 pH 在 4.4～8.3 范围内，其水中的酸度和碱度同时存在，这是由于 $H_2CO_3 \rightleftharpoons H^+ + HCO_3^-$ 平衡时即有 CO_2 酸度，又有 HCO_3^- 碱度。因此，同一个水样即可测得酸度，又可测得碱度。

思考题与习题

2-1. 什么是酸碱滴定法？其发生滴定反应的实质是什么？

2-2. 用电离理论、酸碱质子理论和电子理论简述酸碱的概念。

2-3. 什么叫共轭酸碱对？共轭酸的 K_a 与共轭碱 K_b 之间有什么关系？为什么多元酸的分级离解常数逐级变小？

2-4. 在配制 NaOH 标准溶液时，称取固体 NaOH 药品的量要比计算量多一些，为什么？

2-5. 怎样配制不含 CO_2 的 NaOH 溶液？

2-6. 酸碱指示剂为什么能变色？什么叫指示剂的变色范围？甲基橙的实际变色范围（3.1～4.4）与其理论变色范围（2.4～4.4）不一致，如何解释？

2-7. 混合指示剂与单一指示剂相比有何优点？混合指示剂有哪几种配制方法？混合指示剂的变色原理是什么？

2-8. 什么是酸碱滴定的 pH 突跃范围？影响突跃范围大小的因素是什么？

2-9. 用 NaOH 溶液滴定下列各种多元酸时有几个 pH 突跃，应该选择何种指示剂？

$H_2C_2O_4$ H_2CO_3 H_3PO_4 H_2SO_4

2-10. 滴定曲线说明什么问题？在各种类型的滴定中，为什么突跃范围各不相同？

2-11. 水的酸度、碱度和 pH 有什么联系和差别，请举例说明。

2-12. 写出 NH_4HCO_3，NaH_2PO_4 水溶液的质子条件式。

2-13. 计算下列溶液的 pH：

　　　① $2×10^{-6}$ mol/L HCl

　　　② 0.1mol/L HCOOH

　　　③ 0.05mol/L NaAc

　　　④ 0.05mol/L NaH_2PO_4

　　　⑤ 0.5mol/L HAc＋1mol/L NaAc

　　　⑥ 0.05mol/L KH_2PO_4＋0.05mol/L NaH_2PO_4

2-14. 计算 0.20mol/L 氯乙酸溶液的 pH（已知 $K_a＝1.4×10^{-3}$）。

2-15. 下列物质能否用酸碱滴定法直接进行滴定？若能滴定，选用什么指示剂？

　　　① KH_2PO_4　② K_2HPO_4　③ Na_3PO_4　④ HAc　⑤ NaAc

2-16. 取一天然水样 100.0mL，加酚酞指示剂，未滴入 HCl 溶液，溶液已呈现终点颜色，接着以甲基橙为指示剂，用 0.0500mol/L HCl 溶液滴定至刚好橙红色，用去 13.50mL，问该水样有何种碱度，其含量为多少？（用 mg/L 表示）

第3章 配位滴定法

内容提要 本章介绍了配位平衡的基本概念和基本理论，并采用副反应系数及条件稳定常数等概念，阐述了配位滴定的基本原理，为处理配位平衡及配位滴定中的有关问题和掌握水质分析中硬度等的测定奠定了基础。

配位滴定法是以形成配合物的反应为基础的滴定分析方法。在水溶液中，金属离子是以水合离子 $M(H_2O)^{V+}$ 的形式存在，水溶液中的配位反应实际上是配位体 L 与 H_2O 分子间的交换：

$$M(H_2O)_n + L \Longrightarrow M(H_2O)_{n-1}L + H_2O$$

交换反应可进行到 ML_n。由于水合现象普遍存在，溶液中的金属离子仍表示成 M^{V+}。

配位反应在分析化学中应用非常广泛，除作滴定反应外，还常用于显色反应、萃取反应、沉淀反应及掩蔽反应。在水分析化学中，配位滴定法主要用于水中硬度以及 Ca^{2+}、Mg^{2+}、Al^{3+} 等几十种金属离子的测定，也可用于水中 SO_4^{2-}、PO_4^{3-} 等阴离子的测定。

3.1 配位平衡

3.1.1 配合物的稳定常数与配位平衡

配位滴定法是以形成配合物的反应为基础的滴定分析法。在配位反应中，配合物的形成和离解，处于相对的平衡状态中，其平衡常数以稳定常数来表示。

（1）ML 型（1:1）配合物

金属离子（M）与配位剂（L）的反应只形成 1:1 型的配合物（如大多数金属离子与 EDTA 发生的配位反应，即形成计量比 1:1 的配合物）：

$$M + L \Longrightarrow ML$$

其反应平衡常数即配合物的稳定常数，用 $K_稳$ 表示：

$$K_稳 = \frac{[ML]}{[M][L]} \tag{3-1}$$

（2）ML_n 型（1:n）配合物

金属离子（M）与配位剂（L）的反应形成 1:n 型的配合物，ML_n 型配合物的逐级形成反应及相应的逐级稳定常数为

$$M + L \Longrightarrow ML \quad K_1 = \frac{[ML]}{[M][L]} \quad\quad [ML] = K_1[M][L] \tag{3-2}$$

$$ML + L \Longrightarrow ML_2 \quad K_2 = \frac{[ML_2]}{[ML][L]} \quad\quad [ML_2] = K_1K_2[M][L]^2$$

$$\cdots \quad\quad\quad \cdots \quad\quad\quad \cdots$$

$$ML_{n-1} + L \Longrightarrow ML_n \quad K_n = \frac{[ML_n]}{[ML_{n-1}][L]} \quad [ML_n] = K_1K_2\cdots K_n[M][L]^n$$

K_1、K_2、$\cdots$、K_n 分别对应于第一级、第二级、$\cdots$、第 n 级稳定常数。

若将逐级稳定常数渐次相乘，即得到各级累积稳定常数 β：

$$\beta_1 = K_1 = \frac{[ML]}{[M][L]} \tag{3-3}$$

$$\beta_2 = K_1 K_2 = \frac{[ML_2]}{[M][L]^2}$$

$$\cdots$$

$$\beta_n = K_1 K_2 \cdots K_n = \frac{[ML_n]}{[M][L]^n}$$

第 n 级累积稳定常数即为配合物的总稳定常数 $K_稳$。

一般来说：$K_1 > K_2 > \cdots > K_n$，且大多数配合物相邻逐级稳定常数相差不大，如 $Cu(NH_3)_4^{2+}$，逐级稳定常数 $K_1 \sim K_4$ 分别为 2.1×10^4、4.7×10^3、1.1×10^3、2.0×10^2，用 $NH_3 \cdot H_2O$ 滴定 Cu^{2+} 时，不可能有明显的突跃，故这种分级配位反应不能用于配位滴定。

应该指出，不同配合物具有不同的稳定常数，$K_稳$ 越大，形成的配合物越稳定。

① 同型的配合物，可根据其稳定常数的大小比较其稳定性。

$K_稳$ 越大，形成的配合物越稳定。如

$$Ag^+ + 2CN^- \Longrightarrow [Ag(CN)_2]^- \qquad K_稳 = 10^{21.1}$$

$$Ag^+ + 2NH_3 \Longrightarrow [Ag(NH_3)_2]^+ \qquad K_稳 = 10^{7.15}$$

比较可知，$[Ag(CN)_2]^-$ 比 $[Ag(NH_3)_2]^+$ 更稳定。

② 同型的配合物，稳定常数的大小不同，决定了形成配合物的次序。

$K_稳$ 大者先配位，小者后配位。例如，用 EDTA 滴定溶液中的 Ca^{2+}，同时存在 Hg^{2+}，则发生的配位反应如下：

$$Hg^{2+} + Y^{4-} \Longrightarrow HgY^{2-} \qquad K_{稳\ HgY^{2-}} = 10^{21.7}$$

$$Ca^{2+} + Y^{4-} \Longrightarrow CaY^{2-} \qquad K_{稳\ CaY^{2-}} = 10^{10.69}$$

首先发生 Hg^{2+} 的配位反应，待反应平衡后 Ca^{2+} 才开始配位。

③ 同一金属离子与不同配位剂所形成的配合物的稳定性（$K_稳$）不同。

可由此进行配位剂的相互置换。例如：在含 Al^{3+} 与 EDTA 配合物（AlY^-）的溶液中，加入 NH_4F，由于 $K_{稳\ AlY^-} = 10^{16.13} < K_{稳\ AlF_6} = 10^{19.7}$，故发生置换反应：

$$AlY^- + 6F^- \Longrightarrow AlF_6^{3-} + Y^{4-}$$

3.1.2　溶液中各级配合物的分布分数

与酸碱溶液中的分布分数相似，配位溶液中的各级配合物的分布分数（或摩尔分数）是指各级配合物的平衡浓度与溶液中金属离子总浓度（即分析浓度）的比值。在 ML_n 配合物溶液中，金属离子 M 的各种存在型体摩尔浓度之和 c_M（即分析浓度）为

$$c_M = [M] + [ML] + [ML_2] + \cdots + [ML_n]$$

$$= [M] + \beta_1[M][L] + \beta_2[M][L]^2 + \cdots + \beta_n[M][L]^n$$

$$= [M](1 + \beta_1[L] + \beta_2[L]^2 + \cdots + \beta_n[L]^n) \tag{3-4}$$

则各型体的分布分数 δ_i（i 表示该型体所含配位体物质的量与金属离子物质的量的比值）：

$$\delta_0 = \frac{[M]}{c_M} = \frac{1}{1 + \beta_1[L] + \beta_2[L]^2 + \cdots \beta_n[L]^n}$$

$$\delta_1 = \frac{[ML]}{c_M} = \frac{\beta_1[L]}{1 + \beta_1[L] + \beta_2[L]^2 + \cdots \beta_n[L]^n}$$

$$\cdots$$

$$\delta_n = \frac{[ML_n]}{c_M} = \frac{\beta_n[L]^n}{1 + \beta_1[L] + \beta_2[L]^2 + \cdots \beta_n[L]^n} \tag{3-5}$$

显然，配合物的分布分数 δ_i 是配位剂 [L] 的函数，且各型体分布分数之和：

$$\delta_0 + \delta_1 + \cdots + \delta_n = 1 \qquad (3\text{-}6)$$

3.2 常用配位剂

滴定用的配位剂可分为无机和有机配位剂两类。

3.2.1 无机配位剂

无机配位剂与金属离子形成无机配合物，这类配合物为简单配合物，稳定常数较小；绝大多数无机配位剂属单齿配位剂，即与金属离子配位时仅有一个结合点，且反应中大多发生分级配位现象，如：CN^- 与 Cd^{2+} 的配位反应，分级生成 $[Cd(CN)]^+$、$[Cd(CN)_2]$、$[Cd(CN)_3]^-$ 和 $[Cd(CN)_4]^{2-}$ 四种配位离子，其分级稳定常数分别为 $10^{5.43}$、$10^{5.14}$、$10^{4.56}$ 和 $10^{3.58}$，各级稳定常数相差较小，滴定时不会有明显的突跃。故无机配位剂不宜用作滴定剂，而常作为掩蔽剂、显色剂和指示剂使用。在实际滴定分析中，仅氰量法和汞量法具有一些实际意义。

氰量法是以 CN^- 为配位剂的滴定分析法，主要用于滴定 Ag^+、Ni^{2+} 等，滴定反应为

$$Ag^+ + 2CN^- = [Ag(CN)_2]^-$$
$$Ni^{2+} + 4CN^- = [Ni(CN)_4]^{2-}$$

汞量法是以 Hg^{2+} 为中心离子的滴定分析法，主要用于滴定 Cl^- 和 SCN^- 等，通常以 Hg^{2+} 为滴定剂，二苯胺基脲作指示剂，滴定反应为

$$Hg^{2+} + 2Cl^- \Longrightarrow HgCl_2$$
$$Hg^{2+} + 2SCN^- \Longrightarrow Hg(SCN)_2$$

3.2.2 有机配位剂

有机配位剂属多齿配位体，即与金属离子配位时有两个或两个以上的结合点，可形成环状结构的螯合物，比单齿配合物更稳定，且很少有分级配位现象，因而在滴定分析中应用广泛。有机配位剂主要是指氨羧配位剂，这是一类含氨基二乙酸 [$-N(CH_2COOH)_2$] 的有机化合物，结构中同时含有氨氮和羧氧两种配位能力很强的配位原子。在氨羧配位剂中以 EDTA 最为重要，目前几乎 95% 以上的配位滴定以 EDTA 为滴定剂。

（1）EDTA 的性质

EDTA 是乙二胺四乙酸的简称，常用 H_4Y 表示。它在水中的溶解度较小（22℃ 时，0.02g/100mL H_2O），难溶于酸和有机溶剂，易溶于 NaOH 或 $NH_3 \cdot H_2O$ 中形成相应的盐溶液。通常使用的是 EDTA 的二钠盐，它在水中的溶解度较大（22℃ 时，11.1g/100mL H_2O），0.01mol/L 水溶液的 pH 约为 4.4。

（2）EDTA 的离解平衡

EDTA（H_4Y）在水溶液中以双偶极离子结构存在，即

$$^-OOCH_2C \diagdown \overset{\underset{\displaystyle H^+}{|}}{N} - CH_2 - CH_2 - \overset{\underset{\displaystyle H^+}{|}}{N} \diagup CH_2COO^-$$
$$HOOCH_2C \diagup \qquad\qquad\qquad \diagdown CH_2COOH$$

它的两个羧酸根可再接受 H^+，形成六元酸（H_6Y^{2+}），相应的有六级离解平衡：

$$H_6Y^{2+} \Longrightarrow H^+ + H_5Y^+ \qquad\qquad K_{a1} = \dfrac{[H^+][H_5Y^+]}{[H_6Y^{2+}]} = 10^{-0.9}$$

$$H_5Y^+ \Longrightarrow H^+ + H_4Y \qquad\qquad K_{a2} = \dfrac{[H^+][H_4Y]}{[H_5Y^+]} = 10^{-0.6}$$

$$H_4Y \Longrightarrow H^+ + H_3Y^- \qquad K_{a3} = \frac{[H^+][H_3Y^-]}{[H_4Y]} = 10^{-2.07}$$

$$H_3Y^- \Longrightarrow H^+ + H_2Y^{2-} \qquad K_{a4} = \frac{[H^+][H_2Y^{2-}]}{[H_3Y^-]} = 10^{-2.75}$$

$$H_2Y^{2-} \Longrightarrow H^+ + HY^{3-} \qquad K_{a5} = \frac{[H^+][HY^{3-}]}{[H_2Y^{2-}]} = 10^{-6.24}$$

$$HY^{3-} \Longrightarrow H^+ + Y^{4-} \qquad K_{a6} = \frac{[H^+][Y^{4-}]}{[HY^{3-}]} = 10^{-10.34}$$

所以，EDTA 水溶液中存在七种型体：H_6Y^{2+}、H_5Y^+、H_4Y、H_3Y^-、H_2Y^{2-}、HY^{3-}、Y^{4-}。各型体的浓度取决于溶液的 pH，其分布分数与 pH 的关系曲线如图 3-1 所示。

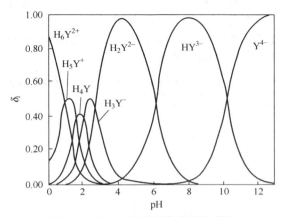

图 3-1　EDTA 各种型体分布曲线图

由图可知：

① pH<1 时，主要以 H_6Y^{2+} 形式存在；

② pH=1~1.6 时，主要以 H_5Y^+ 形式存在；

③ pH=1.6~2.07 时，主要以 H_4Y 形式存在；

④ pH=2.07~2.75 时，主要以 H_3Y^- 形式存在；

⑤ pH=2.75~6.24 时，主要以 H_2Y^{2-} 形式存在；

⑥ pH=6.24~10.34 时，主要以 HY^{3-} 形式存在；

⑦ pH>10.34 时，主要以 Y^{4-} 形式存在。

（3）EDTA 与金属离子的配合物及其稳定性

① EDTA 具有广泛的配位性，几乎能与所有的金属离子形成配合物，在配位滴定法中应用广泛。但 EDTA 配位作用的普遍性也给实际测定带来困难，使提高滴定的选择性成为配位滴定分析中的重要问题。

② 一般情况下，EDTA 与金属离子形成 1:1 的配合物。这是因为 EDTA 分子结构中具有两个氨氮和四个羧氧所提供的六个配位原子，而大多数金属离子的配位数为 4 或 6。这样，一个 EDTA 分子即可满足一个金属离子的配位要求。而仅有少数高价金属离子与 EDTA 形成的配合物不是 1:1 型，如 Mo^{5+} 与 EDTA 形成 2:1 型的配合物。

③ EDTA 配合物的稳定性较高。这是由于 EDTA 与金属离子没有分级配位现象且形成了多个五元环结构的螯合物，而具有五元环或六元环的螯合物最稳定，如图 3-2 所示。

不同金属离子与 EDTA 形成配合物的稳定性不同。如表 3-1 所示，碱金属离子（如

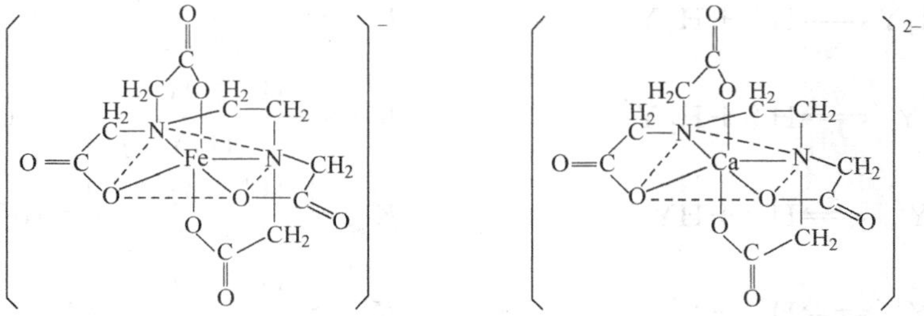

图 3-2　EDTA 与 Fe^{3+}、Ca^{2+} 形成的配合物的结构示意图

Na^+、K^+) 的配合物最不稳定；碱土金属离子（如 Be^{2+}、Mg^{2+}、Ca^{2+}、Sr^{2+}、Ba^{2+}）与 EDTA 的配合物，$\lg K_{稳}=8\sim11$；过渡金属元素、稀土元素、Al^{3+} 的配合物，$\lg K_{稳}=15\sim19$；其他三价、四价金属离子和 Hg^{2+} 等形成的配合物，$\lg K_{稳}>20$。稳定性的差别主要决定于金属离子本身所带电荷、离子半径和电子层结构，这是金属离子影响配合物稳定性大小的本质因素。而外界条件的变化，如 pH 的改变、除滴定剂 EDTA 外的其他配位剂的存在、温度的变化等因素也能影响配位平衡。

表 3-1　离子强度 $I=0.1$，$20\sim25℃$ 时金属离子与 EDTA 配合物的 $\lg K_{稳}$ 值（即 $\lg K_{MY}$）

金属离子	$\lg K_{MY}$	金属离子	$\lg K_{MY}$	金属离子	$\lg K_{MY}$
Li^+	2.79	Dy^{3+}	18.30	Co^{3+}	36
Na^+	1.66	Ho^{3+}	18.74	Ni^{2+}	18.62
Be^{2+}	9.20	Er^{3+}	18.85	Pd^{2+}	18.5
Mg^{2+}	8.69	Tm^{3+}	19.07	Cu^{2+}	18.80
Ca^{2+}	10.69	Yb^{3+}	19.57	Ag^+	7.32
Sr^{2+}	8.63	Lu^{2+}	19.83	Zn^{2+}	16.50
Ba^{2+}	7.86	Ti^{3+}	21.30	Cd^{2+}	16.46
Sc^{3+}	23.10	TiO^{2+}	17.30	Hg^{2+}	21.7
Y^{3+}	18.09	ZrO^{2+}	29.50	Al^{3+}	16.13
La^{3+}	15.50	HfO^{2+}	19.10	Ga^{3+}	20.3
Ce^{3+}	15.98	VO^{2+}	18.80	In^{3+}	25.0
Pr^{3+}	16.40	VO_2^+	18.10	Tl^{3+}	37.8
Nd^{3+}	16.60	Cr^{3+}	23.40	Sn^{2+}	22.11
Pm^{3+}	16.75	MoO_2^+	28.00	Pb^{2+}	18.04
Sm^{3+}	17.14	Mn^{2+}	13.87	Bi^{3+}	27.94
Eu^{3+}	17.35	Fe^{2+}	14.32	Th^{4+}	23.2
Gd^{3+}	17.37	Fe^{3+}	25.10	U(IV)	25.8
Tb^{3+}	17.67	Co^{2+}	16.31		

④ EDTA 配合物易溶于水，使配位反应速率较快。可满足滴定分析的要求。

⑤ 多数 EDTA 与金属离子形成的配合物无色，这有利于用指示剂确定终点。而有色金属离子形成的 EDTA 配合物的颜色更深，在滴定时，要注意金属离子浓度的控制。

（4）EDTA 标准溶液的配制

EDTA 的标准溶液常采用 EDTA 二钠盐（$Na_2H_2Y\cdot2H_2O$）配制。EDTA 二钠盐是白色结晶性粉末，易溶于水，经提纯后可做基准物质。但一般实验室中常采用标定法配制。如配制 0.02mol/L 的 EDTA 标准溶液，可将 7.450g 的 $Na_2H_2Y\cdot2H_2O$ 溶于水后，在 1000mL 的容量瓶中稀释至刻度，存放在聚乙烯塑料瓶或硬质玻璃瓶中。

标定时，基准物质可用纯金属 Zn、Ni、Cu 等，还可用金属氧化物及其盐，如 $CaCO_3$、MgO、ZnO 等。

例如准确称取经干燥后的分析纯碳酸钙 $CaCO_3$ 0.5000g，加入 4mol/L HCl 直至 $CaCO_3$ 完全溶解，加水煮沸以除去 CO_2，控制 pH≈5，将溶液转移到 500 mL 容量瓶中，配成的钙标准溶液浓度为 0.0100mol/L。准确移取 25.00mL 0.0100mol/L 的 Ca^{2+} 标准溶液，加入 20mL pH≈10 的 NH_3-NH_4Cl 缓冲溶液和铬黑 T 指示剂，用 EDTA 滴定到溶液由紫红色变为蓝色即为终点。由 EDTA 的体积消耗量计算 EDTA 标准溶液的浓度。

$$c_{EDTA} = \frac{c_{Ca^{2+}} V_{Ca^{2+}}}{V_{EDTA}}$$

3.3　配位滴定中的副反应和条件稳定常数

在 EDTA 滴定中，除了被滴定的金属离子 M 与 EDTA 之间的主反应外，还存在各种副反应，如图 3-3 所示。反应物 M 及 Y 的各种副反应不利于主反应的进行，而生成物 MY 的各种副反应则有利于主反应的进行，而溶液 pH 的影响即酸效应是其中主要的因素。

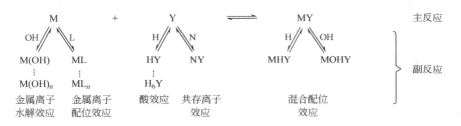

图 3-3　EDTA 滴定中的各种副反应效应

3.3.1　配位滴定中的副反应

（1）EDTA 的酸效应

如前所述，在水溶液中 EDTA 的存在形式有七种：H_6Y^{2+}、H_5Y^+、H_4Y、H_3Y^-、H_2Y^{2-}、HY^{3-}、Y^{4-}。而在各型体与金属离子生成的配合物中，仅 Y^{4-} 与 M^{n+} 形成的配合物最稳定，故 EDTA 与金属离子配位的有效浓度为 $[Y^{4-}]$。各型体的相对含量受 pH 大小的影响，且随着 H^+ 浓度的增加，EDTA 参加主反应的能力降低，这种效应称为酸效应。

在 EDTA 滴定过程中，被测金属离子 M 与 EDTA 之间的主反应为

M＋Y ⇌ MY　　　　　　　主反应

$$+$$

$$H^+$$

$$\Big\Vert K_{a6} \quad K_1$$

$$HY^{3-} \underset{K_{a5}}{\overset{K_2}{\rightleftharpoons}} H_2Y^{2-} \underset{K_{a4}}{\overset{K_3}{\rightleftharpoons}} H_3Y^- \underset{K_{a3}}{\overset{K_4}{\rightleftharpoons}} H_4Y \underset{K_{a2}}{\overset{K_5}{\rightleftharpoons}} H_5Y^+ \underset{K_{a1}}{\overset{K_6}{\rightleftharpoons}} H_6Y \qquad 酸效应$$

其中 K_{a1}、K_{a2}、K_{a3}、K_{a4}、K_{a5}、K_{a6} 分别对应于水溶液中 EDTA 的六级离解平衡常数；K_1、K_2、K_3、K_4、K_5、K_6 可视为 Y^{4-} 离子与 H^+ 配位剂发生多级配位反应的稳定常数。由 EDTA 的分布分数与 pH 的关系曲线（图 3-1）可知，pH≥12 时，EDTA 的存在型体只有 Y^{4-}；而 pH＜12 时，Y^{4-} 离子只占 EDTA 总浓度的一部分。用 $[Y']$ 表示 EDTA 的总浓度，则

$$[Y']=[Y^{4-}]+[HY^{3-}]+[H_2Y^{2-}]+[H_3Y^-]+[H_4Y]+[H_5Y^+]+[H_6Y^{2+}] \quad (3-7)$$

$[Y']$ 与 $[Y^{4-}]$ 浓度的比值即为 EDTA 的酸效应系数，用 $\alpha_{Y(H)}$ 表示，括号中的 H 表示副反应是由 H^+ 所引起的。$[Y^{4-}]$ 随溶液 pH 的增大而增大，故酸效应系数 $\alpha_{Y(H)}$ 的数值随 pH 的增大而减小。酸效应系数 $\alpha_{Y(H)}$ 的计算式如下：

$$\alpha_{Y(H)}=\frac{[Y']}{[Y^{4-}]} \quad (3-8)$$

EDTA 的各型体可看作是 Y^{4-} 离子与 H^+ 产生的多级配合物，则由式(3-2)和式(3-3)可得出：

$$[Y']=[Y^{4-}]+\beta_1[Y^{4-}][H^+]+\beta_2[Y^{4-}][H^+]^2+\beta_3[Y^{4-}][H^+]^3+\beta_4[Y^{4-}][H^+]^4+$$
$$\beta_5[Y^{4-}][H^+]^5+\beta_6[Y^{4-}][H^+]^6$$
$$=[Y^{4-}](1+\beta_1[H^+]+\beta_2[H^+]^2+\beta_3[H^+]^3+\beta_4[H^+]^4+\beta_5[H^+]^5+\beta_6[H^+]^6)$$

故

$$\alpha_{Y(H)}=\frac{[Y']}{[Y^{4-}]}=\frac{[Y^{4-}]+[HY^{3-}]+[H_2Y^{2-}]+[H_3Y^-]+[H_4Y]+[H_5Y^+]+[H_6Y^{2+}]}{[Y^{4-}]}$$
$$=1+\beta_1[H^+]+\beta_2[H^+]^2+\beta_3[H^+]^3+\beta_4[H^+]^4+\beta_5[H^+]^5+\beta_6[H^+]^6$$

式中

$$\beta_1=K_1=\frac{1}{K_{a6}}$$

$$\beta_2=K_1K_2=\frac{1}{K_{a6}K_{a5}}$$

$$\cdots$$

$$\beta_6=K_1K_2K_3\cdots K_6=\frac{1}{K_{a6}K_{a5}K_{a4}\cdots K_{a1}} \quad (3-9)$$

显然，酸效应系数 $\alpha_{Y(H)}$ 是 $[H^+]$ 的函数，其值越大，酸效应越显著。若 Y^{4-} 没有发生副反应，即游离的 EDTA 全部以 Y^{4-} 形式存在，则 $\alpha_{Y(H)}=1$。表 3-2 为不同 pH 时的 $\lg\alpha_{Y(H)}$。

表 3-2　不同 pH 下 EDTA 的 $\lg\alpha_{Y(H)}$

pH	$\lg\alpha_{Y(H)}$	pH	$\lg\alpha_{Y(H)}$	pH	$\lg\alpha_{Y(H)}$	pH	$\lg\alpha_{Y(H)}$	pH	$\lg\alpha_{Y(H)}$
0.0	23.64	2.5	11.90	5.0	6.45	7.5	2.78	10.0	0.45
0.1	23.06	2.6	11.62	5.1	6.26	7.6	2.68	10.1	0.39
0.2	22.47	2.7	11.35	5.2	6.07	7.7	2.57	10.2	0.33
0.3	21.89	2.8	11.09	5.3	5.88	7.8	2.47	10.3	0.28
0.4	21.32	2.9	10.84	5.4	5.69	7.9	2.37	10.4	0.24
0.5	20.75	3.0	10.60	5.5	5.51	8.0	2.27	10.5	0.20
0.6	20.18	3.1	10.37	5.6	5.33	8.1	2.17	10.6	0.16
0.7	19.62	3.2	10.14	5.7	5.15	8.2	2.07	10.7	0.13
0.8	19.08	3.3	9.92	5.8	4.98	8.3	1.97	10.8	0.11
0.9	18.54	3.4	9.70	5.9	4.81	8.4	1.87	10.9	0.09
1.0	18.01	3.5	9.48	6.0	4.65	8.5	1.77	11.0	0.07
1.1	17.49	3.6	9.27	6.1	4.49	8.6	1.67	11.1	0.06
1.2	16.98	3.7	9.06	6.2	4.34	8.7	1.57	11.2	0.05
1.3	16.49	3.8	8.85	6.3	4.20	8.8	1.48	11.3	0.04
1.4	16.02	3.9	8.65	6.4	4.06	8.9	1.38	11.4	0.03
1.5	15.55	4.0	8.44	6.5	3.92	9.0	1.28	11.5	0.02
1.6	15.11	4.1	8.24	6.6	3.79	9.1	1.19	11.6	0.02
1.7	14.68	4.2	8.04	6.7	3.67	9.2	1.10	11.7	0.02
1.8	14.27	4.3	7.84	6.8	3.55	9.3	1.01	11.8	0.01
1.9	13.88	4.4	7.64	6.9	3.43	9.4	0.92	11.9	0.01
2.0	13.51	4.5	7.44	7.0	3.32	9.5	0.83	12.0	0.01
2.1	13.16	4.6	7.24	7.1	3.21	9.6	0.75	12.1	0.01
2.2	12.82	4.7	7.04	7.2	3.10	9.7	0.67	12.0	0.005
2.3	12.50	4.8	6.84	7.3	2.99	9.8	0.59	13.0	0.0008
2.4	12.19	4.9	6.65	7.4	2.88	9.9	0.52	13.9	0.0001

【例 3-1】　计算 pH＝4.0 时，EDTA 的酸效应系数及其对数值。

解　已知 EDTA 作为六元酸的各级离解常数（$K_{a1} \sim K_{a6}$）为：$10^{0.9}$、$10^{1.6}$、$10^{2.07}$、$10^{2.75}$、$10^{6.24}$ 和 $10^{10.34}$。

由此计算得到各级累积稳定常数（$\beta_1 \sim \beta_6$）：$10^{10.34}$、$10^{16.58}$、$10^{19.33}$、$10^{21.40}$、$10^{23.0}$ 和 $10^{23.9}$。

pH＝4.0 时，$[H^+]＝10^{-4}$ mol/L，代入式（3-8）得：

$$
\begin{aligned}
\alpha_{Y(H)} &= 1+\beta_1[H^+]+\beta_2[H^+]^2+\beta_3[H^+]^3+\beta_4[H^+]^4+\beta_5[H^+]^5+\beta_6[H^+]^6 \\
&= 1+10^{10.34}\times10^{-4}+10^{16.58}\times10^{-8}+10^{19.33}\times10^{-12}+10^{21.40}\times10^{-16}+ \\
&\quad 10^{23.0}\times10^{-20}+10^{23.9}\times10^{-24} \\
&\approx 10^{8.61}
\end{aligned}
$$

$$\lg\alpha_{Y(H)}＝8.61$$

（2）共存离子效应

因其他金属离子存在，使 EDTA 参加主反应的能力降低的现象称为共存离子效应，又称干扰离子效应，它对主反应的影响程度用共存离子效应系数 $\alpha_{Y(N)}$ 表示，则

$$\alpha_{Y(N)}=\frac{[Y']}{[Y]}=\frac{[NY]+[Y]}{[Y]}=1+K_{NY}[N] \tag{3-10}$$

式中　$[Y']$——NY 的平衡浓度与游离 Y 的平衡浓度之和；

$\quad\quad K_{NY}$——NY 的稳定常数；

$\quad\quad [N]$——游离 N 的平衡浓度。

若滴定溶液中有多种共存离子 $N_1,N_2,N_3,\cdots,N_n$ 存在时，则

$$\alpha_{Y(N_1)}=\frac{[N_1Y]+[Y]}{[Y]}=1+K_{N_1Y}[N_1]$$

$$\alpha_{Y(N_2)}=\frac{[N_2Y]+[Y]}{[Y]}=1+K_{N_2Y}[N_2]$$

$$\cdots\quad\quad\cdots$$

$$\alpha_{Y(N_n)}=\frac{[N_nY]+[Y]}{[Y]}=1+K_{N_nY}[N_n]$$

$$
\begin{aligned}
\alpha_{Y(N)} &= \frac{[Y]+[N_1Y]+[N_2Y]+\cdots+[N_nY]}{[Y]} \\
&= 1+K_{N_1Y}[N_1]+K_{N_2Y}[N_2]+\cdots+K_{N_nY}[N_n] \\
&= \alpha_{Y(N_1)}+\alpha_{Y(N_2)}+\cdots+\alpha_{Y(N_n)}-(n-1)
\end{aligned} \tag{3-11}
$$

显然，共存离子效应系数 $\alpha_{Y(N)}$ 是共存离子浓度 $[N_i]$ 的函数。

当体系中既有共存离子 N，又有酸效应时，EDTA 的总副反应系数为

$$
\begin{aligned}
\alpha_Y &= \frac{[Y]+[HY]+[H_2Y]+\cdots+[H_6Y]}{[Y]}+\frac{[Y]+[NY]}{[Y]}-\frac{[Y]}{[Y]} \\
&= \alpha_{Y(H)}+\alpha_{Y(N)}-1
\end{aligned} \tag{3-12}
$$

【例 3-2】　在 pH＝6.0 的溶液中，含有浓度均为 0.0100 mol/L 的 Zn^{2+}、Ca^{2+}，若同浓度的 EDTA 滴定 Zn^{2+} 时，计算 $\alpha_{Y(Ca)}$ 和 α_Y。

解　已知 $K_{CaY}＝10^{10.69}$，pH＝6.0 时，$\alpha_{Y(H)}＝10^{4.65}$

由式（3-10）可计算得到　$\begin{aligned}\alpha_{Y(Ca)}&=1+K_{CaY}[Ca^{2+}] \\ &=1+10^{10.69}\times0.0100\approx10^{8.69}\end{aligned}$

由式（3-12）可计算得到　$\begin{aligned}\alpha_Y&=\alpha_{Y(H)}+\alpha_{Y(Ca)}-1 \\ &=10^{4.65}+10^{8.69}-1\approx10^{8.69}\end{aligned}$

因 $\alpha_{Y(Ca)}=10^{8.69}\gg\alpha_{Y(H)}=10^{4.65}$，故作上述近似处理。一般按数值比较，比最大项小两个数量级的各项均可忽略。

（3）金属离子的副反应

由于其他配位剂（L）的存在，使金属离子参加主反应能力降低的现象称为配位效应。配位效应的大小用配位效应系数 $\alpha_{M(L)}$ 表示：

$$\alpha_{M(L)}=\frac{未参与主反应的金属离子总浓度}{游离金属离子浓度}=\frac{[M']}{[M]}$$

$$=\frac{[M]+[ML]+[ML_2]+\cdots+[ML_n]}{[M]} \tag{3-13}$$

$$=1+\beta_1[L]+\beta_2[L]^2+\cdots+\beta_n[L]^n$$

可见，$\alpha_{M(L)}$ 是配位剂浓度 $[L]$ 的函数，L 可能是滴定时所加入的缓冲剂或是掩蔽干扰离子而加的掩蔽剂。

若溶液中有多种配位剂 $L_1,L_2,L_3,\cdots,L_n$ 与金属离子产生副反应时，其影响程度可用 M 的总副反应系数 α_M 表示，则

$$\alpha_M=\alpha_{M(L_1)}+\alpha_{M(L_2)}+\cdots+\alpha_{M(L_n)}-(n-1) \tag{3-14}$$

一般决定 α_M 的只有一种或少数几种配位剂的副反应，而其他的副反应可以忽略。通常金属离子的副反应主要是缓冲剂等配位剂 L 引起的配位效应和因酸度较低引起的金属离子的水解效应，此时：

$$\alpha_M=\alpha_{M(L)}+\alpha_{M(OH)}-1 \tag{3-15}$$

$\alpha_{M(OH)}$ 为金属离子的水解副反应系数，表 3-3 列出了金属离子的 $\lg\alpha_{M(OH)}$。

表 3-3 金属离子的水解副反应系数 $\lg\alpha_{M(OH)}$

金属离子	I	pH												
		1	2	3	4	5	6	7	8	9	10	11	12	13	14
Ag^+	0.1									0.1	0.5	2.3	5.1
Al^{3+}	2				0.4	1.3	5.3	9.3	13.3	17.3	21.3	25.3	29.3	33.3
Ba^{2+}	0.1												0.1	0.5
Bi^{3+}	3	0.1	0.5	1.4	2.4	3.4	4.4	5.4						
Ca^{2+}	0.1												0.3	1.0
Cd^{2+}	3									0.1	0.5	2.0	4.5	8.1	12.0
Ce^{4+}	1~2	1.2	3.1	5.1	7.1	9.1	11.1	13.1						
Cu^{2+}	0.1								0.2	0.8	1.7	2.7	3.7	4.7	5.7
Fe^{2+}	1									0.1	0.6	1.5	2.5	3.5	4.5
Fe^{3+}	3			0.4	1.8	3.7	5.7	7.7	9.7	11.7	13.7	15.7	17.7	19.7	21.7
Hg^{2+}	0.1			0.5	1.9	3.9	5.9	7.9	9.9	11.9	13.9	15.9	17.9	19.9	21.9
La^{3+}	3									0.3	1.0	1.9	2.9	3.9
Mg^{2+}	0.1										0.1	0.5	1.3	2.3
Ni^{2+}	0.1									0.1	0.7	1.6		
Pb^{2+}	0.1							0.1	0.5	1.4	2.7	4.7	7.4	10.4	13.4
Th^{4+}	1				0.2	0.8	1.7	2.7	3.7	4.7	5.7	6.7	7.7	8.7	9.7
Zn^{2+}	0.1									0.2	2.4	5.4	8.5	11.8	15.5

【例 3-3】 以 EDTA 滴定溶液中的 Zn^{2+}，采用 0.10mol/L 的 NH_3-NH_4Cl 缓冲溶液控制 pH=10.0 时，试求 Zn^{2+} 的总副反应系数 α_{Zn}。若改变 pH=12.0，而游离氨的浓度仍为 0.10mol/L 时，α_{Zn} 有何变化？

解 已知 $[Zn(NH_3)_4]^{2+}$ 的各级累积稳定常数（$\beta_1\sim\beta_4$）：$10^{2.37}$、$10^{4.81}$、$10^{7.31}$ 和 $10^{9.46}$。

$$\alpha_{Zn(NH_3)} = 1 + \beta_1[NH_3] + \beta_2[NH_3]^2 + \beta_3[NH_3]^3 + \beta_4[NH_3]^4$$
$$= 1 + 10^{2.37} \times 10^{-1} + 10^{4.81} \times (10^{-1})^2 + 10^{7.31} \times (10^{-1})^3 + 10^{9.46} \times (10^{-1})^4$$
$$= 10^{5.49}$$

查表 3-3：pH＝10.0 时，$lg\alpha_{M(OH)} = 2.4$；

pH＝12.0 时，$lg\alpha_{M(OH)} = 8.5$。

由式（3-15）得

pH＝10.0 时，$\alpha_{Zn} = \alpha_{Zn(NH_3)} + \alpha_{Zn(OH)} - 1$
$$= 10^{5.49} + 10^{2.4} - 1 \approx 10^{5.49}；$$

pH＝12.0 时，$\alpha_{Zn} = \alpha_{Zn(NH_3)} + \alpha_{Zn(OH)} - 1$
$$= 10^{5.49} + 10^{8.5} - 1 \approx 10^{8.5}$$

计算结果表明，随 pH 的增大，Zn^{2+} 的水解副反应系数 $\alpha_{Zn(OH)}$ 增大，当 pH＝12.0 时，总副反应系数 α_{Zn} 取决于 $\alpha_{Zn(OH)}$ 的大小，此时可忽略 $\alpha_{Zn(NH_3)}$。

（4）配位化合物 MY 的副反应

在较高酸度下，金属离子 M 除了能与 EDTA 生成 MY 外，还能与 EDTA 生成酸式配合物 MHY。而在较低酸度下，M 能与 EDTA 生成碱式配合物 M(OH)Y。这两种副反应均能加强 EDTA 对 M 的配位能力，有利于主反应的进行。

形成酸式或碱式 EDTA 配合物时的副反应系数为

$$\alpha_{MY(H)} = \frac{[MY']}{[MY]} = \frac{[MY] + [MHY]}{[MY]} \tag{3-16}$$

$$\alpha_{MY(OH)} = \frac{[MY']}{[MY]} = \frac{[MY] + [M(OH)Y]}{[MY]} \tag{3-17}$$

由于酸式、碱式配合物一般不太稳定，故在多数计算中忽略不计。

表 3-4 列出了校正酸效应、水解效应及生成酸式或碱式配合物效应后部分 EDTA 配合物的条件稳定常数。

表 3-4　校正酸效应、水解效应及生成酸式或碱式配合物效应后部分 EDTA 配合物的条件稳定常数

金属离子	pH														
	0	1	2	3	4	5	6	7	8	9	10	11	12	13	14
Ag^+				0.7	1.7	2.8	3.9	5.0	5.9	6.8	7.1	6.8	5.0	2.2	
Al^{3+}			3.0	5.4	7.5	9.6	10.4	8.5	6.6	4.5	2.4				
Ba^{2+}					1.3	3.0	4.4	5.5	6.4	7.3	7.7	7.8	7.7	7.3	
Bi^{3+}	1.4	5.3	8.6	10.6	11.8	12.8	13.6	14.0	14.1	14.0	13.9	13.3	12.4	11.4	10.4
Ca^{2+}					2.2	4.1	5.9	7.3	8.4	9.3	10.2	10.6	10.7	10.4	9.7
Cd^{2+}		1.0	3.8	6.0	7.9	9.9	11.7	13.1	14.2	15.0	15.5	14.4	12.0	8.4	4.5
Co^{2+}		1.0	3.7	5.9	7.8	9.7	11.5	12.9	13.9	14.5	14.7	14.1	12.1		
Cu^{2+}		3.4	6.1	8.3	10.2	12.2	14.0	15.4	16.3	16.6	16.6	16.1	15.7	15.6	15.6
Fe^{2+}			1.5	3.7	5.7	7.7	9.5	10.9	12.0	12.8	13.2	12.7	11.8	10.8	9.8
Fe^{3+}	5.1	8.2	11.5	13.9	14.7	14.8	14.6	14.1	13.7	13.6	14.0	14.3	14.4	14.4	14.4
Hg^{2+}	3.5	6.5	9.2	11.1	11.3	11.3	11.1	10.5	9.6	8.8	8.4	7.7	6.8	5.8	4.8
La^{3+}			1.7	4.6	6.8	8.8	10.6	12.0	13.1	14.0	14.6	14.3	13.5	12.5	11.5
Mg^{2+}					2.1	3.9	5.3	6.4	7.3	8.2	8.5	8.2	7.4		
Mn^{2+}			1.4	3.6	5.5	7.4	9.2	10.6	11.7	12.6	13.4	13.4	12.6	11.6	10.6
Ni^{2+}		3.4	6.1	8.2	10.1	12.0	13.8	15.2	16.3	17.1	17.4	16.9			
Pb^{2+}		2.4	5.2	7.4	9.4	11.4	13.2	14.5	15.2	15.2	14.8	13.9	10.6	7.6	4.6
Sr^{2+}					2.0	3.8	5.2	6.3	7.2	8.1	8.5	8.6	8.5	8.0	
Th^{4+}	1.8	5.8	9.5	12.4	14.5	15.8	16.7	17.4	18.2	19.1	20.0	20.4	20.5	20.5	20.5
Zn^{2+}		1.1	3.8	6.0	7.9	9.9	11.7	13.1	14.2	14.9	13.6	11.0	8.0	4.7	1.0

3.3.2 条件稳定常数

配合物的稳定常数 $K_{稳}$ 可表示为

$$K_{稳}=\frac{[MY]}{[M][Y]}$$

上式是在没有副反应情况下，对配位反应进行程度的一种度量，故又称为绝对稳定常数。而如果存在副反应时，主反应的进行将受到 M，Y 及 MY 的副反应的影响，$K_{稳}$ 不能真实反映主反应进行的程度。此时未参加主反应金属离子的存在型体除了 M 以外，还有 ML_1，$ML_2\cdots$，所以应该用各型体浓度之和 $[M']$ 代替 $[M]$，同理，用 $[Y']$ 代替 $[Y]$；用 $[MY']$ 代替 $[MY]$，当反应达到平衡时，配合物的稳定常数用表 3-4 中的条件稳定常数 $K_{稳}'$ 表示：

$$K'_{稳}=\frac{[MY']}{[M'][Y']} \tag{3-18}$$

从上述的有关副反应系数的讨论中可知：

$[M']=\alpha_M[M]$，$[Y']=\alpha_Y[Y]$，$[MY']=\alpha_{MY}[MY]$，将这些关系式代入式(3-18)中得

$$K'_{稳}=\frac{\alpha_{MY}[MY]}{\alpha_M[M]\alpha_Y[Y]}=\frac{\alpha_{MY}}{\alpha_M\alpha_Y}K_{稳} \tag{3-19}$$

取对数得

$$\lg K'_{稳}=\lg K_{稳}+\lg\alpha_{MY}-\lg\alpha_M-\lg\alpha_Y \tag{3-20}$$

条件稳定常数 $K'_{稳}$ 表示在有副反应的情况下，实际配位反应进行的程度。当条件一定，如溶液 pH 和试剂浓度一定时，$K'_{稳}$ 是常数。

【例 3-4】 用 EDTA 滴定溶液中的 Zn^{2+}，以 0.10mol/L 的 NH_3-NH_4Cl 缓冲溶液控制 pH=10.0 时，计算此时 ZnY 的条件稳定常数 $K'_{稳}$。

解 pH=10.0 时，$\lg\alpha_{Y(H)}=0.45$；$\lg K_{ZnY}=16.50$

由【例 3-3】可知 pH=10.0 时 $\alpha_{Zn(NH_3)}=10^{5.49}$；$\alpha_{Zn(OH)}=10^{2.4}$

数值比较，此时 $\alpha_{Zn}\approx10^{5.49}$

由式(3-20)可得 $\lg K_{ZnY}'=\lg K_{ZnY}-\lg\alpha_{Zn}-\lg\alpha_Y$

$$=16.50-5.49-0.45$$
$$=10.56$$
$$K_{ZnY}'=10^{10.56}$$

3.4 金属指示剂

在配位滴定中，常利用一种能与金属离子生成有色配合物的显色剂指示滴定过程中金属离子浓度的变化，这种显色剂即金属指示剂，又称金属离子指示剂。配位滴定法即是利用金属指示剂来判断滴定的终点。

3.4.1 金属指示剂的作用原理

金属指示剂本身就是有机配位剂，它与被测金属离子形成有色配合物，其颜色与游离的指示剂的颜色不同：

$$\text{M} \ + \ \text{In} \ \Longrightarrow \ \text{MIn}$$
$$\text{（颜色 A）} \qquad \text{（颜色 B）}$$

滴定前，溶液中有大量被测金属离子，其中部分离子与指示剂形成配合物，呈现显色配合物 MIn 的颜色；滴定开始至计量点前，随着 EDTA 的加入，被测金属离子 M 逐步与

EDTA 反应形成 M-EDTA，当在计量点附近，游离的 M 浓度降至很低时，加入的 EDTA 即夺取 MIn 中的 M，使指示剂 In 游离出来，溶液由颜色 B 转为颜色 A，指示终点的到达。

金属指示剂的理论变色点 pM_t 的计算：

金属指示剂（In）与金属离子（M）形成显色配合物的反应达到平衡时，考虑指示剂的酸效应，其条件稳定常数为

$$K'_{MIn} = \frac{[MIn]}{[M][In']} = \frac{K_{MIn}}{\alpha_{In(H)}} \tag{3-21}$$

取对数得

$$\lg K'_{MIn} = pM + \lg \frac{[MIn]}{[In']} = \lg K_{MIn} - \lg \alpha_{In(H)} \tag{3-22}$$

当达到指示剂的变色点时，$[MIn] = [In']$，此时 pM 值即为金属指示剂的理论变色点，用 pM_{ep} 表示

$$pM_{ep} = \lg K'_{MIn} \tag{3-23}$$

可见，与酸碱指示剂只有一个确定的理论变色点不同，金属指示剂的理论变色点随滴定条件而变化。一般常用的金属指示剂为有机弱酸，滴定中存在酸效应，因而它与金属离子 M 所形成的显色配合物（MIn）的条件稳定常数 K'_{MIn} 将随 pH 的变化而变化，指示剂的理论变色点也将随 pH 而改变。在选择指示剂时，必须考虑体系的酸度，使理论变色点与化学计量点尽量一致，至少应在计量点附近的 pM 突跃范围内，否则终点误差较大。

金属离子的显色剂很多，但只有其中的一部分能用作金属指示剂。一般，金属离子指示剂应具备下列条件。

① 在滴定的 pH 范围内，显色配合物（MIn）与游离指示剂（In）的颜色显著不同。

金属指示剂不仅是配位剂，而且还是多元弱酸或多元弱碱，能随溶液 pH 的变化而变色。因此，使用金属指示剂时，必须注意选用合适的 pH 范围。

② 显色配合物（MIn）的稳定性要适当。

既要有足够的稳定性，又要比 EDTA 与金属离子的配合物（MY）的稳定性小。如果稳定性低，就会提前出现终点，且变色不敏锐；如果稳定性太高，就会使终点拖后，有可能使 EDTA 不能夺取其中的金属离子，使反应失去可逆性，得不到滴定终点。

③ 显色反应灵敏、快速，有良好的变色可逆性。

④ 金属指示剂应比较稳定，便于贮存和使用。且形成的显色配合物应易溶于水，如果生成胶体或沉淀会使变色不明显。

3.4.2　常用的金属指示剂

（1）铬黑 T（Eriochrome Black T，EBT）

铬黑 T 的化学名称为：1-(1-羟基-2-萘偶氮基)-6-硝基-2-萘酚-4 磺酸钠，是一种偶氮类染料，简称 EBT。其结构式为

铬黑 T 溶于水时，存在分步离解平衡，离解平衡常数 $pK_{a1} = 3.9$；$pK_{a2} = 6.3$；$pK_{a3} = 11.6$。当磺酸基上的 Na^+ 全部离解时，形成 H_2In^-，此时溶液中存在的离解平衡，即

$$H_2In^- \xrightleftharpoons[]{K_{a2} = 10^{-0.3}} HIn^{2-} \xrightleftharpoons[]{K_{a3} = 10^{-11.6}} In^{3-}$$

在不同 pH 下，铬黑 T 具有不同的颜色：pH < 6.3 时，紫红色；pH = 6.3 时，呈现蓝

色与紫红色的混合色；pH＝6.3～11.6 时，呈蓝色；pH＞11.55 时，呈橙色。

铬黑 T 与金属离子形成的配合物显酒红色。因此，在 pH＜6.3 和 pH＞11.55 的溶液中，由于指示剂本身接近红色，故不能使用。根据实验结果，使用铬黑 T 的最适宜酸度是 pH＝9～10。在 pH＝10 的缓冲溶液中，用 EDTA 直接滴定 Mg^{2+}、Zn^{2+}、Pb^{2+} 和 Cd^{2+} 等离子时，铬黑 T 是良好的指示剂。Al^{3+}、Fe^{3+}、Co^{2+}、Ni^{2+}、Cu^{2+}、Ti^{4+} 等对指示剂有封闭作用。

固体铬黑 T 性质稳定，但其水溶液不稳定。实验中一般是将铬黑 T 与中性盐如 NaCl 按 1∶100 混合研细，密封保存。使用时用药匙取约 0.1g，直接加入溶液中。

（2）钙指示剂（Calconcarboxylic Acid）

钙指示剂的化学名称为 2-羟基-1-(2-羟基-4-磺酸基-1-萘偶氮基)-3-萘甲酸。钙指示剂的水溶液存在离解平衡，离解平衡常数 $pK_{a1}＝1～2$；$pK_{a2}＝3.8$；$pK_{a3}＝9.4$；$pK_{a4}＝13～14$。钙指示剂的化学结构式为

钙指示剂的水溶液在 pH＝7 左右时呈紫色；pH＝8～13.5 时呈蓝色；pH＞13.5 时显橙色。在 pH＝12～13 之间它与钙形成红色配合物。

它主要是用于测定钙镁混合物中钙的含量。一般选择在 pH 为 12～13 的条件下进行。在此条件下，不仅镁已生成 $Mg(OH)_2$ 沉淀而不干扰钙的测定，而且终点时溶液由红色变为蓝色，颜色变化很明显。

纯的钙指示剂是黑紫色粉末，它的水溶液、乙醇溶液均不稳定。使用时常与干燥 NaCl 等中性盐按 1∶100 混合配成固体指示剂，称之为钙红。

钙指示剂对金属离子的封闭作用与铬黑 T 相同。

（3）酸性铬蓝 K（Acid Chrome Blue K）

酸性铬蓝 K 的化学名称为 1,8-二羟基-1-(2-羟基-5-磺酸基-1-偶氮苯)-3,6-二磺酸萘钠盐，其水溶液的离解平衡常数 $pK_{a1}＝6.1$；$pK_{a2}＝10.2$；$pK_{a3}＝14.6$。它的化学结构式为

酸性铬蓝 K 的水溶液在 pH＜7 时呈玫瑰红色，pH＝8～13 时呈蓝色，在碱性溶液中，它与 Ca^{2+}、Mg^{2+}、Zn^{2+}、Mn^{2+} 等离子形成红色配合物，所以使用时控制 pH 在 8～13。它对钙的灵敏度较铬黑 T 高。在 pH＝10 时，可用于测定水中的总硬度，即 Ca^{2+}、Mg^{2+} 的总量；在 pH＝12.5 时，可测定水中 Ca^{2+}。

通常将酸性铬蓝 K 与奈酚绿 B 混合（1∶2～2.5）使用，称为 K-B 指示剂。由于酸性铬蓝 K 的水溶液不稳定，故通常将 K-B 指示剂与固体 NaCl 或 KNO_3 等中性盐按 1∶50 配成固体混合物，可较长时间保存。混合指示剂中的奈酚绿 B 在滴定过程中没有颜色变化，只起衬托终点颜色的作用。K-B 指示剂在 pH＝10 可用于测定 Ca^{2+}、Mg^{2+} 总量；在 pH＝12.5 时也可单独测定 Ca^{2+} 量，使用方便。

（4）二甲酚橙（Xylenol Orange，XO）

二甲酚橙的化学名称为 3-3′-双(二羧甲基氨甲基)-邻甲酚磺酞。其溶液的离解平衡常数 $pK_{a1}＝1.2$；$pK_{a2}＝2.6$；$pK_{a3}＝3.2$；$pK_{a4}＝6.4$；$pK_{a5}＝10.4$；$pK_{a6}＝12.3$。二甲酚橙

属于三苯甲烷类显色剂，简写为 XO，通常所用的是二甲酚橙的四钠盐，此盐为紫色结晶，易溶于水。

二甲酚橙的化学结构式为

二甲酚橙在 pH>6.4 时，呈现红色；pH<6.4 时，呈现黄色。二甲酚橙与金属离子形成的配合物都是紫红色，因此它只适于在 pH<6.4 的酸性溶液中使用。

二甲酚橙可用于许多金属离子的直接滴定，如 ZrO^{2+}（pH<1 时），Bi^{3+}（pH=1～2），Th^{4+}（pH=2.5～3.5）等。终点由紫红色转变为亮黄色，变色敏锐。

Al^{3+}、Fe^{3+}、Ni^{2+}、Ti^{4+} 和 pH 为 5～6 时的 Th^{4+} 对二甲酚橙有封闭作用，可用 NH_4F 掩蔽 Al^{3+}、Ti^{4+}，用抗坏血酸掩蔽 Fe^{3+}，邻二氮菲掩蔽 Ni^{2+}，乙酸丙酮掩蔽 Th^{4+}、Al^{3+} 等，以消除封闭现象。

二甲酚橙通常配成 0.05% 的水溶液，可稳定 2～3 周。

（5）PAN〔1-(2-pyridylazo)-2-naphthol〕

PAN 的化学名称为 1-(2-吡啶偶氮)-2-萘酚。其溶液的离解平衡常数 $pK_{a1}=2.9$；$pK_{a2}=11.2$。PAN 的化学结构式为

PAN 在 pH<1.9 时呈黄绿色；pH=1.9～12.2 呈黄色；pH>12.2 时呈淡红色。当 pH=1.9～12.2，用 EDTA 滴定金属离子时，终点溶液颜色由红色变为黄色。

通常在 pH=2～3 的硝酸溶液中，采用 PAN 作指示剂，测定 Bi^{3+}、In^{3+} 和 Th^{4+}，在 pH=5～6 的醋酸缓冲溶液中测定 Cu^{2+}、Cd^{2+}、Zn^{2+}、Pb^{2+} 等。实际应用中，常用 Cu-PAN 指示剂进行滴定，待 EDTA 与金属离子 M 反应完全后，过量一滴的指示剂就会使溶液由红色变为绿色。

Cu^{2+}、Cd^{2+}、Zn^{2+}、Pb^{2+}、Mg^{2+}、Bi^{3+}、Ni^{2+}、In^{3+}、Mn^{2+}、Fe^{2+}、和 Th^{4+} 等离子与 PAN 有僵化作用，一般加入有机溶剂或加热可使变色敏锐。

（6）磺基水杨酸（Sulfo-Salicylic Acid，SSal）

磺基水杨酸为无色结晶，易溶于水。其溶液的离解平衡常数 $pK_{a1}=2.33$；$pK_{a2}=11.32$。磺基水杨酸的化学结构式为

当 pH 不同时，Fe^{3+} 与磺基水杨酸形成化学计量数分别为 1:1、1:2、1:3 的不同颜色的配合物，即

pH 为 1.8～2.5 时，形成 1:1 型配合物 $[Fe(SSal)]^+$，颜色为红褐色；

pH 为 4～8 时，形成 1:2 型配合物 $[Fe(SSal)_2]^-$，颜色为橙红色；

pH 为 8～11.5 时，形成 1∶3 型配合物 $[Fe(SSal)_3]^{3-}$，颜色为黄色；

pH＞12 时，形成 $Fe(OH)_3$ 沉淀。

其中 $(SSal)^{2-}$ 表示磺基水杨酸的阴离子。

磺基水杨酸在滴定反应中，常用于在 pH＝1.8～2.5 时，测定水中的 Fe^{3+} 的含量。当用 EDTA 滴定 Fe^{3+} 至终点时，溶液由红色变为亮黄色。

除上述介绍的几种金属指示剂外，常用的指示剂还有紫脲酸胺（MX）、4-(2-吡啶偶氮) 间苯二酚（PAR）、茜素红 S、邻苯二甲酚紫（PV）、甲基百里酚蓝（MTB）和钙黄绿素等。

表 3-5 列出了几种金属指示剂理论变色点时的 pM_t 值及其酸效应系数的对数 $\lg\alpha_{ln(H)}$。

表 3-5　常见的几种金属指示剂理论变色点时的 pM_t 值及其 $\lg\alpha_{ln(H)}$

铬黑T	pH	6.0	7.0	8.0	9.0	10.0	11.0	12.0	13.0
	$\lg\alpha_{ln(H)}$	6.0	4.6	3.6	2.6	1.6	0.7	0.1	
	pCa_t（至红）			1.8	2.8	3.8	4.7	5.3	
	pMg_t（至红）	1.0	2.4	3.4	4.4	5.4	6.3		5.4
	pZn_t（至红）	6.9	8.3	9.3	10.5	12.2	13.9		

二甲酚橙	pH	0	1.0	2.0	3.0	4.0	4.5	5.0	5.5	6.0	6.5	7.0
	$\lg\alpha_{ln(H)}$	35.0	30.0	25.1	20.7	17.3	15.7	14.2	12.8	11.3		
	pBi_t（至红）		4.0	5.4	6.8							
	pCd_t（至红）						4.0	4.5	5.0	5.5	6.3	6.8
	pHg_t（至红）							7.4	8.2	9.0		
	pLa_t（至红）						4.0	4.5	5.0	5.6	6.7	
	pPb_t（至红）				4.2	4.8	6.2	7.0	7.6	8.2		
	pTh_t（至红）		3.6	4.0	6.3							
	pZn_t（至红）						4.1	4.8	5.7	6.5	7.3	8.0
	pZr_t（至红）	7.5										

PAN	pH	4.0	5.0	6.0	7.0	8.0	9.0	10.0	11.0
	$\lg\alpha_{ln(H)}$	8.2	7.2	6.2	5.2	4.2	3.2	2.2	1.2
	pCu_t（至红）	7.8	8.8	9.8	10.8	11.8	12.8	13.8	14.8

紫脲酸胺	pH	6.0	7.0	8.0	9.0	10.0	11.0	12.0
	$\lg\alpha_{ln(H)}$	7.7	5.7	3.7	1.9	0.7	0.1	
	$\lg\alpha_{Hln(H)}$	3.2	2.2	1.2	0.4	0.2	0.6	1.5
	pCa_t（至红）		2.6	2.8	3.4	4.0	4.6	5.0
	pCu_t（至橙）	6.4	8.2	10.2	12.2	13.6	15.8	17.9
	pNi_t（至黄）	4.6	5.2	6.2	7.8	9.3	10.3	11.3

3.4.3　金属指示剂的封闭与僵化

金属指示剂的封闭是指在化学计量点附近不出现颜色变化的现象。这是由于溶液中存在的某些金属离子与指示剂形成的显色配合物比该离子与 Y 形成的螯合物还要稳定，到达终点时 EDTA 不能夺取金属-指示剂显色配合物中的金属离子，即不能恢复游离指示剂的颜色，无法指示滴定终点。如 pH＝10 以铬黑 T 作指示剂滴定 Ca^{2+}、Mg^{2+} 时，Al^{3+}、Fe^{3+}、Ni^{2+}、Co^{2+} 等对 EBT 有封闭作用，可加少量三乙醇胺掩蔽 Al^{3+}、Fe^{3+}，加入少量 KCN 掩蔽 Ni^{2+}、Co^{2+}，以消除干扰。

金属指示剂的僵化是指在化学计量点附近颜色变化缓慢的现象。产生僵化现象的原因是金属离子与指示剂生成难溶的有色配合物，虽然它的稳定性比该金属离子与 Y 生成的螯合物差，但置换反应缓慢，使终点拖长。一般采用加入适当的有机溶剂或加热，增大其溶解度，使颜色变化敏锐。

3.5　配位滴定的基本原理

3.5.1　配位滴定曲线

在配位滴定中，随着滴定剂 EDTA 的加入，溶液中被测金属离子浓度不断降低，在化学计量点附近，溶液的 pM 发生突跃。配位滴定曲线是以 EDTA 加入量为横坐标，以 pM 为纵坐标绘制的曲线。讨论滴定过程中金属离子浓度的变化规律（即滴定曲线）对掌握配位滴定的基本原理是非常重要的。

在酸碱滴定中，酸的 K_a 或碱的 K_b 是不变的，而在配位滴定中配合物 MY 的 $K'_稳$ 随滴定体系中反应条件而变化，因此常用酸碱缓冲溶液控制酸度以使 $K'_稳$ 保持不变。

若只考虑 EDTA 的酸效应，讨论 pH 分别为 12.0、10.0、9.0、7.0、6.0 时，以 0.0100mol/L EDTA 标准溶液滴定 20.00mL 0.0100mol/L Ca^{2+}（$lgK_{CaY}=10.7$）溶液的滴定曲线。

则条件稳定常数：

$$K'_{CaY}=\frac{K_{CaY}}{\alpha_{Y(H)}} \tag{3-24}$$

以 pH＝12.0 和 pH＝10.0 为例，查表 3-2，对应的 $lg\alpha_{Y(H)}$ 分别为 0.01（此时可认为无酸效应）和 0.45，则

pH＝12.0　　　　　　$lgK'_{CaY}=lgK_{CaY}-lg\alpha_{Y(H)}=lgK_{CaY}=10.7$

pH＝10.0　　　　　　$lgK'_{CaY}=lgK_{CaY}-lg\alpha_{Y(H)}=10.7-0.45=10.25$

（1）滴定前

$$[Ca^{2+}]=0.0100mol/L \qquad pCa=-lg0.0100=2.0$$

（2）滴定开始至计量点前

溶液中未被滴定的 Ca^{2+} 与反应产物 CaY 共存，$[Ca^{2+}]$ 包括未被滴定的 Ca^{2+} 和由 CaY 离解产生的 Ca^{2+}，但此阶段 CaY 离解很小，故忽略不计。$[Ca^{2+}]$ 主要取决于剩余 Ca^{2+} 的浓度。

当滴入 19.98mL EDTA 溶液时：

$$[Ca^{2+}]=\frac{0.0100\times(20.00-19.98)}{20.00+19.98}=5.0\times10^{-6}mol/L$$

$$pCa=5.3$$

（3）计量点时

当滴入 20.00mL EDTA 溶液时，Ca^{2+} 与 EDTA 完全配位，此时溶液中的 Ca^{2+} 近似由 CaY 的离解计算：

$$[Ca^{2+}]_{sp}=[Y]_{sp}，[CaY]\approx c_{CaY}=c_{Ca}/2=0.0100/2=0.0050mol/L$$

$$K'_{CaY}=\frac{[CaY]}{[Ca^{2+}]_{sp}[Y]_{sp}}=\frac{c_{Ca}/2}{[Ca^{2+}]_{sp}^2}$$

pH＝12.0 时　　　　$[Ca^{2+}]_{sp}=\sqrt{\frac{c_{Ca}}{2K'_{CaY}}}=\sqrt{\frac{0.0050}{10^{10.7}}}=10^{-6.50}mol/L$

$$pCa_{sp}=6.50$$

pH＝10.0 时　　　　$[Ca^{2+}]_{sp}=\sqrt{\frac{c_{Ca}}{2K'_{CaY}}}=\sqrt{\frac{0.0050}{10^{10.25}}}=10^{-6.28}mol/L$

$$pCa_{sp}=6.28$$

（4）计量点后

计量点后 EDTA 的过量加入会抑制 CaY 的离解，但 Ca^{2+} 仍近似地按离解计算，当加入 20.02mL 的 EDTA 时：

$$K'_{CaY} = \frac{[CaY]}{[Ca^{2+}][Y]_{过量}} \tag{3-25}$$

其中

$$[Y]_{过量} = \frac{0.0100 \times (20.02 - 20.00)}{20.00 + 20.02} = 5.00 \times 10^{-6} \text{mol/L}$$

$$[CaY] = \frac{0.0100 \times 20.00}{20.00 + 20.02} = 5.00 \times 10^{-3} \text{mol/L}$$

pH=12.0 时

$$10^{10.7} = \frac{5.00 \times 10^{-3}}{[Ca^{2+}] \times 5.00 \times 10^{-6}}$$

$$pCa = 7.7$$

pH=10.0 时

$$10^{10.25} = \frac{5.00 \times 10^{-3}}{[Ca^{2+}] \times 5.00 \times 10^{-6}}$$

$$pCa = 7.25$$

所以　pH=12.0 时，突跃范围 pCa=5.3～7.7；

　　　pH=10.0 时，突跃范围 pCa=5.3～7.25。

表 3-6 列出了由滴定开始计算的 pCa，并将部分数据列入表中。表中 AB 之间的范围对应于 pCa 的突跃范围。绘制的滴定曲线如图 3-4、图 3-5 所示。

表 3-6　pH=12.0 时，0.010mol/LEDTA 滴定 0.010mol/L Ca^{2+} 溶液中 pCa 的变化

EDTA 滴加量/mL	滴定百分数/%	剩余 Ca^{2+}/mL	过量 EDTA/mL	pCa
0.00	0.0	20.00		2.0
18.00	90.0	2.00		3.3
19.80	99.0	0.20		4.3
19.98	99.9	0.02		5.3(A)
20.00	100.0	0.00		6.5
20.02	100.1		0.02	7.7(B)
20.20	101.0		0.20	8.7
40.00	200.0		20.00	10.7

3.5.2　影响滴定突跃范围的主要因素

影响配位滴定中 pM 突跃大小的主要因素是被滴定的金属离子的浓度 c_M 和滴定产物 MY 的稳定性 K'_{MY}。如图 3-4 和图 3-5 所示。

（1）金属离子浓度对突跃大小的影响

由图 3-5 可看出，c_M 越大，滴定曲线的起点越低，突跃范围越大；反之，突跃范围越小。

（2）K'_{MY} 对突跃大小的影响

滴定产物 MY 的稳定性会影响滴定反应的完全程度。而 K'_{MY} 值受到 K_{MY} 和副反应效应如 α_M、$\alpha_{Y(H)}$ 的影响。

① K'_{MY} 与 K'_{MY} 成正比，故 K_{MY} 越大，pM 突跃范围也越大；反之越小。

② 酸度越大，酸效应越显著，K'_{MY} 越小，使 pM 突跃范围变小。

③ 金属离子的副反应效应，如用 EDTA 滴定 Zn^{2+} 时，以氨性缓冲液控制 pH=10，而其中的 NH_3 对 Zn^{2+} 有配位效应，且缓冲剂浓度越大，配位效应越显著，$\alpha_{M(L)}$ 越大，K'_{MY} 越小，pM 突跃范围越小。

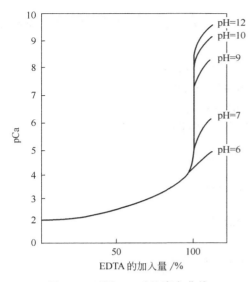

图 3-4　不同 pH 时的滴定曲线

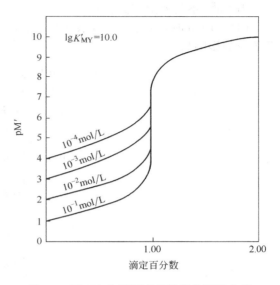

图 3-5　EDTA 与不同离子浓度的滴定曲线

3.5.3　计量点时金属离子浓度的计算

综上所述，K'_{MY} 不同，计量点时的 pM_{sp} 也不同。在选择适当金属指示剂时，经常需要计算 pM_{sp} 值。其计算式如下：

$$[M]_{sp} = \sqrt{\frac{c_{M_{sp}}}{K'_{MY}}} = \sqrt{\frac{\dfrac{c_M}{2}}{K'_{MY}}} \tag{3-26}$$

$$pM_{sp} = \frac{1}{2}(pc_{M_{sp}} + \lg K'_{MY}) \tag{3-27}$$

式中　$[M]_{sp}$——计量点时溶液中金属离子 M 的平衡浓度；

c_{Msp}——计量点时溶液中金属离子 M 的分析浓度，即 M 各存在型体的总浓度；

K'_{MY}——MY 配合物的条件稳定常数；

c_M——原始水样中金属离子 M 的浓度。

因 $[M]_{sp}$ 值很小，计算时做近似处理，认为：$c_{M_{sp}} = [M]_{sp} + [MY]_{sp} \approx [MY]_{sp} = 1/2 c_M$

上式中　$[MY]_{sp}$——计量点时 MY 配合物的浓度。

【例 3-5】　用 0.0200mol/L EDTA 滴定溶液中 0.0200mol/L 的 Cu^{2+}，以 0.20mol/L 的 NH_3-NH_4Cl 缓冲溶液控制 pH＝10.0 时，计算化学计量点时的 pCu_{sp}。若被滴定的是 0.0200mol/L 的 Ca^{2+}，计量点时的 pCa_{sp} 为多少？已知 $\lg K_{CuY}$＝18.80，$\lg K_{CaY}$＝10.69。

解　因滴定剂 EDTA 与被滴定离子的浓度相等，故化学计量点时

$$c_{Cu_{sp}} = c_{Cu}/2 = 0.0100\text{mol/L}; \quad [NH_3]_{sp} = c_{NH_3}/2 = 0.10\text{mol/L};$$

$$c_{Ca_{sp}} = c_{Ca}/2 = 0.0100\text{mol/L}$$

已知铜氨配合物的各级累积稳定常数（$\beta_1 \sim \beta_5$）：$10^{4.31}$、$10^{7.98}$、$10^{11.02}$、$10^{13.32}$ 和 $10^{12.86}$

$$\begin{aligned}
\alpha_{Cu(NH_3)} &= 1 + \beta_1[NH_3] + \beta_2[NH_3]^2 + \beta_3[NH_3]^3 + \beta_4[NH_3]^4 + \beta_5[H^+]^5 \\
&= 1 + 10^{4.31} \times 0.10 + 10^{7.98} \times (0.10)^2 + 10^{11.02} \times (0.10)^3 + \\
&\quad 10^{13.32} \times (0.10)^4 + 10^{12.86} \times (0.10)^5 \\
&= 10^{9.36}
\end{aligned}$$

但 Ca^{2+} 不与氨形成配合物。

pH=10.0 时，查表 3-2 和表 3-3，得 $\alpha_{Y(H)}=0.45$ ；$\alpha_{Cu(OH)}=10^{1.7}\ll10^{9.36}$ ，忽略水解效应的影响故

$$\lg K'_{CuY}=\lg K_{CuY}-\lg\alpha_{Cu(NH_3)}-\lg\alpha_{Y(H)}$$
$$=18.80-9.36-0.45=8.99$$
$$\lg K'_{CaY}=\lg K_{CaY}-\lg\alpha_{Y(H)}$$
$$=10.69-0.45=10.24$$
$$pCu_{sp}=\frac{1}{2}(pc_{Cu_{sp}}+\lg K'_{CuY})$$
$$=\frac{1}{2}(2.00+8.99)=5.50$$
$$pCa_{sp}=\frac{1}{2}(pc_{Ca_{sp}}+\lg K'_{CaY})$$
$$=\frac{1}{2}(2.00+10.24)=6.12$$

计算结果表明，虽然 $K_{CuY}=18.80>K_{CaY}=10.69$ ，但条件稳定常数 $K'_{CuY}<K'_{CaY}$ ，两种离子的 pM 也相近。如溶液中同时存在 Cu^{2+} 和 Ca^{2+} ，用 EDTA 滴定，将得到 Cu^{2+} 和 Ca^{2+} 的总量。

3.5.4　滴定终点误差的计算

终点误差是指滴定终点与化学计量点之间的不一致所带来的误差。配位滴定的准确度可用终点误差来表示，其计算式如下：

$$E_t=\frac{10^{\Delta pM}-10^{-\Delta pM}}{\sqrt{c_{M_{sp}}K'_{MY}}}\times100\%\tag{3-28}$$

式中　$\Delta pM=pM_{ep}-pM_{sp}$ ，即终点与计量点的 pM 之差；

$\quad\quad c_{M_{sp}}$ ——计量点时金属离子浓度；

$\quad\quad K'_{MY}$ ——MY 配合物的条件稳定常数。

此式即林邦误差计算公式。由上式可看出，影响终点误差的因素是多方面的，ΔpM 越小，终点误差越小；金属离子的浓度 c_M 越大，终点误差越小；配合物 MY 的条件稳定常数 K'_{MY} 越大，终点误差越小。

【例 3-6】　以铬黑 T 为指示剂，采用 NH_3—NH_4Cl 缓冲溶液控制 pH=10.0，计算用 0.0200mol/L EDTA 分别滴定溶液中 0.0200mol/L 的 Ca^{2+} 和 Mg^{2+} 时的终点误差。已知 $\lg K_{CaY}=10.69$ ；$\lg K_{MgY}=8.69$ ；$\lg K_{CaEBT}=5.4$ ；$\lg K_{MgEBT}=7.0$ 。

解　pH=10.0 时，查表 3-2 得：

$\lg\alpha_{Y(H)}=0.45$

$\lg K'_{CaY}=\lg K_{CaY}-\lg\alpha_{Y(H)}=10.69-0.45=10.24$

$\lg K'_{MgY}=\lg K_{MgY}-\lg\alpha_{Y(H)}=8.69-0.45=8.24$

由式（3-26）得

$$[Ca^{2+}]_{sp}=\sqrt{\frac{c_{Ca_{sp}}}{K'_{CaY}}}=\sqrt{\frac{c_{Ca}/2}{K'_{CaY}}}=\sqrt{\frac{\frac{0.0200}{2}}{10^{10.24}}}=7.6\times10^{-7}(mol/L)$$
$$pCa_{sp}=6.1$$

已知铬黑 T（EBT）的 $K_{a1}=10^{-6.3}$ ；$K_{a2}=10^{-11.6}$ ；EBT 的酸效应系数

$$\alpha_{EBT(H)} = 1 + \beta_1[H^+] + \beta_2[H^+]^2$$

$$= 1 + \frac{[H^+]}{K_{a2}} + \frac{[H^+]^2}{K_{a1}K_{a2}} = 1 + \frac{10^{-10}}{10^{-11.6}} + \frac{(10^{-10})^2}{10^{-6.3} \times 10^{-11.6}} = 40.8$$

$$\lg\alpha_{EBT(H)} = 1.6$$

由式(3-22)和式(3-24)得

$$pCa_{ep} = \lg K'_{CaEBT} = \lg K_{CaEBT} - \lg\alpha_{EBT(H)} = 5.4 - 1.6 = 3.8$$

$$pMg_{ep} = \lg K'_{MgEBT} = \lg K_{MgEBT} - \lg\alpha_{EBT(H)} = 7.0 - 1.6 = 5.4$$

故

$$\Delta pCa = pCa_{ep} - pCa_{sp} = 3.8 - 6.1 = -2.3$$

$$\Delta pMg = pMg_{ep} - pMg_{sp} = 5.4 - 5.1 = 0.3$$

将相关数据代入式(3-28)得

$$E_{t,Ca} = \frac{10^{-2.3} - 10^{2.3}}{\sqrt{0.0100 \times 10^{10.24}}} \times 100\% = -1.5\%$$

$$E_{t,Mg} = \frac{10^{0.3} - 10^{-0.3}}{\sqrt{0.0100 \times 10^{8.24}}} \times 100\% = 0.11\%$$

结果表明，与 Mg^{2+} 相比较，由于铬黑 T 与 Ca^{2+} 显色灵敏度不够高，导致终点误差较大。

3.5.5　准确滴定的判别式

（1）单一金属离子准确滴定的判别式

采用指示剂指示滴定终点时，由于人眼判断颜色的局限性，可能造成 $\pm 0.2 \sim 0.5 pM$ 单位的不确定性。假设 $\Delta pM = \pm 0.2$，用等浓度的 EDTA 滴定初始浓度为 c 的金属离子 M，且要求终点误差 $E_t \leqslant \pm 0.1\%$，则由终点误差计算式(3-28)可得

$$c_{M_{sp}} K'_{MY} \geqslant 10^6 \quad 或 \quad \lg(c_{M_{sp}} K'_{MY}) \geqslant 6 \tag{3-29}$$

若设终点误差 $E_t \leqslant \pm 0.3\%$，观测的不确定性 $\Delta pM = \pm 0.2 pM$，则准确滴定的判别式为

$$\lg(c_{M_{sp}} K'_{MY}) \geqslant 5 \tag{3-30}$$

式(3-29)与式(3-30)即为单一离子在不同误差要求下的准确滴定判别式。

【例 3-7】　在 pH＝5.0 时，用 0.0200mol/L EDTA 滴定溶液中 0.0200mol/L 的 Ca^{2+}，要求 $\Delta pM = \pm 0.2$；$E_t \leqslant \pm 0.1\%$，判断滴定反应是否能够进行完全。已知 $\lg K_{CaY} = 10.69$。

解　化学计量点时 $c_{Ca\ sp} = c_{Ca}/2 = 0.0100mol/L$

pH＝5.0 时，查表 3-2 得

$\lg\alpha_{Y(H)} = 6.45$

$\lg K'_{CaY} = \lg K_{CaY} - \lg\alpha_{Y(H)} = 10.69 - 6.45 = 4.24$

由式(3-29)可知 $\lg(c_{Ca_{sp}} K'_{CaY}) = -2 + 4.24 = 2.24 < 6$

故判断在此条件下，Ca^{2+} 不能滴定完全。

（2）混合离子分别滴定的判别式

实际分析中，往往是多种金属离子共存于溶液中，而滴定剂 EDTA 可与大多数金属离子形成稳定的配合物。若溶液中含有被测离子 M 和能与 EDTA 配位的干扰离子 N，且 $K_{MY} > K_{NY}$，除满足单一离子准确滴定的要求外［即满足式(3-29)或式(3-30)的要求］，还需要解决的问题是：M 和 N 相差多大才能在 N 存在下准确滴定 M？即分步滴定的问题。因混合离子选择滴定的允许误差较大，设终点观测的不确定性 $\Delta pM = \pm 0.2$，终点误差 $E_t \leqslant \pm 0.3\%$，由林邦误差公式可得到

$$c_{M_{sp}} K'_{MY} \geqslant \left(\frac{10^{0.2} - 10^{-0.2}}{0.001}\right)^2$$

① 若不考虑金属离子 M 的副反应：

$$\lg(c_{M_{sp}} K'_{MY}) = \lg(c_{M_{sp}} K_{MY}) - \lg\alpha_Y$$
$$= \lg(c_{M_{sp}} K_{MY}) - \lg[\alpha_{Y(H)} + \alpha_{Y(N)}] \tag{3-31}$$

控制酸度使 $\alpha_{Y(H)} \ll \alpha_{Y(N)}$，则

$$\alpha_Y = \alpha_{Y(N)} = 1 + K_{NY}c_{N_{sp}} \approx K_{NY}c_{N_{sp}} \tag{3-32}$$

将式（3-32）代入式（3-31）得：

$$\lg(c_{M_{sp}} K'_{MY}) = \lg(c_{M_{sp}} K_{MY}) - \lg(c_{N_{sp}} K_{NY}) \geqslant 5$$

即

$$\Delta\lg(Kc) \geqslant 5 \tag{3-33}$$

式（3-33）就是混合离子分步滴定的判别式。当滴定体系满足此条件时，可不加掩蔽剂或不分离 N，只要有合适的指示剂，适宜的酸度，便能准确滴定 M 而不受 N 离子的干扰。

② 若有其他配位剂存在，需考虑金属离子 M 的副反应时，式（3-33）改变为

$$\Delta\lg(K'c) \geqslant 5 \tag{3-34}$$

【例 3-8】 溶液中同时存在 0.0200mol/L 的 Ca^{2+} 和 0.0200mol/L 的 Zn^{2+} 离子，若用 0.0200mol/L EDTA 滴定溶液中的 Zn^{2+}，要求 $\Delta pM = \pm 0.2$；$E_t \leqslant \pm 0.3\%$，判断能否准确滴定？

解 已知 $\lg K_{CaY} = 10.69$；$\lg K_{ZnY} = 16.50$

因为 $\lg(c_{Zn_{sp}} K_{ZnY}) = \lg(0.020/2) + 16.50 = 14.50 > 6$

故满足单一离子准确滴定的要求。

又 $\lg(c_{Zn_{sp}} K_{ZnY}) - \lg(c_{Ca_{sp}} K_{CaY}) = 14.50 - (-2 + 10.69) = 5.81 > 5$

满足分别滴定的要求，故可准确滴定 Zn^{2+}。

3.6　提高配位滴定选择性的途径

由于 EDTA 与金属离子具有广泛的配位作用，而被滴定的溶液中往往同时存在若干种金属离子，在滴定过程中可能相互发生干扰。因此，如何提高配位滴定的选择性，避免干扰，就成为配位滴定中的重要课题。

3.6.1　配位滴定中酸度的控制

在用 EDTA 二钠盐溶液进行配位滴定的过程中，随配合物的生成，不断有 H^+ 释放，使溶液的酸度增大，条件稳定常数 K'_{MY} 变小，pM 突跃范围减小，同时，所用的指示剂的变色点也随 H^+ 浓度而变化，引起较大误差。因此，在配位滴定中需加入缓冲溶液以控制 pH。

（1）单一离子配位滴定的适宜酸度范围

在影响配位滴定的各因素中，酸度是最重要的。若只考虑 EDTA 的酸效应，则

$$\lg K'_{MY} = \lg K_{MY} - \lg\alpha_{Y(H)}$$

由判别式（3-29）可知，当 $\Delta pM = \pm 0.2$，终点误差 $E_t = \pm 0.1\%$ 时，直接准确滴定的条件是 $\lg c_{M_{sp}} K'_{MY} \geqslant 6$ 即 $\lg K'_{MY} \geqslant 6 - \lg c_{M_{sp}}$，代入上式得

$$\lg\alpha_{Y(H)} \leqslant \lg c_{M_{sp}} + \lg K_{MY} - 6 \tag{3-35}$$

式（3-35）取等号时，所对应的酸度即为最高酸度或最低 pH。当超过此酸度时，就会超过规定的允许误差。不同金属离子的 K_{MY} 不同，直接准确滴定所要求的最高酸度也不同，如设 $c_M = 0.0200mol/L$，$\Delta pM = \pm 0.2$，终点误差 $E_t = \pm 0.1\%$，可计算出各种金属离子滴定时的最高允许酸度。以离子的 $\lg K_{MY}$ 与相应的最高酸度作图，得到的关系曲线称为酸效应曲线，如图 3-6 所示。

【例 3-9】 用 0.0200mol/L EDTA 滴定溶液中 0.0200mol/L 的 Zn^{2+}，要求 $\Delta pZn = \pm 0.2$；$E_t \leqslant \pm 0.1\%$，计算滴定 Zn^{2+} 的最高酸度。（已知 $\lg K_{ZnY} = 16.50$）

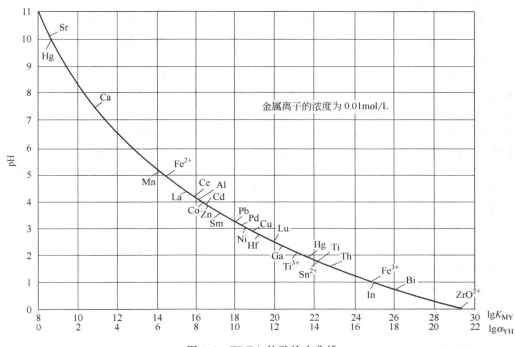

图 3-6 EDTA 的酸效应曲线

解 由式(3-35) 得

$$\lg \alpha_{Y(H)} = \lg K_{ZnY} + \lg c_{Zn_{sp}} - 6 = 16.50 - 2 - 6 = 8.50$$

查表 3-2，对应的 pH≈4.0，所以滴定 Zn^{2+} 的最高酸度为 pH=4.0。

在配位滴定中，酸度越低，对准确滴定越有利，但是当酸度降低至一定水平，在没有其他配位剂存在下，金属离子由于水解效应析出沉淀，影响 EDTA 配合物的生成。通常把金属离子开始生成氢氧化物时的酸度称为最低酸度或最高 pH。一般粗略计算，可由氢氧化物的溶度积求得最低酸度。但对极少数氢氧化物溶解度较大时，粗略计算值出入较大。

配位滴定金属离子 M 的最高酸度和最低酸度之间的范围称为适宜的酸度范围。在适宜的酸度范围内，$E_t \leqslant \pm 0.1\%$ 的酸度区间为最佳酸度范围，$E_t = 0.0$ 对应的酸度为最佳酸度。

【例 3-10】 用 0.0200mol/L EDTA 滴定溶液中 0.0200mol/L 的 Fe^{3+} 离子，要求 $\Delta pM = \pm 0.2$；$E_t = \pm 0.1\%$，计算适宜的酸度范围 [已知 $\lg K_{Fe(III)Y} = 25.10$；$Fe(OH)_3$ 的溶度积 $K_{sp} = 10^{-37.4}$]。

解 由式(3-35) 计算滴定 Fe^{3+} 的最高酸度：

$$\lg \alpha_{Y(H)} = \lg K_{Fe(III)Y} + \lg c_{Fe(III) sp} - 6 = 25.10 - 2 - 6 = 17.1$$

查表 3-2，对应的 pH≈1.2
由 $Fe(OH)_3$ 的溶度积计算 Fe^{3+} 的最低酸度：

$$[OH^-] = \sqrt[3]{\frac{K_{sp}}{c_{Fe^{3+}}}} = \sqrt[3]{\frac{10^{-37.4}}{0.0200}} \approx 10^{-11.9} \text{ mol/L}$$

$$pH = 14.0 - 11.9 = 2.1$$

故滴定 Fe^{3+} 适宜的酸度范围 1.2~2.1。

（2）混合离子的选择滴定

如前所述，由混合离子分步滴定的判别式 [式（3-33）] 可看出，当被测金属离子 M 与干扰离子 N 的稳定常数和离子浓度相差足够大，满足判别式的要求时，即可通过控制酸度实现分步滴定。

如果指示剂不与干扰离子 N 发生显色反应，则选择滴定的酸度范围就是被测离子 M 的适宜酸度范围。此时化学计量点时的 pM_{sp} 在一定 pH 范围内基本不变，而终点时的 pM_{ep} 会随 pH 变化，导致 ΔpM 的变化。因此应用分别滴定判别式时，还应选择合适的 pH，使指示剂的变色点 pM_{ep} 与化学计量点 pM_{sp} 尽量接近，这样可减少滴定误差。

【例 3-11】 用 0.0200mol/L EDTA 滴定 0.0200mol/LZn^{2+} 和 0.1000mol/LCa^{2+} 混合溶液中的 Zn^{2+}，要求 $\Delta pZn = \pm 0.2$；$E_t \leqslant \pm 0.3\%$，问是否可以准确滴定 Zn^{2+}？以二甲酚橙为指示剂，计算 pH 分别为 5.5 和 5.0 时，滴定的终点误差。已知二甲酚橙不与 Ca^{2+} 显色。

解 （1）已知 $\lg K_{ZnY} = 16.50$；$\lg K_{CaY} = 10.69$

$$\lg(c_{Zn_{sp}} K_{ZnY}) - \lg(c_{Ca_{sp}} K_{CaY}) = \lg(0.0100 \times 10^{16.50}) - \lg(0.0500 \times 10^{10.69}) = 5.1 > 5$$

故满足分级滴定的要求，能准确滴定 Zn^{2+}。

（2）pH = 5.0 时，$\lg \alpha_{Y(H)} = 6.45$；$\lg K'_{ZnIn} = 4.8$，即 $pZn_{ep} = 4.8$

pH = 5.5 时，$\lg \alpha_{Y(H)} = 5.51$；$\lg K'_{ZnIn} = 5.7$，即 $pZn_{ep} = 5.7$

由式 3-10 可知 $\quad \alpha_{Y(Ca)} = 1 + c_{Ca_{sp}} K_{CaY} = 1 + 0.0500 \times 10^{10.69} = 10^{9.4} > \alpha_{Y(H)}$

数值比较忽略酸效应的影响。

则
$$\lg K'_{ZnY} = \lg K_{ZnY} - \lg \alpha_{Y(Ca)} = 16.50 - 9.4 = 7.1$$

$$[Zn^{2+}]_{sp} = \sqrt{\frac{0.0200}{2 \times 10^{7.1}}} = 10^{-4.55} \text{mol/L}$$

$$pZn_{sp} = 4.55$$

则 pH = 5.0 时
$$\Delta pZn = pZn_{ep} - pZn_{sp} = 4.8 - 4.55 = 0.25$$

$$E_t = \frac{10^{0.25} - 10^{-0.25}}{\sqrt{0.0100 \times 10^{7.1}}} \times 100\% \approx 0.3\%$$

pH = 5.5 时
$$\Delta pZn = pZn_{ep} - pZn_{sp} = 5.7 - 4.55 = 1.15$$

$$E_t = \frac{10^{1.15} - 10^{-1.15}}{\sqrt{0.0100 \times 10^{7.1}}} \times 100\% \approx 4\%$$

显然 pH 的改变会引起终点误差的变化，故应选择合适的 pH，使指示剂的变色点 pM_{ep} 与化学计量点 pM_{sp} 尽量接近，从而减少滴定误差。

3.6.2 用掩蔽和解蔽的方法进行分别滴定

当被测金属离子 M 和干扰离子 N 的配合物稳定性相差不大，不能满足分步滴定的要求时，就不能再用控制酸度的方法实现被测离子 M 的滴定。此时，可采用掩蔽的方法降低干扰离子 N 的浓度。

按反应类型的不同，掩蔽方法可分为配位掩蔽法、沉淀掩蔽法和氧化还原掩蔽法等，其中应用最多的是配位掩蔽法。

（1）配位掩蔽法

配位掩蔽法是通过加入掩蔽剂，使之与干扰离子 N 形成更稳定的配合物，降低溶液中游离 N 离子的浓度，使 $\Delta \lg(Kc) \geqslant 5$，满足分步滴定的要求，达到选择滴定 M 的目的。

例如，用 EDTA 滴定水中的 Ca^{2+}、Mg^{2+}，即测定水的硬度时，Fe^{3+}、Al^{3+} 等离子的存在对测定有干扰。可加入三乙醇胺使之与 Fe^{3+}、Al^{3+} 生成更稳定的配合物，则 Fe^{3+}、

Al^{3+} 等离子被掩蔽而不发生干扰。

再如，溶液中 Al^{3+}、Zn^{2+} 两种离子共存时，先在酸性溶液中加入 NH_4F 掩蔽 Al^{3+}，使其生成稳定性较好的 AlF_6^{3-} 配位离子，再调节 pH＝5～6，用 EDTA 滴定 Zn^{2+}。

应该指出，用三乙醇胺作掩蔽剂，应在酸性溶液中加入，然后调节 pH＝10，否则金属离子易水解，掩蔽效果不好。另外，若用 KCN 作掩蔽剂，必须控制溶液呈碱性，否则酸性条件下，会生成剧毒的 HCN 气体。滴定后的溶液可加入过量的 $FeSO_4$，生成稳定的 $Fe(CN)_6^{4-}$，防止对环境的污染。

作为配位掩蔽剂，必须满足下列条件：

① 干扰离子与掩蔽剂形成的配合物应比与 EDTA 形成的配合物更稳定，而且形成的配合物应为无色或浅色，不会影响终点的判断；

② 掩蔽剂不与被测离子 M 配位或形成的配合物很不稳定，不会干扰配位滴定剂 EDTA 与被测金属离子 M 形成配合物的反应；

③ 应用掩蔽剂所需的 pH 范围应与测定要求的 pH 范围一致。

EDTA 滴定中常用的配位掩蔽剂如表 3-7。

表 3-7　常用的配位掩蔽剂

掩蔽剂	pH 范围	被掩蔽的离子	备　注
氰化物	＞8	Co^{2+}、Ni^{2+}、Cu^{2+}、Zn^{2+}、Hg^{2+}、Cd^{2+}、Ag^+、Tl^+ 及铂系元素	
氟化物	4～6	Al^{3+}、Ti^{4+}、Sn^{4+}、Zn^{2+}、W^{6+} 等	NH_4F 比 NaF 好，加入后溶液 pH 变化不大
	10	Al^{3+}、Mg^{2+}、Ca^{2+}、Sr^{2+}、Ba^{2+} 及稀土元素	
邻二氮杂菲	5～6	Co^{2+}、Ni^{2+}、Cu^{2+}、Zn^{2+}、Hg^{2+}、Cd^{2+}、Mn^{2+} 等	
三乙醇胺（TEA）	10	Al^{3+}、Ti^{4+}、Sn^{4+}、Fe^{3+} 等	与 KCN 并用，可提高掩蔽效果
	11～12	Fe^{3+}、Al^{3+} 及少量 Mn^{2+}	
二巯基丙醇	10	Zn^{2+}、Hg^{2+}、Cd^{2+}、Bi^{3+}、Pb^{2+}、Ag^+、As^{3+}、Sn^{4+} 及少量 Co^{2+}、Ni^{2+}、Cu^{2+}、Fe^{3+}	
硫脲	弱酸性	Cu^{2+}、Hg^{2+}、Tl^+ 等	
酒石酸盐	1.5～2	Sb^{3+}、Sn^{4+}	在抗坏血酸存在下
	5.5	Fe^{3+}、Al^{3+}、Sn^{4+}、Ca^{2+}	
	6～7.5	Mg^{2+}、Cu^{2+}、Fe^{3+}、Al^{3+}、Mo^{4+}	
	10	Al^{3+}、Sn^{4+}、Fe^{3+}	

（2）沉淀掩蔽法

沉淀掩蔽法是通过加入一种沉淀掩蔽剂，使之与干扰离子生成难溶沉淀，降低干扰离子的浓度，在不分离沉淀的情况下直接进行滴定的方法。

例如，在强碱性（pH＝12～12.5）溶液中用 EDTA 滴定 Ca^{2+} 时，强碱与 Mg^{2+} 形成 $Mg(OH)_2$ 沉淀而不干扰 Ca^{2+} 的滴定，此时，OH^- 就是 Mg^{2+} 的沉淀掩蔽剂。

应该指出，沉淀掩蔽法不是理想的掩蔽方法，常存在以下缺点：

① 一些沉淀反应进行不够完全，掩蔽作用有时不完全；

② 沉淀反应过程中，常伴有共沉淀现象，影响滴定的准确度；

③ 形成的沉淀有时对金属指示剂有吸附作用，这种情况会影响滴定终点的观测；

④ 形成的沉淀有色或体积庞大时，有碍于终点的观测。

配位滴定法中常用的沉淀掩蔽剂如表 3-8。

表 3-8　常用的沉淀掩蔽剂

掩蔽剂	被掩蔽离子	待测定离子	pH	指示剂	备　　注
氢氧根(OH^-)	Al^{3+}(转为 AlO_2^-)，Mg^{2+}	Ca^{2+}	12	钙指示剂	
氟化物(F^-)	Ba^{2+}、Mg^{2+}、Ca^{2+}、Sr^{2+}	Zn^{2+}、Cd^{2+}、Mn^{2+}	10	铬黑 T	测定 Mn^{2+} 时，应加入还原剂
硫酸盐(SO_4^{2-})	Ba^{2+}、Sr^{2+}	Ca^{2+}、Mg^{2+}	10	铬黑 T	
	Pb^{2+}	Bi^{3+}	1	二甲酚橙	
Na_2S	Hg^{2+}、Cd^{2+}、Bi^{3+}、Pb^{2+}、Cu^{2+} 等少量重金属	Ca^{2+}、Mg^{2+}	10	铬黑 T	
钼酸根(MoO_4^{2-})	Pb^{2+}	Cu^{2+}	8	紫脲酸胺	酸性溶液中加入 MoO_4^{2-}
铜试剂(DDTC)	Cu^{2+}、Hg^{2+}、Pb^{2+}、Cd^{2+}、Bi^{3+} 等	Ca^{2+}、Mg^{2+}	10	铬黑 T	Cu-DDTC 为褐色，Bi-DDTC 为黄色，故其存在量应分别小于 2mg 和 10mg
$K_4[Fe(CN)_6]$	微量 Zn^{2+}	Pb^{2+}	5～6	二甲酚橙	

（3）氧化还原掩蔽法

氧化还原掩蔽法是通过加入氧化还原掩蔽剂，使之与干扰离子发生氧化还原反应，改变干扰离子的价态以消除干扰的方法。

例如，当测定与 Fe^{3+} 的稳定常数相近的金属离子时，如测定 ZrO^{2+}、Bi^{3+}、Sc^{3+}、In^{3+}、Sn^{4+}、Th^{4+}、Hg^{2+} 等离子，则溶液中存在的 Fe^{3+} 会对滴定形成干扰。但若将 Fe^{3+} 还原成 Fe^{2+}，因 $\lg K_{Fe(\mathrm{II})Y}=14.3 < \lg K_{Fe(\mathrm{III})Y}=25.1$，从而增大了 $\Delta\lg K$ 值，达到选择滴定上述离子的目的。

（4）解蔽法

解蔽法是指采用适当的方法破坏金属离子与掩蔽剂所生成的配合物，使金属离子从配合物中释放出来的方法。

如利用甲醛可使 $Zn(CN)_4^{2-}$、$Cd(CN)_4^{2-}$ 被解蔽而释放出 Zn^{2+}、Cd^{2+}；利用 NH_4F 可使 AlY、TiY、SnY 中的 EDTA 等量释放出来；还可用苦杏仁酸从 SnY、TiY 中夺取金属离子释放出定量的 EDTA。

如果用上述的控制酸度的方法和掩蔽、解蔽的方法均不能实现选择滴定时，还可考虑选用其他配位剂或在测定之前对溶液进行预分离的方法。

3.7　配位滴定的方式及其应用

配位滴定中采用不同的滴定方式，不仅可以扩大配位滴定的应用范围，而且可以提高配位滴定的选择性。配位滴定的方式有直接滴定法、返滴定法、置换滴定法和间接滴定法。

3.7.1　直接滴定法

直接滴定法是配位滴定中最基本的方法。此法是将试样溶液调至所需要的酸度，加上必要的其他试剂和指示剂，用 EDTA 标准溶液直接滴定被测离子，根据消耗 EDTA 标准溶液的浓度和用量，计算出金属离子的含量。

采用直接滴定法时，必须满足下列条件：

① 必须满足准确滴定的要求，即

$$\lg(c_{\mathrm{M}}K'_{\mathrm{MY}}) \geqslant 6 \quad (E_{\mathrm{t}} \leqslant \pm 0.1\%, \Delta\mathrm{pM} = \pm 0.2\mathrm{pM})$$

或　$\lg(c_{\mathrm{M}}K'_{\mathrm{MY}}) \geqslant 5 \quad (E_{\mathrm{t}} \leqslant \pm 0.3\%, \Delta\mathrm{pM} = \pm 0.2\mathrm{pM})$

② 配位反应速率快；

③ 有变色敏锐的指示剂，且没有封闭现象；

④ 在选用的滴定条件下，被测离子不发生水解和沉淀反应。

直接滴定法方便、快速，引入的误差较小。只要能满足上述的要求，应尽量采用这种方法。

可以直接滴定的金属离子有：

pH＝1.0 时，滴定 Zr^{4+}、Bi^{3+}（以二甲酚橙为指示剂）；

pH＝2.0～3.0 时，滴定 Fe^{3+}、Th^{4+}、Ti^{4+}、Hg^{2+}；

pH＝5.0～6.0 时，滴定 Zn^{2+}、Pb^{2+}、Cd^{2+}、Fe^{2+} 及稀土元素（以二甲酚橙为指示剂）；

pH＝10.0 时，滴定 Mg^{2+}、Zn^{2+}、Cd^{2+}、Pb^{2+}、Mn^{2+}（以铬黑 T 为指示剂）；Ni^{2+}（以紫脲酸胺为指示剂）；

pH＝12.0～13.0 时，滴定 Ca^{2+}（指示剂为钙指示剂）。

3.7.2　返滴定法

返滴定法是在适当的酸度下，先向试液中加入已知量过量的 EDTA 标准溶液，使待测离子完全配位，然后用另一种金属离子标准溶液（返滴定剂）滴定剩余的 EDTA，根据两种标准溶液的浓度和用量，可计算被测离子的含量。

下列情况下，可采用返滴定方式：

① 被测金属离子和 EDTA 的配位反应速率很慢；

② 被测金属离子对指示剂有封闭作用，无合适的指示剂；

③ 被测金属离子在滴定的 pH 条件下发生水解或沉淀。

返滴定剂与 EDTA 形成的配合物应有足够的稳定性，但不宜太多超过被测离子配合物的稳定性，否则返滴定剂会置换出被测离子，引起误差，并使终点变色不敏锐。

例如，Al^{3+} 与 EDTA 的配位反应速率很慢，而且对二甲酚橙等指示剂有封闭作用，故可以采取在 pH≈3.5 时加入过量的 EDTA 标准溶液，加热煮沸，使配位反应完全，然后将试液冷却到室温，用缓冲溶液调节 pH＝5～6，以二甲酚橙为指示剂，用 Zn^{2+} 标准溶液滴定剩余量的 EDTA。则水中 Al^{3+} 含量为

$$Al^{3+}\,(\mathrm{mg/L}) = \frac{(c_{\mathrm{EDTA}}V_{\mathrm{EDTA}} - c_{\mathrm{Zn^{2+}}}V_{\mathrm{Zn^{2+}}}) \times M_{\mathrm{Al}}}{V_{\mathrm{水}}}$$

表 3-9 列出了常用的返滴定剂和滴定条件。

表 3-9　常用的返滴定剂和滴定条件

待测金属离子	pH	返滴定剂	指示剂	终点颜色变化
Al^{3+}、Ni^{2+}	5～6	Zn^{2+}	二甲酚橙	黄→紫红
Al^{3+}	5～6	Cu^{2+}	PAN	黄→蓝紫（或紫红）
Fe^{2+}	9	Zn^{2+}	铬黑 T	蓝→红
Hg^{2+}	10	Mg^{2+}、Zn^{2+}	铬黑 T	蓝→红
Sn^{4+}	2	Ti^{4+}	二甲酚橙	黄→红

3.7.3　置换滴定法

置换滴定法是利用置换反应，置换出等物质量的另一种金属离子或置换出等量的

EDTA，然后进行滴定的方式。

（1）置换出金属离子

金属离子与 EDTA 反应不完全或形成的配合物不稳定，有时可利用置换反应实现滴定。如 Ag^+ 与 EDTA 的配合物不够稳定（$\lg K_{AgY} = 7.3$），不能直接滴定，若将 Ag^+ 加入到过量的 $[Ni(CN)_4]^{2-}$ 溶液中，则会发生如下的置换反应：

$$2Ag^+ + [Ni(CN)_4]^{2-} \rightleftharpoons 2Ag(CN)_2^- + Ni^{2+}$$

然后在 pH＝10.0 的氨性溶液中，以紫脲酸胺为指示剂，用 EDTA 滴定置换出的 Ni^{2+}，由此可求得 Ag^+ 的含量。

（2）置换出 EDTA

被测金属离子 M 和干扰离子与 EDTA 反应完全之后加入选择性高的配位剂 L 以夺取 M，并释放出与 M 等量的 EDTA，用另一种金属离子 N 的标准溶液滴定释放出的 EDTA。

例如，测定某试样中的 Al^{3+}，样品中可能含有 Zn^{2+}、Pb^{2+}、Fe^{3+} 等杂质。先加入过量的 EDTA，使试样中的 Al^{3+} 和杂质离子与 EDTA 配位反应完全，剩余的 EDTA 采用 Zn^{2+} 标准溶液滴定，此时返滴定计算得到的是 Al^{3+} 和杂质离子的含量。为了得到准确的 Al^{3+} 量，在返滴定达终点后，加入 NH_4F，溶液中即发生如下的置换反应：

$$AlY^- + 6F^- + 2H^+ \rightleftharpoons AlF_6^{3-} + H_2Y^{2-}$$

置换出与 Al^{3+} 等量的 EDTA，再用 Zn^{2+} 标准溶液滴定，可得准确的 Al^{3+} 量。

（3）利用置换滴定法改善指示剂滴定终点的敏锐性

如铬黑 T 与 Mg^{2+} 显色灵敏，而与 Ca^{2+} 显色的灵敏度较差，在 pH＝10.0 的溶液中滴定 Ca^{2+}，若水样中无 Mg^{2+} 或含 Mg^{2+} 较少时，可先加入少量的 MgY，即发生如下的置换反应：

$$Ca^{2+} + MgY \Longrightarrow Mg^{2+} + CaY$$

置换出的 Mg^{2+} 与铬黑 T 显很深的红色，然后用 EDTA 滴定 Ca^{2+} 至终点时，EDTA 夺取 Mg^{2+}-铬黑 T 中的 Mg^{2+}，形成 MgY，游离出指示剂，显蓝色，颜色变化明显。因滴定前加入的 MgY 和最后生成的 MgY 的物质的量相等，故加入 MgY 不会影响滴定结果。

3.7.4 间接滴定法

间接法主要应用于阴离子和某些同 EDTA 配位不够稳定的阳离子的测定。

例如，测定 PO_4^{3-} 时，先将 PO_4^{3-} 定量地沉淀为 $MgNH_4PO_4$，经过滤、洗涤后，将沉淀溶于酸，用返滴定法测得 Mg^{2+} 的量即可计算得到 PO_4^{3-} 的含量。还可以在沉淀 PO_4^{3-} 时加入已知量且过量的 Mg^{2+}，经过滤、洗涤，合并滤液与洗涤液，测定其中的 Mg^{2+} 再算出 PO_4^{3-} 的含量。

再如，测定 SO_4^{2-}，可先加过量的 $BaCl_2$ 标准溶液，使 SO_4^{2-} 生成 $BaSO_4$ 沉淀，再用 EDTA 标准溶液滴定剩余的 Ba^{2+}，计算出 SO_4^{2-} 的含量。

但间接滴定法太麻烦，引入误差的机会也较多，因此不是一种理想的方法。

3.8 水的硬度及其测定

硬度最初的含义是指水本身消耗肥皂的一种特性。

由于水中含有较多的 Ca^{2+}、Mg^{2+} 等离子，这些离子和肥皂起反应，消耗了一部分肥皂，这部分肥皂产生不了泡沫，起不了洗涤的作用。常把这种水称为硬水，因而硬水的实质是水中含有较多的 Ca^{2+}、Mg^{2+} 等金属离子。当然天然水中的铁、锰、铝等金属离子也会使水产生硬度，但由于天然水中这些成分含量极少以至可以忽略不计。因此，水的硬度就是指水中钙、镁离子浓度的总量。

硬度是一个非常重要的水质指标。水的硬度与日常生活和工业用水的关系十分密切。例如，高硬度的水作为锅炉用水时，加热后就会在锅炉内产生水垢，而水垢的传热性能很差，这将浪费大量燃料；同时由于炉壁上水垢的厚薄不均，会使炉壁受热不匀，导致炉壁损坏，严重时甚至造成锅炉爆炸事故。再如，硬水用于纺织印染工业，不溶性的钙、镁盐类具有黏着性，附着在织物的纤维上造成斑点，从而使产品质量严重下降。另外，在化工生产、蒸汽动力工业、运输业等部门，对硬度都有一定要求。

一般天然地表水中硬度较小，如松花江水月平均硬度为 2～8 度，长江水为 4～7 度，地下水、咸水和海水的硬度较大，为 10～100 度，多者可达几百度。通常情况下，工业废水和污水可不考虑硬度的测定。

3.8.1　水的硬度分类

水的总硬度包括碳酸盐硬度和非碳酸盐硬度。

（1）碳酸盐硬度

碳酸盐硬度主要指 Ca^{2+}、Mg^{2+} 离子的重碳酸盐 $Ca(HCO_3)_2$、$Mg(HCO_3)_2$ 所形成的硬度。当这种水加热煮沸时，钙镁的重碳酸盐将被分解而形成沉淀：

$$Ca(HCO_3)_2 \Longrightarrow CaCO_3 \downarrow + CO_2 \uparrow + H_2O$$
$$Mg(HCO_3)_2 \Longrightarrow MgCO_3 \downarrow + CO_2 \uparrow + H_2O$$
$$MgCO_3 + H_2O \Longrightarrow Mg(OH)_2 \downarrow + CO_2 \uparrow$$

这时水中碳酸盐硬度大部分可以被除去，所以称为暂时硬度。但由于分解产生的沉淀物在水中有一定的溶解度，故该硬度并不能被完全除去。

（2）非碳酸盐硬度

非碳酸盐硬度主要指水中钙、镁的硫酸盐、氯化物等盐类形成的硬度。该硬度不能用加热煮沸的方法除去，所以称为永久硬度。永久硬度只能采用蒸馏或化学净化等方法去除，以使水质达到软化。

3.8.2　硬度的单位

水的硬度常用单位有下列几种。

① mmol/L　指 1L 水中含 $CaCO_3$ 或 CaO 的毫摩尔数。

② mg/L（以 $CaCO_3$ 或 CaO 计）　与 mmol/L 之间的换算关系：

如 1mmol/L＝100.1mg/L（以 $CaCO_3$ 计）；1mmol/L＝56.1mg/L（以 CaO 计）。

③ 度　分为德国度、法国度、英国度和美国度，其中应用较多的是德国度。

1 德国度指 1L 水中含有 10mg CaO；1 法国度指 1L 水中含有 10mg $CaCO_3$。

3.8.3　天然水中碱度和硬度的关系

天然水中硬度与碱度的关系对锅炉给水的处理与安全运行有着重要的意义。水中的硬度与锅炉壁及管道中的结垢、泥渣等沉积物的形成有关；水中的碱度又与苛性脆化有关，苛性脆化是一种腐蚀现象，易出现在汽包的接头处，如不及时控制，会导致锅炉爆炸；汽水共腾和发泡也与碱度较高有关。

在天然水和一般清水中存在的主要离子共有以下 8 种。

阳离子：Ca^{2+}、Mg^{2+}、Na^+、K^+；阴离子：HCO_3^-、CO_3^{2-}、SO_4^{2-}、Cl^-。

在一定条件下，经过蒸发浓缩，水中的阳离子和阴离子将按一定的次序相互结合而析出沉淀。天然水中的硬度与碱度的关系有以下 3 种情况。

（1）总碱度等于总硬度

即　$[HCO_3^-] + [CO_3^{2-}] \Longrightarrow [Ca^{2+}] + [Mg^{2+}]$

若分析结果为碱度等于硬度，说明此时水体中既无非碳酸盐硬度，也无 Na^+、K^+ 的重碳酸盐，水中只有碳酸盐硬度。

（2）总碱度大于总硬度

即 $[HCO_3^-]+[CO_3^{2-}]>[Ca^{2+}]+[Mg^{2+}]$

水中的 Ca^{2+} 和 Mg^{2+} 都形成碳酸盐，没有非碳酸盐硬度，但含有 Na^+、K^+ 的碳酸盐。在这种情况下，总碱度和总硬度之差相当于 Na^+ 和 K^+ 的碳酸盐量，这个碳酸盐量称为负硬度，或称过剩硬度。此时

$$总硬度＝碳酸盐硬度$$

$$总碱度－总硬度＝负硬度$$

（3）碱度小于总硬度

即 $[HCO_3^-]+[CO_3^{2-}]<[Ca^{2+}]+[Mg^{2+}]$

水中的 Ca^{2+}、Mg^{2+} 离子形成碳酸盐硬度后，剩余的 Ca^{2+}、Mg^{2+} 离子便会与 SO_4^{2-}、Cl^- 化合形成非碳酸盐硬度，故水中无碱金属碳酸盐。此时

$$总硬度＝碳酸盐硬度＋非碳酸盐硬度$$

$$总碱度＝碳酸盐硬度$$

$$非碳酸盐硬度＝总硬度－总碱度$$

应该指出，天然水中的总碱度主要指重碳酸盐碱度，而碳酸盐碱度含量较少。另外，因水中溶解性盐类都以离子的状态存在，如 Na^+、K^+ 的碳酸盐与非碳酸盐，Ca^{2+}、Mg^{2+} 离子与 HCO_3^-、SO_4^{2-}、Cl^- 形成的盐类等，这些离子结合的化合物是"假想化合物"。

3.8.4 水中硬度的测定及计算

水中硬度的测定采用配位滴定法。

测定硬度的原理：用 NH_3-NH_4Cl 缓冲溶液控制水样的 $pH=10.0$，加入铬黑 T 指示剂，它与水样中少量 Ca^{2+}、Mg^{2+} 离子生成稳定性较小的酒红色配合物。

$$Ca^{2+}+EBT \Longequal Ca\text{-}EBT \qquad\qquad lgK'_{Ca\text{-}EBT}=3.8$$

$$Mg^{2+}+EBT \Longequal Mg\text{-}EBT \qquad\qquad lgK'_{Mg\text{-}EBT}=5.4$$

因 $lgK'_{Ca\text{-}EBT}>lgK'_{Mg\text{-}EBT}$，Mg-EBT 比 Ca-EBT 显色灵敏得多。

滴定开始后，滴入的 EDTA 标准溶液首先与溶液中游离的 Ca^{2+}、Mg^{2+} 离子生成稳定性大于 $CaIn^-$（Ca^{2+} 与铬黑 T 形成的配合物）、$MgIn^-$（Mg^{2+} 与铬黑 T 形成的配合物）的无色配合物，即

$$Ca^{2+}+EDTA \Longequal Ca\text{-}EDTA \qquad\qquad lgK'_{Ca\text{-}EDTA}=10.25$$

$$Mg^{2+}+EDTA \Longequal Mg\text{-}EDTA \qquad\qquad lgK'_{Mg\text{-}EDTA}=8.25$$

当溶液中游离的 Ca^{2+}、Mg^{2+} 与 EDTA 反应完全时，继续加入的 EDTA 就会夺取已经与铬黑 T 配位的 Ca^{2+}、Mg^{2+} 离子，使指示剂游离出来，溶液由酒红色变为指示剂原来的蓝色。

$$CaEBT+EDTA \Longequal Ca\text{-}EDTA+EBT$$

$$MgEBT+EDTA \Longequal Mg\text{-}EDTA+EBT$$

由 EDTA 标准溶液的用量和浓度，可计算出水中的总硬度。

思考题与习题

3-1. EDTA 与金属离子的配合物有什么特点？为什么 EDTA 适用于配位滴定？

3-2. 配合物的稳定常数与条件稳定常数有什么不同？哪些因素影响条件稳定常数的大小？

3-3. 配位滴定中为何控制酸度？如何全面考虑选择合适的酸度范围？

3-4. 金属指示剂的作用原理如何？应具备的条件有哪些？

3-5. 什么是金属指示剂的封闭和僵化？如何避免？

3-6. 配位滴定中，什么情况下不能用直接滴定的方式？举例说明。

3-7. 如何测定水中总硬度？

3-8. 试设计一简要方案，采用配位滴定法可对混合溶液中的 Fe^{3+}、Al^{3+}、Ca^{2+}、Mg^{2+} 进行分别测定？

3-9. 分别计算 pH＝6 和 pH＝11 时，EDTA 的酸效应系数 $a_{Y(H)}$ 和 Y^{4-} 在 EDTA 总浓度中所占的百分数是多少？计算结果说明什么问题？

3-10. 溶液中 Mg^{2+} 和 EDTA 的浓度均为 0.0100mol/L，若只考虑酸效应的影响，当 pH＝6 时，镁与 EDTA 配合物的条件稳定常数是多少？此条件下，能否满足准确滴定的要求？如不能滴定，求滴定要求的最高酸度？

3-11. 计算用 0.0200mol/L EDTA 标准溶液滴定同浓度的 Cu^{2+} 离子溶液的适宜酸度范围。

3-12. 称取 1.032g 铝盐混凝土试样，溶解后移入 250mL 容量瓶中，稀释至刻度。吸取其中 25.00mL，加入滴定度 $T_{Al_2O_3}＝1.505mg/mL$ 的 EDTA 标准溶液 10.00mL，以 XO 为指示剂，$Zn(Ac)_2$ 标准溶液进行返滴定至红紫色终点，消耗 $Zn(Ac)_2$ 标准溶液 12.20mL。已知 $Zn(Ac)_2$ 标准溶液相当于 0.6812mL EDTA 溶液。求试样中 Al_2O_3 的质量百分数。

3-13. 称取 0.1005g 纯 $CaCO_3$，用酸溶解后，在容量瓶中配成 100mL 的溶液。吸取 25mL，在 pH＞12 时，用钙指示剂指示终点，用 EDTA 标准溶液滴定。用去 24.90mL。试计算：

　　① EDTA 溶液的浓度；

　　② 每毫升 EDTA 溶液相当于多少克 ZnO 和 Fe_2O_3。

3-14. 用 0.0100mol/L IEDTA 标准溶液滴定水中钙和镁的含量，取 100.0mL 水样，以铬黑 T 为指示剂，在 pH＝10 时滴定，消耗 EDTA 31.30mL。另取一份 100.0mL 水样；加 NaOH 呈强碱性，使 Mg^{2+} 成 $Mg(OH)_2$ 沉淀，用钙指示剂指示终点，继续用 EDTA 滴定，消耗 19.20mL。计算：

　　① 水的总硬度（以 $CaCO_3$，mg/L 表示）；

　　② 水中钙和镁的含量（以 $CaCO_3$，mg/L 表示和 $MgCO_3$，mg/L 表示）。

3-15. 称取含 Fe_2O_3 和 Al_2O_3 试样 0.2015g，溶解后，在 pH＝2.0 时以磺基水杨酸为指示剂，加热至 50℃ 左右，以 0.0201mol/L 的 EDTA 滴定至红色消失，消耗 EDTA 15.50mL。然后加入上述 EDTA 标准溶液 25.00mL。加热煮沸，调节 pH＝4.5，以 PAN 为指示剂，趁热用 0.0211mol/L 的。Cu^{2+} 标准溶液返滴定，用去 8.16mL。计算试样中 Fe_2O_3 和 Al_2O_3 的质量分数。

3-16. pH＝10.0 时，用 0.0100mol/L 的 EDTA 滴定 20.00mL 0.0100mol/L 的 Mg^{2+} 溶液，计算在计量点时 Mg^{2+} 离子的浓度和 pMg 值。

3-17. 已知 $M(NH_3)_4^{2+}$ 的 $\lg\beta_1 \sim \lg\beta_4$ 为 2.0，5.0，7.0，10.0，$M(OH)_4^{2-}$ 的 $\lg\beta_1 \sim \lg\beta_4$ 为 4.0，8.0，14.0，15.0。在浓度为 0.1000mol/L 的 M^{2+} 溶液中，滴加氨水至溶液中的游离 NH_3 浓度为 0.0100mol/L，pH＝9.0。试问溶液中的主要存在形式是哪一种？浓度多少？若将 M^{2+} 离子溶液用 NaOH 和氨水调节至 pH＝13 且游离氨浓度为 0.0100mol/L，则上述溶液中的主要存在形式是什么？浓度又为多少？

3-18. 在 pH＝10.0 的缓冲溶液中，以 0.1000mol/L 的 EDTA 标准溶液滴定 0.0100mol/L 的 Mg^{2+} 溶液，用铬黑 T（EBT）为指示剂，试计算滴定的终点误差。

第4章 沉淀滴定法

内容提要 本章主要介绍了溶度积原理和沉淀滴定法的基本原理及其应用。重点掌握溶度积原理和莫尔法、佛尔哈德法。

沉淀滴定法是利用沉淀反应的分析方法。用于沉淀滴定的化学反应必须具备下述条件：
① 沉淀组成一定，反应物之间有确定的计量关系；
② 沉淀的溶解度小，但又不易形成过饱和溶液；
③ 沉淀反应进行的速度快；
④ 能找到适当的方法检测滴定终点。

虽然沉淀反应很多，但同时具备以上条件的并不多，最具有实际意义的是生成难溶银盐的沉淀反应。如

$$Ag^+ + Cl^- \Longrightarrow AgCl \downarrow$$
$$Ag^+ + SCN^- \Longrightarrow AgSCN \downarrow$$

以生成难溶银盐反应为基础的沉淀滴定法称为银量法。该法主要用于测定 Cl^-、Br^-、I^-、CN^- 及 Ag^+ 等离子。

按照采用指示剂的不同，银量法可分为莫尔法、佛尔哈德法和法扬司法。

4.1 沉淀溶解平衡及影响溶解度的因素

4.1.1 沉淀溶解平衡

（1）沉淀的溶解度

当水中存在难溶化合物 MA 时，MA 将部分溶解，当其达到饱和状态时，建立如下的平衡关系，即

$$MA(固) \Longrightarrow MA(水) \Longrightarrow M^+ + A^-$$

上式表明，固体 MA 在水中的溶解部分是以 MA（水）和 M^+、A^- 形式存在的。$[MA]_水$ 在一定温度下是常数，以 S_0 表示，即

$$S_0 = \frac{\alpha_{MA(水)}}{\alpha_{MA(固)}} \tag{4-1}$$

考虑到固体活度 $\alpha_{MA(固)}$ 为 1，溶液中分子的活度系数 γ_{MA} 近似为 1，则

$$S_0 = \alpha_{MA(水)} = \gamma_{MA}[MA]_水 = [MA]_水 \tag{4-2}$$

S_0 称为固有溶解度。若溶液中不存在其他平衡，则固体 MA 的溶解度 S 等于固有溶解度和离子 M^+ 或 A^- 的浓度之和，即

$$S = S_0 + [M^+] = S_0 + [A^-] \tag{4-3}$$

各种难溶化合物的固有溶解度相差很大，但对于大多数物质来说，其固有溶解度 S_0 均很小，计算时常忽略不计，此时难溶化合物的溶解度等于离子 M^+ 或 A^- 的浓度，即

$$S = [M^+] = [A^-] \tag{4-4}$$

（2）溶度积和活度积

当难溶化合物的 S_0 很小时，固体 MA 在水中的溶解平衡可表示为：

$$MA(固) \Longrightarrow M^+ + A^-$$

其溶解平衡常数为

$$K_{sp}^{\ominus} = \frac{\alpha_{M^+} \alpha_{A^-}}{\alpha_{MA(固)}} = \alpha_{M^+} \alpha_{A^-} \tag{4-5}$$

$K_{sp}^{\ominus}$ 称为活度积常数，简称活度积，它仅随温度变化，若以浓度表示沉淀的溶解平衡，则有如下关系：

$$\alpha_{M^+} = \gamma_{M^+} [M^+]$$
$$\alpha_{A^-} = \gamma_{A^-} [A^-] \tag{4-6}$$

由于 MA 的溶解甚少，又无其他电解质存在，离子的活度系数可视为 1，此时

$$K_{sp}^{\ominus} = [M^+][A^-] = S^2 = K_{sp} \tag{4-7}$$

K_{sp} 称为溶度积常数，简称溶度积。由此可见，溶解度 S 是在很稀的溶液中又没有其他离子存在时的数值，由 S 所得的溶度积也非常接近于活度积。在分析化学中，由于微溶化合物的溶解度一般都很小，溶液中的离子强度不大，通常不考虑离子强度的影响。如果溶液中离子强度较大时，引入活度积做计算才符合实际情况。

对于 $M_m A_n$ 型沉淀，有如下关系：

$$M_m A_n \Longrightarrow m M^{n+} + n A^{m-}$$
$$K_{sp} = [M^{n+}]^m [A^{m-}]^n \tag{4-8}$$

若该沉淀的溶解度为 S，即平衡时每升溶液中有 $S(mol)$ 的 $M_m A_n$ 溶解，同时生成 $mS \, mol/L$ 的 M^{n+} 和 $nS \, mol/L$ 的 A^{m-}，即

$$[M^{n+}] = mS, \quad [A^{m-}] = nS$$

所以，$K_{sp} = [M^{n+}]^m [A^{m-}]^n = (mS)^m (nS)^n = m^m n^n S^{m+n}$

有

$$S = \sqrt[m+n]{\frac{K_{sp}}{m^m n^n}} \tag{4-9}$$

（3）条件溶度积

在一定的温度下，微溶电解质 MA 在纯水中的溶度积 K_{sp} 是一定的，大小由微溶电解质本身的性质决定。当外界条件发生变化时，会使沉淀溶解平衡中，除了主反应外，还有副反应发生。考虑这些影响时的溶度积常数称为条件溶度积常数，简称条件溶度积，用 K_{sp}' 来表示。K_{sp}' 只有在温度、离子强度、酸度等一定时才是常数，即只有在反应条件一定时才是常数，故称条件溶度积常数。

K_{sp}' 与 K_{sp} 的关系为

$$K_{sp}' = K_{sp} \alpha_M \alpha_A \tag{4-10}$$

式中　K_{sp}'——微溶化合物的条件溶度积；

　　　K_{sp}——微溶化合物的溶度积；

　　α_M, α_A——微溶化合物 M^+ 和 A^- 的副反应系数。

定义条件溶度积后，在有副反应发生时，溶解度 S 的计算和没有副反应时类似，只是用 K_{sp}' 代替 K_{sp}。引入条件溶度积后可简化在有副反应发生时溶解度的计算。

4.1.2　影响沉淀溶解度的因素

（1）同离子效应

组成沉淀的离子叫构晶离子，由于溶液中构晶离子的存在而抑制沉淀溶解的现象称为沉淀溶解平衡中的同离子效应。利用同离子效应可以有效地降低沉淀的溶解度。

若用等量的 A^- 去沉淀 M^+，则 MA 的溶解度为：

$$S = \sqrt{K_{sp}}$$

若用过量的 A^- 去沉淀 M^+，则 MA 的溶解度为：

$$S = \frac{K_{sp}}{[A^-]}$$

由上式可见由于溶液中构晶离子 A^- 浓度增加，溶解度会减少。溶液中构晶离子增加会使沉淀溶解平衡向形成沉淀的方向移动，从而使沉淀的溶解度减少。

为促进沉淀的生成，可利用同离子效应，加入过量的沉淀剂，但是并非加入沉淀剂过量越多越好，因为过量太多时，盐效应、配位效应等其他因素，会使沉淀的溶解度反而增大。

（2）盐效应

沉淀的溶解度随着溶液中电解质浓度的增大而增大的现象，称为沉淀溶解平衡中的盐效应。

盐效应可以用活度积与溶度积之间的关系来加以理解。如对于 MA 型的沉淀有：

$$K_{sp} = \frac{K_{sp}^{\ominus}}{\gamma_{M^+} \gamma_{A^-}}$$

在温度一定时，溶度积 K_{sp} 的大小受到离子活度系数的影响。溶液中电解质浓度越大，离子强度就越大、活度系数就越小，因而溶度积就越大。所以电解质浓度的增大总是使沉淀的溶解度增大。

构晶离子所带电荷不同，会影响盐效应的大小。如 $AgCl$ 和 $BaSO_3$ 同样在 KNO_3 溶液中，$AgCl$ 和 $BaSO_3$ 相比较，$BaSO_3$ 构晶离子所带的电荷多，盐效应大，其溶解度增加也就多。

在利用同离子效应来降低沉淀的溶解度的同时，要考虑由于过量沉淀剂的加入使电解质浓度增大而引起的盐效应。

应该指出，如果沉淀本身的溶解度很小，盐效应的影响实际上是非常小的，可以忽略不计。一般说来，只有当沉淀溶解度本来就比较大，而溶液的离子强度又是很高时，才需要考虑盐效应的影响。

（3）酸效应

溶液的 pH 对沉淀溶解度的影响称为酸效应。酸效应的发生主要是由于溶液中 H^+ 浓度的大小对弱酸、多元酸或微溶酸离解平衡的影响，如果沉淀是强酸盐，其溶解度受 pH 的影响较小。

例如，在饱和溶液中 $CaCO_3$ 沉淀溶解平衡后，当在溶液中加入 HCl 以后，平衡发生移动，最后溶液中的 H_2CO_3 达到饱和，分解释放出 CO_2 气体。从而使水溶液中的 CO_3^{2-} 的浓度大大降低，为达到平衡，$CaCO_3$ 开始溶解，只要有足够的 HCl 存在，$CaCO_3$ 固体就会全部溶解。

总的反应为

$$CaCO_3 \Longrightarrow Ca^{2+} + CO_3^{2-}$$
$$\big\Vert H^+$$
$$HCO_3^- \xrightarrow{H^+} H_2CO_3 \Longrightarrow H_2O + CO_2 \uparrow$$

（4）配位效应

由于溶液中加入配位剂能与构晶离子发生配位反应生成可溶性配合物，从而使沉淀溶解度增大的现象，称为沉淀溶解平衡中的配位效应。

　　例如，在饱和溶液中，AgCl 的沉淀溶解平衡之后，当有 NH_3 存在时，则有银氨配位离子 $[Ag(NH_3)_2]^+$ 生成：

$$AgCl \Longrightarrow Ag^+ + Cl^-$$
$$Ag^+ + 2NH_3 \Longrightarrow [Ag(NH_3)_2]^+$$

可见，由于 NH_3 的存在使得沉淀溶解平衡向右移动，AgCl 的溶解度增大。

　　配位效应对沉淀溶解的影响程度与沉淀的溶度积和形成的配合物稳定常数的相对大小有关，配位剂的浓度越大，沉淀的溶解度越大，形成的配合物越稳定，则配位效应越显著。

　　如果沉淀剂本身又是配位剂，则会有使沉淀的溶解度降低的同离子效应和使沉淀的溶解度增大的配位效应两种情况发生。如用 Cl^- 滴定水中的 Ag^+ 时，最初生成 AgCl 沉淀；若继续加入过量的 Cl^- 与 AgCl 配合成 $AgCl_2^-$ 和 $AgCl_3^{2-}$ 等配位离子，使 AgCl 沉淀逐渐溶解。

　　（5）其他影响因素

　　微溶化合物的沉淀溶解平衡除受到盐效应、酸效应、同离子效应、配位效应的影响外还会受到温度、溶剂以及沉淀颗粒大小的影响。

　　沉淀的溶解反应多数是吸热反应。温度升高，沉淀的溶解度一般增大。不同沉淀，温度对溶解度影响的大小不同。

　　无机物沉淀大多是离子晶体，在纯水中的溶解度比在有机溶剂中大一些。

　　当沉淀的颗粒非常小时，可以观察到颗粒大小对溶解度有影响。同一种沉淀，在相同的质量条件下，小颗粒沉淀比大颗粒沉淀的溶解度大。在分析工作中，经常将沉淀在溶液中放一段时间，使小晶体转化为大晶体，以减少沉淀的溶解度。

　　在水处理和水质分析中常利用酸效应、盐效应、配位效应、同离子效应等促使沉淀溶解或形成。

4.2　沉淀条件的选择

　　沉淀滴定法的基础是形成沉淀的化学反应，通过微溶化合物溶解度和溶度积原理及影响沉淀溶解平衡的因素来选择合适的沉淀条件。

　　选择沉淀条件的原则是：一要保证沉淀反应进行完全，即要使被测组分尽可能的完全沉淀下来；二要尽量避免干扰成分形成沉淀。同时必须对沉淀剂加以选择，使沉淀剂与被测离子形成的化合物的溶解度要小，而沉淀剂本身的溶解度要大，选择性好。

4.2.1　沉淀与溶解

　　在 M_mA_n 微溶化合物的水溶液中，存在以下化学平衡：

$$M_mA_n \Longrightarrow mM^{n+} + nA^{m-}$$

忽略离子强度的影响，有

当 $K_{sp \cdot M_mA_n} = [M^{n+}]^m [A^{m-}]^n$ 时沉淀溶解达到平衡状态；

当 $[M^{n+}]^m [A^{m-}]^n < K_{sp,M_mA_n}$ 时平衡向右移动，沉淀溶解；　　　　　　　　(4-11)

当 $[M^{n+}]^m [A^{m-}]^n > K_{sp,M_mA_n}$ 是平衡向左移动，沉淀形成。

因此要形成沉淀必须满足构晶离子的浓度要求。

4.2.2　分步沉淀

　　在水样中多种离子共存的情况下，根据溶度积原理，利用溶度积的大小不同进行先后沉淀的作用称为分步沉淀。凡是先达到溶度积的先沉淀，后达到溶度积的后沉淀。

【例 4-1】 溶液中同时含有 0.1000mol/L 的 Cl^- 和 0.1000mol/L 的 CrO_4^{2-}，逐滴加入 $AgNO_3$，沉淀形成的先后顺序如何？当后一个沉淀形成时，先形成沉淀的是否沉淀完全？

解 溶液中发生的化学反应有

$$Ag^+ + Cl^- \Longrightarrow AgCl \downarrow (白色) \qquad K_{sp,AgCl} = 1.8 \times 10^{-10}$$

$$2Ag^+ + CrO_4^{2-} \Longrightarrow Ag_2CrO_4 \downarrow (砖红色) \qquad K_{sp,Ag_2CrO_4} = 1.1 \times 10^{-12}$$

$AgCl$ 和 Ag_2CrO_4 分别开始形成沉淀时，所需要 $[Ag^+]$，由溶度积原理得：

开始形成 $AgCl$ 沉淀时所需要的 $[Ag^+]$ 为

$$[Ag^+] = \frac{K_{sp,AgCl}}{[Cl^-]} = \frac{1.8 \times 10^{-10}}{0.1000} = 1.8 \times 10^{-9} (mol/L)$$

开始形成 Ag_2CrO_4 沉淀时所需要的 $[Ag^+]$ 为

$$[Ag^+] = \sqrt{\frac{K_{sp,Ag_2CrO_4}}{[CrO_4^{2-}]}} = \sqrt{\frac{1.1 \times 10^{-12}}{0.1000}} = 3.3 \times 10^{-6} (mol/L)$$

可见，开始形成 $AgCl$ 沉淀时，所需要的 $[Ag^+]$ 远远小于开始形成 Ag_2CrO_4 沉淀所需要的 $[Ag^+]$，即 $AgCl$ 比 Ag_2CrO_4 先达到溶度积，先沉淀下来。

当 Ag_2CrO_4 开始沉淀时溶液中滴入的 $[Ag^+]$ 达到 3.3×10^{-6} mol/L，此时溶液中 Cl^- 的浓度为

$$[Cl^-] = \frac{K_{sp,AgCl}}{[Ag^+]} = \frac{1.8 \times 10^{-10}}{3.3 \times 10^{-6}} = 5.4 \times 10^{-5} (mol/L)$$

此时，溶液中 $[Cl^-]$ 为 5.4×10^{-5} mol/L 远小于原有浓度 0.1000mol/L，可以认为在 Ag_2CrO_4 开始沉淀时 Cl^- 已经沉淀完全了。

4.2.3　沉淀的转化

将微溶化合物转化成更难溶化合物叫作沉淀的转化。根据溶度积原理某离子的溶度积较大的化合物易于转化为溶度积更小的微溶化合物。

【例 4-2】 在微溶化合物 $AgCl$ 的溶液中，达到沉淀溶解平衡后，加入硫氰酸铵 NH_4SCN 溶液沉淀是否会发生转化？

解 加入硫氰酸铵 NH_4SCN 溶液生成更难溶的化合物硫氰酸银 $AgSCN$，即

$$AgCl \Longrightarrow Ag^+ + Cl^- \qquad K_{sp,AgCl} = 1.8 \times 10^{-10}$$

$$Ag^+ + SCN^- \Longrightarrow AgSCN \downarrow (白色) \qquad K_{sp,AgSCN} = 0.49 \times 10^{-12}$$

由于 $K_{sp,AgCl} > K_{sp,AgSCN}$，所以加入 NH_4SCN 溶液后 $AgCl$ 的沉淀溶解平衡向右移动，$AgCl$ 不断溶解，$AgSCN$ 陆续生成，直到 $AgCl$ 沉淀全部转化为 $AgSCN$ 沉淀为止。

测定水样中 Cl^- 的佛尔哈德法就利用了沉淀转化的原理。

4.3　沉淀滴定法的基本原理

4.3.1　沉淀滴定曲线

以 0.1000mol/L 的 $AgNO_3$ 溶液滴定 20.00mL 0.1000mol/L 的 NaCl 溶液为例来说明沉淀滴定法的基本原理。

（1）滴定前

NaCl 溶液，水样中的 $[Ag^+] = 0$。

（2）滴定开始至计量点之前

$$Ag^+ + Cl^- \Longrightarrow AgCl \downarrow$$

由于同离子效应 AgCl 沉淀所溶解出的 $[Cl^-]$ 很少，一般可忽略。因此可根据溶液中的 $[Cl^-]$ 和 $K_{sp,AgCl}$ 来计算此时的 $[Ag^+]$ 和 pAg。

例如，当滴入 19.98mL 的 $AgNO_3$ 标准溶液时，有

$$[Cl^-] = \frac{0.1000 \times (20.00 - 19.98)}{20.00 + 19.98} = 5.0 \times 10^{-5} (mol/L)$$

$$[Ag^+] = \frac{K_{sp,AgCl}}{[Cl^-]} = \frac{1.8 \times 10^{-10}}{5.0 \times 10^{-5}} = 3.6 \times 10^{-6} (mol/L)$$

$$pAg = -lg[Ag^+] = 5.44$$

用同样方法可以计算出计量点之前滴入不同量 $AgNO_3$ 时的 pAg 值。

（3）计量点时

到达计量点时，滴加入的 Ag^+ 和 Cl^- 定量反应生成微溶化合物 AgCl，此时溶液中的 Ag^+ 和 Cl^- 的量可以认为完全由 AgCl 溶解所产生。所以

$$[Ag^+] = [Cl^-] = \sqrt{K_{sp,AgCl}} = \sqrt{1.8 \times 10^{-10}} = 1.34 \times 10^{-5} (mol/L)$$

$$pAg = 4.87$$

（4）计量点后

计量点之后，溶液中有 AgCl 沉淀和滴加的过量的 $AgNO_3$ 溶液，由于同离子效应，使 AgCl 沉淀所溶解出的 Ag^+ 很少，可以忽略不计，因此只按过量的 $AgNO_3$ 的量近似求得 $[Ag^+]$。

例如，当滴入 20.02mL 的 $AgNO_3$ 标准溶液时，有

$$[Ag^+] = \frac{0.1000 \times (20.02 - 20.00)}{20.02 + 20.00} = 5.0 \times 10^{-5} (mol/L)$$

$$pAg = 4.3$$

同样按照类似方法可以求出其他点的 pAg 值。以 0.1000mol/L $AgNO_3$ 标准溶液的加入量（mL）为横坐标，以对应的 pAg 值为纵坐标绘制的曲线为沉淀滴定曲线，见图 4-1。

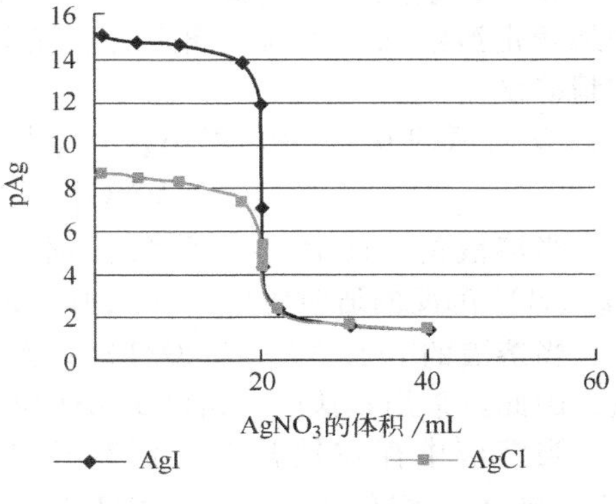

由图可见 $AgNO_3$ 标准溶液滴定水中的 Cl^- 计量点时 pAg 为 4.87，突跃范围为 pAg＝5.44～4.3。

沉淀滴定的突跃范围与滴定剂和被滴定物质的浓度及沉淀的 K_{sp} 大小有关。图 4-1 分别作出了 0.1000mol/L 的 $AgNO_3$ 滴定同浓度的 NaCl 和 NaI 的滴定曲线（$K_{sp,AgCl} = 1.8 \times 10^{-10}$，$K_{sp,AgI} = 8.3 \times 10^{-17}$）。滴定剂的浓度越大，滴定突跃就越大；沉淀的 K_{sp} 值越大，滴定突跃就越小。

图 4-1　0.1000mol/L 的 $AgNO_3$ 滴定同浓度的 NaCl 和 NaI 的滴定曲线

4.3.2　莫尔法——用铬酸钾作指示剂

（1）原理

以 K_2CrO_4 为指示剂的银量法称为莫尔法。

测定水样中的 Cl^- 含量时，在近中性溶液中，加入 K_2CrO_4 为指示剂，用 $AgNO_3$ 标准溶液滴定。根据分步沉淀原理，在滴定过程中，AgCl 首先沉淀析出，待滴定到达化学计量点附近，Cl^- 被定量滴定完毕，Ag^+ 浓度迅速增加，达到并超过了 Ag_2CrO_4 的溶度积常数，此时立即形成砖红色的 Ag_2CrO_4 沉淀，指示滴定已达终点。发生的化学反应是

滴定过程　　　　　$Ag^+ + Cl^- \Longrightarrow AgCl \downarrow$（白色）

终点显色　　　　　$2Ag^+ + CrO_4^{2-} \Longrightarrow Ag_2CrO_4 \downarrow$（砖红色）

根据 $AgNO_3$ 标准溶液的浓度和用量，便可求得水中 Cl^- 含量：

$$氯化物(Cl^-, mg/L) = \frac{(V_2 - V_1) \times c_{AgNO_3} \times 35.45 \times 1000}{水样体积}$$

式中　V_1——蒸馏水消耗硝酸银标准溶液量，mL；

　　　V_2——水样消耗硝酸银标准溶液量，mL；

　　35.45——氯离子的摩尔质量，g/mol。

（2）滴定条件

① 指示剂的用量　为了使指示剂 K_2CrO_4 在化学计量点时，Ag_2CrO_4 刚好开始沉淀显色，选择适当的指示剂用量是个关键的问题，如果指示剂的加入量过多，即 $[CrO_4^{2-}]$ 过高，则 Ag_2CrO_4 沉淀析出偏早，使水样中 Cl^- 的浓度的测定结果偏低，且 Ag_2CrO_4 的黄色也影响颜色观察；而如果指示剂的加入量过少，则 Ag_2CrO_4 沉淀析出偏迟，使水样中 Cl^- 的浓度的测定结果偏高。因此，指示剂的加入量，应使 Ag_2CrO_4 沉淀的产生恰好在计量点时发生。$[Ag^+]$、$[Cl^-]$ 及 $[CrO_4^{2-}]$ 三者的关系为

$$[Ag^+] = [Cl^-] = \sqrt{K_{sp,AgCl}} \qquad [CrO_4^{2-}] = \frac{K_{sp,Ag_2CrO_4}}{[Ag^+]^2}$$

假设用 0.1000mol/L 的 $AgNO_3$ 标准溶液滴定同浓度的 $[Cl^-]$，到达计量点时溶液中

$$[CrO_4^{2-}] = \frac{K_{sp,Ag_2CrO_4}}{[Ag^+]^2} = \frac{K_{sp,Ag_2CrO_4}}{(\sqrt{K_{sp,AgCl}})^2} = \frac{1.1 \times 10^{-12}}{(1.34 \times 10^{-5})^2} = 6.1 \times 10^{-3} (mol/L)$$

此时，$[CrO_4^{2-}]$ 刚好为析出 Ag_2CrO_4 沉淀的浓度。

砖红色沉淀在化学计量点时就开始生成，加到溶液中的 K_2CrO_4 的浓度应为 6.1×10^{-3} mol/L，但由于 CrO_4^{2-} 离子显黄色，这样高的 K_2CrO_4 浓度，会使滴定溶液显示较深的黄色，影响终点的观察。实验证明，一般采用 K_2CrO_4 的浓度为 5.0×10^{-3} mol/L 时，不会影响终点的观察。当然，采用比理论计算值低的 $[CrO_4^{2-}]$，会导致滴定终点滞后于化学计量点。但由此产生的滴定误差一般很小，在滴定分析允许的误差范围之内。如果滴定溶液浓度太稀，滴定终点误差会变大，需要校正指示剂的空白值才能达到要求的精确度。

② 溶液的 pH　指示剂 K_2CrO_4 是二元弱酸盐，存在着如下平衡：

$$2CrO_4^{2-} + 2H^+ \Longrightarrow Cr_2O_7^{2-} + H_2O$$

当溶液的 pH 减小，呈酸性时，平衡向右移动，$[CrO_4^{2-}]$ 减少，影响砖红色的 Ag_2CrO_4 沉淀的适时生成，甚至不生成，以致滴定过程不能显示正确的滴定终点。

当溶液的 pH 增大，呈碱性时，Ag^+ 可形成 Ag_2O 沉淀，这时也不能正确指示滴定终点。因此，采用本法时，溶液的 pH 应控制在 6.5～10.5 之间。

当溶液中存在铵盐时，更需控制 pH，若溶液 pH 过高，则 NH_4^+ 离解产生 NH_3，NH_3 与 Ag^+ 配位生成 $[Ag(NH_3)_2]^+$，使滴定无法定量进行。适宜的溶液酸度范围为 pH=6.5～7.2。

③ 减少 AgCl 沉淀的吸附作用　在滴定过程中，由于 AgCl 沉淀强烈吸附 Cl^-，溶液中 Cl^- 浓度不断地降低，导致终点提前出现。因此，在滴定过程中应剧烈摇动溶液，减少吸附。

④ 消除干扰　凡是能与 Ag^+ 生成难溶化合物或配合物的阴离子都干扰测定，例如 PO_4^{3-}、AsO_4^{3-}、S^{2-}、CO_3^{2-}、$C_2O_4^{2-}$ 等。大量的 Ca^{2+}，Co^{2+}，Ni^{2+} 等有色离子的存在会影响终点的观察。Ba^{2+}、Pb^{2+} 等能与 CrO_4^{2-} 生成沉淀的离子，以及在中性或弱碱性溶液中会发生水解的 Al^{3+}、Fe^{3+}、Bi^{3+} 和 Sn^{4+} 等金属离子，都干扰测定，如有上述离子存在，

应预先分离或掩蔽。

莫尔法适用于测定氯化物和溴化物，而不适于测定碘化物和硫氰化物，因 AgI 和 AgSCN 更强烈地吸附 I^- 和 SCN^- 离子，激烈振荡也无济于事，滴定终点提前到达，使测定结果偏低。

莫尔法只能以 $AgNO_3$ 标准溶液直接滴定 Cl^-、Br^-，而不宜以 Cl^- 标准溶液滴定 Ag^+。因为水中 Ag^+ 在加入 K_2CrO_4 后，立即生成 Ag_2CrO_4 沉淀，在滴定至计量点时，Cl^- 很难及时夺取 Ag_2CrO_4 沉淀中的 Ag^+ 转化为 AgCl 沉淀。不能准确的指示滴定终点，使滴定无法进行。

欲用莫尔法测定 Ag^+，可采用返滴定法，即于试液中加入一定量过量的 NaCl 标准溶液，加入 K_2CrO_4 指示剂后，再用 $AgNO_3$ 标准溶液返滴定过量的 Cl^-。

莫尔法用于测定饮用水中的 Cl^- 时水中所含的各种物质一般不发生干扰，尽管 Br^-、I^- 和 SCN^- 等可被同时滴定，但因其量很少，可忽略不计。

4.3.3　佛尔哈德（VoLhard）法——用铁铵矾作指示剂

4.3.3.1　原理

用铁铵矾 $NH_4Fe(SO_4)_2 \cdot 12H_2O$ 作指示剂的银量法称为佛尔哈德法。本法可分为直接滴定法和返滴定法。

（1）直接滴定法

用 NH_4SCN（或 KSCN）标准溶液直接滴定水中的 Ag^+ 时，用一定浓度的 $NH_4Fe(SO_4)_2 \cdot 12H_2O$ 作指示剂，在化学计量点以前，SCN^- 与被滴定 Ag^+ 生成白色的 AgSCN 沉淀：

$$Ag^+ + SCN^- \Longrightarrow AgSCN \downarrow（白色）$$

在化学计量点附近，由于 Ag^+ 浓度迅速降低，SCN^- 浓度迅速增大，可与加入溶液中的 Fe^{3+} 发生配位反应生成血红色的配合物 $FeSCN^{2+}$：

$$Fe^{3+} + SCN^- \Longrightarrow [FeSCN]^{2+}（血红色）$$

使溶液呈现红色，指示滴定终点已到达。

（2）返滴定法

返滴定法是在被滴定的含有 Cl^-，Br^-，I^- 或 SCN^- 的水样中先加入一定量过量的 $AgNO_3$ 标准溶液，Ag^+ 与被测定离子生成沉淀，然后加入一定量铁铵矾指示剂，用 NH_4SCN 标准溶液返滴定过量的 Ag^+。如测定 Cl^- 时的主要反应为

$$Ag^+（预加）+ Cl^- \Longrightarrow AgCl \downarrow（白色）$$
$$Ag^+（剩余）+ SCN^- \Longrightarrow AgSCN \downarrow（白色）$$
$$Fe^{3+} + SCN^- \Longrightarrow [FeSCN]^{2+}（血红色）$$

当 Cl^- 与 Ag^+ 反应完全后，稍稍过量的 SCN^- 与 Fe^{3+} 生成红色配合物 $[FeSCN]^{2+}$ 指示滴定终点。

4.3.3.2　滴定条件

（1）指示剂的用量

指示剂 $NH_4Fe(SO_4)_2$ 的用量不同，将导致滴定终点超前或滞后于化学计量点。指示剂浓度越高，终点越超前，反之，则终点越滞后。实验证明，指示剂的适宜浓度为 $0.015mol/L$。

（2）溶液的 pH

指示剂 $NH_4Fe(SO_4)_2$ 在水溶液中离解出 Fe^{3+}，当溶液酸度较低时，Fe^{3+} 可水解，使 Fe^{3+} 浓度降低，影响正确指示滴定终点。所以佛尔哈德法应在强酸性溶液中进行滴定，一般溶液的 $[H^+]$ 控制在 $0.1 \sim 1.0mol/L$ 之间。

（3）在强烈振荡下滴定

当用 NH_4SCN 标准溶液直接滴定 Ag^+ 时，由于生成的 AgSCN 沉淀的强烈吸附作用，有部分 Ag^+ 被吸附，导致滴定终点提前，使测定结果偏低。所以在滴定时必须强烈摇荡溶液，使被吸附的 Ag^+ 及时地解吸出来。

（4）保护 AgCl 沉淀

采用佛尔哈德法返滴定测定 Cl^- 时，溶液中 $K_{sp,AgSCN} < K_{sp,AgCl}$，所以在滴定终点附近，稍过量的 SCN^- 便会置换 AgCl 沉淀中的 Cl^-，使 AgCl 沉淀转变为溶解度更小的 AgSCN 沉淀。本来已与 Cl^- 结合为沉淀的 Ag^+，由于 AgCl 的溶解，又重新与滴定剂 SCN^- 反应，使 SCN^- 浓度降低，$[FeSCN]^{2+}$ 离解，红色消失。要想得到持久的红色，就必须继续滴入 NH_4SCN 标准溶液，直至 Cl^- 与 SCN^- 之间建立一定的平衡关系为止。这样就多消耗一部分的 NH_4SCN 标准溶液，而造成测定的结果偏低。为减小误差，通常采取以下措施。

① 如果测定要求的准确度不高，可于试液中加入过量的 $AgNO_3$ 标准溶液后，将溶液煮沸，使 AgCl 沉淀凝聚，以减少 AgCl 沉淀对 Ag^+ 的吸附。如果滴定要求的准确度高，将此 AgCl 沉淀滤出，并用稀 HNO_3 充分洗涤 AgCl 沉淀，用 NH_4SCN 标准溶液滴定滤液中剩余的 Ag^+。

② 在试样中加入过量的 $AgNO_3$ 标准溶液形成 AgCl 沉淀之后，加入 $1\sim2mL$ 硝基苯，用力摇荡，使 AgCl 沉淀为硝基苯所覆盖，不与溶液接触，避免 SCN^- 与 AgCl 发生反应，提高了滴定的准确度。

用返滴定法测定 Br^- 或 I^- 时、由于 AgBr 及 AgI 的溶解度均比 AgSCN 溶解度小，不会发生沉淀的转化反应，所以不必采取上述措施。但当测定 I^- 时，指示剂必须在加入过量 $AgNO_3$ 标准溶液后才能滴入，否则 Fe^{3+} 将会将 I^- 氧化为 I_2。

佛尔哈德法的最大优点是可以在酸性溶液中进行滴定，有很高的选择性。但也有缺点，如水样中的强氧化剂、氮的低价氧化物及铜盐、汞盐等均能与 SCN^- 作用，干扰测定，必须预先除去。

4.3.4 法扬司（Fajans）法——用吸附指示剂

（1）原理

用吸附指示剂指示滴定终点的银量法称为法扬司法。应用法扬司法可用 $AgNO_3$ 标准溶液滴定 Cl^-、Br^-、I^-、SCN^- 等阴离子，也可用 NaCl 标准溶液滴定 Ag^+。

吸附指示剂是一类有机化合物，它们在沉淀表面吸附后，由于分子结构变化或形成某种化合物，导致颜色发生变化。例如，荧光黄是一种有机弱酸（用 HFI 表示），它在水溶液中发生离解，离解后形成的荧光黄阴离子 FI^-，在水溶液中呈黄绿色。

$$HFI \Longrightarrow H^+ + FI^-$$

卤化银是一类胶体沉淀，有较强的吸附能力，能吸附溶液中的某些离子（首先是构晶离子），使沉淀表面带电荷。例如，以荧光黄为指示剂，用 $AgNO_3$ 标准溶液滴定 Cl^- 时，在化学计量点之前，溶液中有未被滴定的 Cl^-，则 AgCl 沉淀表面吸附 Cl^- 使沉淀表面带负电荷，不能吸附指示剂阴离子 FI^-，溶液呈黄绿色；在计量终点时，过量 1 滴的 $AgNO_3$ 溶液中，可使 AgCl 沉淀吸附 Ag^+ 而带正电荷，立即吸附指示剂阴离子 FI^- 于其表面上，可能是由于在 AgCl 沉淀表面上形成了荧光黄银的化合物，而呈淡红色，指示滴定终点的到达。

如果用 NaCl 标准溶液滴定 Ag^+，以荧光黄为指示剂，则滴定终点的颜色转变刚好与上述相反。

（2）滴定条件

① 卤化银沉淀应具有较大的比表面积　吸附指示剂被沉淀表面吸附后才能发生颜色变

化。沉淀的比表面积越大，即沉淀颗粒越小，吸附能力越强，终点现象就越敏锐。因此，在滴定时，应设法防止 AgCl 沉淀凝聚，以保持较大的比表面积，来吸附更多的指示剂。所以通常需要加入胶体保护剂，如淀粉或糊精等，以防止胶体凝聚。

② 吸附指示剂的吸附能力要适中　一些吸附指示剂和卤素离子的吸附能力强弱顺序为：

$$I^- ＞二甲基二碘荧光黄＞Br^- ＞曙红＞Cl^- ＞荧光黄$$

一般要求吸附指示剂在卤化银上的吸附能力应略小于被测卤素离子的吸附能力。因此，用 $AgNO_3$ 标准溶液测定水中 Cl^- 时，在 pH 7～9 条件下应选用荧光黄，而不能用曙红作指示剂。

③ 控制溶液的 pH　溶液的酸度大小应随所采用指示剂的不同而异，但由于吸附指示剂多是有机弱酸，被吸附而变色的是其共轭碱，例如，荧光黄的 $pK_a \approx 7$，溶液应控制在 pH＝7～10.5 之间。

④ 应避免在强日光下进行滴定　因卤化银对光敏感，感光后易变成灰色，影响观察滴定终点。

思考题与习题

4-1. 什么叫沉淀滴定法？沉淀滴定法所用的沉淀反应应具备哪些条件？

4-2. 写出摩尔法、佛尔哈德法、法扬司法测定 Cl^- 的主要反应，并指出各种方法适用的指示剂和酸度条件。

4-3. 在 8mL 0.0020mol/L 的 $MnSO_4$ 溶液中。加入 7mL 0.2000mol/L 的氨水，问能否生成 $Mn(OH)_2$ 沉淀？如果在加入氨水前，先加入 0.5000g$(NH_4)_2SO_4$ 固体，还能否生成 $Mn(OH)_2$ 沉淀？

4-4. 一种溶液中含有 Fe^{2+} 和 Fe^{3+}，它们的浓度均为 0.08mol/L，如果只要求 $Fe(OH)_3$ 沉淀，需控制 pH 的范围为多少？

4-5. 取水样 50mL 加入 20.00mL 0.1100mol/L $AgNO_3$ 溶液。然后用 0.1150mol/L NH_4SCN 溶液滴定过量的 $AgNO_3$ 溶液，用去 10.20mL，求该水样中 Cl^- 的含量。

4-6. 在有 AgCl 沉淀的溶液中，加入 0.0100mol/L 的 NaSCN 溶液，问 AgCl 能否转化为 AgSCN 沉淀？转化终止时溶液中 Cl^- 的浓度是多少？

第 5 章 氧化还原滴定法

内容提要 氧化还原滴定法是以氧化还原反应为基础的滴定分析法。借助于氧化还原原理，不仅可以用于水质分析中直接或间接测定许多无机和有机污染物，也可将其作为有效的水处理手段广泛地用于水中污染物质的处理。因此，氧化还原滴定法在水质分析和水处理实践中有着重要的意义。氧化还原滴定法有多种，若以氧化剂命名，主要有高锰酸钾法、重铬酸钾法、碘量法和溴酸钾法等。

本章介绍了有关氧化还原反应的基本知识，主要讨论了水分析化学中较为常用的四种氧化还原滴定分析方法。通过本章内容的学习，旨在使读者进一步了解一些有关氧化还原反应的基本概念、基本原理，掌握氧化还原反应在水质分析及水处理实践中的应用。

5.1 氧化还原反应的基本原理

5.1.1 氧化还原电对

反应前后化合价发生改变的反应称为氧化还原反应。这类反应都伴随着电子的转移。

在氧化还原反应中，氧化剂（氧化态）在反应过程中得到电子，转化为还原态；还原剂（还原态）在反应过程中失去电子，转化为氧化态。一对氧化态和还原态构成的共轭体系称为氧化还原电对，简称电对，用"氧化态/还原态"表示。比如：Fe^{3+}/Fe^{2+} 电对、Sn^{4+}/Sn^{2+} 电对。氧化还原电对的反应称为氧化还原半反应。

一个完整的氧化还原反应是由两个氧化还原电对共同作用的结果。例如，Fe^{3+}/Fe^{2+} 电对和 Sn^{4+}/Sn^{2+} 电对之间可以发生如下氧化还原反应：

$$2Fe^{3+} + Sn^{2+} \Longrightarrow 2Fe^{2+} + Sn^{4+} \tag{5-1}$$

电对中的氧化态和还原态的共轭关系，可以用氧化还原半反应式来表示，例如 Fe^{3+}/Fe^{2+} 电对和 Sn^{4+}/Sn^{2+} 电对半反应可以表示为

$$2Fe^{3+} + 2e^- \Longrightarrow 2Fe^{2+}$$
$$Sn^{4+} + 2e^- \Longrightarrow Sn^{2+}$$

氧化还原电对常粗略地分为可逆和不可逆两大类。可逆电对（如 Fe^{3+}/Fe^{2+}，I/I^- 等）在氧化还原反应的任一瞬间，都能迅速地建立起氧化还原平衡，而不可逆电对（如 $Cr_2O_7^{2-}/Cr^{3+}$，SO_4^{2-}/SO_3^{2-} 等）则相反，它在氧化还原反应的任一瞬间，并不能真正建立起按氧化还原反应所示的平衡。

氧化还原电对有对称和不对称的区别。对称的电对，其半反应式中，氧化态与还原态的系数相同，如 $Sn^{4+} + 2e^- \Longrightarrow Sn^{2+}$。不对称的电对，其半反应式中，氧化态与还原态的系数不相同，如 $I_2 + 2e^- \Longrightarrow 2I^-$。

氧化还原反应中可能伴随发生的酸碱反应、沉淀反应及配位反应会对氧化还原反应产生影响，必须在氧化还原半反应中表示出来。例如，$Cr_2O_7^{2-}$ 中的 Cr^{6+} 在酸性条件下被还原为 Cr^{3+}，$Cr_2O_7^{2-}/Cr^{3+}$ 电对的半反应为

$$Cr_2O_7^{2-} + 6e^- + 14H^+ \Longrightarrow 2Cr^{3+} + 7H_2O$$

5.1.2　电极电位与能斯特方程

如果分别用 Ox、Red 表示某一电对的氧化态和还原态，则该电对的氧化还原半反应可表示为

$$Ox + ne^- \Longleftrightarrow Red$$

式中　　n——电子转移数。

由电化学基本知识可知，某电极的电极电位是指以标准氢电极为阳极、给定电极为阴极所组成电池的电动势，用 φ 表示。

某一氧化还原电对的电极电位可用能斯特方程来计算。在 25℃时，能斯特方程表达式为

$$\varphi_{Ox/Red} = \varphi_{Ox/Red}^{\ominus} + \frac{0.059}{n} \lg \frac{a_{Ox}}{a_{Red}} \tag{5-2}$$

式中　　$\varphi_{Ox/Red}$——Ox/Red 电对的电极电位；

$\varphi_{Ox/Red}^{\ominus}$——Ox/Red 电对的标准电极电位；

a_{Ox}，a_{Red}——分别为氧化态和还原态的活度；

n——半反应中电子的转移数。

当氧化还原半反应中各组分都处于标准状态下（即分子或离子的活度等于 1.0mol/L 或 $a_{Ox}/a_{Red} = 1$），如有气体参加反应，其分压为 101.325kPa 时，由式(5-2)计算所得就是该电对的标准电极电位 $\varphi_{Ox/Red}^{\ominus}$。

$$\varphi_{Ox/Red} = \varphi_{Ox/Red}^{\ominus}$$

$\varphi_{Ox/Red}^{\ominus}$ 的大小只与电对的本性及温度有关，在温度一定时为常数。

应该指出，可逆电对所显示的实际电位，与按能斯特方程计算所得理论电位相符或相差较小。不可逆电对的实际电位与理论电位相差较大。因此，能斯特方程只适用于可逆的氧化还原电对。对于不可逆电对，用能斯特方程计算出的电极电位值可用于实际工作中的初步判断。

根据电对的电极电位的相对大小，可以判断各物质氧化还原能力的强弱。电对的电极电位越大，其氧化态的氧化能力越强；电对的电极电位越小，其还原态的还原能力越强。例如，在某一中性溶液中，$\varphi_{Cr_2O_7^{2-}/Cr^{3+}} = 0.26V$，$\varphi_{I_2/I^-} = 0.54V$，说明 I_2 的氧化能力要比 $Cr_2O_7^{2-}$ 强；而 Cr^{3+} 的还原能力比 I^- 强。

根据有关电对的电极电位大小，还可以判断氧化还原反应进行的方向。比如利用铁屑处理含汞废水时，由于 Fe^{3+}/Fe 电对和 Fe^{2+}/Fe 电对的电极电位（$\varphi_{Fe^{3+}/Fe}^{\ominus} = -0.036V$、$\varphi_{Fe^{2+}/Fe}^{\ominus} = -0.44V$）比 Hg^{2+}/Hg 电对的电极电位（$\varphi_{Hg^{2+}/Hg}^{\ominus} = 0.854V$）低，故可利用 Fe 的还原性将 Hg^{2+} 还原为 Hg。反应式如下：

$$Fe + Hg^{2+} \Longleftrightarrow Fe^{2+} + Hg \tag{5-3}$$
$$2Fe + 3Hg^{2+} \Longleftrightarrow 2Fe^{3+} + 3Hg \tag{5-4}$$

再如，地下水除锰工艺中，常利用二氧化氯的强氧化性将 Mn^{2+} 氧化成 MnO_2 沉淀并通过过滤除去。这是由于 ClO_2/Cl^- 电对的电极电位（$\varphi_{ClO_2/Cl^-}^{\ominus} = 1.95V$）比 MnO_2/Mn^{2+} 电对的电极电位（$\varphi_{MnO_2/Mn^{2+}}^{\ominus} = 1.23V$）高，可以发生如下反应：

$$2ClO_2 + 5Mn^{2+} + 6H_2O \Longleftrightarrow 5MnO_2 \downarrow + 12H^+ + 2Cl^- \tag{5-5}$$

氧化还原反应总是由较强的氧化剂和较强的还原剂向产生较弱的氧化剂和较弱的还原剂的方向进行。当溶液中有几种还原剂时，加入氧化剂，首先与最强的还原剂作用。同样，溶液中含有几种氧化剂时，加入还原剂，则首先与最强的氧化剂作用。在合适的条件下，电极电位相差最大的电对间首先发生氧化还原反应。

5.1.3 条件电极电位

由式(5-2)可知，电极电位的计算采用的是溶液中离子的活度。实际上，通常知道的是离子的浓度而不是活度。如果忽略离子强度的影响，以溶液中离子的浓度（$[Ox]$ 和 $[Red]$）代替活度进行计算，能斯特方程表示为

$$\varphi_{Ox/Red} = \varphi^{\ominus}_{Ox/Red} + \frac{0.059}{n}\lg\frac{[Ox]}{[Red]} \tag{5-6}$$

在实际分析中，当电解质溶液浓度较高时，不能忽略离子强度的影响。另外，溶液中电对的氧化态或还原态可以具有多种存在形式，溶液的条件一旦发生变化或有副反应发生时，电对的氧化态或还原态的存在形式往往随之改变，从而引起电对的电极电位的变化。计算电对的电极电位时，如果仍采用标准电极电位，结果会有较大误差。

下面通过对 25℃时 HCl 溶液中 $Fe(Ⅲ)/Fe(Ⅱ)$ 体系电极电位的计算，来说明离子强度及电对的氧化态或还原态的存在形式对计算结果的影响。

由式(5-2)可得

$$\begin{aligned}\varphi_{Fe^{3+}/Fe^{2+}} &= \varphi^{\ominus}_{Fe^{3+}/Fe^{2+}} + \frac{0.059}{n}\lg\frac{a_{Fe^{3+}}}{a_{Fe^{2+}}}\\ &= \varphi^{\ominus}_{Fe^{3+}/Fe^{2+}} + \frac{0.059}{n}\lg\frac{\gamma_{Fe^{3+}}[Fe^{3+}]}{\gamma_{Fe^{2+}}[Fe^{2+}]}\end{aligned} \tag{5-7}$$

式中　γ——活度系数。

实际上，在 1mol/L HCl 溶液中，铁离子能与溶剂和阴离子 Cl^- 发生配位反应而产生其他多种型体。因此，在 $Fe(Ⅲ)$ 和 $Fe(Ⅱ)$ 体系中除了 Fe^{3+} 和 Fe^{2+} 外，溶液中还存在 $FeOH^{2+}$、$FeCl^{2+}$、$FeCl_2^+$、$FeOH^+$、$FeCl^+$、$FeCl_2$……用 $c_{Fe^{3+}}$ 和 $c_{Fe^{2+}}$ 分别表示溶液中 Fe^{3+} 及 Fe^{2+} 的分析浓度（即总浓度），$\alpha_{Fe^{3+}}$ 和 $\alpha_{Fe^{2+}}$ 分别表示 HCl 溶液中 Fe^{3+} 和 Fe^{2+} 的副反应系数，则 $[Fe^{3+}] = c_{Fe^{3+}}/\alpha_{Fe^{3+}}$，$[Fe^{2+}] = c_{Fe^{2+}}/\alpha_{Fe^{2+}}$，代入式(5-7)得

$$\varphi_{Fe^{3+}/Fe^{2+}} = \varphi^{\ominus}_{Fe^{3+}/Fe^{2+}} + 0.059\lg\frac{\gamma_{Fe^{3+}}\alpha_{Fe^{2+}}c_{Fe^{3+}}}{\gamma_{Fe^{2+}}\alpha_{Fe^{3+}}c_{Fe^{2+}}} \tag{5-8}$$

式(5-8)即为考虑了离子强度影响和氧化态、还原态的副反应影响后的能斯特方程。

由于溶液中的活度系数 γ 值及副反应系数 α 值不易求得，直接利用式(5-8)计算 Fe^{3+}/Fe^{2+} 电对的电极电位将十分复杂。而 Fe^{3+} 和 Fe^{2+} 的总浓度 $c_{Fe^{3+}}$ 和 $c_{Fe^{2+}}$ 容易知道，为简化计算，式(5-8)改写为

$$\varphi_{Fe^{3+}/Fe^{2+}} = \varphi^{\ominus}_{Fe^{3+}/Fe^{2+}} + 0.059\lg\frac{\gamma_{Fe^{3+}}\alpha_{Fe^{2+}}}{\gamma_{Fe^{2+}}\alpha_{Fe^{3+}}} + 0.059\lg\frac{c_{Fe^{3+}}}{c_{Fe^{2+}}}$$

当 $c_{Fe^{3+}} = c_{Fe^{2+}} = 1.0mol/L$ 或 $c_{Fe^{3+}}/c_{Fe^{2+}} = 1$ 时，上式变为

$$\varphi_{Fe^{3+}/Fe^{2+}} = \varphi^{\ominus}_{Fe^{3+}/Fe^{2+}} + 0.059\lg\frac{\gamma_{Fe^{3+}}\alpha_{Fe^{2+}}}{\gamma_{Fe^{2+}}\alpha_{Fe^{3+}}} = \varphi^{\ominus'}_{Fe^{3+}/Fe^{2+}} \tag{5-9}$$

由于 γ 及 α 在一定条件下为定值，故式(5-9)应为一个常数，用 $\varphi^{\ominus'}$ 表示，称为电对的条件电极电位。引入条件电极电位后，计算电极电位的一般通式可表示为

$$\varphi_{Ox/Red} = \varphi^{\ominus'}_{Ox/Red} + \frac{0.059}{n}\lg\frac{c_{Ox}}{c_{Red}} \tag{5-10}$$

条件电极电位是在特定条件下，氧化态、还原态的总浓度之比为 1（$c_{Ox} = c_{Red} = 1.0mol/L$ 或 $c_{Ox}/c_{Red} = 1$）时的实际电极电位。它和电极电位的关系与配位反应中条件稳定常数和稳定常数的关系以及沉淀反应中条件溶度积和溶度积的关系相似。当条件不变时，$\varphi^{\ominus'}$ 是一常数。条件电极电位反映了离子强度和副反应影响的总结果，其大小表示某些外界因素影响下氧化还原电对的实际氧化还原能力。一定条件下，$\varphi^{\ominus'}$ 值可以直接通过实验测

得。另外，对于一些较简单的情况，在作了一些近似处理后，也可以通过计算求得 $\varphi^{\ominus\prime}$ 值。附录一、附录二分别列出了部分氧化还原半反应的 $\varphi^{\ominus\prime}$ 和 $\varphi^{\ominus}$ 值。实践证明，采用条件电极电位处理问题时，结果比较符合实际情况。但是，由于条件电极电位的数据还比较少，若该条件下的 $\varphi^{\ominus\prime}$ 值缺乏，可采用最接近条件下的 $\varphi^{\ominus\prime}$ 值。

【例 5-1】　计算 $1.5\,mol/L\ H_2SO_4$ 溶液中用固体亚铁盐将 $0.1000\,mol/L\ K_2Cr_2O_7$ 溶液还原至一半时溶液的电极电位。

解　反应式为

$$Cr_2O_7^{2-} + 6Fe^{2+} + 14H^+ \rightleftharpoons 2Cr^{3+} + 6Fe^{3+} + 7H_2O \tag{5-11}$$

溶液的电极电位等于电对 $Cr_2O_7^{2-}/Cr^{3+}$ 的电极电位。电对的半反应：

$$Cr_2O_7^{2-} + 14H^+ + 6e^- \rightleftharpoons 2Cr^{3+} + 7H_2O$$

查附录一，没有 $1.5\,mol/L\ H_2SO_4$ 溶液中该电对的条件电极电位，可采用条件最接近的 $2\,mol/L\ H_2SO_4$ 溶液中的条件电极电位值，$\varphi^{\ominus\prime}_{Cr_2O_7^{2-}/Cr^{3+}} = 1.10(V)$。

根据题意，$0.1000\,mol/L\ K_2Cr_2O_7$ 还原至一半时：$c_{Cr_2O_7^{2-}} = 0.0500(mol/L)$

由物料平衡原理，$c_{Cr_2O_7^{2-}} + \dfrac{1}{2}c_{Cr^{3+}} = 0.1000$

$$c_{Cr^{3+}} = 2 \times (0.1000 - c_{Cr_2O_7^{2-}}) = 0.1000(mol/L)$$

所以由式(5-10)得

$$\varphi_{Cr_2O_7^{2-}/Cr^{3+}} = \varphi^{\ominus\prime}_{Cr_2O_7^{2+}/Cr^{3+}} + \frac{0.059}{6}lg\frac{c_{Cr_2O_7^{2-}}}{(c_{Cr^{3+}})^2}$$

$$= 1.10 + \frac{0.059}{6}lg\frac{0.0500}{(0.1000)^2}$$

$$= 1.09(V)$$

5.1.4　影响条件电极电位的因素

由式(5-9)可知，条件电极电位 $\varphi^{\ominus\prime}$ 的大小与电对的标准电极电位 $\varphi^{\ominus}$、活度系数 γ、副反应系数 α 有关，因此，影响 $\varphi^{\ominus\prime}$ 的因素有：温度、溶液离子强度、溶液 pH、配位剂浓度以及氧化态、还原态的副反应。了解影响条件电极电位的因素对于条件电极电位在水质分析和水处理实践中的应用有重要意义。

5.1.4.1　离子强度的影响

活度系数 γ 是 $\varphi^{\ominus\prime}_{Ox/Red}$ 值的影响因素之一。γ 值取决于溶液中的离子强度。当溶液中离子强度较大时，γ 远小于 1，活度与浓度之间存在较大差别，若用浓度代替活度，用能斯特方程计算的结果与实际情况有较大差异。由于各种副反应及其他因素的影响比离子强度的影响要大，且活度系数的计算复杂，一般情况下，忽略离子强度的影响。

5.1.4.2　副反应的影响

沉淀反应和配位反应可以使电对的氧化态或还原态的浓度发生改变，从而改变电对的电极电位。在氧化还原反应中常常人为地加入沉淀剂或配位剂，使氧化还原反应历程向着有利于实际需要的方向进行。

（1）生成沉淀的影响

向溶液中加入能与氧化态或还原态物质生成沉淀的沉淀剂时，或者溶液中氧化态或还原态物质水解而生成沉淀时，由于氧化态或还原态物质浓度的改变，电对的电极电位发生改变。氧化态生成沉淀时可使电对的电极电位降低，氧化能力减小；还原态生成沉淀时可使电对的电极电位升高，还原能力降低。这时的电极电位实质上是沉淀剂存在下的条件电极电位。

【例 5-2】　讨论曝气法处理地下水中铁的可能性。

解 原理：水中的溶解氧将水中 Fe^{2+} 氧化成 Fe^{3+}，并水解成 $Fe(OH)_3$ 沉淀。其反应为

$$4Fe^{2+} + 8HCO_3^- + O_2 + 2H_2O \Longleftrightarrow 4Fe(OH)_3 \downarrow + 8CO_2 \uparrow \tag{5-12}$$

① 由标准电极电位考虑 查附录一，氧化还原反应中各电对的标准电极电位是 $\varphi_{Fe^{3+}/Fe^{2+}}^{\ominus} = 0.77V$，$\varphi_{O_2/OH^-}^{\ominus} = 0.40V$，$\varphi_{O_2/OH^-}^{\ominus} < \varphi_{Fe^{3+}/Fe^{2+}}^{\ominus}$。电极电位低的氧化态 O_2 不能氧化电极电位高的还原态 Fe^{2+}，故由标准电极电位考虑，采用曝气法处理地下水中的铁是不可行的。

② 由条件电极电位考虑 Fe^{3+} 水解生成 $Fe(OH)_3$ 沉淀，考虑此影响，溶液中 Fe^{3+} 的浓度应是由微溶化合物 $Fe(OH)_3$ 溶解平衡决定的，$Fe(OH)_3$ 沉淀的溶度积 $K_{sp,Fe(OH)_3} = 3 \times 10^{-39}$。

$$Fe(OH)_3 \Longleftrightarrow Fe^{3+} + 3OH^-$$

则

$$[Fe^{3+}] = \frac{K_{sp,Fe(OH)_3}}{[OH^-]^3}$$

由能斯特方程

$$\varphi_{Fe^{3+}/Fe^{2+}} = \varphi_{Fe^{3+}/Fe^{2+}}^{\ominus} + 0.059 \lg \frac{[Fe^{3+}]}{[Fe^{2+}]}$$

$$= \varphi_{Fe^{3+}/Fe^{2+}}^{\ominus} + 0.059 \lg \frac{K_{sp,Fe(OH)_3}}{[OH^-]^3[Fe^{2+}]}$$

$$= \varphi_{Fe^{3+}/Fe^{2+}}^{\ominus} + 0.059 \lg K_{sp,Fe(OH)_3} + 0.059 \lg \frac{1}{[OH^-]^3[Fe^{2+}]}$$

当 $c_{OH^-} = c_{Fe^{2+}} = 1mol/L$ 时，体系的实际电位就是 Fe^{3+}/Fe^{2+} 电对的条件电极电位，

$$\varphi_{Fe^{3+}/Fe^{2+}}^{\ominus'} = \varphi_{Fe^{3+}/Fe^{2+}}^{\ominus} + 0.059 \lg K_{sp,Fe(OH)_3}$$

$$= 0.77 + 0.059 \lg(3 \times 10^{-39})$$

$$= -1.50 (V)$$

由于 Fe^{3+} 水解生成沉淀，使电极电位由原来的 0.77V 下降至 -1.50V。此时 $\varphi_{Fe^{3+}/Fe^{2+}}^{\ominus'} = -1.50V < \varphi_{O_2/OH^-}^{\ominus} = 0.40V$，$O_2$ 能够将 Fe^{2+} 氧化为 Fe^{3+} 并最终以 $Fe(OH)_3$ 沉淀的形式除去。说明采用曝气法去除地下水中的铁是可行的。实践中采用曝气法处理地下水中的铁是地下水除铁的工艺之一。由此说明采用条件电极电位处理问题更符合实际。

（2）生成配位化合物的影响

溶液中总有各种阴离子存在，它们常与金属离子的氧化态或还原态生成稳定性不同的配位化合物，从而改变电对的电极电位。若氧化态生成配位化合物，其结果是电极电位降低；若还原态生成配位化合物，其结果将使电极电位升高。

例如，用碘量法测定含少量 Fe^{3+} 的水样中的 Cu^{2+} 时，溶液中可能发生的反应有

$$2Cu^{2+} + 2I^- \Longleftrightarrow 2Cu^+ + I_2 \downarrow \tag{5-13}$$

$$2Fe^{3+} + 2I^- \Longleftrightarrow 2Fe^{2+} + I_2 \downarrow \tag{5-14}$$

由于 $\varphi_{Fe^{3+}/Fe^{2+}}^{\ominus} = 0.77V > \varphi_{I_2/I^-}^{\ominus} = 0.54V$，所以 Fe^{3+} 也能氧化 I^-，从而干扰 Cu^{2+} 的测定。若调节溶液 $pH = 3.0$，向溶液中加入 NaF，Fe^{3+} 可与 F^- 形成很稳定的配位化合物 $Fe(F_6)^{3-}$，Fe^{3+}/Fe^{2+} 电对的电极电位显著降低（$\varphi_{Fe^{3+}/Fe^{2+}}^{\ominus'} = 0.26V$），$Fe^{3+}$ 不再氧化 I^-。

5.1.4.3 溶液 pH 的影响

若有 H^+、OH^- 参加的氧化还原半反应，则氧化还原电对的电极电位必然会受其影响。

【例 5-3】 判断溶液中 $[H^+]$ 分别为 $1mol/L$ 和 $1.0 \times 10^{-8}mol/L$ 时，能否用直接碘量法测定水中亚砷酸盐（忽略离子强度的影响）。

解 原理：用直接碘量法测定亚砷酸盐时，是以 I_2 标准溶液直接滴定 AsO_3^{3-}，使 AsO_3^{3-} 被氧化为 AsO_4^{3-}，I_2 同时被还原为 I^-。

滴定反应式为：

$$AsO_3^{3-}+I_2+H_2O \Longrightarrow AsO_4^{3-}+2I^-+2H^+ \tag{5-15}$$

在酸性溶液中，AsO_4^{3-}/AsO_3^{3-} 电对和 I_2/I^- 电对的半反应分别为

$$H_3AsO_4+2H^++2e^- \Longrightarrow H_3AsO_3+H_2O \qquad \varphi^{\ominus}_{H_3AsO_4/H_3AsO_3}=0.56V$$

$$I_2+2e^- \Longrightarrow 2I^- \qquad \varphi^{\ominus}_{I_2/I^-}=0.54V$$

当 $[H^+]=1mol/L$ 时，由能斯特方程：

$$\varphi_{H_3AsO_4/H_3AsO_3}=\varphi^{\ominus}_{H_3AsO_4/H_3AsO_3}+\frac{0.059}{2}lg\frac{[H_3AsO_4]\cdot[H^+]^2}{[H_3AsO_3]}$$

当 $[H_3AsO_4]=[H_3AsO_3]=1mol/L$ 时，其条件电极电位为

$$\varphi^{\ominus'}_{H_3AsO_4/H_3AsO_3}=\varphi^{\ominus}_{H_3AsO_4/H_3AsO_3}+\frac{0.059}{2}lg[H^+]^2=\varphi^{\ominus}_{H_3AsO_4/H_3AsO_3}=0.56V$$

由于 I_2/I^- 电对半反应中没有 H^+ 参与反应，故其电极电位没有变化。此时，$\varphi^{\ominus'}_{H_3AsO_4/H_3AsO_3}>\varphi^{\ominus}_{I_2/I^-}$，$I_2$ 不能氧化 AsO_3^{3-}，不能用直接碘量法测定水中亚砷酸盐。

当 $[H^+]=1.0\times10^{-8}mol/L$ 时，由能斯特方程：

$$\varphi^{\ominus'}_{H_3AsO_4/H_3AsO_3}=\varphi^{\ominus}_{H_3AsO_4/H_3AsO_3}+\frac{0.059}{2}lg[H^+]^2=0.56+\frac{0.059}{2}lg(1.0\times10^{-8})^2=0.087V$$

此时，$\varphi^{\ominus'}_{H_3AsO_4/H_3AsO_3}<\varphi^{\ominus}_{I_2/I^-}$，$I_2$ 能氧化 AsO_3^{3-}，可以用直接碘量法测定水中亚砷酸盐。

5.1.5 氧化还原反应速率

以上讨论了根据氧化还原反应中电对的标准电极电位 $\varphi^{\ominus}$ 或条件电极电位 $\varphi^{\ominus'}$，判断氧化还原反应进行的方向，即反应进行的可能性。实际上，不同的氧化还原反应，其反应速率会有很大的差别，有的反应较快，有的则较慢；有的反应从理论上看是可以进行的，但实际中由于反应速率太慢而认为氧化剂和还原剂之间并没有发生反应，即没有实际意义。因此，在滴定分析中，反应速率是考虑氧化还原反应能否应用于实际的关键问题。

比如水分析化学中常用的下列反应：

$$2MnO_4^-+5C_2O_4^{2-}+16H^+ \Longrightarrow 2Mn^{2+}+10CO_2\uparrow+8H_2O \tag{5-16}$$

$$Cr_2O_7^{2-}+6I^-+14H^+ \Longrightarrow 2Cr^{3+}+3I_2\downarrow+7H_2O \tag{5-17}$$

上述两反应在室温下进行较慢，需要一定时间才能完成。

再如水中溶解氧的电对反应：

$$O_2+4H^++4e^- \Longrightarrow 2H_2O \qquad \varphi^{\ominus}_{O_2/H_2O}=1.23V$$

由于其标准电极电位较高，在理论上氧很容易氧化一些强还原性的物质，如：Sn^{2+}（$\varphi_{Sn^{4+}/Sn^{2+}}=0.15V$）、$Ti^{3+}$（$\varphi_{TiO^{2+}/Ti^{3+}}=0.10V$），使 Sn^{2+}、Ti^{3+} 在水中不能稳定存在。但实际上，由于 Sn^{2+} 或 Ti^{3+} 与 O_2 之间的反应速率非常慢，使得具有强还原性的 Sn^{2+}、Ti^{3+} 在水中有着很好的稳定性。

反应机理比较复杂是氧化还原反应进行较慢的主要原因。氧化还原反应往往不是基元反应，而是分步进行，总的反应式只表示一系列反应的总的结果。这样的反应式只表示了反应的最初和最末状态。比如反应式(5-16)和式(5-17)所表示的反应实际进行时要经历若干中间步骤，如果反应速率最慢的一步反应成为整个反应的控制步骤，整个反应的速率都会受到影响；另外，氧化还原反应是基于电子转移的化学反应，且常伴有副反应，电子在转移过程中往往会遇到各种阻碍，如溶剂分子、各种配位体、物质间的静电斥力等，使得反应进行缓慢。且由于反应前后价态的变化，不仅原子或离子的电子层结构会发生改变，化学键性质和物质组成也会发生变化，这也是导致氧化还原反应速率缓慢的重要因素。

此外，反应时的一些外部因素也会影响反应速率，例如反应物浓度、温度、催化剂等。

5.1.5.1　反应物浓度

在氧化还原反应中，由于反应机理比较复杂，所以不能从总的氧化还原反应方程式来判断反应物浓度对反应速率的影响程度。但一般说来，反应物的浓度越大，反应的速率越快。

利用臭氧处理含氰电镀废水时，主要反应为

$$CN^- + O_3 \Longleftrightarrow CNO^- + O_2 \uparrow \tag{5-18}$$

$$2CNO^- + H_2O + 3O_3 \Longleftrightarrow 2HCO_3^- + N_2 \uparrow + 3O_2 \uparrow \tag{5-19}$$

整个处理过程分两个阶段。第一阶段，毒性很强的 CN^- 被氧化为低毒的 CNO^-；第二阶段，CNO^- 被进一步氧化为无害的氮气。整个处理过程每去除 1mg 的 CN^- 需消耗 4.62mg 的臭氧，并且不会产生二次污染。如果向废水中通入足够多的臭氧，将会加快反应的速率。

另外，在利用硫酸亚铁还原法处理含铬电镀废水时，主要反应式见式(5-11)。$Cr(Ⅵ)$ 被 Fe^{2+} 还原成 Cr^{3+}（一般要求还原反应时间不小于 30min），最终废水中含有 Cr^{3+} 和 Fe^{3+}。用 NaOH 中和至 pH＝7～9，Cr^{3+} 和 Fe^{3+} 一起沉淀，最终以污泥的形式除去。

硫酸亚铁还原法要求废水中的 $Cr(Ⅵ)$ 的浓度在 50～100mg/L 范围内，废水的 pH＝1～3，$Cr(Ⅵ)$ 多数以 $Cr_2O_7^{2-}$ 型体存在。由反应式(5-11)，一方面，增加 Fe^{2+} 的浓度可加快反应速率，平衡向生成 Cr^{3+} 的方向移动；另一方面，增加 H^+ 的浓度，在酸性条件下 $Cr(Ⅵ)$ 的还原反应速率也会较快。

5.1.5.2　温度

对大多数反应来说，升高溶液的温度，可提高反应速率。这是由于溶液的温度升高时，不仅增加了反应物之间的碰撞概率，而且增加了活化分子或活化离子的数目，所以提高了反应速率。根据阿仑尼乌斯公式，溶液的温度每升高 10℃，可以使反应速率增加 2～4 倍。

比如，反应式(5-16)为高锰酸盐指数测定中的一个主要反应，该反应在室温下进行缓慢。如果将溶液加热，可明显提高反应速率。但温度不能太高，如大于 90℃ 时，则发生草酸分解。

$$H_2C_2O_4 \Longrightarrow CO_2 \uparrow + CO \uparrow + H_2O \tag{5-20}$$

因此，测定高锰酸盐指数时，经常将温度控制在 75～85℃。

不是在所有的情况下都允许用升高溶液温度的办法来加快反应速率。有些物质（如 I_2）具有挥发性，如将溶液加热，则会引起挥发损失。有些物质（如 Sn^{2+}、Fe^{2+}）很容易被空气中的氧所氧化，如将溶液加热，就会促进它们的氧化，从而引起误差。在这些情况下，可采取别的办法提高反应的速率。

5.1.5.3　催化剂

催化剂对反应速率有很大的影响。

（1）催化反应

在分析化学中，经常利用催化剂来改变反应速率。加入催化剂使反应速率加快的反应为正催化反应，该催化剂称为正催化剂。比如，反应式(5-16)所表示的反应，即使在加热条件下，反应速率仍较小，但是若加入 Mn^{2+}，则该反应的速率将大大提高。加入催化剂后使反应速率减慢的反应为负催化反应，该催化剂称为负催化剂。例如，为防止 SO_3^{2-} 与空气中的氧起作用，可向溶液中加入 AsO_3^{3-}。

催化反应的历程非常复杂。在催化反应中，由于催化剂的存在，产生了一些不稳定的中间价态的离子、游离基或中间配位化合物，从而改变了原来氧化还原反应的历程，或者降低了反应所需的活化能，使得反应速率发生变化。催化剂以循环方式参加反应，但最终并不改变其本身的状态和数量。

反应式(5-16)在酸性介质中进行时,反应本身产生的 Mn^{2+} 可起到催化剂的作用。这种由于反应产物本身所引起的催化作用叫做自身催化或自动催化。

在水质分析和水处理中,经常可见利用催化反应加快反应速率的例子。

比如,空气氧化法处理含硫废水时,废水中的硫化物可与空气中的氧发生如下反应:

$$2HS^- + 2O_2 \longrightarrow S_2O_3^{2-} + H_2O \tag{5-21}$$

$$2S^{2-} + 2O_2 + H_2O \longrightarrow S_2O_3^{2-} + 2OH^- \tag{5-22}$$

$$S_2O_3^{2-} + 2O_2 + 2OH^- \longrightarrow 2SO_4^{2-} + H_2O \tag{5-23}$$

废水中有毒的硫化物和硫氢化物被最终氧化为无毒的硫代硫酸盐和硫酸盐。上述第三个反应进行得比较缓慢,在反应温度为 $80 \sim 90℃$,接触氧化时间 1.5h 时,约有 10% 的 $S_2O_3^{2-}$ 能进一步被氧化为 SO_4^{2-}。如果向废水中投加少量的氯化铜或氯化钴作催化剂,则几乎全部的 $S_2O_3^{2-}$ 被氧化为 SO_4^{2-}。

再如,利用锰砂处理地下水中的铁、锰。锰砂中的 MnO_2 能对水中 Fe^{2+}、Mn^{2+} 的氧化起催化作用,从而大大加速水中 Fe^{2+}、Mn^{2+} 的氧化反应。

在水质分析中,利用催化剂的反应也很多,比如水中高锰酸盐指数的测定和水中化学需氧量的测定等,具体反应式将在氧化还原滴定法的应用中讲述。

(2)诱导反应

有一类氧化还原反应,在通常情况下本身不发生或者即使能发生速率也极慢。但是当另外一种反应发生时会促进这个反应的发生。比如,在酸性介质中 $KMnO_4$ 氧化 Cl^- 的反应速率非常慢,如果向溶液中加入 Fe^{2+},可以发现反应的速率明显加快。这是由于 $KMnO_4$ 与 Fe^{2+} 的反应加速了 $KMnO_4$ 与 Cl^- 的反应。这种由一个反应的发生促进另一个反应进行的现象,称为诱导作用。上述过程中 $KMnO_4$ 与 Fe^{2+} 的反应称为诱导反应,$KMnO_4$ 与 Cl^- 的反应称为受诱反应。

$$MnO_4^- + 5Fe^{2+} + 8H^+ \Longleftrightarrow Mn^{2+} + 5Fe^{3+} + 4H_2O \tag{5-24}$$

$$2MnO_4^- + 10Cl^- + 16H^+ \Longleftrightarrow 2Mn^{2+} + 5Cl_2 \uparrow + 8H_2O \tag{5-25}$$

MnO_4^- 称为作用体,Fe^{2+} 称为诱导体,Cl^- 称为受诱体。

诱导反应与催化反应都能提高主体反应的反应速率,但二者的不同之处在于:在催化反应中,催化剂参加反应后,又会回到原来的状态;而在诱导反应中,诱导体参加反应后,变为其他的物质。

通过以上讨论可知,虽然影响氧化还原反应的因素比较多,但只要控制合适的条件,就可使反应朝着需要的方向进行,从而使氧化还原反应应用于水质分析和水处理实践。

5.2 氧化还原平衡

5.2.1 氧化还原平衡常数

氧化还原反应通式可用下式表示

$$n_2 Ox_1 + n_1 Red_2 \Longleftrightarrow n_2 Red_1 + n_1 Ox_2 \tag{5-26}$$

当反应达到平衡时,其平衡常数可根据能斯特方程由有关电对的电极电位求得。由氧化还原反应的平衡常数,可以判断反应进行的完全程度。

反应式(5-26)的平衡常数表达式为

$$K = \frac{a_{Red_1}^{n_2} a_{Ox_2}^{n_1}}{a_{Ox_1}^{n_2} a_{Red_2}^{n_1}} \tag{5-27}$$

若考虑溶液中各种副反应的影响，以相应的总浓度 c_{Ox}、c_{Red} 代替活度 a_{Ox}、a_{Red}，所得平衡常数为条件平衡常数 K'

$$K'=\frac{c_{Red_1}^{n_2} c_{Ox_2}^{n_1}}{c_{Ox_1}^{n_2} c_{Red_2}^{n_1}} \tag{5-28}$$

有关电对的半反应及相应电极电位分别为

$$Ox_1+n_1e^-\Longrightarrow Red_1，\varphi_1=\varphi_1^\ominus+\frac{0.059}{n_1}lg\frac{a_{Ox_1}}{a_{Red_1}}$$

$$Ox_2+n_2e^-\Longrightarrow Red_2，\varphi_2=\varphi_2^\ominus+\frac{0.059}{n_2}lg\frac{a_{Ox_2}}{a_{Red_2}}$$

反应达到平衡时，两电对的电极电位相等，有

$$\varphi_1^\ominus+\frac{0.059}{n_1}lg\frac{a_{Ox_1}}{a_{Red_1}}=\varphi_2^\ominus+\frac{0.059}{n_2}lg\frac{a_{Ox_2}}{a_{Red_2}}$$

两边同乘以 n_1n_2，或乘以 n_1 与 n_2 的最小公倍数 n，整理后得

$$lgK=\frac{(\varphi_1^\ominus-\varphi_2^\ominus)n_1n_2}{0.059} \tag{5-29}$$

或

$$lgK=\frac{(\varphi_1^\ominus-\varphi_2^\ominus)n}{0.059}$$

式中　K——氧化还原反应的平衡常数；

$\varphi_1^\ominus$，$\varphi_2^\ominus$——两电对的标准电极电位；

n_1，n_2——氧化剂与还原剂半反应中的电子转移数；

n——n_1 和 n_2 的最小公倍数。

式(5-29) 表明，氧化还原反应的平衡常数与两电对的标准电极电位及电子的转移数有关。若考虑溶液中各种副反应的影响，以相应的条件电极电位 $\varphi^{\ominus'}$ 代替 $\varphi^\ominus$，整理得

$$lgK'=\frac{(\varphi_1^{\ominus'}-\varphi_2^{\ominus'})n_1n_2}{0.059} \tag{5-30}$$

或

$$lgK'=\frac{(\varphi_1^{\ominus'}-\varphi_2^{\ominus'})n}{0.059}$$

由上述讨论可知，$\Delta\varphi^\ominus$ 或 $\Delta\varphi^{\ominus'}$ 的大小直接影响 K 或 K' 的大小，$\Delta\varphi^\ominus$ 或 $\Delta\varphi^{\ominus'}$ 越大，则 K 或 K' 越大，反应进行的越完全。因此也可通过比较两电对的 $\Delta\varphi^\ominus$ 或 $\Delta\varphi^{\ominus'}$ 来判断反应进行的程度。考虑到实际滴定条件以及滴定剂和被滴定水样中物质的性质，常用比较两个电对的条件电极电位的差值 $\Delta\varphi^{\ominus'}$，由 lgK' 来判断氧化还原反应进行的完全程度。

5.2.2　氧化还原反应进行程度

水处理实践中，通常要求氧化还原反应进行得越完全越好。下面着重讨论化学计量点时，氧化还原反应进行的完全程度。

滴定分析中，要使反应完全程度达 99.9% 以上，要求在计量点时需满足：

$$\frac{c_{Red_1}}{c_{Ox_2}}\geq10^3，\frac{c_{Ox_2}}{c_{Red_2}}\geq10^3$$

当 $n_1\neq n_2$ 时，由式(5-28)

$$lgK'=lg\left(\frac{c_{Red_1}}{c_{Ox_1}}\right)^{n_2}\left(\frac{c_{Ox_2}}{c_{Red_2}}\right)^{n_1}\geq lg(10^{3n_2}\times10^{3n_1})=3(n_1+n_2)$$

即

$$\lg K' \geqslant 3(n_1 + n_2) \tag{5-31}$$

将式(5-31)代入式(5-30)，得

$$\frac{(\varphi_1^{\ominus'} - \varphi_2^{\ominus'})n}{0.059} \geqslant 3(n_1 + n_2)$$

整理得

$$\varphi_1^{\ominus'} - \varphi_2^{\ominus'} \geqslant 3(n_1 + n_2) \times \frac{0.059}{n} \tag{5-32}$$

当 $n_1 = n_2$ 时，式(5-26)变为

$$Ox_1 + Red_2 \Longleftrightarrow Red_1 + Ox_2$$

则

$$\lg K' = \lg\left(\frac{c_{Red_1}}{c_{Ox_1}}\right)\left(\frac{c_{Ox_2}}{c_{Red_2}}\right) \geqslant \lg(10^3 \times 10^3) = 6$$

此时，

$$\varphi_1^{\ominus'} - \varphi_2^{\ominus'} = \frac{0.059}{n} \times \lg K' \geqslant \frac{0.059}{n} \times 6 = \frac{0.35}{n} \tag{5-33}$$

比如，当 $n_1 = n_2 = 1$ 时，由式(5-31)或式(5-33)可得 $\lg K' \geqslant 6$ 或 $\varphi_1^{\ominus'} - \varphi_2^{\ominus'} \geqslant 0.35V$。实际应用中，对于电子转移数为 1 的氧化还原反应，只有当条件稳定常数 $K' \geqslant 10^6$ 或条件电极电位的差值 $\Delta\varphi^{\ominus'} \geqslant 0.40V$ 时，才能用于氧化还原滴定分析。

【例 5-4】　讨论在 pH=10～11 条件下，采用碱性氯化法处理电镀含氰（CN^-）废水的效果。

解　工艺原理：碱性氯化法是在碱性条件下，采用次氯酸钠、漂白粉、液氯等氯系氧化剂将氰化物氧化的方法。无论采用何种氯系氧化剂，其基本原理都是利用次氯酸根（ClO^-）的氧化作用。

反应如下：

$$ClO^- + CN^- + H_2O \Longleftrightarrow CNCl + 2OH^- \tag{5-34}$$

$$CNCl + 2OH^- \Longleftrightarrow CNO^- + Cl^- + H_2O \tag{5-35}$$

其中两个半反应分别为

$$ClO^- + H_2O + 2e^- \Longleftrightarrow Cl^- + 2OH^- \qquad \varphi_{ClO^-/Cl^-}^{\ominus} = 0.89(V)$$

$$CNO^- + H_2O + 2e^- \Longleftrightarrow CN^- + 2OH^- \qquad \varphi_{CNO^-/CN^-}^{\ominus} = -0.97(V)$$

$n_1 = n_2 = 2$，故 $n=2$，由式(5-22)得

$$\lg K' = \frac{[0.89 - (-0.97)] \times 2}{0.059} \approx 63 > 6$$

即 $K' = 10^{63}$，水中剧毒的 CN^- 几乎全部转换成了微毒的氰酸根（CNO^-，毒性仅为氰的千分之一）。

【例 5-5】　所示处理电镀含氰废水的方法在水处理中称为局部氧化法。局部氧化法方法要求氧化剂的量（以 NaClO 计）应为废水含氰量的 5～8 倍。另外，还可采用完全氧化法处理含氰废水。该方法是在局部氧化法之后，将生成的氰酸根（CNO^-）以及经局部氧化后残存的氯化氰（CNCl）进一步氧化成 N_2 和 CO_2，消除氰酸盐对环境的污染。完全氧化法的 pH 应控制在 6.0～7.0 之间，如果考虑电镀废水中重金属氢氧化物的沉淀去除，一般控制在 7.5～8.0 为宜。

【例 5-6】　讨论用氢气处理含汞（Hg^{2+}）废水的效果。

解　主要反应式

$$H_2 + Hg^{2+} \Longleftrightarrow Hg + 2H^+ \tag{5-36}$$

两个电对的半反应及电极电位分别为

$$Hg^{2+} + 2e^- \Longrightarrow Hg \qquad \varphi^{\ominus}_{Hg^{2+}/Hg} = 0.854(V)$$

$$2H^+ + 2e^- \Longrightarrow H_2 \qquad \varphi^{\ominus}_{H^+/H_2} = 0.000(V)$$

$n_1 = n_2 = 2$，故 $n = 2$，则

$$\lg K = \frac{(0.854 - 0.000) \times 2}{0.059} = 28.9 > 6$$

$K = 10^{28.9}$，Hg^{2+} 几乎全部转化成可回收的 Hg，说明该方法处理含汞废水效果较好。

5.3　氧化还原指示剂

判断氧化还原滴定终点的方法主要有电位滴定法和指示剂目测法。另外也可采用光度滴定法和电流滴定法（即安培滴定法）。本节主要介绍水质分析中经常采用的指示剂目测法。

指示剂目测法借助于指示剂在计量点附近颜色的变化来判断滴定终点的到达。根据指示剂的性质，氧化还原滴定中常用的指示剂可以分为自身指示剂、专属指示剂和氧化还原指示剂（本身发生氧化还原反应的指示剂）。

5.3.1　自身指示剂

自身指示剂作为滴定剂或被滴定物质参与氧化还原反应，在反应前后，本身的颜色发生明显变化，在滴定过程中同时起着指示剂的作用。例如，强酸性环境中用 $KMnO_4$ 做标准溶液进行氧化还原滴定，由于 MnO_4^- 本身显紫红色，用它滴定无色或浅色的还原性物质，当滴定达到化学计量点时，稍微过量的 MnO_4^-（此时，颜色可被察觉的 MnO_4^- 最低浓度约为 $2 \times 10^{-6} mol/L$）就可使溶液呈粉红色，表示已经到达了滴定终点。这里的滴定剂 $KMnO_4$ 就是自身指示剂。

5.3.2　专属指示剂

专属指示剂又称显色指示剂，是一种本身并没有氧化还原性质的试剂。由于这种试剂能与滴定剂或被滴定物发生显色反应，因而也可用于指示滴定终点。例如，碘量法中常用的淀粉指示剂，本身无色，也不发生氧化还原反应，但淀粉遇碘（碘在溶液中以 I_3^- 形式存在，浓度可小到 $2 \times 10^{-5} mol/L$）可生成深蓝色的配合物，当 I_2 被还原为 I^- 时，深蓝色消失。利用蓝色的出现与消失，来指示终点的到达。

5.3.3　氧化还原指示剂

氧化还原指示剂是一些复杂的有机化合物，本身具有氧化还原性质，在氧化还原滴定中，也会发生氧化还原反应。它们的氧化态和还原态的颜色不同，利用指示剂由氧化态变为还原态或还原态变为氧化态时的颜色突变，来指示滴定终点。

5.3.3.1　氧化还原指示剂的变色范围的确定

通常可用 $In(Ox)$ 和 $In(Red)$ 分别表示指示剂的氧化态和还原态，二者颜色不同。其氧化还原半反应为

$$In(Ox) + ne^- \Longrightarrow In(Red)$$

由能斯特方程，氧化还原指示剂电对的电极电位与其浓度的关系为

$$\varphi_{In(Ox)/In(Red)} = \varphi^{\ominus'}_{In(Ox)/In(Red)} + \frac{0.059}{n} \lg \frac{c_{In(Ox)}}{c_{In(Red)}}$$

在滴定过程中，随着溶液电极电位的变化，指示剂电对的电极电位也发生变化，指示剂的氧化态与还原态浓度跟着改变，因而溶液的颜色也改变。

与酸碱指示剂的变色情况相似，如果 $In(Ox)$ 和 $In(Red)$ 的颜色强度相差不大，可按照 $c_{In(Ox)}/c_{In(Red)}$ 从 10 变到 $\frac{1}{10}$ 的情况代入上式，求得氧化还原指示剂变色时电极电位的变化情况：

当 $c_{In(Ox)}/c_{In(Red)} \geqslant 10$ 时，溶液呈现氧化态的颜色，此时 $\varphi_{In(Ox)/In(Red)} \geqslant \varphi_{In(Ox)/In(Red)}^{\ominus'} \pm 0.059/n$；

当 $c_{In(Ox)}/c_{In(Red)} \leqslant \frac{1}{10}$ 时，溶液呈现还原态的颜色，此时 $\varphi_{In(Ox)/In(Red)} \leqslant \varphi_{In(Ox)/In(Red)}^{\ominus'} \pm 0.059/n$；

因此，氧化还原指示剂的理论变色范围为

$$\varphi_{In(Ox)/In(Red)}^{\ominus'} \pm 0.059/n \tag{5-37}$$

指示剂的理论变色电极电位是 $\varphi_{In(Ox)/In(Red)}^{\ominus'}$。

表 5-1 为常用氧化还原指示剂的条件电极电位 $\varphi^{\ominus}$ 及其颜色变化。

表 5-1 几种常用氧化还原指示剂的 $\varphi^{\ominus'}$ 及颜色变化

指示剂	$\varphi^{\ominus'}/V$ ($[H^+]=1mol/L$)	颜色变化		配 制 方 法
		氧化态	还原态	
甲基蓝	0.53	蓝绿	无	0.05% 水溶液
二苯胺	0.76	紫	无	1% 的浓 H_2SO_4 溶液
二苯胺磺酸钠	0.84	紫红	无	0.05% 水溶液
邻苯氨基苯甲酸	0.89	紫红	无	0.107g 溶于 20mL5% Na_2CO_3，用水稀释至 100mL
邻二氮菲亚铁	1.06	浅蓝	红	1.485g 邻二氮菲加 0.965g $FeSO_4$ 溶于 100mL 水中 (0.025mol/L 水溶液)
硝基邻二氮菲亚铁	1.25	浅蓝	紫红	1.485g 邻二氮菲加 0.965g $FeSO_4$ 溶于 100mL 水中 (0.025mol/L 水溶液)

5.3.3.2 氧化还原指示剂的选择

选择氧化还原指示剂时应遵循的原则：使指示剂的变色电位 $[\varphi_{In(Ox)/In(Red)}^{\ominus'}]$ 位于滴定曲线的电位突跃范围之内，并应尽量使之与反应的化学计量点电位 (φ_{sp}) 一致或接近。这就要求首先需找出滴定曲线的突跃范围，有关滴定曲线的知识将在氧化还原滴定原理中讲述。例如，在 0.5mol/L H_2SO_4 介质中，用 $Ce(SO_4)_2$ 滴定 Fe^{2+} 时，滴定曲线的突跃范围为 0.86~1.26V，计量点电位 $\varphi_{sp}=1.06V$。用邻二氮菲亚铁或二苯胺磺酸钠做指示剂，在滴定至终点时，二者均有明显的颜色变化。但由于邻二氮菲亚铁的变色电位 $[\varphi_{In(Ox)/In(Red)}^{\ominus'}=1.06V]$ 与 φ_{sp} 一致而二苯胺磺酸钠的变色电位 $[\varphi_{In(Ox)/In(Red)}^{\ominus'}=0.84V]$ 与 φ_{sp} 相差较远，故滴定中往往选用邻二氮菲亚铁为指示剂，其滴定误差小于 0.1%。

5.3.3.3 常用的两种指示剂

① 邻二氮菲亚铁　又叫试亚铁灵。其分子式 $[Fe(C_{12}H_8N_2)_3]^{2+}$，是由邻二氮菲 $(C_{12}H_8N_2)$ 与 Fe^{2+} 生成的红色配位离子。该配位化合物常被用作氧化还原滴定的指示剂，遇到氧化剂时可改变颜色，反应式如下：

$$Fe(phen)_3^{2+} - e^- \underset{\text{还原剂}}{\overset{\text{氧化剂}}{\rightleftharpoons}} Fe(phen)_3^{3+}$$

（红色）　　　　　　　　（浅蓝色）

在 1mol/L H_2SO_4 介质中，该指示剂的条件电极电位较高 $[\varphi_{In(Ox)/In(Red)}^{\ominus'}=1.06V]$，所以特别适用于滴定剂是强氧化剂的滴定分析时使用。

邻二氮菲亚铁一般配成 0.025mol/L 的水溶液，该溶液可稳定一年以上。

② 二苯胺磺酸钠　白色片状晶体，易溶于水，其分子式 $C_{12}H_{10}O_3NSNa$，是用 Ce^{4+} 滴定 Fe^{2+} 常用的氧化还原指示剂。在 $[H^+]=0.1mol/L$ 的酸性介质中，条件电极电位 $\varphi^{\ominus'}_{In(Ox)/In(Red)}=0.84V$，其氧化态为紫红色，还原态为无色。

二苯胺磺酸钠是一种可逆性不太好的指示剂，反应机理比较复杂。在酸性溶液中，主要以二苯胺磺酸的形式存在。当二苯胺磺酸遇到强氧化剂时首先被氧化为无色的二苯联苯胺磺酸（此过程不可逆），再进一步氧化为紫红色的二苯联苯胺磺酸紫，显示出颜色变化。在颜色变化过程中，二苯胺磺酸钠本身也会消耗一定量的标准溶液（氧化剂），对滴定分析结果产生影响。标准溶液浓度较大时（比如 $0.1mol/L$），氧化指示剂所消耗标准溶液的体积很小，这种影响可忽略不计。若标准溶液浓度较小时（比如 $0.01mol/L$），需要做空白实验以消除指示剂消耗标准溶液对分析结果的影响。

5.4　氧化还原滴定原理

5.4.1　氧化还原滴定曲线

在酸碱滴定的学习中，溶液 pH 的变化是研究的主要对象，并由此绘制了酸碱滴定曲线。而在氧化还原滴定过程中，要研究的则是由氧化剂和还原剂所引起的溶液中电极电位的改变。这种变化是由于滴定过程中，随着滴定剂的加入，氧化态和还原态的浓度逐渐改变而引起的。这种电位的改变情况也可用与其他滴定法相类似的滴定曲线来表示。氧化还原滴定曲线可以通过实验的方法用测得的数据进行描绘，也可由能斯特方程从理论上加以计算，由计算所得数据绘制。

氧化还原滴定曲线的横坐标通常采用滴定剂的体积（或滴定百分数），纵坐标采用电对的电极电位。氧化还原滴定曲线的形状与其他滴定曲线的形状十分相似，在计量点附近都有一个突跃。氧化还原滴定曲线中的突跃，是由于在滴定过程中氧化态和还原态物质浓度的改变而引起的。

需要说明的是，对于可逆对称型氧化还原体系，理论计算与实测的滴定曲线相符，但对有不可逆氧化还原电对参加的反应，理论计算与实测的滴定曲线常有差别。

现以 $1mol/L$ H_2SO_4 溶液中，用 $0.1000mol/L$ $Ce(SO_4)_2$ 标准溶液滴定 $20.00mL$、$0.1000mol/L$ 的 Fe^{2+} 溶液为例，说明滴定过程中可逆、对称的氧化还原电对的计算方法。

两个可逆电对 Ce^{4+}/Ce^{3+} 和 Fe^{3+}/Fe^{2+} 的半反应分别为

$$Ce^{4+}+e^- \Longrightarrow Ce^{3+} \qquad \varphi^{\ominus'}_{Ce^{4+}/Ce^{3+}}=1.44(V)$$

$$Fe^{3+}+e^- \Longrightarrow Fe^{2+} \qquad \varphi^{\ominus'}_{Fe^{3+}/Fe^{2+}}=0.68(V)$$

滴定反应式

$$Ce^{4+}+Fe^{2+} \Longrightarrow Ce^{3+}+Fe^{3+}$$

由平衡原理可知，不管反应进行到何种程度，只要体系达到平衡，体系中电对的电极电位值相等。因此，可以选择其中比较便于计算的电对或同时利用两个电对来计算滴定过程中溶液各平衡点的电极电位。

滴定过程中电极电位的变化计算如下。

5.4.1.1　滴定前

滴定之前，溶液虽是 $0.1000mol/L$ 的 Fe^{2+} 溶液，但是由于空气中 O_2 的氧化作用，不可避免地会有少量的 Fe^{3+} 存在，在溶液中组成 Fe^{3+}/Fe^{2+} 电对。但由于 Fe^{3+} 的浓度不定，所以此时的电极电位无法计算。

5.4.1.2　化学计量点前溶液电极电位的计算

滴定开始至化学计量点前，体系中会同时存在 Ce^{4+}/Ce^{3+} 和 Fe^{3+}/Fe^{2+} 两个电对。根据能斯特方程，此时两个电对的电极电位分别为

$$\varphi_{Fe^{3+}/Fe^{2+}} = \varphi_{Fe^{3+}/Fe^{2+}}^{\ominus\prime} + 0.059 \lg \frac{c_{Fe^{3+}}}{c_{Fe^{2+}}} \tag{5-38}$$

$$\varphi_{Ce^{4+}/Ce^{3+}} = \varphi_{Ce^{4+}/Ce^{3+}}^{\ominus\prime} + 0.059 \lg \frac{c_{Ce^{4+}}}{c_{Ce^{3+}}} \tag{5-39}$$

达到平衡时，滴入的 Ce^{4+} 几乎全部转化为 Ce^{3+}，溶液中 $c_{Ce^{3+}}$ 极小，且不易直接求得，所以可采用 Fe^{3+}/Fe^{2+} 电对的公式(5-38)来计算溶液的电极电位值。

例如，当滴入 $1.00mL$ Ce^{4+} 时，溶液中生成 Fe^{3+} 的物质的量为 $0.1000mmol$；剩余 Fe^{2+} 的物质的量为 $(20.00-1.00)\times0.1000=1.900mmol$。此时

$$\varphi_{Fe^{3+}/Fe^{2+}} = \varphi_{Fe^{3+}/Fe^{2+}}^{\ominus\prime} + 0.059 \lg \frac{c_{Fe^{3+}}}{c_{Fe^{2+}}} = 0.68 + 0.059 \lg \frac{0.100}{1.900} = 0.61(V)$$

同样可计算加入 Ce^{4+} 溶液体积为 $2.00mL$、$10.00mL$、$18.00mL$、$19.80mL$、$19.98mL$ 时的电位，分别为：$0.62V$、$0.68V$、$0.74V$、$0.80V$、$0.86V$。

5.4.1.3　化学计量点时溶液电极电位的计算

化学计量点时，加入的 $20.00mL$ Ce^{4+} 和溶液中的 Fe^{2+} 全部定量反应完毕，Ce^{4+} 和 Fe^{2+} 的浓度都很小，且不能直接求得，因此单独用 Fe^{3+}/Fe^{2+} 电对或 Ce^{4+}/Ce^{3+} 电对的能斯特方程都无法求得 φ 值，但两电对的电极电位相等且都等于化学计量点的电位，即

$$\varphi_{Fe^{3+}/Fe^{2+}} = \varphi_{Ce^{4+}/Ce^{3+}} = \varphi_{sp}$$

因此可考虑将两电对的方程式(5-38)和式(5-39)相加求溶液的电极电位。即

$$2\varphi_{sp} = \varphi_{Fe^{3+}/Fe^{2+}}^{\ominus\prime} + \varphi_{Ce^{4+}/Ce^{3+}}^{\ominus\prime} + 0.059 \lg \frac{c_{Fe^{3+},sp} c_{Ce^{4+},sp}}{c_{Fe^{2+},sp} c_{Ce^{3+},sp}} \tag{5-40}$$

由滴定反应式可以看出，计量点时，滴入的 Ce^{4+} 的物质的量等于被氧化的 Fe^{2+} 的物质的量、生成的 Ce^{3+} 与生成的 Fe^{3+} 的物质的量相等，于是

$$\frac{c_{Fe^{3+},sp} c_{Ce^{4+},sp}}{c_{Fe^{2+},sp} c_{Ce^{3+},sp}} = 1$$

所以

$$\varphi_{sp} = (\varphi_{Fe^{3+}/Fe^{2+}}^{\ominus\prime} + \varphi_{Ce^{4+}/Ce^{3+}}^{\ominus\prime})/2 = (0.68+1.44)/2 = 1.06(V)$$

5.4.1.4　化学计量点后溶液电极电位的计算

此时，溶液中的 Ce^{4+}、Ce^{3+} 的浓度比较容易求得，而溶液中 Fe^{2+} 在计量点时几乎全部被氧化成 Fe^{3+}，其浓度极小不易直接求得。因此计量点之后，Ce^{4+} 过量，采用 Ce^{4+}/Ce^{3+} 电对的公式(5-39)来计算溶液的 φ 值。

例如，向溶液中滴入 $20.02mL$ $Ce(SO_4)_2$ 时，过量 Ce^{4+} 的物质的量 $=(20.02-20.00)\times0.1000=0.002mmol$；生成 Ce^{3+} 的物质的量 $=20.00\times0.1000=2.00mmol$。

则

$$\varphi_{Ce^{4+}/Ce^{3+}} = \varphi_{Ce^{4+}/Ce^{3+}}^{\ominus\prime} + 0.059 \lg \frac{c_{Ce^{4+}}}{c_{Ce^{3+}}} = 1.44 + 0.059 \lg \frac{0.002}{2.00} = 1.26(V)$$

同样方法，当滴入 $Ce(SO_4)_2$ 溶液体积为 $20.20mL$、$22.00mL$、$40.00mL$，分别求得对应的 $\varphi_{Ce^{4+}/Ce^{3+}}$ 值为 $1.32V$、$1.38V$、$1.44V$。

以电对的电极电位 φ 为纵坐标，以滴定剂 Ce^{4+} 标准溶液的加入量（体积或滴定百分数）为横坐标，绘制曲线即为 $1mol/L$ H_2SO_4 溶液中，用 $0.1000mol/L$ $Ce(SO_4)_2$ 标准溶液滴定 $20mL$、$0.1000mol/L$ Fe^{2+} 溶液时的氧化还原滴定曲线，如图 5-1 所示。

从图 5-1 可见，在化学计量点附近，加入的 $Ce(SO_4)_2$ 溶液的体积从不足 0.1%（0.02mL）到过量 0.1%（0.02mL），溶液的电极电位即从 0.86V 突然变化到 1.26V，通常称 0.86~1.26V 为该氧化还原滴定曲线的突跃范围。突跃范围的大小与参与反应的两电对的电极电位（或条件电极电位）差有关，差值越大，突跃范围也越大。由氧化还原滴定曲线的突跃范围，可以很方便地选择到合适的氧化还原指示剂。

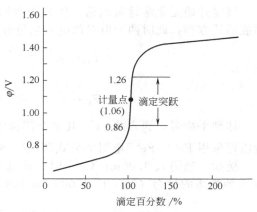

图 5-1　0.1000mol/L Ce^{4+} 滴定 0.1000mol/L Fe^{2+} 溶液的电极电位变化（1mol/L H_2SO_4）

5.4.2　计量点时的电极电位 φ_{sp}

计量点电极电位 φ_{sp} 的计算对于氧化还原滴定曲线的绘制十分重要，而且也是选择氧化还原指示剂的重要依据。这里对计算 φ_{sp} 的通式做简单推导。

由氧化还原反应通式：

$$n_2 Ox_1 + n_1 Red_2 \rightleftharpoons n_2 Red_1 + n_1 Ox_2$$

设参与反应的两电对均为可逆电对，计量点时

$$\varphi_{sp} = \varphi_1^{\ominus'} + \frac{0.059}{n_1} \lg \frac{c_{Ox_1, sp}}{c_{Red_1, sp}} \tag{5-41}$$

$$\varphi_{sp} = \varphi_2^{\ominus'} + \frac{0.059}{n_2} \lg \frac{c_{Ox_2, sp}}{c_{Red_2, sp}} \tag{5-42}$$

整理后得

$$(n_1 + n_2)\varphi_{sp} = (n_1\varphi_1^{\ominus'} + n_2\varphi_2^{\ominus'}) + 0.059\lg \frac{c_{Ox_1, sp} c_{Ox_2, sp}}{c_{Red_1, sp} c_{Red_1, sp}} \tag{5-43}$$

对于可逆、对称的反应，在计量点时必有

$$\frac{c_{Ox_1, sp}}{c_{Red_2, sp}} = \frac{n_2}{n_1}, \quad \frac{c_{Red_1, sp}}{c_{Ox_2, sp}} = \frac{n_2}{n_1}$$

则

$$\lg \frac{c_{Ox_1, sp} c_{Ox_2, sp}}{c_{Red_1, sp} c_{Red_2, sp}} = 0$$

代入式(5-43)，整理后得计算 φ_{sp} 的通式

$$\varphi_{sp} = \frac{n_1\varphi_1^{\ominus'} + n_2\varphi_2^{\ominus'}}{n_1 + n_2} \tag{5-44}$$

当 $n_1 = n_2$ 时，有

$$\varphi_{sp} = \frac{\varphi_1^{\ominus'} + \varphi_2^{\ominus'}}{2}$$

此时，化学计量点处于滴定突跃的中央。

一个氧化还原滴定的突跃范围可以由能斯特方程导出。考虑滴定分析的误差要求小于 $\pm 0.1\%$，以滴定剂（$\varphi_1^{\ominus'}$，电子转移数 n_1）滴定待测物（$\varphi_2^{\ominus'}$，电子转移数 n_2），则突跃范围为 $\left(\varphi_2^{\ominus'} + \frac{0.059}{n_2}\lg 10^3 \sim \varphi_1^{\ominus'} + \frac{0.059}{n_1}\lg 10^{-3}\right)$，它仅取决于两电对的电子转移数和电极电位，而与浓度无关。

例如 $Ce(SO_4)_2$ 滴定 Fe^{2+}，$\varphi_{Fe^{3+}/Fe^{2+}}^{\ominus'} = 0.68V$，$\varphi_{Ce^{4+}/Ce^{3+}}^{\ominus'} = 1.44V$，由于 $n_1 = n_2 = 1$，

故 $\varphi_{sp} = 1.06V$，突跃范围为 $(0.68 + 0.059 \times 3) \sim (1.44 - 0.059 \times 3)V$，即 $0.86 \sim 1.26V$，φ_{sp} 正好在突跃范围的正中间，此时，滴定终点与计量点一致。

计量点电极电位的计算公式(5-44) 只适用于可逆氧化还原体系，且参加滴定反应的两个电对都是对称电对的情况。可以看出，只有当 $n_1 = n_2$ 时，滴定终点才与计量点一致，且计量点 φ_{sp} 处于突跃范围的正中。若 $n_1 \neq n_2$，则 φ_{sp} 不处在突跃范围中点，而是偏向 n 值较大的电对一方。

对于有不对称电对参与的氧化还原滴定，其 φ_{sp} 不仅与条件电极电位、电子转移数有关，还与反应前后有不对称系数的电对的物质浓度有关，计量点电位计算公式及其推导请参阅有关书籍。

应该注意，在用电位法测得滴定曲线后，通常以滴定曲线中突跃部分的中点作为滴定终点，而指示剂确定滴定终点时，是以指示剂的变色电位为终点，二者与化学计量点电位不一定相符。

【例 5-7】 在 $1mol/L\ H_2SO_4$ 溶液中用 MnO_4^- 滴定 Fe^{2+} 时，求 φ_{sp} 及突跃范围。

解　两电对的半反应及条件电极电位分别为

$$MnO_4^- + 8H^+ + 5e^- \rightleftharpoons Mn^{2+} + 4H_2O \qquad \varphi^{\ominus\prime}_{MnO_4^-/Mn^{2+}} = 1.45V$$

$$Fe^{3+} + e^- \rightleftharpoons Fe^{2+} \qquad \varphi^{\ominus\prime}_{Fe^{3+}/Fe^{2+}} = 0.68V$$

$n_1 = 5$，$n_2 = 1$。其计量点电极电位可按式(5-33) 计算。

$$\varphi_{sp} = \frac{n_1\varphi_1^{\prime} + n_2\varphi_2^{\ominus\prime}}{n_1 + n_2} = \frac{5 \times 1.45 + 1 \times 0.68}{5 + 1} = 1.32(V)$$

突跃范围：$\left(\varphi_2^{\ominus\prime} + \frac{0.059}{n_2}\lg 10^3 \sim \varphi_1^{\prime} + \frac{0.059}{n_1}\lg 10^{-3} \right)$，即 $\left(0.68 + \frac{0.059}{1}\lg 10^3 \sim 1.45 + \frac{0.059}{5}\lg 10^{-3} \right)$，也即 $(0.86 \sim 1.42V)$。比较 $\varphi^{\ominus\prime}_{MnO_4^-/Mn^{2+}}$、$\varphi^{\ominus\prime}_{Fe^{3+}/Fe^{2+}}$、$\varphi_{sp}$，可见，$\varphi_{sp}$ 明显靠近 MnO_4^-/Mn^{2+} 电对一侧，在突跃范围的上方而不在正中。

【例 5-8】 求在 $1mol/L\ HCl$ 介质中，用 Fe^{3+} 滴定 Sn^{2+} 的 φ_{sp} 及滴定突跃范围。

解　反应式为

$$2Fe^{3+} + Sn^{2+} \rightleftharpoons 2Fe^{2+} + Sn^{4+}$$

$$\varphi_{sp} = \frac{1 \times 0.70 + 2 \times 0.14}{1 + 2} = 0.33(V)$$

突跃范围：$\left(0.14 + \frac{0.059}{2}\lg 10^3 \sim 0.70 + \frac{0.059}{1}\lg 10^{-3} \right)$，即 $0.23 \sim 0.52V$，其中点为 $0.38V$，可见，φ_{sp} 不在突跃范围的正中，而偏向于电对 Sn^{4+}/Sn^{2+} 一方（即电子转移数较大的电对一方）。

当氧化还原体系中涉及到有不可逆氧化还原电对参加的反应时，实测的滴定曲线与理论计算所得的滴定曲线常有差别。这种差别通常出现在电位主要由不可逆氧化还原电对控制的时候。例如，在 H_2SO_4 溶液中用 $KMnO_4$ 滴定 Fe^{2+}，MnO_4^-/Mn^{2+} 为不可逆氧化还原电对，Fe^{3+}/Fe^{2+} 为可逆的氧化还原电对。在化学计量点前，电位主要由 Fe^{3+}/Fe^{2+} 控制，故实测滴定曲线与理论滴定曲线并无明显的差别。但是，在化学计量点后，电位主要由 MnO_4^-/Mn^{2+} 电对控制，二者无论在形状及数值上均有较明显的差别。这种情况可由图 5-2 清楚地看出。

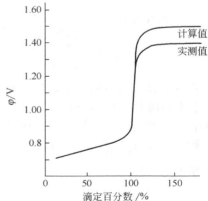

图 5-2　$0.1000mol/L\ KMnO_4$ 滴定 $0.1000mol/L\ Fe^{2+}$ 时理论与实测滴定曲线的比较

5.4.3 终点误差

在酸碱及配位滴定中已广泛采用林邦误差公式计算滴定误差，十分方便。这里同样采用林邦误差公式来处理氧化还原滴定的终点误差，可以使各种滴定的终点误差计算统一起来。氧化还原滴定误差是由指示剂的变色电极电位（φ_{ep}）与计量点电极电位（φ_{sp}）不一致引起的。这里仅给出林邦误差处理公式及其在氧化还原滴定中的应用举例。

由氧化还原反应通式

$$n_2 Ox_1 + n_1 Red_2 \Longrightarrow n_2 Red_1 + n_1 Ox_2$$

$n_1 = n_2$ 时，氧化还原滴定误差 $TE(\%)$ 为

$$TE(\%) = \frac{10^{\Delta\varphi/0.059} - 10^{-\Delta\varphi/0.059}}{10^{\Delta\varphi^{\ominus'}/2 \times 0.059}} \times 100\% \tag{5-45}$$

$n_1 \neq n_2$ 时，氧化还原滴定误差 $TE(\%)$ 为

$$TE(\%) = \frac{10^{n_1\Delta\varphi/0.059} - 10^{-n_2\Delta\varphi/0.059}}{10^{n_1 n_2 \Delta\varphi^{\ominus'}/(n_1+n_2) \times 0.059}} \times 100\% \tag{5-46}$$

式中　$\Delta\varphi = \varphi_{ep} - \varphi_{sp}$；

$\Delta\varphi^{\ominus'} = \varphi_1^{\ominus'} - \varphi_2^{\ominus'}$；

φ_{ep}——滴定终点时指示剂的变色电极电位；

φ_{sp}——计量点时电极电位。

若 $TE(\%) > 0$，表示终点在计量点之后到达；$TE(\%) < 0$，表示终点在计量点之前到达。

【例 5-9】　在 $1.0mol/L\ H_2SO_4$ 介质中，以 $0.1000mol/L\ Ce^{4+}$ 溶液滴定 $0.1000mol/L$ 的 Fe^{2+}，若以二苯胺磺酸钠为指示剂，计算终点误差。

解　已知 $\varphi_{Ce^{4+}/Ce^{3+}}^{\ominus'} = 1.44V$，$\varphi_{Fe^{3+}/Fe^{2+}}^{\ominus'} = 0.68V$，$n_1 = n_2 = 1$，二苯胺磺酸钠电极电位 $\varphi_{In}^{\ominus'} = 0.84V$，则

$$\Delta\varphi^{\ominus'} = \varphi_1^{\ominus'} - \varphi_2^{\ominus'} = 1.44 - 0.68 = 0.76(V)$$

$$\varphi_{ep} = \varphi_{In}^{\ominus'} = 0.84V$$

$$\varphi_{sp} = \frac{\varphi_1^{\ominus'} + \varphi_2^{\ominus'}}{2} = \frac{1.44 + 0.68}{2} = 1.06(V)$$

$$\Delta\varphi = \varphi_{ep} - \varphi_{sp} = 0.84V - 1.06V = -0.22(V)$$

$$TE(\%) = \frac{10^{\Delta\varphi/0.059} - 10^{-\Delta\varphi/0.059}}{10^{\Delta\varphi^{\ominus'}/2 \times 0.059}} \times 100\% = \frac{10^{-0.22/0.059} - 10^{0.22/0.059}}{10^{0.76/2 \times 0.059}} \times 100\%$$

$$= \frac{10^{-3.78} - 10^{3.78}}{10^{6.44}} \times 100\% = -0.19\%$$

由计算结果可以断定滴定终点在计量点之前。

【例 5-10】　在 $3.0mol/L\ HCl$ 介质中，用 $0.1000mol/L\ K_2Cr_2O_7$ 滴定同浓度的 $(NH_4)_2Fe(SO_4)_2$，用邻二氮菲-亚铁作指示剂，计算终点误差。

解　已知 $\varphi_{Cr_2O_7^{2-}/Cr^{3+}}^{\ominus'} = 1.08V$，$\varphi_{Fe^{3+}/Fe^{2+}}^{\ominus'} = 0.68V$，$n_1 = 6$，$n_2 = 1$，邻二氮菲-亚铁电极电位 $\varphi_{In}^{\ominus'} = 1.06V$，则

$$\Delta\varphi^{\ominus'} = \varphi_1^{\ominus'} - \varphi_2^{\ominus'} = 1.08V - 0.68V = 0.40(V)$$

$$\varphi_{ep} = \varphi_{In}^{\ominus'} = 1.06V$$

$$\varphi_{sp} = \frac{n_1\varphi_1^{\ominus'} + n_2\varphi_2^{\ominus'}}{n_1 + n_2} = \frac{6 \times 1.08 + 1 \times 0.68}{6 + 1} = 1.02(V)$$

$$\Delta\varphi = \varphi_{ep} - \varphi_{sp} = 1.06V - 1.02V = 0.04(V)$$

$$TE(\%) = \frac{10^{n_1\Delta\varphi/0.059} - 10^{-n_2\Delta\varphi/0.059}}{10^{n_1 n_2 \Delta\varphi^{\ominus'}/(n_1+n_2)\times 0.059}} \times 100\% = \frac{10^{6\times 0.04/0.059} - 10^{-1\times 0.04/0.059}}{10^{6\times 1\times 0.40/(6+1)\times 0.059}} \times 100\%$$

$$= \frac{10^{4.07} - 10^{-0.68}}{10^{5.81}} \times 100\% = 1.82\%$$

由计算结果可以断定滴定终点在计量点之后。

5.5　氧化还原滴定法的应用

氧化还原滴定法是应用最广泛的滴定分析法之一，广泛应用于水样中无机物和有机物含量的直接或间接测定。

可作为氧化还原滴定剂的物质种类比较多，它们的氧化还原能力及强度也不尽相同，因此，氧化还原反应滴定剂的可选择范围比较广。实际应用中可以根据待测物质的性质来选择合适的滴定剂。由于空气中含有氧气，多数物质在空气中不能保持稳定而不适合作滴定剂，尤其是那些具有还原性的物质。因此经常见到的可作为滴定剂的还原性物质很少，常用的仅有 $Na_2S_2O_3$ 和 $FeSO_4$ 等。氧化性物质作为滴定剂的情况却很广泛，比如常用的有：$KMnO_4$、$K_2Cr_2O_7$、I_2、$KBrO_3$、$Ce(SO_4)_2$ 等。在实际应用中，常常根据所使用滴定剂种类的不同将氧化还原滴定法进行分类。水质分析中，经常采用的有高锰酸钾法、重铬酸钾法、碘量法和溴酸钾法。

5.5.1　高锰酸钾法

高锰酸钾法是以高锰酸钾（$KMnO_4$）为滴定剂的氧化还原滴定分析方法。该方法主要用于测定水中高锰酸盐指数，它是反应水中有机物污染的综合指标之一。

5.5.1.1　方法简介

高锰酸钾（$KMnO_4$），暗紫色棱柱状晶体，是一种强氧化剂。高锰酸钾易溶于水，其氧化性与溶液的酸度有关。

例如，在强酸溶液中，$KMnO_4$ 与还原剂作用，MnO_4^- 被还原为 Mn^{2+}。电对反应及电极电位如下：

$$MnO_4^- + 8H^+ + 5e^- \Longleftrightarrow Mn^{2+} + 4H_2O \qquad \varphi^{\ominus}_{MnO_4^-/Mn^{2+}} = 1.51V$$

在弱酸性、中性或弱碱性溶液中，MnO_4^- 被还原为 MnO_2。电对反应及电极电位如下：

$$MnO_4^- + 2H_2O + 3e^- \Longleftrightarrow MnO_2\downarrow + 4OH^- \qquad \varphi^{\ominus}_{MnO_4^-/MnO_2} = 0.59V$$

在大于 $2mol/L$ 的碱性溶液中，$KMnO_4$ 可与很多种有机物（比如甲酸、甲醇、甲醛、苯酚、甘油、酒石酸、柠檬酸和葡萄糖等）发生反应，MnO_4^- 则被还原为绿色的锰酸盐 MnO_4^{2-}。电对反应及电极电位如下：

$$MnO_4^- + e^- \Longleftrightarrow MnO_4^{2-} \qquad \varphi^{\ominus'}_{MnO_4^-/MnO_4^{2-}} = 0.56V$$

由此，可以得出这样的结论：随着介质溶液酸度的减弱，$KMnO_4$ 溶液的氧化能力逐渐减弱。因此在应用高锰酸钾法时，就可以根据被测物质的性质采用不同的酸度。同时也说明，必须严格控制反应的酸度条件，以保证滴定反应自始至终按照预期的反应式来进行。

为了利用 $KMnO_4$ 的强氧化性，高锰酸钾法一般在强酸性溶液中使用。比如，高锰酸钾标准溶液浓度的标定、高锰酸盐指数的测定等均是在强酸性介质溶液中完成的。

由于 MnO_4^- 本身显紫红色，所以在滴定浅色或无色溶液时，一般不需另外加指示剂。高锰酸钾法的优点是氧化能力强，且可以在滴定过程中做自身指示剂。其主要缺点是试剂中常含有少量的杂质，选择性较差，干扰较多，$KMnO_4$ 标准溶液不稳定。比如，$KMnO_4$ 易与水中有机物或空气中尘埃、氨等还原性物质作用，并且还可自行分解，见光时分解更快。

$$4KMnO_4 + 2H_2O \Longrightarrow 4MnO_2 \downarrow + 3O_2 \uparrow + 4KOH \tag{5-47}$$

因此，在应用高锰酸钾法时，一定要注意将 $KMnO_4$ 标准溶液避光保存，每次使用之前一定要标定。

5.5.1.2　高锰酸钾法的滴定方式

（1）直接滴定法

适用于对还原性物质（如 $FeSO_4$、H_2O_2、$H_2C_2O_4$ 等）的滴定。可用 $KMnO_4$ 标准溶液直接滴定，到达滴定终点时，溶液的粉红色 30s 内不消失。

（2）返滴定法

适用于对氧化性物质的滴定。滴定时，首先向溶液中加入过量的还原性标准溶液与待测物质反应，过量的还原性标准溶液再用 $KMnO_4$ 标准溶液返滴，溶液出现粉红色且 30s 内不消失即到终点。例如，测定软锰矿中的 MnO_2 含量时，可在 H_2SO_4 介质中加入过量的 $Na_2C_2O_4$ 标准溶液，加热，待 MnO_2 与 $C_2O_4^{2-}$ 作用完全后，用 $KMnO_4$ 标准溶液滴定剩余的 $C_2O_4^{2-}$。化学计量点时，稍微过量的 MnO_4^- 使溶液显微红色且 30s 内不消失，指示滴定终点到达。由 $Na_2C_2O_4$ 总量减去剩余量，计算出与 MnO_2 反应的 $Na_2C_2O_4$ 的用量，从而可求出软锰矿中 MnO_2 的含量。

（3）间接滴定法

适用于对非氧化还原性物质（比如 Ca^{2+}、Ba^{2+}、Cd^{2+}、Zn^{2+}、Cu^{2+}、Ni^{2+} 等）的滴定。这种方法是先将待测物质转化为可以用 $KMnO_4$ 标准溶液直接滴定的另外一种物质，然后采用直接滴定法滴定。例如，测定 Ca^{2+} 时，可考虑加入过量 $Na_2C_2O_4$ 将其全部沉淀为 CaC_2O_4，再用稀 H_2SO_4 溶解所得 CaC_2O_4 沉淀，最后用 $KMnO_4$ 标准溶液滴定沉淀溶解出的 $C_2O_4^{2-}$，根据 $KMnO_4$ 标准溶液的浓度和消耗量，间接求出 Ca^{2+} 的含量。

5.5.1.3　$KMnO_4$ 标准溶液的配制与标定

（1）$KMnO_4$ 标准溶液的配制

市售的 $KMnO_4$ 试剂中常含有少量的 MnO_2 和其他杂质；配制溶液所用蒸馏水中也可能会含有微量的还原性物质；另外，热、光、酸、碱等外界条件的改变均会促进 $KMnO_4$ 的分解。因而 $KMnO_4$ 标准溶液不能直接配制而成，应先配制一近似浓度的溶液，然后再标定。配制时需注意事项如下所述。

① $KMnO_4$ 的称取量应稍多于理论计算量。

② 所用蒸馏水应为无有机物蒸馏水。无有机物蒸馏水的制备方法：向蒸馏水中加入少量的 $KMnO_4$ 碱性溶液，重新蒸馏，收取馏出液即得。在整个蒸馏过程中应注意补加 $KMnO_4$ 以使水保持红色。

③ 新配制的 $KMnO_4$ 溶液应加热至沸，并保持微沸约 1h，然后放置 2～3d，使之尽量达到稳定状态。

④ 放置一段时间后的溶液应用微孔玻璃砂芯漏斗过滤除去析出的沉淀，且滤后的 $KMnO_4$ 溶液应贮存于棕色试剂瓶中，并于暗处存放。

（2）$KMnO_4$ 标准溶液的标定

标定 $KMnO_4$ 溶液可采用 $Na_2C_2O_4$、$H_2C_2O_4 \cdot 2H_2O$、As_2O_3、纯铁丝等，其中 $Na_2C_2O_4$ 尤为常用。首先需将 $Na_2C_2O_4$ 在 105～110℃烘干约 2h，然后置于干燥器中冷却后称重使用。

用 $Na_2C_2O_4$ 标定 $KMnO_4$ 标准溶液的反应在 H_2SO_4 溶液中进行，见反应式(5-16)。

由前面对 $KMnO_4$ 性质的介绍可以知道，为使这一标定反应定量且迅速完成，必须严格控制反应进行的条件。主要包括以下几个方面。

① 温度的控制　反应式（5-16）在室温下反应速率较慢，但温度过高又会导致部分 $H_2C_2O_4$ 发生分解，使结果偏高。所以实际操作时可采用水浴加热控制反应温度在 $70 \sim 85 ℃$。

② 酸度的控制　在正常情况下，上述反应开始时的溶液酸度约为 $0.5 \sim 1.0 mol/L$，滴定终点时约为 $0.2 \sim 0.5 mol/L$。如果酸度过高会使 $H_2C_2O_4$ 分解，酸度过低会使 $KMnO_4$ 部分还原为 MnO_2。所以，应将溶液的酸度控制在 $0.5 \sim 1.0 mol/L$，并且应采用 H_2SO_4 进行控制，不能用 HCl 或 HNO_3 来控制酸度，因为 Cl^- 有一定的还原性，而 NO_3^- 有一定的氧化性，二者均会干扰测定。

③ 滴定速度的控制　上述反应即使在加热条件下，滴定初始的反应速率也是很慢的。因此开始滴定速度一定要慢，否则加入的 $KMnO_4$ 溶液来不及与 $C_2O_4^{2-}$ 反应，就会在热的酸性溶液中发生分解。

$$4MnO_4^- + 12H^+ \Longrightarrow 4Mn^{2+} + 5O_2 \uparrow + 6H_2O \qquad (5-48)$$

随着滴定的进行，Mn^{2+} 越来越多，借助 Mn^{2+} 的催化作用，反应的速率将逐渐加快，滴定速度可适当加快。

④ 反应速率的控制　前已说明，该反应开始时速率很慢，而溶液中有 Mn^{2+} 存在时会起到催化剂作用，提高反应的速率。因此，在滴定之前可先向溶液中加几滴 $MnSO_4$ 溶液，加快滴定开始的反应速率。

⑤ 滴定终点的判断　上述反应可以采用 $KMnO_4$ 作为自身指示剂，当滴定至化学计量点时，稍过量的 $KMnO_4$ 溶液就可使溶液呈粉红色，指示滴定终点到达。需注意，这种粉红色经过一定时间可能会消失，这是由于空气中还原性气体或尘埃等杂质进入溶液中使得稍过量的 $KMnO_4$ 被还原。所以，如果滴加 $KMnO_4$ 之后溶液的粉红色 $0.5 \sim 1 min$ 内不褪色，即可认为已达滴定终点。

5.5.1.4　高锰酸钾法的应用实例——高锰酸盐指数的测定

$KMnO_4$ 法的应用范围较广，可采用直接滴定方式测定水中 Fe^{2+}、H_2O_2、$C_2O_4^-$ 以及 As（Ⅲ）、Sb（Ⅲ）等还原性物质的含量；采用返滴定法测锰矿砂中的 MnO_2；采用间接滴定方式测定水中 Ca^{2+} 的含量等。本书主要讲 $KMnO_4$ 法在水中高锰酸盐指数测定中的应用。

高锰酸盐指数，是指在一定条件下，以高锰酸钾为氧化剂，处理水样时的耗氧量，以氧的 mg/L 表示。水中的亚硝酸盐、亚铁盐、硫化物等还原性无机物和在此条件下可被氧化的有机物，均可消耗 $KMnO_4$。所以，高锰酸盐指数常被作为水体受有机物和还原性无机物质污染程度的综合指标。

高锰酸盐指数的测定只适用于较清洁的水样。中国规定了环境水质的高锰酸盐指数的标准为 $2 \sim 10 mg/L$。

高锰酸盐指数实际是高锰酸钾法的化学需氧量（用 COD_{Mn} 表示），又称耗氧量（用 OC 表示）。为与重铬酸钾法的化学需氧量（COD）相区别，水质监测分析中采用高锰酸盐指数这一术语。高锰酸盐指数并不能作为反映水体中总有机物含量的尺度，因为在规定条件下，$KMnO_4$ 只能氧化水中部分有机物。

高锰酸盐指数的测定分酸性高锰酸钾法和碱性高锰酸钾法。

（1）酸性高锰酸钾法

① 基本原理　水样用硫酸酸化，加入过量 $KMnO_4$ 标准溶液，在沸水浴中加热反应一

定时间，以使 $KMnO_4$ 与水中有机物反应完全。然后加入过量 $Na_2C_2O_4$ 标准溶液还原剩余的 $KMnO_4$，再用 $KMnO_4$ 标准溶液回滴剩余的 $Na_2C_2O_4$，根据加入过量的 $KMnO_4$ 标准溶液的量（一般加 10.00mL）和 $Na_2C_2O_4$ 标准溶液的量（V_2）及滴定所用 $KMnO_4$ 标准溶液的量（V_1），求出高锰酸盐指数值。主要反应式如下：

$$4MnO_4^- + 5C + 12H^+ \Longrightarrow 4Mn^{2+} + 5CO_2\uparrow + 6H_2O \tag{5-49}$$
（过量）（有机物）

$$5C_2O_4^{2-} + 2MnO_4^- + 16H^+ \Longrightarrow 2Mn^{2+} + 10CO_2\uparrow + 8H_2O$$
（过量）（剩余）

$$2MnO_4^- + 5C_2O_4^{2-} + 16H^+ \Longrightarrow 2Mn^{2+} + 10CO_2\uparrow + 8H_2O$$
（剩余）

② 注意事项　酸性高锰酸钾法测定中应严格控制反应的条件。本法适用于水样中氯离子含量不超过 300mg/L 的情况。当水样的高锰酸盐指数超过 5mg/L 时，应分取少量，并用蒸馏水稀释后再行测定。水样一经稀释，需按相同操作步骤进行空白实验。

$KMnO_4$ 标准溶液的校正系数的测定方法如下：将上述用 $KMnO_4$ 标准溶液滴定至粉红色不消失的水样，加热约 70℃后，接着加入 10.00mL $Na_2C_2O_4$ 标准溶液，再用 $KMnO_4$ 标准溶液滴定至粉红色，记录消耗 $KMnO_4$ 标准溶液的量（V_3），则 $KMnO_4$ 标准溶液的校正系数是

$$K = \frac{10}{V_3}$$

③ 计算公式

水样不经稀释

$$高锰酸盐指数（O_2，mg/L）= \frac{[(10+V_1)c_1K - V_2c_2] \times 8 \times 1000}{V_水} \tag{5-50}$$

式中　10——开始时加入的 $KMnO_4$ 标准溶液的量，mL；

$\quad V_1$——最后滴定消耗的 $KMnO_4$ 标准溶液的量，mL；

$\quad V_2$——加入的过量的 $Na_2C_2O_4$ 标准溶液的量，mL；

$\quad c_1$——$KMnO_4$ 标准溶液的浓度（$1/5KMnO_4$），mol/L；

$\quad c_2$——$Na_2C_2O_4$ 标准溶液的浓度（$1/2Na_2C_2O_4$），mol/L；

$\quad 8$——氧的摩尔质量（$1/4O_2$），g/mol；

$\quad V_水$——水样的体积，mL；

$\quad K$——$KMnO_4$ 标准溶液的校正系数。

水样经稀释

高锰酸盐指数（O_2，mg/L）

$$= \frac{\{[(10+V_1)c_1K - 10\times c_2] - [(10+V_0)c_1K - 10\times c_2]R\} \times 8 \times 1000}{V_水} \tag{5-51}$$

式中　V_0——空白试验中，滴定过量 $Na_2C_2O_4$ 标准溶液消耗 $KMnO_4$ 标准溶液的量，mL；

$\quad R$——稀释水样中含蒸馏水的比值。如 50mL 水样用蒸馏水稀释至 100mL 时，$R = \frac{100-50}{100} = 0.5$；

其他符号的物理意义同式(5-50)。

（2）碱性高锰酸钾法

方法原理：水样在碱性条件下，加入一定量 $KMnO_4$ 溶液，加热使 $KMnO_4$ 与水中的有机物和某些还原性无机物反应完全。加酸酸化，加入过量的 $Na_2C_2O_4$ 标准溶液还原剩

余的 $KMnO_4$，再以 $KMnO_4$ 溶液滴定至微红色。高锰酸盐指数的计算方法同酸性高锰酸钾法。

碱性高锰酸钾法具有反应速率快、不受水中 Cl^- 的干扰等特点。

5.5.2　重铬酸钾法

以重铬酸钾（$K_2Cr_2O_7$）作为滴定剂的方法称为重铬酸钾法。重铬酸钾法是应用最广泛的氧化还原滴定法之一。在水质分析中常用于测定水中的化学需氧量（简称 COD，又称 COD_{Cr}），它也是反应水质有机物污染的重要指标之一。

5.5.2.1　方法简介

$K_2Cr_2O_7$ 为橙红色晶体，溶于水，是一种强的氧化剂。在酸性溶液中，$K_2Cr_2O_7$ 与还原性物质作用时，氧化还原半反应式为

$$Cr_2O_7^{2-}+14H^++6e^- \rightleftharpoons 2Cr^{3+}+7H_2O \qquad \varphi^{\ominus}_{Cr_2O_7^{2-}/Cr^{3+}}=1.33V$$

由电极电位的比较可知，$K_2Cr_2O_7$ 的氧化能力小于 $KMnO_4$，但 $K_2Cr_2O_7$ 对水中有机物的氧化率却大于 $KMnO_4$，这可能是由于 $KMnO_4$ 不稳定，易分解为 MnO_2，而 MnO_2/Mn^{2+} 电对的 $\varphi^{\ominus}_{MnO_2/Mn^{2+}}=1.23V<\varphi^{\ominus}_{Cr_2O_7^{2-}/Cr^{3+}}=1.33V$，这可能是测定水中有机物时 $K_2Cr_2O_7$ 法的氧化率大于 $KMnO_4$ 法的原因之一。

另外，与 $KMnO_4$ 相比它的主要特点是：

① $K_2Cr_2O_7$ 固体试剂易制成基准试剂，可直接配制标准溶液；

② $K_2Cr_2O_7$ 标准溶液稳定，密闭容器中保存，浓度可长期保持不变；

③ 可在常温下滴定，一般不需要加入催化剂，滴定反应速率较快；

④ 需外加指示剂。滴定过程中，$Cr_2O_7^{2-}$ 被还原为绿色的 Cr^{3+}，但因 $K_2Cr_2O_7$ 溶液浓度较稀，它的颜色不是很深，所以不能根据自身颜色的变化来确定滴定终点，而要外加指示剂。

重铬酸钾法在水质分析中最重要的应用是测定水中的化学需氧量（COD）。除此之外，重铬酸钾法还常用于铁的测定以及电镀废液中有机物（比如苯甲酸、柠檬酸等）的测定等。

5.5.2.2　重铬酸钾法应用实例——COD 的测定

在一定条件下，用强氧化剂处理水样时所消耗氧化剂的量，统称为化学需氧量（COD）。化学需氧量反映了水中受还原性物质污染的程度，常作为有机物相对含量的指标，是水体中有机物污染综合指标之一。水样的化学需氧量，根据加入的氧化剂的种类及浓度、反应溶液的酸度、反应时间和温度以及有无催化剂而获得不同的结果。

对于工业废水，中国规定水中化学需氧量（COD）的测定采用重铬酸钾法。化学需氧量（COD）是指在一定条件下，水中能被 $K_2Cr_2O_7$ 氧化的有机物质的总量，以氧的 mg/L 表示。

（1）测定原理

在强酸性条件下，向水样中加入确定体积的过量的 $K_2Cr_2O_7$ 标准溶液，待 $K_2Cr_2O_7$ 与水中有机物等还原性物质反应完全后，以试亚铁灵为指示剂，用硫酸亚铁铵标准溶液回滴剩余的 $K_2Cr_2O_7$，计量点时，溶液由浅蓝色变为红色指示滴定终点，根据 $(NH_4)_2Fe(SO_4)_2$ 标准溶液的用量求出化学需氧量。反应式如下

$$\underset{\text{(过量)}}{2Cr_2O_7^{2-}}+\underset{\text{(有机物)}}{3C}+16H^+ \rightleftharpoons 4Cr^{3+}+3CO_2\uparrow+8H_2O \qquad (5\text{-}52)$$

$$6Fe^{2+}+\underset{\text{(剩余)}}{Cr_2O_7^{2-}}+14H^+ \rightleftharpoons 6Fe^{3+}+2Cr^{3+}+7H_2O$$

计量点时指示剂：

$$[Fe(C_{12}H_8N_2)_3]^{3+} + e^- \longrightarrow [Fe(C_{12}H_8N_2)_3]^{2+}$$
$$\text{（蓝色）} \qquad\qquad\qquad \text{（红色）}$$

需要注意，$(NH_4)_2Fe(SO_4)_2$ 标准溶液返滴定过程中，溶液的颜色变化不是直接从蓝色变为红色，而是逐渐由橙黄色→蓝绿色→蓝色，终点时立即由蓝色变为红色，这是由于 $K_2Cr_2O_7$ 溶液呈橙黄色，还原产物 Cr^{3+} 呈绿色的原因造成的。在测定水样的同时，取不含有机物的蒸馏水按与测定水样的相同步骤进行空白试验。

（2）计算公式

$$\text{COD}(O_2,\text{mg/L}) = \frac{(V_0 - V_1)c \times 8 \times 1000}{V_水} \tag{5-53}$$

式中　V_0——空白试验消耗 $(NH_4)_2Fe(SO_4)_2$ 标准溶液的量，mL；

$\quad\quad V_1$——滴定水样时消耗 $(NH_4)_2Fe(SO_4)_2$ 标准溶液的量，mL；

$\quad\quad c$——$(NH_4)_2Fe(SO_4)_2$ 标准溶液的浓度 $[(NH_4)_2Fe(SO_4)_2]$，mol/L；

$\quad\quad 8$——氧的摩尔质量 $(1/4O_2)$，g/mol；

$\quad\quad V_水$——水样的量，mL。

（3）回流法测定 COD

目前，利用回流法测定水样的 COD 是国内外常采用的方法。

移取 20.00mL 混合均匀的水样（或适量水样稀释至 20.00mL）于 250mL 磨口回流锥形瓶中，准确加入 10.00mL $K_2Cr_2O_7$ 标准溶液（$1/6K_2Cr_2O_7$，0.2500mol/L）及数粒小玻璃珠，连接磨口回流冷凝管，从冷凝管上口缓慢加入 30mL 硫酸-硫酸银溶液，轻摇锥形瓶使溶液混合均匀，加热回流 2h（自开始沸腾时计时）。冷却后，加 90mL 蒸馏水冲洗冷凝管壁，使溶液体积不少于 140mL，取下锥型瓶。溶液再次冷却后，加入 3 滴试亚铁灵指示剂，用 $(NH_4)_2Fe(SO_4)_2$ 标准溶液 $[(NH_4)_2Fe(SO_4)_2$，0.1mol/L$]$ 滴定至溶液由橙黄色经蓝绿色渐变为蓝色后，立即转为棕红色，即为终点。由 $(NH_4)_2Fe(SO_4)_2$ 标准溶液的用量求出 COD 值。

（4）回流法测定化学需氧量注意事项

① 水样中的 Cl^- 能被重铬酸钾氧化，并与硫酸银作用产生沉淀，影响测定结果。遇此情况，在回流前加入硫酸汞，使 Hg^{2+} 与 Cl^- 生成可溶性配位化合物，以消除干扰。

② 重铬酸钾氧化性很强，可将大部分有机物氧化，但吡啶不能被氧化，芳香族有机化合物不易被氧化，挥发性直链脂肪族化合物、苯等氧化不明显。

③ 水样化学需氧量小于 50mg/L 时，应改用 0.0250mol/L 的重铬酸钾标准溶液，并用 0.01mol/L 的硫酸亚铁铵标准溶液回滴。

④ 每次实验时，均应对硫酸亚铁铵标准溶液的浓度进行标定。室温较高时尤其应注意其浓度的变化。

回流法具有药品用量大、试剂费用高、氧化率低、不能进行批量分析、易对环境产生污染的缺点。针对回流法的缺点，出现了用密封法测定 COD 的新方法。

另外，已有借助于流动注射分析技术（FIA）实现了对环境水样化学需氧量的测定，满足了环境样品在线分析及批量分析的要求。

5.5.3　碘量法

碘量法是常用的氧化还原滴定分析方法之一。水质分析中广泛用于水中余氯、二氧化氯（ClO_2）、溶解氧（DO）、生物化学需氧量（BOD_5）等的测定。

5.5.3.1　方法简介

碘量法是利用 I_2 的氧化性和 I^- 的还原性来进行滴定分析的方法。其半反应式及电极电位分别为

$$I_2 + 2e^- \Longleftrightarrow 2I^- \qquad \varphi^{\ominus}_{I_2/I^-} = 0.54V$$

由于 $\varphi^{\ominus}_{I_2/I^-}$ 较小，所以 I_2 是一种较弱的氧化剂，能与较强的还原剂作用；而 I^- 是一种中等强度的还原剂，能与许多氧化剂作用。据此，可将碘量法分为直接碘量法和间接碘量法。

（1）直接碘量法

又称碘滴定法，是利用 I_2 的氧化性测定电极电位比 $\varphi^{\ominus}_{I_2/I^-}$ 小的还原性物质（比如 S^{2-}、SO_3^{2-}、$S_2O_3^{2-}$、Sn^{2+} 和抗坏血酸等）的方法。该方法的测定原理是：用淀粉做指示剂，用 I_2 标准溶液做滴定剂直接滴定待测物质，I_2 被还原为 I^-，溶液蓝色消失指示滴定终点到达。需注意，直接碘量法不能在碱性溶液中进行，因为在碱性环境中，I_2 会发生歧化反应：

$$3I_2 + 6OH^- \Longrightarrow IO_3^- + 5I^- + 3H_2O \tag{5-54}$$

直接碘量法的应用也因此受到限制。

（2）间接碘量法

又称滴定碘法，是利用 I^- 的还原性测定电极电位比 $\varphi^{\ominus}_{I_2/I^-}$ 大的氧化性物质（比如 Cl_2、ClO^-、ClO_2、O_3、H_2O_2、Fe^{3+}、Cu^{2+} 等）的方法。该方法的测定原理是：在酸性溶液中，首先使被测氧化性物质与过量的碘化钾（KI）发生反应，定量地析出 I_2，然后以淀粉为指示剂，用硫代硫酸钠（$Na_2S_2O_3$）标准溶液滴定析出的 I_2，至蓝色消失即为滴定终点。最后根据 $Na_2S_2O_3$ 标准溶液的浓度及用量，间接求出水中氧化性物质的含量。滴定过程基本反应式为

$$I_2 + 2e^- \Longrightarrow 2I^- \qquad \varphi^{\ominus}_{I_2/I^-} = 0.54V$$

$$2S_2O_3^{2-} + I_2 \Longrightarrow 2I^- + S_4O_6^{2-} \qquad \varphi^{\ominus}_{S_4O_6^{2-}/S_2O_3^{2-}} = 0.08V \tag{5-55}$$

（连四硫酸盐）

另外，在碱性介质中能与 I_2 发生反应的某些有机物质也可采用间接碘量法来测定，比如甲醛的测定。首先，向含有有机物质的碱性介质溶液中加入过量的碘标准溶液，有机物与 I_2 反应完全，

$$I_2 + HCHO + 3OH^- \Longrightarrow HCOO^- + 2H_2O + 2I^-$$

将溶液用 HCl 酸化后，

$$6H^+ + IO_3^- + 5I^- \Longrightarrow 3I_2\downarrow + 3H_2O$$

再用 $Na_2S_2O_3$ 标准溶液间接滴定剩余的 I_2，最后由碘标准溶液的浓度及用量求出有机物质的含量。

间接碘量法在水处理、水质分析中有着广泛的应用。对于它的使用条件，必须注意以下几点。

① 控制溶液的酸度　由于在碱性溶液中，$S_2O_3^{2-}$ 与 I_2 之间会发生如下副反应：

$$S_2O_3^{2-} + 4I_2 + 10OH^- \Longrightarrow 2SO_4^{2-} + 8I^- + 5H_2O \tag{5-56}$$

并且，I_2 也会发生歧化反应，见式(5-54)；在强酸性溶液中，$Na_2S_2O_3$ 会发生歧化反应析出单质 S，I^- 也易被空气中的氧氧化。

$$S_2O_3^{2-} + 2H^+ \Longrightarrow S\downarrow + SO_2\uparrow + H_2O \tag{5-57}$$

$$4I^- + 4H^+ + O_2 \Longrightarrow 2I_2\downarrow + 2H_2O \tag{5-58}$$

所以，$S_2O_3^{2-}$ 与 I_2 的反应必须在中性或弱酸性溶液中进行。

② 防止 I_2 的挥发和 I^- 的氧化　I_2 易挥发且固体 I_2 在水中的溶解度很小，而 KI 可与 I_2 形成 I_3^-，

$$I_2 + I^- \Longrightarrow I_3^- \tag{5-59}$$

可以增大 I_2 在水中的溶解度，降低 I_2 的挥发性。因此，可以通过在析出 I_2 的溶液中加入过量的 KI 来防止 I_2 的挥发。另外，滴定时使用碘瓶和不剧烈摇动溶液也可减少 I_2 的挥发。I^- 易被空气氧化成 I_2，并且光照和酸度的增加均会促进这种氧化进程。因此，析出 I_2 的溶

液应保存在棕色密闭的容器中。

③ 正确使用淀粉指示剂 无分枝的淀粉在少量 I^- 存在下，可与 I_2 反应生成蓝色配位化合物，由溶液中蓝色的出现或消失来指示滴定终点。配好的淀粉指示剂长久放置，将产生有分枝的淀粉，有分枝的淀粉与 I_2 形成紫色或紫红色的配位化合物，用这种指示剂指示终点时，将会出现终点不敏锐的现象。因此，碘量法所使用的淀粉指示剂应该是由无分枝的淀粉新鲜配制而成。另外，指示剂不能加入过早，应先用 $Na_2S_2O_3$ 标准溶液滴定至溶液呈浅黄色，此时大部分 I_2 已被还原为 I^-，然后再加入淀粉指示剂，用 $Na_2S_2O_3$ 溶液继续滴定至蓝色恰好消失，即为滴定终点。否则，淀粉指示剂加入太早，则大量的 I_2 与淀粉结合成蓝色物质，这部分碘就不易与 $Na_2S_2O_3$ 反应，引起滴定误差。

5.5.3.2 碘量法标准溶液的配制与标定

碘量法中经常使用 $Na_2S_2O_3$ 和 I_2 两种标准溶液，下面分别介绍这两种溶液的配制和标定方法。

（1）$Na_2S_2O_3$ 标准溶液的配制与标定

市售硫代硫酸钠（$Na_2S_2O_3 \cdot 5H_2O$）试剂中一般都含有少量的 S、Na_2SO_3、Na_2SO_4、Na_2CO_3、NaCl 等杂质，且易风化、潮解。$Na_2S_2O_3$ 标准溶液不稳定，易分解，主要原因是：

① 水中溶解的二氧化碳可促进 $Na_2S_2O_3$ 的分解 $S_2O_3^{2-} + CO_2 + H_2O \longrightarrow HSO_3^- + HCO_3^- + S\downarrow$；

② 空气中氧的作用 $2S_2O_3^{2-} + O_2 \longrightarrow 2SO_4^{2-} + 2S\downarrow$；

③ 微生物的作用 $S_2O_3^{2-} \xrightarrow{微生物} SO_3^{2-} + S\downarrow$。

因此 $Na_2S_2O_3$ 标准溶液的配制需采用间接配制法，先配制成近似浓度的溶液，然后进行标定计算出其准确浓度。配制过程中需注意以下几点。

① 须用新鲜煮沸蒸馏水 这是为了杀死水中细菌和去除 CO_2 和部分溶解氧。

② 加入少量 Na_2CO_3 和碘化汞 使溶液呈弱碱性，抑制细菌的生长和繁殖。

③ 放置 1～2 周 使水中能与 $Na_2S_2O_3$ 反应的其他氧化性物质，如 Fe^{3+}、Cu^{2+} 等，与 $Na_2S_2O_3$ 充分作用完全，使 $Na_2S_2O_3$ 标准溶液的浓度趋于稳定。

即便如此，这样配制的标准溶液也不宜长期保存，使用一段时间后要重新标定。如果发现溶液变浑浊或析出单质硫，就应该过滤后再标定，或者另配溶液。

$Na_2S_2O_3$ 标准溶液的标定采用间接碘量法。

可以用于标定 $Na_2S_2O_3$ 标准溶液的基准物质有 $K_2Cr_2O_7$、KIO_3、$KBrO_3$、纯铜等。其中最常用的是 $K_2Cr_2O_7$。称取一定量的基准物质，弱酸性溶液中，与过量 KI 反应而析出等化学计量的 I_2，见反应式(5-17)。以淀粉为指示剂，用待标定的 $Na_2S_2O_3$ 标准溶液滴定至蓝色消失，见反应式(5-55)。

用下式计算 $Na_2S_2O_3$ 标准溶液的浓度：

$$c_{Na_2S_2O_3} = \frac{c_{K_2Cr_2O_7} \times V_1}{V_2}$$

式中 $c_{Na_2S_2O_3}$——$Na_2S_2O_3$ 标准溶液的浓度（$Na_2S_2O_3$），mol/L；

$c_{K_2Cr_2O_7}$——$K_2Cr_2O_7$ 标准溶液的浓度$\left(\frac{1}{6}K_2Cr_2O_7\right)$，mol/L；

V_1——$K_2Cr_2O_7$ 标准溶液的量，mL；

V_2——消耗 $Na_2S_2O_3$ 标准溶液的量，mL。

标定时应注意以下几点。

① 控制溶液酸度在 0.2～0.4mol/L 酸度太小，反应速率减慢，酸度愈大，反应速率愈

快。但酸度太大时，I^- 易被空气中 O_2 所氧化。

② 暗处放置一段时间 $K_2Cr_2O_7$ 与 KI 的反应速率较慢，应将溶液贮于碘量瓶或锥形瓶中（盖好表面皿），在暗处放置一定时间（5min），待反应完全后，再进行滴定。

③ KI 试剂不应含有 KIO_3（或 I_2）一般 KI 溶液无色，如显黄色，则应事先将 KI 溶液酸化后，加入淀粉指示剂显蓝色，用 $Na_2S_2O_3$ 溶液滴定至刚好为无色后再使用。

（2）I_2 标准溶液的配制与标定

用升华法制得的纯碘，可以直接配制成标准溶液，但由于操作中存在诸如碘的挥发、对天平的腐蚀等困难，实际工作中常采用间接配制法。首先用纯碘试剂配成近似浓度的溶液，再进行标定。

碘在水中的溶解度很小（20℃，1.33mol/L），但易溶于 KI 溶液。配制 I_2 标准溶液时先用托盘天平称好一定量的碘，然后加入过量 KI，置于研钵中，加少量水研磨至糊状后用水稀释至一定体积，使 I_2 与 I^- 形成 I_3^-，以提高 I_2 在水中的溶解度和降低 I_2 的挥发性。

日光能促进 I^- 的氧化，使 I_2 溶液的浓度发生变化，故 I_2 溶液应装在棕色试剂瓶中并在暗处保存。贮存和使用 I_2 溶液时，应避免 I_2 溶液与橡皮等有机物接触。

I_2 标准溶液的浓度可以用 $Na_2S_2O_3$ 标准溶液来标定，见反应式(5-55)；也可用基准级 As_2O_3 来标定。首先，将 As_2O_3 溶于碱生成亚砷酸盐（AsO_3^{3-}），然后按照式(5-15)所示反应进行滴定。

5.5.3.3 碘量法应用实例——溶解氧的测定

溶解在水中分子状态的氧称为溶解氧，用 DO 表示，单位为 mg/L。天然水中溶解氧含量取决于水体与大气中氧的平衡。饱和溶解氧浓度是温度、盐度和大气压力的函数，在 101kPa(760mmHg) 压力下，淡水中的饱和溶解氧浓度可以用下式计算：

$$DO(O_2, mg/L) = \frac{468}{31.6 + T}$$

式中   DO——水中溶解氧（O_2），mg/L；

       T——温度，℃。

河口处的饱和溶解氧浓度与水中的含盐量也有一定的关系。表 5-2 所列数据是标准大气压（101.3kPa）、空气中含氧为 20.9% 时，不同水温、不同 Cl^- 浓度下水中氧的溶解度。一般来说，大气压力减小、温度升高、水中含盐量增加，都会使水中溶解氧降低，其中温度的影响尤为明显。

表 5-2 氧在水中的溶解度（mg/L）

温度/℃	氯离子浓度/(mg/L)					温度/℃	氯离子浓度/(mg/L)				
	0	5000	10000	15000	20000		0	5000	10000	15000	20000
0	14.8	13.8	13.0	12.1	11.3	16	9.8	9.5	9.0	8.5	8.0
1	14.4	13.4	12.6	11.8	11.0	17	9.6	9.3	8.8	8.3	7.8
2	13.9	13.1	12.3	11.5	10.8	18	9.4	9.1	8.6	8.2	7.7
3	13.5	12.7	12.0	11.2	10.5	19	9.2	8.9	8.5	8.0	7.6
4	13.1	12.4	11.7	11.0	10.3	20	9.1	8.7	8.3	7.9	7.4
5	12.8	12.1	11.4	10.7	10.0	21	8.9	8.6	8.1	7.7	7.3
6	12.4	11.8	11.1	10.5	9.8	22	8.7	8.4	8.0	7.6	7.1
7	12.1	11.5	10.9	10.2	9.6	23	8.6	8.3	7.9	7.4	7.0
8	11.8	11.2	10.6	10.0	9.4	24	8.4	8.1	7.7	7.3	6.9
9	11.5	11.0	10.4	9.8	9.2	25	8.3	8.0	7.6	7.2	6.7
10	11.3	10.7	10.1	9.6	9.0	26	8.1	7.8	7.4	7.0	6.6
11	11.0	10.5	9.9	9.4	8.8	27	8.0	7.7	7.3	6.9	6.5
12	10.7	10.1	9.7	9.2	8.6	28	7.8	7.5	7.1	6.8	6.4
13	10.5	10.1	9.5	9.0	8.5	29	7.7	7.4	7.0	6.6	6.3
14	10.3	9.9	9.3	8.8	8.3	30	7.6	7.3	6.9	6.5	6.1
15	10.0	9.7	9.1	8.6	8.1						

清洁地面水溶解氧一般接近饱和。当水体中有藻类生长时，溶解氧可过饱和。水体受有机、无机还原性物质污染时，溶解氧降低。如果大气中的氧来不及补充受污染的水体，水中溶解氧将逐渐降低，以至趋近于零，水中厌氧菌繁殖，水质恶化。水中溶解氧低于 $3 \sim 4mg/L$，将使许多鱼类呼吸困难；若溶解氧继续减少，则会窒息死亡。一般规定，水体中溶解氧至少在 $4mg/L$ 以上。溶解氧可以作为水源自净规律研究、废水生化处理过程的一项重要控制指标。

（1）DO 的测定原理

水样中加入硫酸锰和碱性碘化钾，水中的溶解氧将低价的 Mn^{2+} 氧化成高价的水合氧化锰 $[MnO(OH)_2]$ 棕色沉淀，将水中全部溶解氧固定起来。加酸后，沉淀溶解并与 KI 作用释放出游离 I_2。以淀粉为指示剂，用 $Na_2S_2O_3$ 标准溶液滴定至蓝色消失，指示终点到达。根据 $Na_2S_2O_3$ 标准溶液的消耗量，计算水中 DO 的含量。其主要反应如下：

$$Mn^{2+} + 2OH^- \Longrightarrow Mn(OH)_2 \downarrow \tag{5-60}$$
$$（白色）$$

$$Mn(OH)_2 + 1/2O_2 \Longrightarrow MnO(OH)_2 \downarrow \tag{5-61}$$
$$（棕色）$$

$$MnO(OH)_2 + 2I^- + 4H^+ \Longrightarrow Mn^{2+} + I_2 \downarrow + 3H_2O \tag{5-62}$$

$$I_2 + 2S_2O_3^{2-} \Longrightarrow 2I^- + S_4O_6^{2-}$$

（2）计算公式

$$DO(O_2, mg/L) = \frac{cV \times 8 \times 1000}{V_水} \tag{5-63}$$

式中　　DO——水中溶解氧（O_2），mg/L；

　　　　c——硫代硫酸钠标准溶液的浓度（$Na_2S_2O_3$），mol/L；

　　　　V——$Na_2S_2O_3$ 标准溶液的消耗量，mL；

　　　　8——氧的摩尔质量 $\left(\dfrac{1}{4}O_2\right)$，g/mol；

　　　　$V_水$——水样的量，mL。

（3）DO 测定过程中需注意的几个问题

① 碘量法测定 DO，适用于清洁的地面水和地下水。

② 如果水样中含有干扰测定的物质时，应考虑采用修正后的碘量法，比如水样中含有 NO_2^-，干扰测定时，采用叠氮化钠修正法；含还原性物质如 Fe^{2+}、S^{2-}、SO_3^{2-} 时，采用 $KMnO_4$ 修正法；水样含有藻类、悬浮物、活性污泥等悬浊物时，采用明矾絮凝修正法等。

③ 如果水样中干扰物质较多、色度又高、采用碘量法及其修正法有困难时，可用膜电极法测定。

5.5.3.4　碘量法应用实例二——生化需氧量的测定

（1）生物化学需氧量测定原理

一定条件下，微生物（主要指耗氧微生物）在分解水中存在的某些可氧化性物质、特别是有机物所进行的生物化学过程中所消耗的溶解氧的量，称为生物化学需氧量（BOD），简称生化需氧量，以氧的 mg/L 表示。它是水体有机物污染的综合指标之一。BOD 所代表的有机物是可生物降解的有机物。

有机物在微生物作用下，耗氧分解大体上分两个阶段：第一阶段称为含碳物质氧化阶段（碳化阶段），主要是含碳有机物氧化为二氧化碳和水；第二阶段称为硝化阶段，主要是含氮有机化合物在硝化菌的作用下被氧化为亚硝酸盐和硝酸盐。这两个阶段并非截然分开，如果在 20℃培养，一般有机物的碳化阶段可在 20d 内完成 95%～99%，对生活污水及性质与其接近的工业废水，硝化阶段大约在碳化阶段进行到 5～7d，甚至 10d 以后才显著进行。整个生物氧化全过程完成需时约 100d。生物氧化全过程示意如图 5-3 所示。

水体中的有机质含量愈高，其 BOD 值愈大，水中的溶解氧量就愈低，水质就越差。根据 BOD 值对河流清洁程度进行分类，列于表 5-3 中。

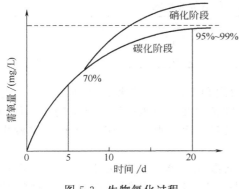

图 5-3　生物氧化过程

表 5-3　河流清洁程度分类

类　　别	BOD_5/(mg/L)
非常清洁	1
清洁	2
尚清洁	3
稍微清洁	5
污染	10

从表 5-3 可以看出，当水质 BOD 达到 10mg/L 时，水质很差。此时溶解氧极少，甚至没有，水体中好氧型微生物几乎绝迹，而厌氧型微生物大量繁殖。通过厌氧微生物的厌氧代谢作用，水体中会放出氨、甲烷、硫化氢等恶臭有毒气体，同时水体会逐渐变黑发臭。

（2）BOD_5 的测定方法

① 五天培养法　从图 5-3 可见，硝化过程大约在第 5～7d 后才开始，所以碳化的开始阶段不受硝化过程的影响，且第五天末，消耗的总氧量约为第一阶段需氧量的 70%～80%。因此，普遍采用 (20 ± 1)℃ 5d 培养法测定 BOD 值，一般不包括硝化阶段。即将水样在 (20 ± 1)℃下培养 5d，培养前后溶解氧之差就是生物化学需氧量，记为 BOD_5。BOD_5 测定中，一般采用叠氮化钠修正后的碘量法测定溶解氧。

BOD_5 的测定是一种生物化学的测定方法，根据水样中 DO 和有机物含量的多少，分为直接测定法和稀释接种法。

直接测定法

适用于水中溶解氧含量较高、有机物含量较少的清洁地面水。此类水样 BOD_5 一般小于 7mg /L。可不经稀释，直接以虹吸法将约 20℃ 的混匀后水样转移入两个溶解氧瓶内，转移过程中应注意不产生气泡，并使水样充满后溢出少许，加塞，瓶内不应留有气泡。其中一瓶立即测定水中的溶解氧，另一瓶的瓶口进行水封后，放入培养箱中。自放入培养箱那一时刻起，在 (20 ± 1)℃条件下培养 5d。在培养期间注意添加封口水，5d 后弃去封口水，测定剩余的溶解氧。则培养 5d 前后溶解氧的减少量即为 BOD_5。

$$BOD_5(mg/L)=c_1-c_2$$

式中　c_1——水样在培养前的溶解氧（O_2），mg/L；

　　　c_2——水样经 5d 培养后的溶解氧（O_2），mg/L。

稀释接种法

生化需氧量的经典测定方法。适用于有机物含量较高的生活污水和工业废水以及污染较严重的天然水，它们的 BOD_5 都大于 7mg O_2/L，且往往生物化学需氧量超过水中所含的溶解氧的含量，则在培养前必须用有溶解氧的水（稀释水）稀释，然后再培养。根据培养前后溶解氧的变化和水样的稀释倍数，求出水样中的生化需氧量。

稀释倍数的确定是靠经验得来的。不同水样，稀释倍数的确定方法不同。对于地面水，常由测得的高锰酸盐指数乘以一定的系数得到稀释倍数。表 5-4 为参考系数。对于工业废水，由重铬酸钾法测得的 COD 值来确定，并且通常需要作三个稀释比。其中，使用稀释水时，由 COD 值分别乘以系数 0.075、0.15、0.225 获得三个稀释倍数；使用接种稀释水时，由 COD 值分别乘以系数 0.075、0.15、0.25 获得三个稀释倍数。

表 5-4 由高锰酸盐指数求稀释倍数的系数

高锰酸盐指数/(mg/L)	系 数	高锰酸盐指数/(mg/L)	系 数
<5	—	10~20	0.4,0.6
5~10	0.2,0.3	>20	0.5,0.7,1.0

对水样的 BOD 测定中，除必要的 pH、养分和饱和 DO 等诸多要素之外，还必须有分解有机物所需的微生物，如果水样中缺乏微生物，则必须在稀释水中引入微生物，这种操作叫做接种。一般 1L 稀释水中加入接种液的量为：沉淀生活污水 1~2mL，表层土壤浸出液 20~30mL，河水（湖水）10~100mL。

对于不含或少含微生物的工业废水，其中包括酸性废水、碱性废水、高温废水和经过氯化处理的废水，在测定 BOD 时均应进行接种，以引入能分解废水中有机物的微生物。但是，当废水中存在着难于降解的物质（例如酚类、纤维素等）或含有剧毒物质时，应将驯化后的特种微生物引入水样中进行接种。此时，可在该种废水排污口下游 3~8km 处取水样作为废水的驯化接种液。如无此种水源，可取中和或经适当稀释后的废水进行连续曝气（一般 3~8d），并每天连续加入该种废水，同时加入适量表层土壤浸出液或生活污水，使能适应该种废水的微生物大量繁殖。当水中出现大量絮状物时，即可用做接种液。当然，对于含有重金属离子、酚、醛、消毒剂、染料及放射性元素等有毒物质的废水，如果没有合适驯化的微生物菌种，可将水样稀释至无害程度后进行 BOD 的测定。

在进行水样的 BOD_5 计算时，需要对稀释水或接种稀释水中可能含有的有机物引起的耗氧进行校正。稀释水或接种稀释水中有效溶解氧，由培养 5d 前后的溶解氧之差值求得。

$$DO_{稀释水} = B_1 - B_2$$

式中　$DO_{稀释水}$——稀释水或接种稀释水的有效溶解氧浓度，mg/L；

B_1——稀释水或接种稀释水培养前的 DO，mg/L；

B_2——稀释水或接种稀释水培养后的 DO，mg/L。

水样中的 BOD_5 值是

$$BOD_5(mg/L) = \frac{(c_1 - c_2) - (B_1 - B_2)f_1}{f_2} \tag{5-64}$$

式中　c_1——稀释后水样培养前的 DO 浓度，mg/L；

c_2——稀释后水样经 5d 培养后的 DO 浓度，mg/L；

f_1——稀释水或接种稀释水在培养液中所占的比例；

f_2——水样在培养液中所占的比例。

f_1、f_2 的计算：例如培养液的稀释比为 4%，即 4 份水样，96 份稀释水，则 $f_1 = 0.96$，$f_2 = 0.04$

② 其他方法　多年来，稀释接种法一直被作为 BOD_5 测定的标准方法。但是，对生活污水来说 BOD_5 值测定结果在一定范围内波动，对工业废水来说这种波动范围更大，甚至相差几倍。往往同一水样采用不同稀释比，所得结果不尽相同。于是，人们又开发了其他的一些测定方法，比如微生物薄膜电极法，库仑法，测压法，活性污泥曝气降解法等。实际工作中使用较多的是利用库仑法 BOD 测量仪来测量 BOD_5 值。该仪器是根据仪器密封系统中氧

量-气压变化或氧量-电量变化的相关关系来求得 BOD 值的。这种测量仪不仅可测定 5 日生化需氧量，也可测定任何培养天数的 BOD 值，绘出生化需氧量-培养天数的曲线。有关该仪器的工作原理请查阅相关书籍，这里不再详述。

（3）BOD_5 测定过程中的应注意的几个问题

① 样品的采集和保存　样品采集时应采用虹吸管将样品瓶注满，采集来的样品应在 2h 以内分析。若采集的样品中带有较多的空气，加上采样与分析之间的运输过程，水样中的有机物可能降解，使得测定结果偏低。

② 稀释水所带来的误差　标准方法要求稀释水的初始溶解氧≥8mg/L，并且在 20℃ 条件下，5d 的 DO 消耗值应为 0～0.2mg/L。为了达到这个要求，实际分析中一般采用自然曝气法，测定前将一定量的符合要求的蒸馏水加入敞口瓶中（不能盛满，否则容易曝气不足），置 20℃ 的条件下平衡即可达到要求。

在采用自然曝气法制备稀释水时，加入稀释水中的无机盐溶液一旦出现混浊，应及时重新配制，同时保证水及容器的清洁，防止水中有微生物的繁殖，否则会影响空白值以及 BOD_5 测定值的准确性。

③ 稀释倍数的影响　有文献报道，稀释倍数大到使消耗氧低于 40% 时，会使测定结果偏高，稀释倍数小到使耗氧超过 80% 时，会使测定结果偏低，甚至使培养瓶中的溶解氧耗尽，致使测定结果失败。不同的稀释倍数，测定同一样品得出的测定值不同。

在平时的水样测定中，特别是在做标准样品时，应尽可能多取稀释比，大、小稀释比要兼顾到。取多次测定值的均值作为测定结果，减少稀释误差，以保证测定的准确性。除了前述用高锰酸盐指数乘系数、COD 值乘系数确定稀释倍数以外，还有人研究了以总有机碳（TOC）乘系数来确定稀释倍数，详见有关文献。

④ 稀释操作过程中的误差　搅拌稀释水样时不要产生气泡；稀释水样导入培养瓶时，不能将气泡带入瓶内；在 5d 的培养过程中，培养瓶封口水应及时添加。上述操作不注意，会使水样中夹有气泡，给测定带来误差，特别在做标样时，使得测定值准确度、精密度较差。

BOD_5 测定的稀释操作沿用《水和废水分析方法》第三版中规定的一般稀释法。如果用溶解氧测定仪测定 DO 浓度，只需制备一瓶稀释样。

⑤ 仪器对样品测定的影响　用薄膜电极求得生化过程中的耗氧量时，仪器对溶解氧测定的影响主要来源于仪器的精密度、电极精度和使用者标定系统的能力。

电极的标定有三种方法：空气标定法，水蒸气法和碘量法校准。在实际分析中一般采用简便可靠的水蒸气校准仪器（在湿度饱和的条件下，测定探头上的温度，根据此温度，用查得溶解氧值校准仪器）。用溶解氧测定仪测定 BOD_5 时，要求对溶解氧测定仪进行两次标定，两次标定最好使仪器处于相对稳定的状态，主要是温度的一致。如果探头标定温度与样品温度不一致，也会产生测定误差。所以应在尽可能接近测定温度的温度下标定探头。此外在仪器校准前，应将探头薄膜外的水（气）用滤纸吸干，否则影响探头标定的准确性，甚至会出现空白值为负值的现象。

5.5.4　溴酸钾法

利用溴酸钾（$KBrO_3$）作氧化剂的滴定方法为溴酸钾法。

5.5.4.1　方法简介

溴酸钾化学式 $KBrO_3$，为无色晶体或白色结晶粉末。$KBrO_3$ 具有强氧化性，溶于水，其水溶液为强氧化剂。$KBrO_3$ 在酸性溶液中与还原性物质作用时，BrO_3^- 被还原为 Br^-，其半反应为

$$BrO_3^- + 6H^+ + 6e^- \rightleftharpoons Br^- + 3H_2O \qquad \varphi_{BrO_3^-/Br^-}^{\ominus} = 1.44V$$

KBrO$_3$ 在水溶液中再结晶提纯，180℃烘干后，可直接配制成标准溶液。KBrO$_3$ 标准溶液的浓度也可以用间接碘量法标定。在酸性溶液中，一定量的 KBrO$_3$ 与过量 KI 作用析出 I$_2$，其反应如下：

$$BrO_3^- + 6I^- + 6H^+ \rightleftharpoons Br^- + 3I_2 \downarrow + 3H_2O \tag{5-65}$$

析出的 I$_2$ 用 Na$_2$S$_2$O$_3$ 标准溶液滴定。由下式即可求出 KBrO$_3$ 标准溶液的浓度。

$$c_{KBrO_3} = \frac{c_{Na_2S_2O_3} V_1}{V_2}$$

式中 c_{KBrO_3}——KBrO$_3$ 标准溶液的浓度 $\left(\frac{1}{6} KBrO_3\right)$，mol/L；

     $c_{Na_2S_2O_3}$——Na$_2$S$_2$O$_3$ 标准溶液的浓度（Na$_2$S$_2$O$_3$），mol/L；

     V_1——消耗 Na$_2$S$_2$O$_3$ 标准溶液的量，mL；

     V_2——移取 KBrO$_3$ 标准溶液的量，mL。

KBrO$_3$ 与还原性物质的反应速率很慢，在实际中，通常向 KBrO$_3$ 标准溶液中加入过量 KBr，以此作为标准溶液。KBrO$_3$-KBr 溶液十分稳定，只是在酸性溶液中反应生成与 KBrO$_3$ 化学计量相当的 Br$_2$。

$$BrO_3^- + 5Br^- + 6H^+ \rightleftharpoons 3Br_2 \downarrow + 3H_2O \tag{5-66}$$

Br$_2$ 与水中还原性物质反应完全，剩余的 Br$_2$ 与 KI 作用，析出游离的 I$_2$，

$$Br_2 + 2I^- \rightleftharpoons I_2 \downarrow + 2Br^- \tag{5-67}$$

便可用 Na$_2$S$_2$O$_3$ 标准溶液滴定。

溴酸钾法可以直接测定能与 KBrO$_3$ 迅速反应的还原性物质，比如 As(Ⅲ)、Sn(Ⅱ)、联胺（N$_2$H$_4$）等。

实际中应用较多的是溴酸钾法与碘量法的配合使用。一定量的 KBrO$_3$ 标准溶液与水中还原性物质作用，用过量 KI 在酸性条件下将剩余的 KBrO$_3$ 还原为 Br$^-$，析出游离的 I$_2$，最后以淀粉为指示剂，用 Na$_2$S$_2$O$_3$ 标准溶液滴定至终点。其反应见式(5-65)和式(5-55)。两种方法的配合使用在有机物分析中应用较多。尤其是利用 Br$_2$ 的取代反应测定芳香族化合物，比如苯酚的测定。

5.5.4.2 溴酸钾法的应用实例——水样中苯酚的测定

水质分析中溴酸钾法主要用于水中苯酚等有机物的测定。

（1）测定原理及反应式

在含苯酚试样溶液中，加入一定量过量的 KBrO$_3$-KBr 标准溶液，用 HCl 溶液酸化，KBrO$_3$ 与 KBr 反应产生一定量的游离 Br$_2$，Br$_2$ 与苯酚进行取代反应。

$$+3Br_2 \Longrightarrow \qquad \downarrow + 3Br^- + 3H^+ \tag{5-68}$$

（白色沉淀）

待水样中苯酚与过量的 Br$_2$ 反应完全后，加入 KI 溶液，剩余的 Br$_2$ 被 KI 还原，

$$Br_2 + 2I^- \rightleftharpoons I_2 \downarrow + 2Br^-$$

（剩余）

析出的 I$_2$ 用 Na$_2$S$_2$O$_3$ 标准溶液滴定，消耗掉 Na$_2$S$_2$O$_3$ 标准溶液的体积为 V_1 mL。

$$I_2 + 2S_2O_3^{2-} \rightleftharpoons 2I^- + S_4O_6^{2-}$$

另取相同体积的 KBrO$_3$-KBr 标准溶液，加入 HCl 和 KI 溶液，析出的 I$_2$ 用 Na$_2$S$_2$O$_3$ 标准溶液滴定，消耗掉 Na$_2$S$_2$O$_3$ 标准溶液的体积为 V_0 mL。根据 Na$_2$S$_2$O$_3$ 标准溶液的消耗

量求出水样中苯酚含量。

（2）计算公式

$$苯酚（mg/L）=\frac{(V_0-V_1)c_{Na_2S_2O_3}\times15.68\times1000}{V_水}$$

(5-69)

式中　$c_{Na_2S_2O_3}$——$Na_2S_2O_3$ 标准溶液的浓度（$Na_2S_2O_3$），mol/L；

V_1——水样消耗 $Na_2S_2O_3$ 标准溶液的量，mL；

V_0——空白试剂消耗 $Na_2S_2O_3$ 标准溶液的量，mL；

15.68——苯酚摩尔质量（⅙ ⬡—OH），g/mol；

$V_水$——水样体积，mL。

需要注意，如果水样中含有其他酚类物质，则测定的是苯酚相对含量。应用同样方法还可测定甲酚、间苯二酚及苯胺等。

5.6　其他有机物污染综合指标

随着居民生活和工农业生产的发展，各种污水的排放量急剧增加，受纳水体中有机污染物的种类和含量也逐渐增加。有机污染物以毒性和使水中溶解氧减少的形式对生态系统产生影响，危害人体健康。有机污染物指标是一类评价水体污染状况的极为重要的指标。

借助于化学分析法和不断发展与完善的分析测试技术和仪器，人们已能够实现对水体中上百种有机污染物的检测，但要对种类繁多的有机物逐一区分和定量测定并不切实际。由于有机物具有可被氧化的共同特性，因此可采用氧化过程所消耗的氧量来作为有机物总量的综合指标，并以此反映水中有机物的相对含量和水体总污染程度。目前，水质评价中常采用的一些有机物污染综合指标有高锰酸盐指数、化学需氧量（COD）、生化需氧量（BOD_5），以及总有机碳（TOC）、总需氧量（TOD）等。

从前面的介绍中可知，COD 和高锰酸盐指数是采用不同的氧化剂在各自的氧化条件下测定的，二者之间没有明显的相关关系。一般说来，重铬酸钾法的氧化率可达 90%，而高锰酸钾法的氧化率为 50% 左右，两者均未达到完全氧化，因而都只是一个相对参考数据。BOD_5 所表示的有机物含量是指能够被好氧微生物氧化分解的可生物降解有机物，而不包括不可生物降解的有机物（如维生素、洗衣粉等），因此它的数值要低于水中有机物完全氧化时所需氧的理论值。表 5-5 列举了部分有机化合物的理论需氧量（ThOD）。

表 5-5　部分有机化合物的 ThOD

有机化合物	ThOD gO$_2$/g 有机物	有机化合物	ThOD gO$_2$/g 有机物	有机化合物	ThOD g O$_2$/g 有机物
甲酸	0.35	乙醚	2.59	氨基乙酸	0.64
乙酸	1.07	乙酸乙酯	1.82	谷氨酸	0.98
丙酸	1.51	苯酚	2.38	可溶性淀粉	1.19
丁酸	1.82	柠檬酸	0.69	纤维素	1.19
戊酸	2.04	酒石酸	0.53	苯	3.08
己酸	2.20	对苯二酚	1.89	苯胺	2.41
乳酸	1.07	甘油	1.22	甲苯	3.12
甲醇	1.50	邻苯二甲酸氢钾	1.18	吡啶	2.23
乙醇	2.09	葡萄糖	1.07	甲醛	1.07
丙酮	2.21	乳糖	1.07	乙醛	1.82

COD 与 BOD$_5$ 的差值可近似表示水中没有被微生物氧化分解的有机物的含量。水中同一种有机物的氧化率存在 COD＞BOD$_5$＞高锰酸盐指数。实践中，常用 BOD$_5$ 与 COD 的比值作为污水可生化性的参考，它是废水生化处理工艺设计和动力学研究中的重要参数。生活污水的 BOD$_5$/COD 比值约为 0.4～0.65。工业废水的 BOD$_5$/COD 比值变化较大，主要取决于工业性质，如果该比值＞0.3，认为工业废水可以采用生化处理法；比值＜0.3 难生化处理；比值＜0.25 不宜采用生化处理法。

下面着重介绍另外几种有机物污染综合指标。

5.6.1 总有机碳

总有机碳是以碳的含量表示水体中有机物质的总量，用 TOC 表示，单位为 mg/L。由于 TOC 的测定采用燃烧法，因此能将有机物全部氧化，比 COD、BOD$_5$ 更能直接表示水中有机物的总量。TOC 反映了水中总有机物污染程度，是水中有机物污染综合指标之一。

5.6.1.1 方法简介

水中 TOC 的测定是先把水中的有机物氧化成 CO_2，再测定 CO_2 气体的一种方法。氧化方式分为燃烧氧化法和湿式氧化法。燃烧氧化法又可分为 900～950℃ 催化燃烧与 680℃ 催化燃烧；湿式氧化法可分为过硫酸钾紫外催化氧化法、二氧化钛紫外催化氧化法和紫外催化氧化法等。常用的测定 CO_2 的方法有非分散红外法和电导法，也有将 CO_2 甲烷化后进行 GC-FID 或 GC-TCD 测定的方法。

TOC 的测定方法分为差减法和直接法。差减法是指水样不经处理，测定其总碳（TC）和无机碳（IC）的量，然后求差值；直接法是水样经过前处理驱除其中的 IC 后，直接测定 TOC 的量。前者适用于 IC＜TOC 的水样，后者适用于 IC 含量较高的水样。

目前广泛应用的测定 TOC 的方法是利用仪器进行测定的燃烧氧化——非分散红外吸收法。下面对该方法做一简要介绍。

5.6.1.2 测定原理

将同一等量的水样分别注入高温炉（900～950℃）和低温炉（150℃）内的石英管。在高温炉内，以铂和三氧化钴或三氧化铬为催化剂，水样中的有机碳和无机碳（各种碳酸盐）均转化为 CO_2。而在低温炉内，石英管中填充有经过磷酸浸渍的玻璃棉，在 150℃ 时，各种无机碳酸盐分解为 CO_2，而有机物不能被分解氧化。将高温炉和低温炉内生成的 CO_2 依次导入非分散红外气体分析仪，分别测出水样中的 TC 和 IC，二者的差值即为 TOC。

$$TOC = TC - IC \tag{5-70}$$

TOC 的测定流程如图 5-4 所示。

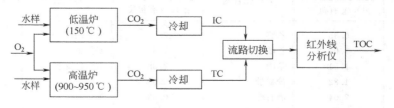

图 5-4　TOC 测定流程示意

表 5-6 为部分有机化合物的理论 TOC 值及实测值。由表中数据可知，TOC 测定值与理论值非常接近，且 TOC 的氧化率＞COD 的氧化率。可见，总有机碳 TOC 能较好地反映水中有机物污染程度。因此，TOC 能较准确地反映水中需氧总量。

表 5-6　100mg/L 有机物溶液中 TOC 值（mg/L）及氧化率

名称	理论值	测定值	氧化率/%	名称	理论值	测定值	氧化率/%
甲酸	26.1	26.0	99.6	苯胺	77.4	81.0	104.7
乙酸	40.0	40.12	100.8	尿素	20.0	21.0	105.0
丙酸	48.6	42.5	87.4	葡萄糖	40.0	40.0	100.0
丁酸	54.5	43.6	80.0	麦芽糖	40.1	39.5	98.5
甲醇	37.5	40.0	107.0	乳糖	42.1	42.0	99.8
乙醇	52.0	55.0	106.0	淀粉	45.0	37.0	82.2
苯	23.1	22.9	99.1	L-组氨酸	39.9	37.0	92.7
甲苯	22.5	22.2	98.7	丙氨酸	35.6	35.5	99.7
苯酚	76.5	61.0	79.7	丙三醇	39.7	39.0	98.2
苯甲醛	69.5	62.5	89.9	丙酮酸	48.6	45.0	92.6
丁酮	66.6	65.0	97.6	氨基乙酸	32.0	29.0	90.6

5.6.1.3　TOC 测定中的几个问题

① 水样采集后，要保存在棕色试剂瓶中。常温下，水样可保存 24h，如不能及时分析，需加硫酸调 pH=2，并 4℃ 冷藏，可存放 7d。

② 可采用邻苯二甲酸氢钾和重碳酸钠分别作为有机碳和无机碳的标准样品，配制标准溶液，按上述测定步骤，求出 TOC，并绘制 TOC-信号（峰高）的标准曲线。

③ 水样的 pH 对测定无明显影响，但 pH＞11 时，由于空气中的 CO_2 会被水样吸收，使 TOC 值偏高。

④ 地表水样中 Cl^-、NO_3^-、SO_4^{2-}、PO_4^{3-} 等离子对 TOC 的测定无明显干扰，但分析含高浓度阴离子的水样时，会影响红外吸收。此时可用无 CO_2 蒸馏水稀释后测定。

5.6.2　总需氧量

总需氧量（TOD）是指水中能被氧化的物质如有机化合物和含氮、硫等的化合物在高温下燃烧生成稳定的氧化物时的需氧量，用氧的 mg/L 表示。TOD 是能完全体现水中总有机物污染程度的指标。

一些发达国家已经采用 TOD 作为水质污染的评价指标。同时可根据 TOD 与 COD、BOD 的相关性进行污染物的总量控制，例如日本规定河水中 TOD-COD 相关系数为 0.85 时就可以采用 TOD 进行污染物总量控制。

5.6.2.1　方法简介

TOD 是使用仪器对水中有机物进行监测的一种手段。该方法简便快速、有机污染物氧化完全、干扰物质少、精度高且与 COD 相关性好。因此，在水质自动监测和环境管理中具有广泛的应用。中国从 20 世纪 70 年代开始对该方法进行研究，但还未制订 TOD 监测的国家标准。TOD 用总需氧量分析仪测定。

5.6.2.2　测定原理

取一定量水样注入石英燃烧管（内填铂催化剂）中，向燃烧管中通入含氧量已知的载气（氮气）。在 900℃ 高温下，水样中的可氧化物质瞬间燃烧氧化转换成稳定的氧化物，脱水冷却后，由氧量测定仪测定出载气中 O_2 的减少量，即为水样的 TOD。

基本化学反应式：$C_aH_bN_cO_dS_e \longrightarrow aCO_2 + \dfrac{b}{2}H_2O + cNO + eSO_2$　　（$d=2a+b+c+2e$）

TOD 分析仪工作示意如图 5-5 所示。

水样　→　石英燃烧管（900℃）　$H_2O\ CO_2\ SO_2\ NO$ →　冷却脱水器　$CO_2\ SO_2\ NO$ →　氧量测定仪　→　记录仪

$O_2\ N_2$　→

图 5-5　TOD 测定流程示意

表 5-7 列举了部分有机化合物采用不同分析方法时的实际氧化率（%）。

表 5-7　部分有机化合物的 TOC、TOD、COD（回流法）和 BOD$_5$ 的氧化率比较

有机物名称	TOC/%	TOD/%	COD/%	高锰酸盐指数	BOD$_5$/%
甲醛	90.0	103.0	46.6	8.0	28.0~42.0
甲醇	107.0	—	96.0	24.0	—
乙醇	106.0	98.0	94.3	11.0	72.0
乙醛	95.6	100.2	45.1	8.0	16.0~62.0
异丙醇	—	104.2	96.7	—	54.0~66.0
丙三醇	98.2	95.9	96.7	52.0	86.0
丙酮	98.9	98.9	84.2	0	21.0
乙酸乙酯	100.2	100.2	77.5	4.0	53.0
乙酸丁酯	—	100.6	86.4	—	7.0~24.0
葡萄糖	100.0	98.9	98.0	59.0	56.0
丙烯腈	82.0	92.4	44.0	—	0
苯	99.1	—	17.3	0	—
甲苯	98.7	—	22.7	<1.0	—
苯酚	79.7	—	99.2	63.0~73.0	61.0
甲酸	99.6	—	97.7	14.0	64
丙酸	87.4	—	96.0	8.0	—
丁酸	80.0	—	97.8	4.0	—
酒石酸	92.2	—	99.1	70.0	—
丙氨酸	99.7	—	96.3	<1.0	—
淀粉	82.2	—	86.9	61.0	43.0

注：表中部分数据引自《用水废水化学基础》和"总有机碳的测定及其在环境监测中的应用"。

5.6.2.3　TOD 测定中的几个问题

① 可通过测定邻苯二甲酸氢钾标准溶液的总需氧量来绘制 TOD 测定中所需标准曲线。

② 水样中 Cl^-、SO_4^{2-}、HCO_3^-、HPO_4^{2-} 等常见的阴离子，一般不干扰测定。若 Cl^- 的浓度＞1000mg/L 时，TOD 值偏高。

③ 水样中的硝酸盐测定时分解产生 O_2，使 TOD 值偏低。应事先测出它们的含量，对结果进行校正。水样中的溶解氧燃烧时作为气体放出，也会使测定值偏低，尤其 TOD 值比较低时误差不可忽略，可测定水样溶解氧进行校正。

④ 水样中悬浮物颗粒直径大于 1mm 时，会堵塞取样管。水中如重金属离子的浓度较大时，会使催化剂的效率下降。

⑤ 水样采集后应在 4℃冷藏保存，24h 内分析。不应采取硫酸酸化方式保存。

从前面的介绍中可知，高锰酸盐指数、COD、BOD$_5$、TOC 和 TOD 作为水中有机物污染综合指标来衡量水处理的效果和评价水质时各有优缺点。由于 TOC 和 TOD 具有很高的氧化率，且二者均可借助仪器方便快速地完成测定，因此国内外水工业及水环境监测与评价中越来越多的使用 TOC 和 TOD 来代替前几项综合指标。

另外，反映水中有机物含量的综合指标还有活性炭吸附-氯仿萃取物（CCE）、紫外吸收值（UVA）、污水相对稳定度等，由于这些指标应用不太广泛，本书不再详述。

思考题与习题

6-1. 什么是标准电极电位和条件电极电位，二者关系如何？

6-2. 影响条件电极电位的因素有哪些？

6-3. 判断一个氧化还原反应能否进行完全的依据是什么？

6-4. 试用标准电极电位说明在 Br^-、I^- 的混合液中逐滴加入液氯时所发生的现象及反应。

6-5. 氧化还原滴定过程中电极电位的突跃范围如何估计？化学计量点的位置与氧化剂和还原剂的电子转移数有什么关系？

6-6. 解释高锰酸盐指数、COD、BOD_5、TOC、TOD 的物理意义，并比较它们之间的异同。

6-7. 影响氧化还原反应速率的主要因素有哪些？如何加速反应的进行？能否在分析中利用加热的办法来加速反应的进行？为什么？

6-8. 氧化还原滴定中，有哪些方法检测终点？氧化还原指示剂的变色原理与酸碱指示剂、金属指示剂有何异同？

6-9. 试述常用的氧化还原滴定法的原理及特点。

6-10. 碘量法的主要误差来源有哪些？为什么碘量法不适于在低 pH 或高 pH 进行？

6-11. 解释如下现象：在 $[H^+]=1mol/L$ 时，AsO_4^{3-} 能氧化 I^- 析出 I_2；而 pH＝8 时，I_2 却能滴定 AsO_3^{3-} 成 AsO_4^{3-}。假设 $[AsO_3^{3-}]=[AsO_4^{3-}]$

6-12. 高锰酸盐指数测定。取水样 100mL，用 H_2SO_4 酸化后，加入 10.00mL、0.0100mol/L 高锰酸钾溶液（$1/5KMnO_4=0.0100mol/L$），在沸水浴中加热 30min，趁热加入 10.00mL、0.0100mol/L 草酸钠溶液（$1/2Na_2C_2O_4=0.0100mol/L$），摇匀，立即用同浓度高锰酸钾标准溶液滴定至微红色，且微红色 30s 内不消失，消耗高锰酸钾 12.15mL，求水样中的高锰酸盐指数是多少（O_2，mg/L）？

6-13. 今有 25.00mL KI 溶液，用 10.00mL、0.0500mol/L KIO_3 溶液处理后，煮沸溶液除去 I_2。冷却后，加入过量的 KI 溶液使之与剩余的 KIO_3 反应，然后将溶液调至中性。析出的 I_2 用 0.1008mol/L $Na_2S_2O_3$ 溶液滴定，用去 21.14mL，计算 KI 溶液的浓度（mol/L）。

6-14. 用 $K_2Cr_2O_7$ 作基准物质标定 $Na_2S_2O_3$ 溶液。准确称取 0.2500g $K_2Cr_2O_7$，配成 100mL 标准溶液。然后加入过量 KI，在酸性溶液中用 $Na_2S_2O_3$ 标准溶液滴定至终点，共用去 $Na_2S_2O_3$ 标准溶液 40.02mL。试计算 $Na_2S_2O_3$ 标准溶液的浓度（$Na_2S_2O_3$，mol/L）。

6-15. 碘量法测溶解氧（DO）。取 DO 已经固定并释放的某地面水样 100mL，用 0.0102mol/L $Na_2S_2O_3$ 溶液滴定至淡黄色，加入 1mL 淀粉溶液，继续用 $Na_2S_2O_3$ 溶液滴定至蓝色消失，共用去 $Na_2S_2O_3$ 溶液 9.82mL。求水样中 DO（O_2，mg/L）。

6-16. 测定某样品中丙酮（CH_3COCH_3）的含量时，称取试样 0.1000g 于盛有 NaOH 溶液的碘量瓶中，振荡，准确加入 50.00mL、0.0500mol/L I_2 标准溶液，盖好瓶塞，放置一定时间后，加 H_2SO_4 调节溶液呈微酸性，立即用 0.1000mol/L $Na_2S_2O_3$ 溶液滴定至淀粉指示剂褪色，消耗 10.00mL。已知丙酮与碘的反应为

$$CH_3COCH_3+3I_2+4NaOH = CH_3COONa+3NaI+3H_2O+CHI_3$$

计算试样中丙酮的百分含量。

6-17. 用回流法测定某废水中的 COD。取水样 20.00mL（同时取无有机物蒸馏水 20.00mL 做空白试验）放入回流锥形瓶中，加入 10.00mL、0.2500mol/L $K_2Cr_2O_7$ 溶液（$1/6\ K_2Cr_2O_7=0.2500mol/L$）和 30mL $H_2SO_4-Ag_2SO_4$ 溶液，加热回流 2h；冷却后加蒸馏水稀释至 140mL，加试亚铁灵指示剂，用 0.1000mol/L $(NH_4)_2Fe(SO_4)_2 \cdot 6H_2O$ 溶液回滴至红褐色，水样和空白分别消耗 11.20mL 和 21.20mL。求该水样中的 COD 值（O_2，mg/L）。

6-18. 溴酸钾法测定苯酚含量。取一含酚水样 100mL（同时取 100mL 无有机物蒸馏水做空白试验），加入 0.1000mol/L（$KBrO_3+KBr$）标准溶液 30.00mL，加入 HCl 酸化，加入 KI，摇匀，用 0.1100mol/L $Na_2S_2O_3$ 溶液滴定，水样和空白分别消耗 $Na_2S_2O_3$ 溶液 15.78mL 和 31.20mL。计算该废水中苯酚的含量（mg/L）。

第 6 章　分光光度法

内容提要　基于物质对光的选择性吸收而建立起来的分析方法称为吸光光度法（light absorption method）。吸光光度法包括比色法（colorimetric method）和分光光度法（spectrophotometry）。比色法是通过比较有色溶液颜色深浅来确定有色物质含量的方法；分光光度法是根据物质对一定波长光的吸收程度来确定物质含量的方法。分光光度法包括紫外分光光度法（ultraviolet spectrophotometry）、可见光分光光度法（visible spectrophotometry）、红外分光光度法（infrared spectrophotometry）。分光光度法具有以下特点。

① 灵敏度高。吸光光度法适用于微量和痕量组分的分析，可以测定组分的浓度下限（最低浓度）可达 $10^{-5} \sim 10^{-6}$ mol/L，相当于含量为 $0.001\% \sim 0.0001\%$ 的微量组分。

② 准确度较高。分光光度法的相对误差为 $2\% \sim 5\%$，而一般比色分析的相对误差为 $5\% \sim 20\%$，基本满足对微量组分准确度的要求。

③ 操作简便、快速。仪器设备简单，操作方便。进行分析时，试样处理成溶液后，一般只经过显色和比色两个步骤，即可得到分析结果。

④ 选择性好。通过选择适当的测定条件，不经分离可直接测定混合体系中各组分的含量。

⑤ 应用广泛。几乎所有的无机离子和有机化合物都可直接或间接地用比色法或分光光度法进行测定。不仅用于组分的定性、定量分析，还可用于化学平衡及配合物组成的研究。

本章主要讨论可见光分光光度法。

6.1　可见光分光光度法的基本原理

6.1.1　物质对光的选择性吸收与物质颜色的关系

光是一种电磁波。电磁波谱的波长（或频率）范围很广，其中人眼能感觉到的可见光的波长范围是 $400 \sim 750$ nm。单色光（chromatic light）是仅具有单一波长的光，复合光是由不同波长的光所组成的，人们肉眼所见的白光（如日光等）和各种有色光，实际上都是包含一定波长范围的复合光（polychromatic light）。

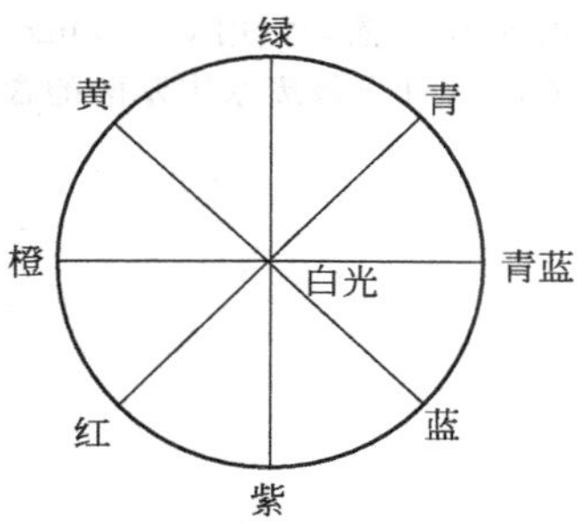

图 6-1　光的互补色

光可分为单色光与复合光，单色光（chromatic light）是仅具有单一波长的光，而复合光（polychromatic light）则是由不同波长的光（不同能量的光子）所组成。人们肉眼所见的白光（如阳光等）和各种有色光实际上都是包含一定波长范围的复合光。

物质呈现的颜色与光有着密切的关系。一束白光（日光、白炽电灯光、荧光灯光等）通过三棱镜，可分解为红、橙、黄、绿、青、蓝、紫七种色光，这种现象称光的色散。

不同颜色的光按照一定的强度比例混合后又可成为白光。

如果两种适当的色光按一定的强度比例混合后形成白光,这两种光称为互补色光。图 6-1 中处于直线关系的两种单色光,如绿光和紫光、蓝光和黄光为互补色的光。

当一束光照射某物质时,若该物质的分子(或离子)与光子发生有效碰撞,则光子的能量就转移到分子(或离子)上,分子由基态跃迁到高能级的激发态,此过程即为光的吸收。激发态分子的寿命极短,约 10^{-8} s 后放出吸收的能量返回到基态:

$$M(基态) + h\nu \longrightarrow M^*(激发态)$$

由于分子的能级是量子化的,因此分子吸收能量同样具有量子化的特征,即用不同波长的光照射物质时,其分子只选择吸收具有与其能级间隔相应的波长的光子的能量(即不同结构的分子只选择性地吸收一定波长的光),其他波长的光(吸收光的互补色光)会透过,这就是该物质分子对光的选择性吸收特征。物质所呈现的颜色是未被吸收的透过光的颜色。

物质呈现不同的颜色是由于其对不同波长的光吸收、反射、折射、透射的程度不同而造成的。如果物质对各种波长的光完全反射,则呈现白色;如果完全吸收,则呈现黑色;如果对各种波长的光吸收程度相近,则呈现灰色;如果选择性地吸收某些波长的光,那么该物质的颜色则由它所反射或透射的光的颜色所决定。

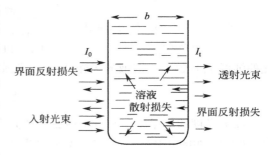

图 6-2 溶液对光的吸收作用示意图

如图 6-2 所示,溶液呈现不同的颜色是由于溶液中的质点(分子或离子)选择性地吸收某种颜色的光引起的,溶液的颜色由透射光的波长所决定。透射光和吸收光是互补色,可以组成白光。例如,$KMnO_4$ 溶液选择性地吸收白光中的绿青色光,而透过紫红色,即呈现紫红色;硫酸铜溶液因吸收了白光中的黄色而呈蓝色。如果溶液对各种颜色的光吸收程度差不多,光透射程度相同,则该溶液就是无色透明的。物质颜色(透过光)与吸收光颜色的互补关系如表 6-1 所示。

表 6-1 物质颜色(透过光)与吸收光颜色的互补关系

物质颜色	吸收光		物质颜色	吸收光	
	颜色	波长 λ/nm		颜色	波长 λ/nm
黄绿	紫	400~450	紫	黄绿	560~580
黄	蓝	450~480	蓝	黄	580~600
橙	绿蓝	480~490	绿蓝	橙	600~650
红	蓝绿	490~500	蓝绿	红	650~750
紫红	绿	500~560			

6.1.2 物质对不同波长光的吸收曲线

任何一种溶液,对不同波长的光的吸收程度是不同的。溶液对各种单色光的吸收程度用吸光度 A (absorbance)来描述。以波长 λ (单位 nm)为横坐标,以吸光度 A 为纵坐标绘制的曲线称为物质对不同波长光的吸收曲线 (absorption curve)。曲线描述物质对不同波长光的吸收能力。图 6-3 中的 a、b、c 分别是浓度为 $0.2\mu g \cdot mL^{-1}$、$0.4\mu g \cdot mL^{-1}$、$0.6\mu g \cdot mL^{-1}$ 的 1,10-邻二氮杂菲亚铁溶液的吸收曲线。图 6-3 清楚地描述了溶液对不同波长的光的吸收情况。

同一物质对不同波长光的吸收程度不同,在某一波长处存在最大吸收,图 6-3 中 $\lambda =$ 510nm 处,吸光度 A 最大。最大吸光度所对应的波长称为最大吸收波长,用 λ_{max} 表示。不

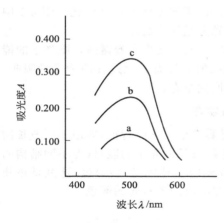

图 6-3 1,10-邻二氮杂菲亚铁
溶液的吸收曲线

同物质吸收曲线的形状和最大吸收波长不同，说明光的吸收与溶液中物质的结构有关，根据这一特性可进行物质的初步定性分析。此外，浓度不同的同种物质，最大吸收波长不变，但吸光度随浓度的增加而增大。特别在最大吸收峰附近吸光度的变化更明显。若在最大吸收波长处测定吸光度，则灵敏度最高。因此，吸收曲线是分光光度法中选择测定波长的重要依据。

6.1.3　光吸收的基本定律

6.1.3.1　朗伯-比尔定律

（1）吸光度与透光率

如图 6-2 所示，当一束平行单色光（光强度 I_0）通过厚度为 b 的均匀、非散射的溶液时，溶液吸收了光能，光的强度就要减弱。溶液的浓度越大，液层越厚，则光被吸收得越多，透过溶液的光强度（即透射光的强度 I_t）越弱。溶液的吸光度 A 与光强度的关系如下：

$$A = \lg \frac{I_0}{I_t} \tag{6-1}$$

在吸光度的测量中，有时也用百分透光率 $T(\%)$ 表示有色物质对光的吸收程度。透光率（light transmittance）是指透过光强度 I_t 在入射光强度 I_0 中所占有的份数，即

$$T = \frac{I_t}{I_0} \tag{6-2}$$

透光率的负对数即为吸光度。透光率与吸光度之间的关系为

$$A = -\lg T \tag{6-3}$$

当溶液对光无吸收时，$I_0 = I_t$，$A = 0$，$T = 100\%$；光全部被吸收时，$I_t = 0$，$A = \infty$，$T = 0$。

（2）朗伯-比尔定律

实践证明，溶液对光的吸收程度与该溶液的浓度、液层厚度及入射光的强度等因素有关。如果光强度保持不变，则光的吸收程度与溶液的浓度和液层厚度有关。

1760 年朗伯（Lambert）提出溶液的浓度一定时，溶液对光的吸收程度与液层厚度成正比；1852 年比尔（Beer）又提出光的吸收程度与吸光物质浓度成正比。二者的结合称朗伯-比尔定律，其数学表达式为

$$A = \varepsilon bc \tag{6-4}$$

式中　A——吸光度；

　　　b——液层厚度（光程长度），cm；

　　　c——物质的量浓度，mol/L；

　　　ε——摩尔吸光系数，L/(mol·cm)。

当摩尔吸光系数和液层厚度一定时，吸光度 A 与浓度 c 成线性关系，而透光率 T 与浓度 c 之间存在指数关系（$T = 10^{-\varepsilon bc}$）。

对于多组分体系，若体系中各组分间无相互作用，则各组分 i 的吸光度 A_i 有加和性。设体系中有 n 个组分，则在任一波长 λ 处的总吸光度 A 为

$$A = A_1 + A_2 + \cdots + A_i + \cdots + A_n = \varepsilon_1 bc_1 + \varepsilon_2 bc_2 + \cdots + \varepsilon_i bc_i + \cdots + \varepsilon_n bc_n \tag{6-5}$$

【例 6-1】　取钢试样 1.00g 溶解于酸中，将其中的锰氧化成 $KMnO_4$，准确配制成 250mL，测得其吸光度为 1.00×10^{-3} mol·L^{-1} $KMnO_4$ 溶液吸光度的 1.5 倍，计算钢中锰的质量分数。

解　根据 $A = \varepsilon bc$

得
$$\frac{A_x}{A} = \frac{\varepsilon c_x b}{\varepsilon cb} = \frac{c_x}{1.00 \times 10^3} = 1.5$$

$$c_x = 1.50 \times 10^{-3} \ (mol/L)$$

钢样中锰的质量 $m = c_x V A_r = 1.50 \times 10^{-3} \times 0.250 \times 54.94 = 0.0206$（g）

钢样中锰的质量分数 $w_B = (0.0206/1.00) \times 100\% = 2.06\%$

6.1.3.2　吸光系数

由朗伯-比尔定律 $\varepsilon = A/bc$ 可知，吸光系数在数值上等于单位液层厚度、单位浓度时，某吸光物质在某一波长下的吸光度。吸光系数是吸光物质吸光能力的量度。在波长和温度等条件一定时，吸光系数仅与吸光物质本身的性质有关。因此，吸光系数可作为定性鉴定的参数。另外，同一物质在不同波长下的吸光系数不同，在最大吸收波长 λ_{max} 处的吸光系数最大。吸光系数越大，表明该物质的吸光能力越强，用光度法测定该物质的灵敏度越高。一般 ε_{max} 的值在 $10^4 \sim 10^5$ L/(mol·cm) 为灵敏度较高。

使用吸光系数时应注意吸光物质的浓度单位。若吸光物质的浓度单位为 g/L，则吸光系数可用质量吸光系数 a 来表示，其物理意义与摩尔吸光系数相同，单位为 L/(g·cm)；若浓度以物质的量浓度 mol/L 表示，则吸光系数用摩尔吸光系数 ε 表示，其物理意义是浓度为 1mol/L、液层厚度为 1cm 时该物质在某一波长下的吸光度，单位为 L/(mol·cm)。

质量吸光系数与摩尔吸光系数可以互相转换，其关系式为

$$a = \varepsilon / M_r \tag{6-6}$$

式中　M_r——吸光物质的相对分子质量。

【**例 6-2**】　浓度为 5.00×10^{-4} g·L^{-1} 的 Fe^{2+} 溶液与 1,10-邻二氮杂菲反应生成橙红色配合物，该配合物在 508nm 下，比色皿厚度为 2cm 时，测得 $A = 0.190$。计算 1,10-邻二氮杂菲亚铁的 ε 及 a。

解　根据 $A = abc$　得 $a = \dfrac{0.190}{2 \times 5.00 \times 10^{-4}} = 1.90 \times 10^2$ [L/(g·cm)]

$$\varepsilon = M_r a = 55.85 \times 1.90 \times 10^2 = 1.10 \times 10^4 \ [L/(mol \cdot cm)]$$

6.1.4　偏离朗伯-比尔定律的原因

当入射光波长及吸收池光程一定时，吸光度 A 与吸光物质的浓度 c 呈线性关系。以某物质的标准溶液浓度 c 为横坐标，以吸光度 A 为纵坐标，绘出 A-c 曲线，所得直线称标准曲线（也称工作曲线）。在相同条件下测定待测溶液的吸光度，即可通过标准曲线求得待测溶液的浓度。但实际工作中，尤其当溶液浓度较高时，标准曲线往往偏离直线，发生弯曲如图 6-4 所示，这种现象称为对朗伯-比尔定律的偏离。引起朗伯-比尔定律偏离的因素很多，主要有下列两个方面。

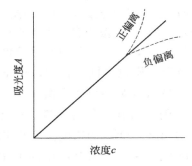

图 6-4　标准曲线及对朗伯-比尔定律的偏离

（1）物理因素

这里的物理因素主要指单色光不纯。朗伯-比尔定律的前提条件之一是入射光为单色光，但即使是现代高精度分光光度计也难以获得真正的纯单色光。大多数分光光度计只能获得近乎单色光的狭窄光带，它仍然是具有一定波长范围的复合光，因物质对不同波长光的吸收程度不同，所以复合光引起对朗伯-比尔定律的偏离。

为了克服非单色光引起的偏离，首先应选择较好的单色器。此外，还应将入射波长选定在待测物质的最大吸收波长 λ_{max} 处，这不仅是因为在 λ_{max} 处能获得最大灵敏度，还因为在 λ_{max} 附近的一段范围内吸收曲线较平坦，即在 λ_{max} 附近各波长光下吸光物质的摩尔吸光系数 ε 大体相等。图 6-5（a）为吸收曲线与选用谱带之间关系，图 6-5（b）为不同谱带对应的标准曲线。若选用吸光度随波长变化不大的谱带 M 的复合光作入射光，则吸光度变化较小，即 ε 的变化较小，引起的偏离也较小，A 与 c 基本成直线关系。若选用谱带 N 的复合光测量，则 ε 的变化较大，A 随波长的变化较明显，因此，出现较大偏离，A 与 c 不成直线关系。

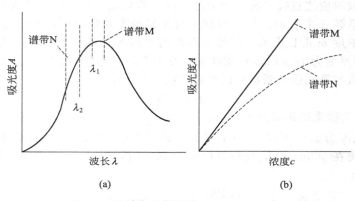

图 6-5　非单色光对朗伯-比尔定律的影响

（2）化学性因素

化学因素主要包括吸光质点（分子或离子）间的相互作用和化学平衡。按照朗伯-比尔定律的假定，所有的吸光质点之间不发生相互作用。但研究证明，只有在稀溶液（$c<10^{-2}\,mol/L$）时才基本符合假设条件。当溶液浓度较大时，吸光质点间可能发生缔合等相互作用，直接影响对光的吸收。如图 6-4 中 A-c 曲线上部（高浓度区域）偏离直线，既因高浓度而引起朗伯-比尔定律的偏离。因此，朗伯-比尔定律适用于稀溶液。在实际测定中应注意选择适当的浓度范围，使吸光度读数在标准曲线的线性范围内。

另外，溶液中存在着缔合、解离、配合物的形成、互变异构等化学平衡，可导致吸光质点的浓度和吸光性质发生变化而产生对朗伯-比尔定律的偏离。

如在测定重铬酸钾的含量时，其在水溶液中存在下列平衡

$$Cr_2O_7^{2-}（橙色）+H_2O \rightleftharpoons 2CrO_4^{2-}（黄色）+2H^+$$

CrO_4^{2-}、$Cr_2O_7^{2-}$ 的颜色不同，吸光性质也不同，在同波长下的 ε 值不同。测定 CrO_4^{2-} 或 $Cr_2O_7^{2-}$ 含量时，溶液浓度及酸度的改变都会导致平衡移动，如稀释溶液或增大 pH，平衡右移，$Cr_2O_7^{2-}$ 浓度下降，发生对朗伯-比尔定律的偏离。故应控制溶液在低 pH 范围，使溶液以 $Cr_2O_7^{2-}$ 的形式存在，才能测出 $Cr_2O_7^{2-}$ 的浓度。为此应加入强碱或强酸作缓冲溶液以控制酸度，如用光度法测定 $0.001\,mol \cdot L^{-1}\,HClO_4$ 中的 $K_2Cr_2O_7$ 溶液及 $0.05\ mol \cdot L^{-1}$ KOH 中的 K_2CrO_4 溶液，均能获得非常满意的结果。

6.2 目视比色法与可见光分光光度法

6.2.1 目视比色法

（1）概述

用眼睛观察、比较溶液颜色深浅以确定物质含量的分析方法称为目视比色法。常用的目视比色法采用标准系列法，该方法是使用一套由同种材料制成、大小形状相同的平底玻璃管（比色管），分别加入一系列不同量的标准溶液和待测溶液，在相同实验条件下，再加入等量的显色剂和其他试剂，稀释至一定刻度，摇匀，然后从管口垂直向下观察，比较待测溶液与标准溶液颜色的深浅如图 6-6 所示。若待测液与某一标准溶液颜色一致，则说明两者浓度相等；若待测液颜色介于两标准溶液之间，则取两标准溶液算术平均值作为待测液的浓度。

目视比色法的主要缺点是准确度不高，如果待测液中存在另一种有色物质，就无法进行测定。此外，由于许多有色溶液颜色不稳定，标准系列不能久存，经常需在测定时配制，比较麻烦。虽然可采

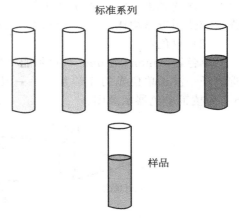

图 6-6　目视比色法示意图

用某些稳定的有色物质（如重铬酸钾、硫酸铜和硫酸钴等）配制永久性标准系列，或利用有色塑料、有色玻璃制成永久色阶，但由于它们的颜色与试液的颜色往往有差异，也需要进行校正。

目视比色法的实质是通过比较透射光的强度进行分析的，其特点是设备简单，操作方便，灵敏度较高，且不要求有色溶液严格服从朗伯-比尔定律。因此，被广泛用于准确度要求不高的常规分析中，例如土壤和植株中氮、磷、钾的速测等。

（2）目视比色法在水分析中的应用

目视比色法在水分析中常用于水的色度的测定，水的色度的测定常用铂钴比色法，其测定方法为：

定义每升水中含有 1mg 铂和 0.5mg 钴时所具有的颜色，称为 1 度，作为标准色度单位。配制不同度数的一系列标准溶液，放入相同规格的比色管中。

取一定量的水样，放入和标准系列相同的比色管中，与标准系列进行目视比色，自管口垂直向下观察，与水样颜色相同的铂钴标准色列的色度，即为水样的色度。

6.2.2 可见光分光光度法

6.2.2.1 分光光度计的基本部件

可见光分光光度法采用棱镜或光栅等色散元件把复合光转变为强度一定的单色光，再把单色光照射到吸光物质的溶液后，根据朗伯-比尔定律进行定量。

分光光度法是利用分光光度计来测量溶液的透光率或吸光度。分光光度计的主要部件如下所示。

$$\boxed{光源} \rightarrow \boxed{单色器} \rightarrow \boxed{吸收池} \rightarrow \boxed{检测系统} \rightarrow \boxed{记录系统}$$

测定原理是光源发射的复合光经单色器获得所需的单色光，再透过吸收池中的吸光物质，透射光照射到检测器（光电池或光电管）上，所产生的光电流大小与透射光的强度成正

比。通过测量光电流的大小即可得到吸光物质的透光率或吸光度。

（1）光源

在可见光区测量时，一般用钨丝灯作光源。钨丝加热到白炽时，其辐射波长范围约320～2500nm。温度升高，辐射总强度增大，在可见光区的强度分布也增大，但同时会减少灯的寿命。碘钨灯通过在灯泡内引入少量碘蒸气较好地克服了这一缺点，具有更大的发光强度和更长的使用寿命。在近紫外-可见分光光度计中广泛用碘钨灯作光源。要保持光源的稳定性，必须配有很好的稳压电源。近紫外区光源一般采用氢灯或氘灯，在低压下通过气体放电产生连续光谱。氢灯是最早的紫外分光光度计的光源，目前逐渐被氘灯所取代，氘灯辐射强度和使用寿命均比氢灯大 3～5 倍，发射 185～400nm 的连续光谱。

（2）单色器

单色器（monochromator）是能将光源发射的连续光谱（复合光）分解为单色光并从中选出任一波长单色光的光学系统，一般由棱镜或光栅等色散元件以及狭缝和透镜组成。图6-7 为棱镜单色器示意图。

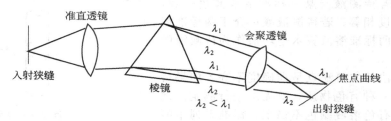

图 6-7　棱镜单色器示意图

当一束平行光通过棱镜后，因发生折射而色散。色散后的光被聚焦在一个微微弯曲并带有出射狭缝的表面上，转动棱镜或移动出射狭缝的位置，就可使所需波长的光通过狭缝进入吸收池。

单色光的纯度取决于色散元件的色散特性和出射狭缝的宽度。使用棱镜单色器可以获得纯度较高的单色光（半峰宽 5～10nm），且可以方便地改变测定波长。在 380～800nm 区域，采用玻璃棱镜较合适。

光栅根据光的衍射和干涉原理将复合光色散为不同波长的单色光，然后再让所需波长的光通过狭缝照射到吸收池上。它的分辨率比棱镜大，可用的波长范围也较宽。目前多数精密分光光度计已采用全息光栅。

（3）吸收池

吸收池（absorption cell）又称比色皿，用于盛装溶液，按其液层厚度分为 0.5、1、2、3cm 等。比色皿具有光学洁净的一对互相平行并垂直于光束的光学窗。可见光区测量时一般用玻璃吸收池，有些塑料池也可在可见光区使用。使用比色皿时应注意保持清洁、透明、避免磨损透光面。

（4）检测系统

检测系统（detection system）常用光电效应将透过吸收池的光信号转变成可测的电信号，且所产生的电信号应与照射于检测器上的光信号成正比。可见分光光度计常使用光电管或硒光电池作检测器，采用检流计作读数装置，二者组成检测系统。

① 光电管　光电管是一个由中心阳极和一个光敏阴极组成的真空二极管，结构如图 6-8所示。当光照射表面涂有一层碱金属或碱土金属氧化物（如氧化铯）等光敏材料的光敏阴极时，阴极立刻发射电子并被阳极收集，因而在电路中形成电流。光电管在一定电压下工作时，光电管响应的电流大小取决于照射光强度。

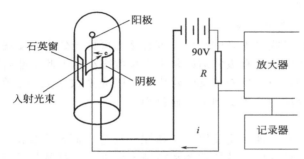

图 6-8 光电管工作电路示意图

不同的阴极材料，其光谱响应的波长范围不同。当阴极表面沉积银和氧化铯时，光谱响应在"红敏"区，波长范围为 $625\sim1000\mathrm{nm}$；当阴极表面沉积锑和铯时，光谱响应在"蓝敏"区，波长范围为 $210\sim625\mathrm{nm}$。

光电倍增管是在普通光电管中引入具有二次电子发射特性的倍增电极组合而成，因而其本身具有放大作用，灵敏度比光电管更高，适用波长范围为 $160\sim700\mathrm{nm}$。

光电管产生的光电流虽小（约 $10^{-11}\mathrm{A}$），但可借助于外部放大电路获得较高的灵敏度。光电管具有响应快（响应时间小于 $1\mu\mathrm{s}$），光敏响应范围广，不易疲劳等优点。

② 硒光电池　常用的硒光电池结构如图 6-9 所示。当光照射到光电池上时，半导体硒表面就有电子逸出，被收集于金属薄膜上（常用金、银、铅等薄膜），使薄膜带负电，成为光电池的负极。由于硒的半导体性质，电子只能单向移动，使铁片成为正极。两级通过电阻很小的外电路连接起来，可产生 $10\sim100\mu\mathrm{A}$ 的光电流，能直接用检流计测量，电流的大小与照射光强度成正比。

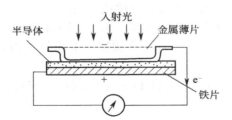

图 6-9　硒光电池示意图

硒光电池具有价廉、坚固及不需外接电源等优点，但其内阻小，电流不易放大，当照射光强度较弱时不易测量，连续长时间强光照射易"疲劳"。

（5）记录系统（record system）

早期的单光束分光光度计常采用悬镜式光点反射检流计测量光电流，其读数标尺上有两种刻度，等刻度的透光度 $T\%$（0→100%）和非等刻度的吸光度 A（∞→0），如图 6-10 所示。当吸光度较大时，读数误差较大。现代的分光光度计采用屏幕显示（吸收曲线、操作条件和结果均可在屏幕上显示出），并利用微机进行仪器自动控制和结果处理，提高了仪器的

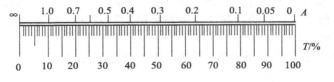

图 6-10　吸光度与透光度标尺刻度

自动化程度和测量精度。

6.2.2.2　显色反应及其影响因素

有些物质本身具有吸收可见光的性质，可直接用可见光分光光度法测定。但大多数物质本身在可见光区没有吸收或虽有吸收但摩尔吸光系数很小，因此不能直接用光度法测定。这时就需要借助适当试剂，与之反应使其转化为摩尔吸光系数较大的有色物质后再进行测定，此转化反应称为显色反应，所用试剂称为显色剂。

（1）显色反应

显色反应一般分两类，即氧化还原反应和配合反应，而配合反应是最常用的显色反应。在分析时，显色剂和显色反应条件的选择和控制十分重要。对显色反应的要求如下。

① 灵敏度高　光度法多用于微量组分的测定，因此，对显色反应的灵敏度要求较高。摩尔吸光系数 ε 的大小是显色反应灵敏度高低的重要标志。一般来说，ε 达 $10^4 \sim 10^5$ $L \cdot mol^{-1} \cdot cm^{-1}$ 时可认为灵敏度较高。

② 选择性好　选择性好系指选用的显色剂最好只与被测组分发生显色反应，或所选显色剂与被测组分和干扰离子生成的两种有色化合物的吸收峰相隔较远。通常，在满足测定灵敏度要求的前提下，常根据选择性的高低选择显色剂。如 Fe^{2+} 与邻二氮杂菲显色反应的灵敏度虽不很高 $[\varepsilon_{512nm}=1.0\times10^4 L/(mol \cdot cm)]$，但因其选择性好，因而邻二氮杂菲光度法已成为测铁的经典方法。

③ 显色剂在测定波长处无明显吸收　显色剂在测定波长处无明显吸收，试剂空白较小，可以提高测定的准确度。一般将显色剂与有色化合物两者最大吸收波长之差 $\Delta\lambda_{max}$ 称为"对比度"，通常要求对比度 $\Delta\lambda_{max}$ 大于 60nm。

④ 有色化合物组成恒定，化学性质稳定　为保证在测定过程中吸光物性能不变，有色化合物的组成要恒定，且化学性质要稳定，否则将影响吸光度测量的准确度和重现性。如有色化合物易受日光照射或空气氧化而分解，便造成测量误差。

利用氧化还原反应进行显色的例子很多。如光度法测定钢中微量锰的含量，钢样溶解后得到的 Mn^{2+} 近乎无色，不能直接进行光度测定，采用氧化还原法显色，如用过硫酸盐将 Mn^{2+} 氧化成 MnO_4^-：

$$2Mn^{2+}+5S_2O_8^{2-}+8H_2O =\!=\!= 2MnO_4^-+10SO_4^{2-}+16H^+$$

即可在 525nm 处进行测定。

（2）显色剂

显色剂包括无机显色剂和有机显色剂两种。无机显色剂与金属离子形成的配合物在稳定性、灵敏度和选择性方面较差，一般较少使用。目前仍有一定实用价值的无机显色剂仅有硫氰酸盐、钼酸铵、过氧化氢等几种。而有机显色剂能与金属离子形成稳定配合物，其显色反应具有较高的灵敏度和选择性，故应用较广。

有机显色剂及其产物的颜色与其分子结构有密切关系。分子中若含有一个或一个以上某些不饱和基团（共轭体系）的有机化合物，往往是有颜色的，这些基团称为发色团（或生色团），如偶氮基（—N＝N—）、醌基（ ＝◯＝ ）、亚硝基（—N＝O）、硫碳基（ ＼C＝S ）等。

此外，有些含孤对电子的基团，如—NH_2、—NR_2、—OR、—OH、—SH、—Cl、—Br等，虽本身没有颜色，但它们的存在却会影响有机试剂及其与金属离子的反应产物的颜色，这些基团称为助色团。

有机显色剂的种类繁多，其结构及具体应用可参见有关书籍。

（3）显色反应条件的选择

显色反应往往会受显色剂用量、体系的酸度、显色反应温度、显色反应时间等因素影响。合适的显色反应条件一般是通过实验来确定的。

① 显色剂用量 为保证显色反应进行完全，需加入过量显色剂，但也不能过量太多，因为过量显色剂的存在有时会导致副反应发生，从而影响测定。确定显色剂用量的具体方法是：保持其他条件不变仅改变显色剂用量，分别测定其吸光度，以显色剂浓度 c 为横坐标，以吸光度 A 为纵坐标，绘制 A-c 关系曲线，得到如图 6-11 所示的几种情况。

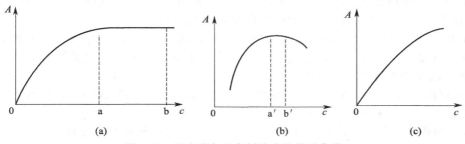

图 6-11 吸光度与显色剂浓度的关系曲线

图 6-11(a) 表明当显色剂浓度 c 在 0～a 范围内时，显色剂用量不足，待测离子未完全转变为有色配合物，随着显色剂浓度的增加，吸光度不断增大；在 a～b 范围内曲线较平直，吸光度变化不大，因此可在 a～b 范围内选择显色剂用量。此类反应生成的有色配合物稳定，显色剂可选的浓度范围较宽，适用于光度分析。图 6-11(b) 中曲线显示，显色剂过多或过少都会使吸光度变小，因此必须严格控制 c 的大小。显色剂浓度只能选择在吸光度大且较平坦的区域（a′b′段）。如硫氰酸盐与钼的反应即属于该种情况。

$$[Mo(SCN)_3]^{2+} \underset{-SCN^-}{\overset{+SCN^-}{\rightleftharpoons}} Mo(SCN)_5 \underset{-SCN^-}{\overset{+SCN^-}{\rightleftharpoons}} [Mo(SCN)_6]^-$$

（浅红） （橙红） （浅红）

图 6-11(c) 中，吸光度随着显色剂浓度的增加而增大。例如 SCN^- 与 Fe^{3+} 反应生成逐级配合物 $Fe(SCN)_n^{3-n}$，$n=1$，2，…，6，SCN^- 浓度增大，将生成颜色深的高配位数配合物。在此情况下，必须十分严格地控制显色剂的用量。

② 反应体系的酸度 酸度对显色反应的影响是多方面的。许多显色剂本身就是有机弱酸（碱），酸度变化会影响它们的解离平衡和显色反应能否进行完全；另外，酸度降低可能使金属离子形成各种形式的羟基配合物乃至沉淀；某些逐级配合物的组成可能随酸度而改变，如 Fe^{3+} 与磺基水杨酸的显色反应，当 pH 为 2～3 时，生成组成为 1:1 的紫红色配合物；当 pH 为 4～7 时，生成组成为 1:2 的橙红色配合物；当 pH 为 8～10 时，生成组成为 1:3 的黄色配合物。

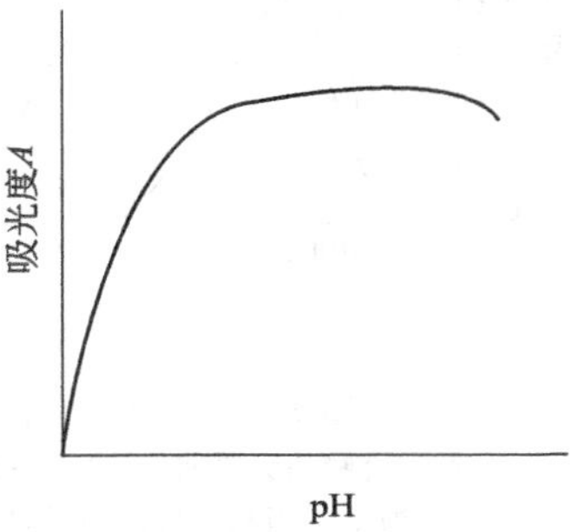

一般确定适宜酸度的具体方法是在相同实验条件下，分别测定不同 pH 条件下显色溶液的吸光度。一般可得到如图 6-12 所示的吸光度与 pH 的关系曲线。

适宜酸度可在吸光度较大且恒定的平坦区域所对应的 pH 范围中选择。控制溶液酸度的有效办法是加入适宜的 pH 缓冲溶液，但同时应考虑由此可能引起的干扰。

图 6-12 吸光度与 pH 的关系曲线

③ 显色反应的温度 多数显色反应在室温下即可很快进行，但有些显色反应需在较高温度下才能较快完成。这种情况下需注意升高温度带来的有色化合物热分解问题。适宜的温度也是通过实验确定的。

④ 显色反应的时间　时间对显色反应的影响需从以下两方面综合考虑。一方面要保证足够的时间使显色反应进行完全，对于反应速率较小的显色反应，需显色时间长些。另一方面测定工作必须在有色配合物的稳定时间内完成。适宜的显色时间同样需通过实验做出显色温度下的吸光度-时间曲线来确定。

⑤ 溶剂　由于溶质与溶剂分子的相互作用对可见吸收光谱有影响，因此在选择显色反应条件的同时需选择合适的溶剂。一般尽量采用水相测定。如果水相测定不能满足测定要求（如灵敏度差、干扰无法消除等），则应考虑使用有机溶剂。如 $[Co(NCS)_4]^{2-}$ 在水溶液中大部分解离，加入等体积的丙酮后，因水的介电常数减小而降低了配合物的解离度，溶液显示配合物的天蓝色，可用于钴的测定。对于大多数不溶于水的有机物的测定，常使用脂肪烃、甲醇、乙醇和乙醚等有机溶剂。

⑥ 共存离子的干扰及消除　若共存离子有色，或与显色剂形成的配合物有色将干扰待测组分的测定。通常采用下列方法消除干扰。

● 加入掩蔽剂。如光度法测定 Ti^{4+}，可加入 H_3PO_4 作掩蔽剂，使共存的 Fe^{3+}（黄色）生成无色的 $[Fe(PO_4)_2]^{3-}$，消除干扰。又如用铬天菁 S 光度法测定 Al^{3+}，加抗坏血酸作掩蔽剂将 Fe^{3+} 还原为 Fe^{2+}，从而消除 Fe^{3+} 的干扰。掩蔽剂的选择原则是：掩蔽剂不与待测组分反应；掩蔽剂本身及掩蔽剂与干扰组分的反应产物不干扰待测组分的测定。

● 选择适当的显色条件，如酸度等以避免干扰。

● 分离干扰离子。在不能掩蔽的情况下，一般可采用沉淀、有机溶剂萃取、离子交换和蒸馏挥发等分离方法除去干扰离子，其中以有机溶剂萃取在分光光度法中应用最多。

另外，选择适当的光度测量条件（如合适的波长与参比溶液等）也能在一定程度上消除干扰离子的影响。

6.2.2.3　吸光度测量条件的选择

光度法测定中，除需从试样角度选择合适的显色反应和显色条件等，还需从仪器角度选择较佳的测定条件，以尽量保证测定结果的准确度。

（1）入射光波长的选择

在最大吸收波长 λ_{max} 处不仅能获得高灵敏度，而且还能减少由非单色光引起的对朗伯-比尔定律的偏离。因此，在光度法测定中通常选择 λ_{max} 作入射波长。但若在 λ_{max} 处有共存离子干扰，则可考虑选择灵敏度稍低但能避免干扰的入射光波长。如图6-13所示，1-亚硝基-2-萘酚-3,6磺酸显色剂及其钴配合物在 420nm 处均有最大吸收，如在此波长测定钴，则未反应的显色剂会发生干扰而降低测定的准确度。故必须选择在 500nm 处测定，在此波长下显色剂无吸收，而钴配合物则有一吸收平台。用此波长测定，灵敏度虽有所下降，但可消除干扰，提高测定的选择性和准确度。有时为测定高浓度组分，

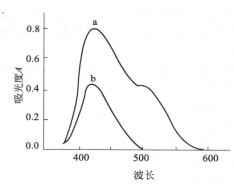

图 6-13　吸收曲线
a—钴配合物的吸收曲线；b—1-亚硝基-2-萘酚-3,6磺酸显色剂的吸收曲线

也选用灵敏度稍低的吸收波长作为入射波长，保证标准曲线有足够的线性范围。

（2）参比溶液的选择

在分光光度法测定中，常用参比溶液来调节仪器的零点，以消除因溶剂和比色皿壁对入射光的反射或吸收而引起的误差。即在相同的吸收池中装入参比溶液，调节仪器使吸光度为零，再测试样的吸光度，此时待测试样的吸光度为 $A = \lg \dfrac{I_0}{I_t} \approx \lg \dfrac{I_{参比}}{I_{试液}}$，相当于以透过参比池

的光强度作为试样的入射光强度，这样测得的吸光度可以消除溶剂和比色皿引起的误差，能真实地反映待测组分对光的吸收。

参比溶液的选择一般遵循下列原则：

① 若仅待测组分与显色剂的反应产物在测定波长处有吸收，而试液、显色剂及其他试剂均无吸收，则可用纯溶剂（如蒸馏水）作参比溶液；

② 若显色剂或其他试剂在测定波长处略有吸收，而试液本身无吸收，则可用"试剂空白"（不加被测试样的试剂溶液）作参比溶液；

③ 若待测试液本身在测定波长处有吸收，而显色剂等无吸收，可用"试样空白"（不加显色剂的被测试液）作参比溶液；

④ 若显色剂、试液中其他组分在测定波长处有吸收，则可在试液中加入适当掩蔽剂将待测组分掩蔽后再加显色剂作为参比溶液。

（3）吸光度读数范围的选择

对于给定的分光光度计，其透光度读数误差 ΔT 是一定的（一般为 $\pm 0.2\%\sim\pm 2\%$）。但由于透光度与浓度的非线性关系，在不同的透光度读数范围内，同样大小的读数误差 ΔT 所产生的浓度误差 Δc 是不同的。根据朗伯-比尔定律

$$A = \lg \frac{I_0}{I_t} = -\lg T = \varepsilon bc$$

即

$$-\lg T = \varepsilon bc$$

将上式微分

$$-\mathrm{d}\lg T = -\frac{0.434}{T}\mathrm{d}T = \varepsilon b\,\mathrm{d}c$$

两式相除得

$$\frac{\mathrm{d}c}{c} = \frac{0.434}{T\lg T}\mathrm{d}T$$

以有限值表示可得

$$\frac{\Delta c}{c} = \frac{0.434}{T\lg T}\Delta T \tag{6-7}$$

式中 $\dfrac{\Delta c}{c}$ 表示浓度测量值的相对误差。式（6-7）表明，浓度的相对误差不仅与仪器的透光度读数误差 ΔT 有关，而且与其透光度 T 的值有关。假设仪器的 $\Delta T = \pm 0.5\%$，则可绘出溶液浓度相对误差 $\dfrac{\Delta c}{c}$（只考虑正值时）与其透光度 T 的关系曲线如图 6-14 所示。

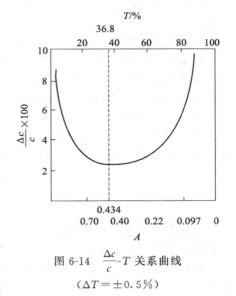

由图 6-14 可知，浓度的相对误差与透光率读数有关。当 $\Delta T = 0.5\%$ 时，T 落在 $20\%\sim 70\%$（吸光度读数 A 在 $0.70\sim 0.15$）范围内，浓度测量的相对误差较小，约为 $1.5\%\sim 2.0\%$。用数学上求极值的方法可求得，当透光率为 36.8% 或吸光度为 0.434 时，浓度相对误差最小（$\Delta c/c = 1.4\%$）。故在实际测定时，应当采用调节被测溶液的浓度或改变比色皿厚度等方法，使透光率或吸光度的读数落在误差较小的范围（一般吸光度控制在 $0.15\sim 0.7$ 之间），以减小测量误

图 6-14 　$\dfrac{\Delta c}{c}$-T 关系曲线

（$\Delta T = \pm 0.5\%$）

差，因此，用一般分光光度法难于测准高含量或低含量的样品。

（4）提高光度测定灵敏度和选择性的途径

尽管光度法本身灵敏度较高，但对一些痕量组分的测定还需提高灵敏度。此外，许多显色反应的选择性不高，因此，测定复杂组分试样受到限制。提高测定的灵敏度和选择性可采

用多种途径，如合成新的高灵敏度有机显色剂，采用多元配合物显色体系及采用分离富集和测定相结合等方法。

6.2.2.4 可见分光光度法在水分析中的应用

可见分光光度法可用于镉、铅、铜、锌、铬、砷等金属离子的测定。

（1）用双硫腙分光光度法测定水中的镉、铅、汞

① 基本原理　消解过的水样中加入双硫腙（二苯基硫代卡巴腙）溶液，在一定的pH值条件下，水样中的金属离子和双硫腙形成络合物，反应式为

$$Cd^{2+} + 2S=C \quad \longrightarrow \quad + 2H^+$$

再用适当的溶剂萃取，洗去过量的双硫腙，然后，测吸光度，用标准曲线法定量。对各种离子的测定条件如表6-2所示。

表 6-2　用双硫腙分光光度法测定镉、铅、汞、锌的测定条件

离子种类	络合条件	萃取	测定波长	检测浓度
镉	强碱	氯仿	518	
铅	弱碱 8.5～9.5	氯仿或四氯化碳	510	0.01～0.3mg/L
汞	酸性	四氯化碳	485	2～40μg/L
锌	酸性 4.0～5.5	四氯化碳	535	0.005mg/L

② 测定要点

• 调节溶液的 pH 值，不同的金属双硫腙络合物其稳定常数不同，反应所需的 pH 值不同。

• 控制双硫腙的浓度，选择合适的浓度，使测定的吸光度在最佳范围。

• 加入掩蔽剂，此方法对测定条件要求严格，干扰离子会影响测定结果，因此需加入掩蔽剂掩蔽干扰离子。如在酸性条件下测定汞含量时，常见的干扰离子是铜，可在双硫腙洗脱液中加 1%EDTA 二钠盐掩蔽铜离子。

（2）二乙氨基二硫代甲酸钠萃取分光光度法和新亚铜灵分光光度法测水中铜的含量

① 二乙氨基二硫代甲酸钠萃取分光光度法　水中的铜离子在 pH 值为 9～10 的氨性溶液中与二乙氨基二硫代甲酸钠作用生成摩尔比为 1:2 的黄色胶体络合物，反应式为

$$2(C_2H_5)_2N-C-S-Na + Cu^{2+} \longrightarrow (C_2H_5)_2N-C \quad Cu \quad C-N(C_2H_5)_2 + 2Na^+$$

此化合物可被四氯化碳或三氯甲烷萃取，在其最大吸收波长（440nm）处测吸光度，可得到水中铜离子的含量。

水样中含有铁、锰、镍、钴等离子对铜的测定有干扰，可用 EDTA 和柠檬酸铵掩蔽消除。

② 新亚铜灵分光光度法　用盐酸羟胺将水中的铜离子还原为亚铜离子，在中性或微酸性介质中，亚铜离子与新亚铜灵（2,9-二甲基-1,10-菲罗啉）反应，生成摩尔比为 1:2 的黄色络合物，用三氯甲烷-甲醇混合溶剂萃取，在最大吸收波长（457nm）处测定吸光度，用标准曲线法定量。

此方法具有灵敏度高，选择性好的特点。

（3）二苯碳酰二肼分光光度法测定水中铬的含量

在酸性条件下，六价铬与二苯碳酰二肼反应，生成紫红色的化合物，反应式为：

$$O=C\begin{array}{l}NH-NH-C_6H_5\\NH-NH-C_6H_5\end{array}+Cr^{6+}\longrightarrow O=C\begin{array}{l}NH-NH-C_6H_5\\N=N-C_6H_5\end{array}+Cr^{3+}$$

$$\longrightarrow 紫红色化合物$$

该紫红色化合物的最大吸收波长为 540nm，在此波长下测水样的吸光度，用标准曲线法定量。若水中含有三价铬，测定总铬时，应先在酸性条件下，用高锰酸钾将水中三价铬氧化成六价铬，过量的高锰酸钾用亚硝酸钠分解，过量的亚硝酸钠用尿素分解，然后，加入二苯碳酰二肼进行显色，于 540nm 处测吸光度，测出水中总铬的含量。

（4）新银盐分光光度法测定水中砷的含量

在酸性条件下，用硼氢化钾将水中无机砷还原成砷化氢气体，用硝酸-聚乙烯醇-乙醇吸收，砷化氢将吸收液中的银离子还原成单质胶态银，使溶液呈黄色，颜色的深浅与氢化物含量成正比，在最大吸收波长（400nm）处测吸光度，用标准曲线法定量。反应式为：

$$3BH_4^- + 4AsO_3^{3-} + 15H^+ \rightleftharpoons 3H_3BO_3 + 4AsH_3\uparrow + 3H_2O$$
$$AsH_3 + 6Ag^+ + 3H_2O \rightleftharpoons AsO_3^{3-} + 9H^+ + 6Ag$$

思考题与习题

6-1. 可见分光光度法中，选择显色剂的原则有哪些？

6-2. 可见分光光度法定量的依据是什么？

6-3. 比较分光光度法和目视比色法的主要区别？

6-4. 影响显色反应的因素有哪些？

6-5. 可见分光光度计的基本构成及各部件的作用？

6-6. 如何用可见分光光度法分别测定水中的镉、铜、锌、铅离子含量？

6-7. 有两种不同浓度的有色溶液，当液层厚度相同时，对于某一波长的光，透光率 T 分别为①65.0%，②41.8%，求它们的吸光度 A。若已知溶液①的浓度为 6.51×10^{-4} mol/L，求溶液②的浓度。

6-8. 一束单色光通过厚度为 1cm 的有色溶液后，透光率为 70%，当它们通过 5cm 厚的相同溶液后，透光率变为多少？

6-9. 已知某一吸光物质的摩尔吸光系数为 1.1×10^4 L/(mol·cm)，当此物质溶液的浓度为 3.00×10^{-5} mol/L，液层厚度为 0.5cm 时，求 A 和 T 各是多少？

6-10. 0.088mg Fe^{3+}，用硫氰酸盐显色后，在容量瓶中用水稀释至 50mL，用 1cm 比色皿，在 480nm 波长处测得吸光度 A 为 0.740，求 ε。

6-11. 用双硫腙光度法测定 Pb^{2+}。Pb^{2+} 的浓度为 0.08mg/50mL。用 2cm 比色皿在 520nm 下测得透光度 $T=53\%$，求 ε。

6-12. 某试液用 2cm 比色皿测量时，透光度为 60%，若改用 1cm 或 3cm 比色皿，透光度和吸光度等于多少？

6-13. 用磺基水杨酸法测定微量铁。将 0.2160g $NH_4Fe(SO_4)_2\cdot12H_2O$ 溶于水中稀释至 500mL 配成标准溶液。根据下列数据，绘制标准曲线：

标准铁溶液体积 V/mL	0.0	2.0	4.0	6.0	8.0	10.0
吸光度 A	0.0	0.165	0.320	0.480	0.630	0.790

某试液 5.0mL，稀释至 250mL。取此稀释液 2.0mL，在与绘制标准曲线相同的条件下显色和测定吸光度，测得 $A=0.500$，求试液铁含量（mg/mL）。

第**7**章 光谱分析法

内容提要 本章主要介绍各种光谱分析方法，包括原子吸收光谱、原子发射光谱、紫外光谱和红外光谱法的基本原理、仪器的基本组成和工作流程、定性和定量分析方法及其在水分析中的应用。以原子吸收光谱法为主，详细介绍了该方法在水中某些金属离子定量分析时的操作条件。

7.1 原子吸收光谱法

原子吸收光谱法是根据基态原子对特征波长的光的吸收，测定试样中待测元素含量的分析方法，简称原子吸收分析法。原子吸收光谱法是测定水中金属元素含量常用的分析方法。原子吸收光谱法具有以下特点。

① 灵敏度高，检测限低。火焰原子吸收光谱法的检出限每毫升可达 10^{-6} g 级，无火焰原子吸收光谱法的检出限可达 $10^{-10} \sim 10^{-14}$ g。

② 准确度高。火焰原子吸收光谱法的相对误差小于 1%，石墨炉原子吸收光谱法的相对误差约为 3%～5%。

③ 选择性好。用原子吸收光谱法测定水样中某种元素的含量时，共存离子的干扰小，选择好实验条件，可以不去除其他离子直接进行测定。

④ 操作简便，分析速度快。准备工作完成后，几分钟可完成一个试样的测定。

⑤ 应用广泛。原子吸收光谱法可直接测定 70 多种元素，广泛应用于化工、医药、环境监测等。

原子吸收光谱法的不足之处是：分析不同元素，需要使用该元素材料制成的光源灯。

7.1.1 基本原理

元素的原子由原子核和围绕原子核运动的电子组成，电子按其能量的不同分层分布，不同层上的电子具有不同的能级，所以一个原子具有多种能级状态。正常状况下，原子处于最低能态，这种状态称为基态。处于基态的原子称为基态原子，基态原子受到外界能量激发时，外层电子吸收一定能量跃迁到较高的能量状态，称为激发态。电子吸收不同的能量，跃迁到不同的激发态，当电子吸收一定能量从基态跃迁到最低的激发态时所产生的吸收谱线，称为共振吸收线。电子跃迁到高能量的激发态后，有回到能量最低的基态的趋势，当电子由第一激发态跃迁回基态时，则发射出同样频率的光辐射，其对应的谱线称为共振发射线，共振吸收线和共振发射线统称为共振线。

共振线的特征与原子结构有关，原子结构不同，其共振线不同，原子吸收光谱法就是利用处于基态的待测原子蒸汽对从光源发射的共振发射线的吸收来进行分析的。

原子吸收光谱法的测定过程：将水样通过原子化系统喷成细雾，随载气进入火焰，并在火焰中解离成基态原子。当空心阴极灯辐射出待测元素的特征波长光通过火焰时，因被火焰中待测元素的基态原子吸收而减弱。在一定实验条件下，特征波长光强的变化与火焰中待测元素基态原子的浓度有定量关系，从而与试样中待测元素的浓度有定量的关系，即吸光度与浓度的关系服从朗伯-比尔定律：

$$A = k'c$$

式中　k'——常数；

　　　A——待测元素的吸光度；

　　　c——被测溶液中待测元素的浓度。

通过测定吸光度就可以求出待测元素的浓度。

7.1.2　原子吸收光谱仪的结构

原子吸收光谱分析所用的仪器是原子吸收光谱仪，又称为原子吸收分光光度计，其基本构成为：光源、原子化系统、分光系统、检测系统等四部分，如图 7-1 所示。

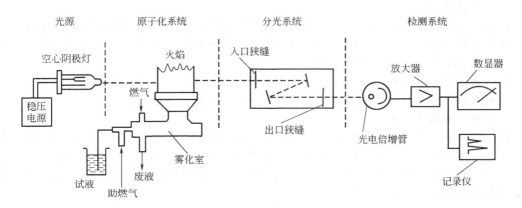

图 7-1　原子吸收光谱仪示意

7.1.2.1　光源

光源的作用是发射待测元素的特征谱线，要求光源发射的光线比吸收线宽度更窄，强度更大，背景低且噪声小，以确保产生可测量的吸收峰值，原子吸收光谱法常用的光源是空心阴极灯或无极放电灯。

（1）空心阴极灯

空心阴极灯又称元素灯，空心阴极灯由一个在钨棒上镶钛丝的阳极和一个由发射所需特征谱线的金属或合金制成的空心筒状阴极组成。阳极和阴极封闭在带有光学窗口的硬质玻璃管内，管内充有几百帕低压惰性气体（氖气或氩气）。当在两电极施加 300～500V 电压时，阴极灯开始辉光放电。电子从空心阴极射向阳极，并与周围惰性气体碰撞使之电离。所产生的惰性气体的阳离子获得足够能量，在电场作用下撞击阴极内壁，使阴极表面上的自由原子溅射出来，溅射出的金属原子再与电子、正离子、气体原子碰撞而被激发，当激发态原子返回基态时，辐射出特征频率的光谱线，由于这种特征光谱线宽度窄，所以称空心阴极灯为锐线光源。

阴极材料要求具有很高的纯度，以保证光源仅发射频率范围很窄的锐线，单元素空心阴极灯只能用于一种元素的测定，单元素空心阴极灯发射线干扰少，强度高，但每测一种元素需要换一种灯。用多元素的合金材料可制成多元素灯，多元素灯可同时测定多种元素，克服了每测一种元素换一种灯的麻烦，但多元素灯的光强度较单元素灯弱，容易产生干扰。

（2）无极放电灯

无极放电灯又称微波激发无极放电灯，它是在石英管内放入少量金属或较易蒸发的金属卤化物，抽真空后充入几百帕压力的氩气，再密封。将其置于微波电场中，微波将灯内的气体原子激发，被激发的气体原子又使解离的气化金属或金属卤化物激发而发射出待测金属元素的特征谱线。

无极放电灯谱线半宽度很窄，发射强度高，适用于难激发元素的测定，如 As、Al、P、K、Zn、Cd、Hg、Sn、Pb 等。

7.1.2.2 原子化系统

原子化系统的作用是将待测元素变成气态的基态原子，原子化的方法主要有两种，即火焰原子化法和无火焰原子化法。火焰原子化法是利用火焰热能使被测元素转换成气态原子，无火焰原子化法是利用电加热或化学方法使试样中待测元素转化成气态原子。

原子化系统是决定原子吸收光谱法灵敏度和准确度的关键因素，是原子吸收光谱法分析误差的最大的一个来源。

（1）火焰原子化法

火焰原子化系统包括雾化器、预混合室、燃烧器和火焰及气体供给部分，火焰原子化法包括两个步骤，首先将试样溶液变成细小雾滴，称为雾化阶段；然后使雾滴接受火焰供给的能量形成基态原子，称为原子化阶段。

火焰原子化的特点是：操作简便，重现性好，有效光程大，对大多数元素有较高的灵敏度，应用较为广泛，但火焰原子化法原子化效率低，灵敏度不够高。

（2）电加热原子化法

无火焰原子化方法很多，如电热高温管式石墨炉原子化、石墨杯原子化、碳棒原子化、高频感应炉原子化等，其中常用的无火焰原子化系统是电热高温石墨管原子化器，它使用低压（10～20V）大电流（400～600A）加热石墨管，石墨管可升温至 3000℃，管中少量的液体或固体在高温下原子化。

管式石墨炉原子化效率远高于火焰原子化法，测定灵敏度高。但其基体效应、化学干扰多，测量结果的重现性较火焰原子化法差。

（3）化学原子化法

化学原子化法又称为低温原子化法，是利用化学反应将待测元素变为易挥发的氢化物或氯化物，然后在较低的温度下原子化。

① 汞低温原子化法　因为汞的沸点低，在常温下蒸气压高，将试样中的汞离子用 $SnCl_2$ 还原为汞，在室温下用空气将汞蒸汽引入气体吸收管中可测其吸光度，这种方法常用于水中汞的测定。

② 氢化物原子化法　在酸性条件下，将被测元素还原成易挥发易分解的氢化物，然后经载气将其引入加热的石英管中，使氢化物分解成气态原子，测其吸光度。

氢化物原子化法还原效率高，被测元素可全部转变为气体并通过吸收管，因此测定灵敏度高，基体干扰少。此法可用于水中 Sn、As、Bi、Pb 等元素的测定。

7.1.2.3 分光系统

分光系统又称为单色器，单色器的作用是将待测元素的特征谱线与邻近谱线分开。它由入射狭缝、出射狭缝和色散元件组成。由光源发出的共振线，谱线比较简单，对单色器的色散率和分辨率要求不高，为保证出射光线有一定的强度，应选用适当的光栅色散率和狭缝宽度，以满足测定要求。

7.1.2.4 检测系统

检测系统的作用是将光信号转变为电信号并进行测量，检测系统由光电倍增管、放大器和显示装置组成。光电倍增管将经过原子蒸气吸收和单色器分光后的微弱信号转换为电信号。放大器将光电倍增管输出的电压信号放大后送入显示器，放大器有交流和直流两种，直流放大器不能排除火焰中待测元素原子发射光谱的影响，所以目前广泛采用交流放大器。放大器放大后的信号经对数转换器转换成吸光度信号，再采用微安表或检流计直接指示读数，或用数字显示器显示，或用记录仪打印出数据。

7.1.3　定量分析方法

（1）标准曲线法

原子吸收光谱法的标准曲线的绘制方法与分光光度法相同，即先配制一组含有不同浓度的待测元素的系列标准溶液，在最佳测定条件下，分别测其吸光度，以扣除空白值之后的吸光度为纵坐标，对应的标准溶液浓度为横坐标，绘制吸光度（A）-浓度（c）的标准曲线，如图 7-2 所示。在与绘制标准曲线相同的条件下测定试样溶液的吸光度，用内插法从标准曲线上查得试样溶液的浓度。

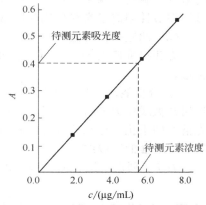

图 7-2　标准曲线

标准曲线法简便、快速，适用于组成较简单的大批样品分析。

（2）标准加入法

如果试样组成比较复杂，无法配制与试样组成相匹配的标准溶液时，用标准加入法进行分析。

标准加入法是取至少四份相同体积的试样溶液，从第二份开始按比例加入不同量的待测元素的标准溶液，然后，用溶剂稀释至相同的体积，以空白为参比，在相同的条件下，分别测量各份的吸光度。设试样中待测元素的浓度为 c_x，加入标准溶液后测得各份的浓度分别为 $c_x + c_0$、$c_x + 2c_0$、$c_x + 4c_0$，分别测得吸光度为 A_x、A_1、A_2、A_3，以吸光度 A 对浓度 c 作图，得到一条不通过原点的直线，将直线外延至浓度轴交于 c_x，即为试样溶液中待测元素的浓度，如图 7-3 所示。

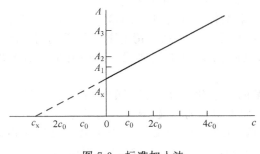

图 7-3　标准加入法

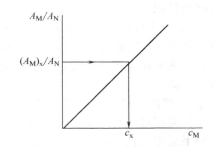

图 7-4　内标工作曲线

（3）内标法

内标法是将一定量试液中不存在的元素的标准物质加到一定量试液中进行测定的方法，所加入的这种物质称为内标物质，其具体操作是：将一系列不同浓度的待测元素（M）的标准溶液中依次加入相同量的内标元素（N），稀释至同一体积，在同一实验条件下，分别在内标元素及待测元素的共振吸收线处，依次测量每种溶液中待测元素和内标元素的吸光度 A_M 和 A_N，并求出它们的比值 A_M/A_N，绘制 $A_M/A_N \sim c_M$ 的内标工作曲线，如图 7-4 所示。

在待测试液中加入同样量的内标物 N，测得 A_M/A_N，在内标工作曲线上用内插法查出试液中待测元素的浓度，计算出试样中待测元素的含量。

7.1.4　原子吸收光谱法测定水样中的镉、铜、铅、锌

（1）水样的预处理

清洁的水样可不经过预处理直接测定，对于受污染的水样需经过预处理分离共存干扰组

分，同时使被测组分得到富集，常用的分离与富集方法有沉淀和共沉淀法、萃取法、离子交换法、浮选分离富集技术、电解预富集技术及活性炭吸附技术等，其中应用较为广泛的是萃取和离子交换技术。测定水样中微量镉、铜、铅，可将水样中微量待测离子在酸性介质中与吡咯烷二硫代氨基甲酸铵生成配合物，用甲基异丁基甲酮萃取后用原子吸收光谱法测定；也可用强酸性阳离子交换树脂吸附富集水样中微量的铜、铅、镉，再用酸洗脱后测定。

（2）测定条件的选择

为获得准确度高、重现性好的测定结果，应对原子吸收分光光度法的测定条件进行优选。

① 分析线的选择　每种元素的基态原子都有若干条吸收线，为提高测定的灵敏度，易选用共振线作为分析线。但如果测定元素的浓度较高，选用灵敏度较低的谱线，以消除附近光谱线的干扰，得到适度的吸收值，而改善标准曲线的线性范围。对于微量元素的测定，必须选用最强的吸收线。

表 7-1 列出了铜、铅、镉、锌的分析线。

表 7-1　铜、铅、镉、锌的分析线

元　素	分　析　线	元　素	分　析　线
Cu	324.8, 327.4	Pb	216.7, 283.3
Cd	228.8, 326.1	Zn	213.9, 307.6

② 光谱通带宽度的选择　狭缝的宽度决定光谱通带的宽度，单色器狭缝的宽度主要是根据待测元素的谱线结构和所选用的分析线附近是否有非吸收干扰来选择的，当吸收线附近没有干扰存在时，选择宽狭缝可以增加光谱通带；若吸收线附近有干扰线存在，在保证有一定强度的情况下，应适当调窄狭缝，光谱通带一般在 0.5～4nm 之间。

③ 空心阴极灯电流的选择　空心阴极灯一般都标有允许使用的最大工作电流与可使用的电流范围，实际测定中，应在保证放电稳定和有适当光强输出情况下，尽量选用低的工作电流。实际采用电流一般通过实验测定，即绘制吸光度-灯电流曲线，选择有最大吸光度时的最小电流。

④ 火焰的选择　火焰的温度直接影响元素的原子化效率，元素的原子化需要足够高的温度，但温度过高会增加原子的电离或激发，而使基态原子数减少，对原子吸收不利；反之，如果温度太低，试样不能解离，灵敏度降低。Cu、Pb、Cd、Zn 等不易生成氧化物的元素，可以选用空气-乙炔火焰，燃助比为 1：（4～6），这种火焰温度高，燃烧高度低，还原性气氛差。燃气与助燃气的流量根据吸光度-燃气、助燃气流量曲线确定。

⑤ 燃烧器高度的确定　元素的自由原子的浓度在火焰中随火焰高度而不同，一般在燃烧器狭缝口上方 2～5mm 附近火焰具有最大的基态原子密度，在测定时，调节燃烧器的高度，使测量光束从自由原子浓度最大的火焰区通过，以期得到最佳的灵敏度。最佳的燃烧器高度通过实验测定：固定燃气和助燃气的流量，取一固定样品，逐步改变燃烧器高度，测定吸光度，绘制吸光度-燃烧器高度曲线，选择最佳位置。

⑥ 进样量的选择　进样量一般选在 3～6mL/min 之间，进样量过大，对火焰产生冷却效应，同时，较大雾滴进入火焰，难以完全蒸发，原子化效率下降，灵敏度低；进样量过小，吸收信号弱，灵敏度低。

除需要选择最佳测量条件外，还应做标准加入回收实验，确定试样中有无干扰，以便选择控制或消除干扰，同时，确定分析方法的准确度和精密度。

（3）配制标准样品溶液

配制标准溶液通常使用各元素的盐，标准样品的组成要尽可能接近未知试样的组成，若无合适的盐，亦可用适当的溶剂直接溶解高纯度的金属丝（99.99%），然后稀释成所需浓度范围的标准溶液。所需标准溶液浓度低于 0.1mg/mL 时，应先配成比使用浓度高 1～3 个数量级的浓溶液作为标准储备液，然后稀释成使用液。如配制 Cd 标准溶液时，先将 1.000g 金属镉溶解于（1+1）硝酸中，用水稀释至 1L，配成标准储备液，然后根据需要，再稀释成标准使用液。标准溶液的浓度下限取决于检出限，从测定精度出发，合适的浓度范围应该能产生 0.2～0.8 单位吸光度。

（4）绘制标准工作曲线

在确定的最佳测定条件下，分别测定系列标准溶液的吸光度，绘制吸光度-浓度标准曲线。

（5）测定金属离子的浓度

在与绘制标准工作曲线相同的条件下，测定待测试样的吸光度，用内插法从标准工作曲线上查得试样中金属离子的含量。

7.2　原子发射光谱

原子发射光谱是基于化合物的原子在外界能量的作用下，获得能量而使其外层电子从低能级的基态跃迁到较高能级的激发态，激发态的原子很不稳定，很快又回到基态，在回到基态的过程中以光的形式释放能量。原子发射光谱法就是基于原子由激发态回到基态过程中发射出的光的性质对物质进行定性、定量分析的方法。

7.2.1　原子发射光谱的基本原理

化合物的基态原子在外界能量（光、电、热等）的作用下，外层电子获得能量，由低能级 E_1 跃迁到高能级 E_2，使原子处于激发态，原子所吸收的能量 $\Delta E = E_2 - E_1$，称为激发能或激发电位。激发态的原子是不稳定的，约经过 10^{-8}s 后，由高能级自发跃迁回低能级，并以光的形式释放多余的能量。由于原子中两个能级间的能量差（ΔE）是量子化的，因此，原子由激发态回到基态时，所释放的光是具有确定数值的波长或频率，其波长为

$$\lambda = \frac{ch}{\Delta E}$$

式中　c——光速，3×10^{-8} m/s；

h——普朗克常数，6.6262×10^{-34} J·s。

上式表明，发射谱线的波长（λ）与激发态中的电子能级和较低能态或基态中的电子能级之间的能量差（ΔE）成反比，所以发射光谱的波长直接与激发态电子回复到的能级有关，因而每一条光谱线就代表原子中电子在一定能级跃迁时所释放的光能。

由于每一原子中的电子能级很多，原子被激发后有多种跃迁情况发生，产生几种不同波长的光，在光谱中形成几条谱线。一种元素可以产生不同波长的谱线，它们组成该元素的原子光谱，由于不同元素的电子结构不同，因而其原子光谱也不同，具有明显的特征性。

原子发射光谱定性分析的基础是各种元素具有特征谱线。定量分析的基础是光谱线的强度与元素的浓度的关系符合罗马金和赛伯所提出的经验公式，即

$$I = Ac^b$$

式中　I——谱线强度；

A——发射系数；

c——元素含量；

b——自吸收系数。

发射系数 A 与试样的蒸发、激发和发射的整个过程有关，与光源类型、工作条件、试样组分、元素化合物的形态以及谱线的自吸收现象有关，由激发能和元素在光源中的浓度等因素决定。元素含量很低时谱线自吸收很小，$b=1$；元素含量较高时元素自吸收较大，$b<1$。只有当 $b=1$ 时，$I=Ac^b$ 是一条直线，若对 $I=Ac^b$ 取对数，则可得到线性工作曲线。

7.2.2 原子发射光谱仪的基本结构

原子发射光谱仪的种类很多，但基本的结构单元是相同的，原子发射光谱一般由三部分组成，即激发光源、分光系统和记录系统组成。激发光源使被分析物质变成气态，并激发气态的被测物质使其发光，通过光栅或狭缝等分光系统将被测物质发射的复合光色散成单色光，然后，通过摄谱仪或光量计等记录系统将单色的线状的光谱记录下来，形成发射光谱图。

（1）激发光源

激发光源是提供试样蒸发和激发所需要能量的装置。发射光谱要求光源能提供足够的能量，稳定性和重现性好。供原子发射光谱分析的激发光源有：火焰、电弧、火花、激光、空心阴极放电管和等离子喷焰等。

① 火焰　火焰是光谱分析最早使用的光源。当气体燃烧时，由于碳氢化合物与氧反应产生大量的热能，使火焰中的氧、氮、水蒸气、二氧化碳等分子高速运动，通过与被分析试样的原子相互碰撞把能量传递给被测物质的原子，被测物质的原子从而被激发发光。常用的火焰是空气-乙炔火焰，温度在 2500℃ 左右，常用于碱金属和碱土金属的测定。

② 电弧　电弧有直流电弧和交流电弧，直流电弧的温度可达 4000～7000K，能激发 70 多种元素，这种激发源的特点是温度高，蒸发能力强，分析绝对灵敏度高，背景相对小，结构简单。其不足之处是稳定性差，激发能力低，不能分析低熔点金属元素；交流电弧有高压交流电弧和低压交流电弧，高压交流电弧电压在 2000～4000V 之间，由于高压比较危险，所以很少使用。低压电弧一般工作电压为 110～220V，是较常用的电弧激发源。

③ 火花　凡是用高压交流电加在两电极上，在弧隙间击穿出火花，即为火花光源，火花光源分为低压火花光源和高压火花光源，低压火花光源是指低于 1000V 的交流电火花放电，高压火花一般是高于 10000V 的交流电火花放电。

④ 空心阴极灯　空心阴极灯是利用低压放电的辉光区作为光源，空心阴极灯由阴极和阳极封装在玻璃管中，阴极常用材料为石墨、铜或铝等，阳极为钨棒。玻璃管的一端是石英窗，光线由石英窗射出。其特点是灵敏度高，稳定性好，是发射光谱分析中很有发展前途的光源。

⑤ 等离子体光源　等离子体光源是目前发展最快的一种辐射光源，按等离子体产生的机理不同分为两类，即直流等离子喷焰和高频等离子炬。直流等离子喷焰是用惰性气体压缩的大电流直流电弧放电，一般可获得 5000～12000K 的温度；高频等离子矩简称为 ICP 光源，按耦合机理不同分为电容耦合高频等离子炬和电感耦合高频等离子炬，以后者应用最多，电感耦合等离子炬由高频发生器、炬管和进样系统组成，激发温度可达 6000～7000K。等离子体光源的特点是工作温度高，可以激发难激发的元素，等离子体光源稳定性好，检测灵敏度高，最低检出限低，分析结果再现性好，共存元素的干扰小。

（2）分光系统

常用的分光元件是棱镜和光栅，棱镜摄谱仪用棱镜作为分光元件，根据棱镜色散能力的不同分为大、中、小型摄谱仪，常用的是中型石英棱镜摄谱仪；光栅摄谱仪用衍射光栅作为色散元件，利用光的衍射现象进行分光。在发射光谱分析中，大多数采用平面光栅摄谱仪。

（3）谱图记录系统

试样在激发光源中被激发而产生的光辐射，经单色器按波长顺序分解后，再用适当的设备接受下来，才能完成光谱的分析测定，接受光谱的装置常用摄谱仪和光电直读光谱仪。

① 摄谱仪　是应用较早的接受光谱的方法，按照分光原理不同，摄谱仪分为棱镜摄谱仪和光栅摄谱仪。石英棱镜摄谱仪的光路系统如图 7-5 所示。

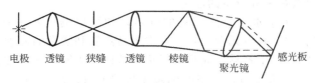

电极　　透镜　　狭缝　　透镜　　棱镜　　聚光镜　　感光板

图 7-5　石英棱镜摄谱仪光路系统

棱镜摄谱仪结构较简单，制作容易，聚光性好，光强损耗少，是 20 世纪 60 年代开发的产品。光栅摄谱仪所利用的光谱范围宽，从几十埃到数百微米，包括了从真空紫外到远红外的波谱带段，而棱镜需要在不同的波段选用不同的材料，所以光栅摄谱仪适合分析结构复杂的化合物，尤其是同位素的分析和精细结构的分析，而且，光栅的色散率大，在整个波段内光栅的色散是均匀的，光栅的分辨率高，干扰少，成本低，效率高，具有良好的应用前景。

② 光电直读光谱仪　光电直读光谱仪又称为光量计，其测定原理与摄谱仪相同，当样品被激发产生激发复合光后，经过分光器分光后聚焦形成光谱，在焦面上放置若干出射狭缝，将待测元素的特定波长引出，投射到光电倍增管上，将光能转变为电能，由积分电容储存，当曝光结束时，由测量系统逐个测量积分电容器上的电压，根据测量值大小确定待测成分的含量。

光电直读光谱仪目前应用较为广泛，可用于天然水中杂质的分析。

7.2.3　原子发射光谱的定性和定量分析

（1）定性分析

用原子发射光谱做定性分析，通常是用标准铁光谱图作为参比谱图，标准铁谱图上标有每种元素几条最灵敏线的位置，将未知元素的谱图与已标明较强铁谱线的标准铁谱图相比较，若确定有某一种元素的 3 条或 4 条持久线则可以断定样品中含有该种元素。

原子发射光谱可以对七十多种元素做定性鉴定。

（2）定量分析

原子发射光谱常用的定量分析方法有内标法和标准加入法。

① 内标法　发射光谱分析受多种参数的影响，如激发过程参数、摄谱过程参数等，为抵消这些参数的影响，通常采用内标法。

内标法是以固定浓度加入到每个样品和校正用标样中一种元素，在测量待测元素相对强度的同时，测定每个样品或标样中内标线的相对强度，然后用待测物相对强度对内标相对强度求浓度。在一定浓度范围内，这一比值与浓度之间存在正比关系。

② 标准加入法　当样品的数目不多时，采用标准加入法。其具体方法是：取两份样品溶液转移到两个容量瓶中，将其中一份稀释至刻度后直接测定强度比；另一份加入已知量的待测元素的纯物质，然后稀释到刻度，测强度比，若在强度比与浓度之间存在线性关系，则

$$B_x = k c_x$$
$$B_t = k(c_s + c_x)$$

式中　c_x——稀释后样品中待测物的浓度；

　　　c_s——加入的标准待测物质的浓度；

　B_x，B_t——测得的两个强度比。

将上述两式合并得：

$$c_x = c_s \frac{B_x}{(B_t - B_x)}$$

标准加入法可消除共存元素的干扰。

7.2.4 原子发射光谱法在水分析中的应用

原子发射光谱法可用于水中金属元素的分析，如可以测定水中钾、钠、钙、镁、铜、铁、镍、钴、锂、锶、砷、磷等元素。对于水中较易蒸发和激发的元素，如钠、钾、钙、镁等，可用火焰光源测定；对于容易形成难熔氧化物从而难于原子化和激发的元素，如测定水中硅的含量，用 ICP 光谱法分析，其中心通道温度高达 4000～6000K，可以将难原子化和激发的元素原子化与激发。

7.3 紫外吸收光谱法

紫外吸收光谱法是基于物质对紫外区域的光选择性吸收的分析方法，紫外光区的波长范围是 10～400nm，紫外光谱法主要是利用 200～400nm 的近紫外光区的辐射进行的。紫外吸收光谱法和可见分光光度法同属于电子光谱，都是由于分子中外层电子跃迁产生的，紫外光谱法可以用于在紫外光区域有吸收的有机化合物的鉴定和结构分析。

7.3.1 紫外吸收光谱法的基本原理

有机化合物对紫外光的吸收取决于有机化合物的结构，不同的有机化合物具有不同的吸收光谱，因此根据化合物的紫外吸收光谱中特征吸收峰的波长和强度可以进行物质结构的鉴定。

和分光光度法相同，紫外光谱分析法定量分析的依据是朗伯-比尔定律。

紫外吸收光谱法定量分析方法与分光光度法相同，这里不再赘述。

7.3.2 紫外分光光度计的基本结构

紫外吸收光谱法所用的仪器是紫外分光光度计，它的基本组成和可见分光光度计相似，由辐射源、单色器、吸收池、检测器和记录器组成。

（1）辐射光源

紫外分光光度计常用的光源为钨灯和氘灯。其特点是能发射足够强度的连续光谱，稳定性好，辐射能量随波长无明显变化，使用寿命长。钨灯是常用的可见光区的光源，其发射的波长范围为 300～2500nm，氘灯是用作近紫外区的光源，能够产生 160～375nm 的连续光谱，是紫外光区应用最广泛的一种光源。

（2）单色器

单色器由入射狭缝、反射镜、色散元件、出射狭缝等组成，它的作用是将光源发射出的连续的光谱分离出所需要的一定波段的光束，其性能直接影响光谱通带的宽度，从而影响测定灵敏度、选择性和工作曲线的线性范围。

（3）吸收池

吸收池用于盛放被测量的溶液，紫外分光光度计常用石英吸收池。

（4）检测器

检测器用于检测光信号，并将光信号转换为电信号，常用的检测器是光电倍增管，它的特点是灵敏度高，响应时间短，线性关系好，对不同波长的辐射具有相同的响应，噪声低，稳定性好。

（5）记录器和显示系统

光电倍增管将光信号转变为电信号后，经过放大器适当放大，用记录仪记录或数字显示器显示结果。

7.3.3　测定条件的选择

测定条件对测定结果有直接影响，测定条件主要有照射波长的选择，狭缝的选择和吸光度范围的选择。

（1）波长的选择

一般选择待测组分的最大吸收波长作为测定波长，在这一波长处灵敏度最高，同时吸光度随波长的变化最小，可以得到很好的测定精度。如果在最大吸收波长处有共存离子的干扰，或者待测组分浓度很高，则不易在最大吸收波长处进行测定，可选用其他照射波长进行测定。

（2）狭缝的选择

狭缝宽度直接影响测定灵敏度和工作曲线的线性范围，狭缝宽度越小，测定灵敏度越高，狭缝太小，入射光强度变弱，不利于测定；狭缝太大。灵敏度降低。一般选在不减小吸光度时最大狭缝宽度为合适的狭缝宽度。

（3）吸光度范围

实验证明，吸光度在 $0.2 \sim 0.8$ 范围内时，吸光度测定误差最小，因此，应使待测组分的吸光度值控制在 $0.2 \sim 0.8$ 之间。

7.3.4　紫外吸收光谱法在水分析中的应用

紫外吸收光谱可用于水中有机化合物的定性鉴定和检测化合物的纯度。

（1）定性鉴定

对于水样中存在的未知有机化合物，可借助紫外光谱法对其进行初步鉴定。其方法是：将水样配制成适当的浓度，在不同波长下测吸光度，绘制吸收光谱曲线，查标准谱图，根据吸收峰的位置和数目初步断定该水样中可能存在的特征基团。由于紫外吸收光谱只能表现化合物生色团、助色团和分子母核，而不能表达整个分子的特征，因此，仅靠紫外吸收光谱曲线来对未知物进行定性是不可靠的，需要借助其他的分析手段（如红外光谱法，核磁共振波谱，质谱等）来确定水样中化合物的结构。

（2）测定有机化合物的含量

利用吸收峰的强度，可以测定水样中有机化合物的含量。如用紫外吸收光谱法测定水中微量苯酚，先配制一系列苯酚标准水溶液，以水作参比，在波长 288nm 处测系列苯酚标准溶液的吸光度，绘制吸光度——浓度曲线，计算回归方程。在相同的条件下，测含苯酚水的吸光度，利用回归方程计算水中苯酚的含量。

如果水样中含有干扰物质，应根据具体情况选择合适的测试条件或在测定前去除干扰物质。

7.4　红外吸收光谱法

红外光谱指以连续波长的红外线为光源照射样品所测得的吸收光谱，它是由于分子发生振动能级的跃迁而产生的，又称振动光谱。红外光区在可见光区和微波区之间，波长范围在 $0.75 \sim 1000 \mu m$ 之间，红外光谱提供了极其丰富的分子结构信息，不同物质具有不同的吸收波长和不同的红外光谱图。红外光谱技术由于运用了计算机技术和复杂的数学工具而发展迅猛，特别是现代近红外技术和傅里叶变换红外技术的产生，为红外光谱的推广和应用提供了广阔前景。

7.4.1 红外吸收光谱法的基本原理

组成物质分子的原子有三种运动形式，即平动、转动和振动，当红外光照射物质时，引起振动能级和转动能级的跃迁而选择性地吸收某种波长的红外光，产生红外吸收光谱。红外光谱图以波数为横坐标，即波长的倒数，单位为 cm^{-1}，或以波长为横坐标，单位为 μm；以透光百分率为纵坐标，即 $T\%$ 或吸收率 A 为纵坐标亦可。

（1）转动跃迁

当不对称分子围绕其质量中心转动时，引起周期性的偶极矩的变化，形成不同的转动能级。引起转动能级变化所需要的能量很小，为 $0.05\sim0.0035eV$，相当于 $40\sim300\mu m$ 波长或 $250\sim330cm^{-1}$ 波数范围的远红外光区域的能量。

（2）振动跃迁

当分子中的原子在其位置发生相对运动时引起偶极矩的变化，形成不同的振动能级，引起振动能级变化所需要的能量比转动能级变化所需的能量大些，在 $1\sim0.05eV$，相当于 $0.75\sim50\mu m$ 波长或 $13300\sim200$ 波数范围的近红外或中红外光区域的能量。每一个振动能级中又存在几个转动能级，振动跃迁中常伴有转动跃迁，形成振动-转动跃迁，振动-转动跃迁的谱图一般都有一系列靠得很近的、不连续的谱线组成。

分子的振动有两种类型，即伸缩振动和弯曲振动。伸缩振动是指分子中的两个原子沿着其间的键轴移动而引起原子间距离的连续变化，伸缩振动又可分为对称伸缩振动和不对称伸缩振动，伸缩振动的频率与原子的原子量及键的性质有关，随原子量的增大而降低，依单键、双键和三键的顺序而增大；弯曲振动是指两个键间夹角的变化，弯曲振动分为剪切、摇动、摆动和扭动，剪切振动和摇动振动是在平面内弯曲，前者是两键相向运动使键角变小，后者是两键同方向运动；摆动和扭动是平面外的弯曲，前者是两键朝同一方向运动，后者是两键互相朝相反的方向运动，在含有三个或三个以上的原子的分子中，都可能发生以上四种类型的弯曲振动，从而产生其相应的吸收峰。

（3）振动模式——基谐振动

分子中可能存在的振动类型和振动数目随分子的复杂程度不同，分子的原子越多，振动的类型和数目也越多。对于简单的双原子分子和三原子分子，振动类型和振动数目可以推测，但对于复杂得多原子分子，振动类型和振动数目难以推测，各种振动之间存在相互作用和影响。

在三维空间中，确定一个点的位置需要三个坐标，要确定 N 个点的位置需要 3N 个坐标，在研究 N 个原子组成的多原子分子的运动时，每一个坐标对应于一个"原子的运动自由度"，因此，由 N 个原子组成的分子具有 3N 个自由度。

红外光谱涉及分子的三种运动形式：整个分子的重心平移运动；整个分子围绕其重心的转动运动；分子中的每一个原子相对于其他原子的运动。前两种运动各自需要三个自由度来描述，剩余的 $(3N-6)$ 个自由度是原子间运动的自由度，也就是说，振动的数目是 $(3N-6)$，对于线性分子，所有的原子在一条直线上，不可能发生围绕键轴的转动，因此描述转动的自由度只有 2 个，所以描述线性分子振动的自由度有 $(3N-5)$。$(3N-5)$ 和 $(3N-6)$ 为所给定的分子所具有的振动数目。这些振动称为"基谐振动"，每一个基谐振动对应一个吸收峰。实际上，基谐振动的数目往往和所测得的吸收峰数目不一致，峰数往往少于基谐振动的数目，其原因有以下四点：

① 分子的对称性使振动不会产生偶极变化；

② 有两个或两个以上振动的能量相同或几乎相同；

③ 吸收强度很低无法用通常方式检测出来；

④ 振动能量所在的波长区域超出仪器所许可的范围。

（4）振动的偶合

从理论上讲，每一个基谐振动都相应产生一个吸收峰，但在实际测量中，分子吸收峰的数目并不完全和它的基谐振动数相等，产生振动偶合，这是因为在一个分子中，各个基谐振动之间会产生相互影响，使一些吸收峰合并，一些吸收峰减弱不能测出，或者产生一些附加的吸收峰。振动偶合使红外吸收峰变得复杂。

7.4.2　红外光谱仪的结构和特点

红外光谱仪有色散型和干涉型两大类。

（1）色散型红外光谱仪

色散型红外光谱仪又称为经典红外光谱仪，由光源、吸收池、单色器、检测器、放大器及显示记录装置组成，如图 7-6 所示。

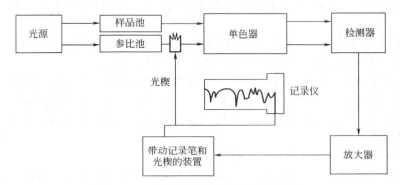

图 7-6　双光束红外吸收光谱仪结构示意

基本工作流程：从光源发出的红外光分为两束，一束通过参比池，另一束通过样品池。然后进入单色器内，单色器内有一个以一定频率转动的扇形镜，其转动频率为 13 次/s，周期性地切割两束光，使样品光束和参比光束每隔 $\frac{1}{13}$ s 交替进入单色器棱镜或光栅，光在单色器内被光栅或棱镜色散成各种波长的单色光，经色散分光后进入检测器，随着扇形镜转动，检测器交替地接受两束光。假设从单色器中出来的单色光不被样品吸收，则两光束强度相等，则检测器不产生交流信号。若单色光被样品吸收，则两束光的强度有差别，就在单色器上产生一定频率的交流信号，通过放大器放大，在记录仪上产生吸收峰。单色器内的光栅或棱镜可以移动以改变单色光的波长，而光栅或棱镜的移动与记录纸的移动是同步的，记录仪上描绘的是以波长或波数（λ 或 ν）为横坐标，以百分透射比（T）为纵坐标的红外吸收光谱图。

① 光源　红外光源是能连续发射高强度的红外光的物体，通常是电加热一种惰性固体至 1500～2000K 产生连续红外辐射。常用的光源有能斯特灯、炽热硅碳棒及白炽金属丝等，常用红外光源及其波数范围如表 7-2 所示。

表 7-2　常用红外光源及辐射波数

光源名称	适用波数范围/cm^{-1}	说　明	光源名称	适用波数范围/cm^{-1}	说　明
能斯特灯	5000～400	ZrO_2、ThO_2 等烧结而成	炽热镍铬丝圈	5000～200	风冷
碘钨灯	10000～5000		高压汞灯	<200	FTIR，用于远红外区
硅碳棒	5000～200	FTIR，用水冷或风冷			

能斯特灯是由稀土元素镐、钇、铈或钍等的氧化物的混合物烧结而成的直径为 1～3mm，长为 2～5cm 的中空棒或实心棒，在两端绕有铅丝和电极。此灯在室温下不导电，通

电加热至 2000K 发出红外光。这种器件的电阻随温度的增加而减小，因此，通电前应预先加热，而后限流供电，否则，很快被烧坏。

硅碳棒是由碳化硅制成的两端粗中间细的实心棒，直径约为 0.5cm，长 5cm。两端粗是为了降低两端的电阻，使其在工作状态时两端呈冷态。和能斯特灯相比，它具有坚固、寿命长、发光面积大的优点，其缺点是使用时需要用水冷却。

白炽金属丝通常是用镍铬丝绕成紧密螺旋形，通电加热发射红外光。它的寿命长，但发射强度低。

② 单色器　单色器由狭缝、准直镜和色散元件（光栅或棱镜）通过一定的排列方式组合而成，它的作用是把通过吸收池的复合光分解成单色光照射到检测器上。

③ 检测器　红外光谱仪的检测器主要有高真空热电偶、测热辐射计和气体检测计，此外，还有可在常温工作的硫酸三甘肽热电检测器和只能在液氮温度下工作的碲镉光电导检测器。

④ 放大器及记录装置　由检测器产生的电信号是很弱的，此信号必须经电子放大器放大，放大后的信号驱动光楔和马达，使记录笔在记录纸上移动。

色散型红外光谱仪的特点：结构简单，按可测波数范围的宽窄和分辨率的大小，分为简易型和精密型。简易型只有一个氯化钠棱镜和一个光栅，其测定波数范围较窄，分辨率低；精密型红外光谱仪一般有几个棱镜，在不同光谱区自动或手动更换棱镜，以获得宽的扫描范围和高的分辨能力。

（2）傅里叶变换红外光谱仪（FTIR）

傅里叶变换红外光谱（Fourier Transform Infrared Spectrocopy，FTIR）由于应用了傅里叶变换而大大提高了红外光谱分光术的价值。傅里叶变换是一个相互转换频率、时间和距离函数的过程。在傅里叶变换光谱仪中，从干涉仪中获得的信息是经过将入射光分开、光经过样品和参照物得到的，当光束重新聚合时，因两束光波所经过的光路不同而出现干涉图样。干涉图样像全息图转换成照片那样转化成普通光谱图，而且内置计算机可以在 1min 以内用 FT 将图样转变成光谱，大大提高了信噪比。傅里叶变换红外光谱运用二阶导数谐和傅里叶去卷积（FSD）技术，使一些不明显的信息突出，并可从重叠谱带中获得隐含信息，从而使图像处理变得容易。

傅里叶变换红外光谱仪是干涉型红外光谱仪，由迈克尔逊干涉仪和计算机两部分组成，如图 7-7 所示。

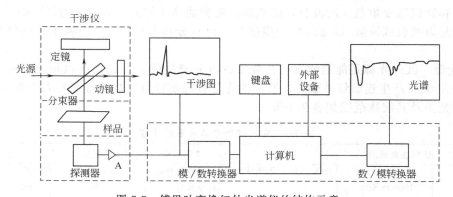

图 7-7　傅里叶变换红外光谱仪的结构示意

工作流程：由红外光源发出的红外光经准直为平行红外光束进入干涉仪系统，经干涉仪调制后得到一束干涉光。干涉光通过样品，获得含有光谱信息的干涉信号到达探测器上，由探测器将干涉信号变为电信号。此处的干涉信号是一时间函数，即由干涉信号绘出的干涉图，其横坐标是动镜移动时间或动镜移动距离。这种干涉图经过数模转换器送入计算机，由计算机进行傅里叶变换的快速计算，即获得以波数为横坐标的红外光谱图。

① 光源　傅里叶变换红外光谱仪所用光源要求能发射出稳定、能量强、发射度小的具有连续波长的红外光，通常使用能斯特灯、硅碳棒或涂有稀土化合物的镍铬灯。

② 迈克尔逊干涉仪　迈克尔逊干涉仪的作用是将复色光变为干涉光，中红外干涉仪中的分束器主要是由溴化钾材料制成的；近红外分束器一般以石英和 CaF_2 为材料；远红外分束器一般由 Mylar 膜和网络固体材料制成。

③ 检测器　检测器分为热检测器和光检测器，热检测器是将某些热电材料的晶体放在两块金属板中，当光照射到晶体上时，晶体表面电荷分布发生变化，由此测量红外辐射的功率。热检测器有氘化硫酸三甘肽等，光检测器是利用材料受光照射后，由于导电性能的变化而产生信号，最常用的光检测器有锑化铟、汞镉碲等。

④ 记录系统　傅里叶变换红外光谱图的记录和处理是在计算机上进行的，常用的工作软件如美国 PE 公司的 spectrum v 3.01，它可以在软件上直接进行扫描操作，可以对红外光谱进行优化、保存、比较、打印等。此外，仪器上的各项参数可以在工作软件上直接调整。

傅里叶红外光谱仪的特点：与经典的红外光谱仪相比，傅里叶变换红外光谱仪有以下特点：

① 扫描速度快。一般在 1s 内完成光谱范围的扫描；

② 光束全部通过，辐射通量大，检测灵敏度高；

③ 具有多路通过的特点，所有频率同时测量；

④ 分辨率高。在整个光谱范围内分辨率很容易达到 0.1/cm；

⑤ 波数准确度高。若用 He-Ne 激光器，可提供 0.01/cm 的测量精度；

⑥ 光学部件简单。只有一个可动镜在实验过程中运动。

7.4.3　定性和定量分析方法

（1）定性分析

傅里叶变换红外光谱法定性分析的理论依据是：红外吸收光谱中吸收峰的波长（或波数）和数目（吸收光谱的形状）是由吸光物质分子的结构所决定的，是分子结构特征性数据。这是定性分析的依据。简谐振动所表现出来的吸收频率，是由某些特定的官能团决定的，这些频率称为基团频率，可用于鉴定某种官能团的存在，但振动的偶合使各官能团的基团频率发生变化，从而表现出新的吸收峰，因此，结构不同的化合物表现出不同的红外吸收光谱图。

定性分析时，首先用基团频率与被测物的吸收光谱作比较，初步辨别这个未知物含有哪些基团，各官能团的基团频率的详细数据可在相关专业书籍中查到，在波数为 $5000 \sim 1430 cm^{-1}$ 范围内的吸收峰是一些特定的官能团，这一范围称为"基团频率区"，在波数为 $1430 \sim 400 cm^{-1}$ 范围内出现的吸收带数目最多，光谱图的形状最复杂，它体现出基谐振动和振动偶合的作用，这一范围称为"指纹区"。由基团频率可以判断简单有机化合物的结构。对于结构复杂的化合物，由于各官能团之间的相互影响，使各官能团的特征吸收峰发生变化，可用各化合物的标准谱图来进行定性分析，标准谱图是用极纯的化合物作出的红外吸收光谱图，将未知化合物的红外吸收光谱图与标准光谱图比较，如果它们的吸收光谱完全一样，就必然是同一种化合物。

（2）定量分析

红外吸收光谱法定量分析的依据是朗伯-比尔定律，即在某一波长的单色光的照射下，吸光度与物质的浓度呈线性关系。根据测定吸收峰峰尖处的吸光度来进行定量分析。吸光度的测定有两种方法：峰高法和峰面积法。

① 峰高法 是将测量波长固定在被测组分有明显的最大吸收而溶剂只有很小或没有吸收的波数处，在相同条件下，分别测定样品及溶剂的透光率，则样品的透光率等于两者之差，并求出吸光度。这种方法产生的误差比较大，常采用基线法，即采用基线代替零吸收线进行补偿，选谱带两侧吸光度最小的两点 A 和 B，连成直线 AB 作为基线求出峰高，如图7-8 所示。

② 峰面积法 和求峰高法一样，求峰面积也采用基线法，测量基线与吸收峰所围成的面积，如图 7-9 所示，从而求出吸光度。

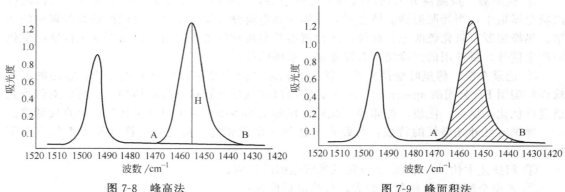

图 7-8 峰高法　　　　　　　　　　　图 7-9 峰面积法

由于物质在红外区域中有许多吸收带，但并不是每一个吸收带都能用于定量分析，所以，应选择合适的吸收带。理想的定量分析谱带应该是孤立的，吸收强度大，遵守吸收定律，不受溶剂和样品中其他组分的干扰，尽量避免在水蒸气和二氧化碳的吸收峰位置测量。

（3）定量分析方法

① 标准曲线法 方法与可见分光光度法相似。

② 内标法 当用溴化钾压片、糊状法或液膜法时，光路厚度不易确定，有时可以采用内标法。选择一种标准化合物，它的特征吸收峰与样品的分析峰互不干扰，取一定量的标准物质与样品混合，将此混合物制成溴化钾压片或油糊制成红外吸收光谱图，则

$$A_s = a_s b_s c_s$$
$$A_r = a_r b_r c_r$$

将这两式相除得：$\dfrac{A_s}{A_r} = \dfrac{a_s}{a_r} \times \dfrac{b_s}{b_r} \times \dfrac{c_s}{c_r}$

由于 $b_s = b_r$，所以 $\dfrac{A_s}{A_r} = K c_s$

以吸光度为纵坐标，以 c_s 为横坐标，做工作曲线，在相同条件下测得试样的吸光度，从工作曲线上查出试液的浓度。

③ 比例法 当液层厚度不定时，采用比例法。比例法主要用于分析二元混合物中两个组分的相对含量，对于二元体系，若两组分谱带不重叠，则

$$R = \frac{A_1}{A_2} = \frac{a_1 b c_1}{a_2 b c_2} = \frac{a_1 c_1}{a_2 c_2} = K \frac{c_1}{c_2}$$

因 $c_1 + c_2 = 1$，故

$$c_1 = \frac{R}{K+R}$$

$$c_2 = \frac{K}{K+R}$$

式中　$K = \dfrac{a_1}{a_2}$——两组分在各自分析波数处的吸收系数之比，可由标准样品测得；

R——被测样品二组分定量谱带峰值吸光度的比值，由此计算两组分的相对含量。

7.4.4　红外光谱法在水分析中的应用

水中的大部分有机化合物如有机酸、醇、酚、醛、酮、腙、肼、烷烃（甲基和亚甲基）、烯烃、胺以及含氮、磷、卤素的有机化合物等均能用红外光谱进行分析，红外光谱主要用于化合物结构的鉴定和组分的定量分析，由于水在红外光区有强吸收，为消除水分的干扰，一般预先对水样进行提纯，然后再进行测定。

思考题与习题

7-1. 简述原子吸收分光光度法的原理。

7-2. 原子吸收分光光度计的基本组成及各部分的作用是什么？

7-3. 原子吸收分光光度法定量方法有哪些？各使用什么情况？

7-4. 举例说明原子吸收光谱法在水分析中的应用。

7-5. 简述原子发射光谱法的基本原理。

7-6. 原子发射光谱法与原子吸收光谱法的区别是什么？

7-7. 简述紫外吸收光谱法的原理。

7-8. 举例说明紫外吸收光谱法在水分析中应用。

7-9. 简述红外吸收光谱法的原理。

第 **8** 章 电化学分析法

内容提要 着重阐述了电位分析法的基本原理及其应用，介绍了电导分析法、极谱分析法和库仑分析法的测定原理及其在水质分析中的应用。

电化学分析（Electrochemical Analysis）是应用电化学原理和实验技术建立起来的一类分析方法的总称。它将待测试样溶液和两支电极构成电化学电池，利用试样溶液的化学组成和浓度随电学参数变化的性质，通过测量电池的某些参数或参数的变化，确定试样的化学组成或浓度。在水质分析中，应用的主要有电位分析法、电导分析法、极谱分析法和库仑分析法等。

8.1 电位分析法

电位分析法是电化学分析法中的一个重要分支，测定原理是通过测量电池的电动势，即零电流条件下化学电池中两电极（指示电极和参比电极）的电位差，得到溶液中有关化学成分的分析信息。可分为直接电位法和电位滴定法。

直接电位法（Direct Potentionmetric Method）是通过测量原电池的电动势直接测定待测离子活度的方法。如 pH 的电位测定和离子选择性电极法等。

电位滴定法（Potentionmetric Titration）又称间接电位分析法，是根据滴定过程中原电池电动势的变化来确定滴定反应终点，并由滴定剂的用量求出被测物质含量的方法，可用于酸碱、络合、沉淀和氧化还原等各类滴定反应。

在电位分析法中，所用的化学电池是原电池，它能自发地将体系内部的化学能转变为电能，其装置是由一个指示电极和一个参比电极共同浸入被测溶液中构成的，通过测定原电池的电动势，即可求得被测溶液中的离子活度或浓度。

8.1.1 指示电极

指示电极是指示被测离子活度的电极，它的电极电位随被测离子活度的变化而变化。常用的指示电极有金属基电极和离子选择性电极。

（1）金属基电极

这类电极的共同特点是电极反应中有电子交换反应，电极电位来源于电极表面的氧化还原反应。

① 金属-金属离子电极 此类电极是将金属浸入该金属离子的溶液中构成的，其电极电位的变化能准确地反映溶液中金属离子活度的变化。如 $Ag \mid Ag^+$、$Zn \mid Zn^{2+}$、$Pb \mid Pb^{2+}$、$Cu \mid Cu^{2+}$ 等电极。

② 金属-金属难溶盐电极 这类电极是将金属及该金属难溶盐浸入相应的阴离子溶液中构成的，其电极电位随阴离子活度的增加而下降，故可用于测定阴离子的活度。如银-氯化银电极，甘汞电极等。

③ 惰性金属电极 这类电极是将惰性金属浸入含有均相、可逆的氧化态和还原态物质的溶液中构成的。此电极本身不参与氧化还原反应，只作为电子交换的场所，协助电子的转移，其电极电位能指示出溶液中氧化态与还原态物质浓度的变化。如将铂电极插入 Fe^{2+} 和

Fe^{3+} 的溶液中组成的电极。

（2）离子选择性电极

离子选择性电极通过敏感膜选择性地进行离子渗透和交换，由此产生膜电位，又被称为膜电极。膜电极的电位对溶液中某种特定离子有选择性响应，故可作为测定溶液中离子活度的指示电极。

pH 玻璃电极是最早实际应用的离子选择性电极。20 世纪 60 年代初，氟离子选择性电极研制成功并商品化，随后发展了一系列的离子选择性电极，使其从理论到应用有了很大的发展，这是近代电化学分析的重要进展之一。而在此基础上发展起来的生物电化学传感器，已成为近年来电化学分析发展的前沿领域。

离子选择性电极的种类很多，如图 8-1 所示，根据 IUPAC（国际纯粹与应用化学联合会）推荐的分类方法可将离子选择性电极分为原电极和敏化电极两大类。常用的离子选择性电极主要有玻璃膜电极、单晶膜电极、多晶膜电极、液膜电极和气敏电极等。

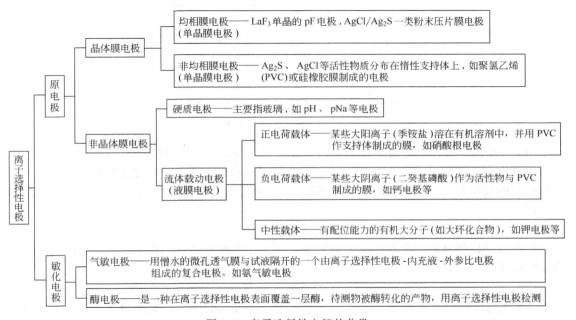

图 8-1　离子选择性电极的分类

① 玻璃膜电极　pH 玻璃电极是对 H^+ 具有专属性的离子选择性电极，是最早使用的膜电极，应用也最广泛。其测定 pH 的优点是对 H^+ 有高度的选择性，不受溶液中氧化剂或还原剂的影响，不易因杂质的作用而中毒，能在有色的、浑浊的或胶体溶液中应用。

在溶液的 pH 测量中，它被用作指示电极。pH 玻璃电极的结构如图 8-2 所示。

它的关键部分是由敏感玻璃制成的球泡（膜厚约 0.03～0.1mm），泡内充有 pH 一定的缓冲溶液（即内参比溶液），其中插入一支 Ag-AgCl 电极内参比电极。

pH 敏感玻璃膜一般由 Na_2O、CaO、SiO_2 按摩尔比为 21.4∶6.4∶72.2 组成，玻璃化后，其中的 SiO_2 形成硅氧四面体，彼此连接构成一个无限的三维网络。其中 Na_2O 的 Na^+ 是

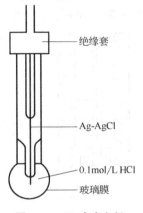

图 8-2　pH 玻璃电极

絶缘套

Ag-AgCl

0.1mol/L HCl

玻璃膜

敏感膜的电荷载体，是电极响应的决定因素。当玻璃膜与溶液接触时，溶液中的氢离子能进入网络中取代钠离子，溶液中的阴离子受带负电荷的硅氧排斥，不能进入网络；而高价的阳离子因体积或电荷与网络点位不相配，也不能进入网络。

pH 玻璃电极浸泡水中时，溶液中的 H^+ 与玻璃表面的钠离子发生交换反应，此反应的平衡常数很大，在玻璃球泡表面形成一层很薄的水化层：

$$H^+ + NaGI(硅酸钠) \Longleftrightarrow Na^+ + HGI(硅酸)$$

在酸性或中性溶液中，由于氢离子与硅氧结构的键合强度远大于它与钠离子的键合强度，使得水化层表面钠离子的点位基本全部被氢离子占据，若 H^+ 表面浓度大，便会继续向水化层内部扩散，因此从水化层至玻璃界面，H^+ 浓度逐渐减少，Na^+ 浓度逐渐增大，在干玻璃层内仍然是钠离子，如图 8-3 所示。

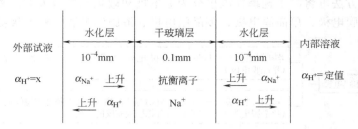

图 8-3　玻璃膜分层模型

图 8-3 所示为浸泡后的玻璃膜的组成，其中 φ_A、φ_B 为相界电位；φ_C、φ_D 为扩散电位，是由于氢离子的扩散形成的，若玻璃是均匀的，则玻璃膜内外两个水化层的性质相同，两个扩散电位的数值相等，符号相反，相加的结果互相抵消，此时膜电位 φ_M 由两个相界电位决定，即

$$\varphi_M = \varphi_B - \varphi_A \tag{8-1}$$

由于内参比溶液的浓度和组成是固定的，故 φ_B 可视为常数。在 25℃时，pH 玻璃电极的膜电位可用下式表示：

$$\varphi_M = K + 0.059 \lg \alpha_{H^+} = K - 0.059 pH \tag{8-2}$$

一般的 pH 玻璃电极仅限于 pH=1～10 的溶液，若 pH>10，碱金属离子会干扰 pH 的测定，使测得的结果比实际值低，这种误差为碱差或钠差。当 pH<1 时，测得的结果就会偏高，这种误差为酸差。如果在制玻璃时用 Li_2O 代替 Na_2O，这种电极可在 pH 为 1～13.5 的范围内使用。pH 测定中存在的问题除碱差与酸差外，还有不对称电位。一支给定的 pH 玻璃电极，其不对称电位随时间而缓慢变化。

玻璃电极除对 H^+ 产生响应外，也可对 Na^+、K^+、Li^+、Ag^+ 等产生响应。但只有 Na^+ 玻璃电极选择性较高，已被应用于水质、土壤、矿物、化工、生化等领域中 Na^+ 的测定。

② 单晶膜电极　这类电极的薄膜是由难溶盐的单晶片制成的，其中最典型的是氟离子选择性电极，如图 8-4 所示，该电极的敏感膜是由掺杂有少量的 EuF_2 或 CaF_2 的氟化镧单晶片制成的。引入的 EuF_2 或 CaF_2 的作用增加了膜的电导性能，使其电阻下降。氟离子选择性电极中的内参比电极为银-氯化银电极，内参比溶液为含 0.001mol/L NaF 和 0.1mol/L NaCl 溶液。

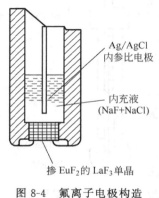

Ag/AgCl
内参比电极

内充液
(NaF+NaCl)

掺 EuF_2 的 LaF_3 单晶

图 8-4　氟离子电极构造

在晶体膜电极中，离子的导电过程是借助于晶格的缺陷进行的。对一定的电极膜，其空穴大小、形状、电荷分布等状况使得只能容纳特定的可移动离子，其他离子不能进入，显示出晶体膜电极良好的选择性。氟离子选择性电极就是典型的例子。

测定氟离子浓度时，将氟离子选择性电极浸入被测溶液中，氟离子可以吸附在晶体膜表面，进入空穴中，进而向晶体内部空穴扩散，而溶液中的氟离子再进入表面空穴，从而在溶液与晶体膜交界面上形成双电层结构，产生相界电位。

25℃时，氟离子电极的膜电位可用下式表示：

$$\varphi_M = K - 0.0591 \lg \alpha_{F^-} \tag{8-3}$$

氟离子电极具有良好的选择性，该电极对氟离子响应的线性范围为 $5 \times 10^{-7} \sim 1 \times 10^{-1}$ mol/L，超过氟离子量 1000 倍的 Cl^-、Br^-、I^-、NO_3^-、SO_4^{2-} 等的存在对测定均无明显干扰。除 OH^- 外，一般阴离子不会干扰氟离子的测定。但溶液中若存在有 Al^{3+}、Ca^{2+}、Mg^{2+} 等能与 F^- 形成稳定配合物和难溶化合物的离子时，常需加入掩蔽剂消除干扰。

氟离子选择性电极常用于天然水和饮用水中 F^- 的测定，测定时溶液的 pH 应控制在 $5 \sim 7$，pH 过低，F^- 部分形成 HF 或 HF_2^-，降低了氟离子浓度；而 pH 过高，则会导致 OH^- 与 LaF_3 敏感膜发生离子交换形成 $La(OH)_3$，同时释放 F^-，干扰测定。

③ 多晶膜电极　硫离子和卤素离子（X^-）的电极属多晶膜电极，它是用 Ag_2S 及 AgX 的难溶盐沉淀粉末在高压下压成薄片而制成的。

硫离子电极的敏感膜是一般为单斜晶系的 β-Ag_2S，它具有离子和电子传导性能，膜内的银离子是电荷的传递者，因而它又是银电极。Ag_2S 的溶度积很小，故银电极对银离子的选择性和灵敏度很高，膜电位可表示为（25℃）

$$\varphi_M = K + 0.0591 \lg \alpha_{Ag^+} \tag{8-4}$$

当用于测定硫离子时，膜电位可表示为（25℃）

$$\varphi_M = K - \frac{0.059}{2} \lg \alpha_{S^{2-}} \tag{8-5}$$

一定条件下，该电极还可测定氰离子，因银离子和氰离子存在配位平衡：

$$Ag^+ + 2CN^- \Longrightarrow Ag(CN)_2^-$$

膜电位可表示为（25℃）

$$\varphi_M = K - 2 \times 0.0591 \lg \alpha_{CN^-} \tag{8-6}$$

AgCl、AgBr、AgI 可分别作为 Cl^- 电极、Br^- 电极、I^- 电极的敏感膜，膜中均由银离子传导电荷。25℃以下，膜电位可表示为

$$\varphi_M = K - 0.0591 \lg \alpha_{X^-} \tag{8-7}$$

通常在卤化银中掺入 Ag_2S 可增加卤素离子电极的机械强度和导电性，减少对光的敏感性。而在 Ag_2S 基体中加入适量的金属硫化物，还能得到相应的阳离子电极，如加入 CuS、PbS 可分别制得铜离子电极和铅离子电极。

④ 液膜电极　液膜电极用液体膜代替固体膜，该电极的载体在膜内是流动的，又称为流动载体电极。它是将电活性物质（载体）溶于有机溶剂，成为有机液体离子交换剂，由于有机溶剂与水互不相溶而形成液体膜被固定在惰性微孔中。敏感薄膜将被测溶液与内参比溶液分开，并与被测溶液之间形成相界面，膜中的液体离子交换剂与被测离子结合，并在膜中迁移。而在溶液中，与被测离子电荷相反的离子不能进入膜内，引起相界面电荷分布不均匀，形成双电层结构，产生膜电位。

这类电极的构造见图 8-5。中间圆柱形体腔装有内充液（水相），下端环形体腔贮有活性物质溶液（有机相），水相和有机相均与惰性微孔支持体相接触。内参比电极选用 Ag-

AgCl 电极，若响应离子为阳离子，内参比溶液为它的氯化物溶液；如果响应离子为阴离子，则内参比溶液为它的碱金属盐和氯化钾溶液。

以钙离子电极为例，该电极的电活性物质是带负电荷的载体，如二癸基磷酸钙，溶剂为苯基磷酸二正辛酯，惰性微孔支持体用微孔膜制成。其膜电位（25℃）为

$$\varphi_M = K + \frac{0.059}{2} \lg \alpha_{Ca^{2+}} \tag{8-8}$$

再如 NO_3^- 电极的电活性物质是带正电荷的载体，如季胺类硝酸盐，将其溶于邻硝基苯十二烷醚后，再与含 5% 的聚氯乙烯（PVC）的四氢呋喃溶液按 1:5 混合，于平板玻璃上制成薄膜。其膜电位（25℃）为

$$\varphi_M = K - 0.059 \lg \alpha_{NO_3^-} \tag{8-9}$$

液膜电极以 K^+、Ca^{2+}、NO_3^-、BF_4^-、ClO_4^- 等电极的应用较多，如血清、水、土、肥、矿物中 K^+、Ca^{2+} 的测定，水、土、植物、食品、蔬菜中 NO_3^- 的测定。

⑤ 气敏电极　气敏电极是一种气体传感器，是对被测气体敏感的电极。可用于溶液中气体含量的测定。其测定原理为：由于被测气体影响某一化学反应平衡，使平衡中某一离子的活度发生变化，其变化量可由该离子的离子选择性电极反映出来，从而测定出溶液中气体的含量。

气敏电极的结构如图 8-6 所示。

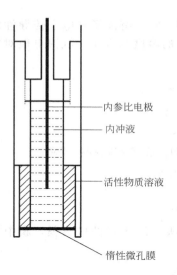

图 8-5　液膜电极

内参比电极
内冲液
活性物质溶液
惰性微孔膜

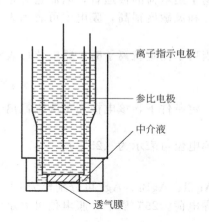

图 8-6　气敏电极

离子指示电极
参比电极
中介液
透气膜

在电极的下端装有透气膜，它有许多微孔，具有憎水性。溶液中的气体可通过该膜进入管内，使管内溶液中的化学反应平衡发生改变。如常用的氨气敏电极，被测气体 NH_3 通过透气膜并溶于水中：

$$NH_3 + H_2O \Longrightarrow NH_4^+ + OH^-$$

$$K_b = \frac{[NH_4^+]\alpha_{OH^-}}{[NH_3]}$$

因内充液中的 $[NH_4^+]$ 相对于其他组分，数值很大，可视为常数，并入 K_b 中，用 K_b' 表示：

$$[OH^-] = K_b'[NH_3] \tag{8-10}$$

此式表明内充液中的 α_{OH^-} 与 $[NH_3]$ 成正比。若用 pH 玻璃电极测量内充液中 OH^- 的活度（即 α_{OH^-}），则该氨电极的电位将随 α_{OH^-} 的变化而变化，其电位为

$$\varphi = K - 0.059\lg[NH_3] \tag{8-11}$$

氨气敏电极测定水中的氨氮，不受水样色度和浊度的影响，水样不必进行预蒸馏，最低检出浓度为 0.03mg/L，测定上限可达 1400mg/L。

除氨气敏电极外，还有用于测定 SO_2、NO_2、CO_2、H_2S、HCN、Cl_2、HF 等气敏电极。

8.1.2　参比电极

在电位分析法中，参比电极是用来提供电位标准的，因此要求参比电极具有可逆性、重现性和稳定性好等优良性能，且其装置要简单。标准氢电极是最精确的参比电极，是参比电极的一级标准，但它的制作麻烦，所用铂黑容易中毒，使用不方便。故实际工作中最常用的参比电极有甘汞电极和银-氯化银电极。

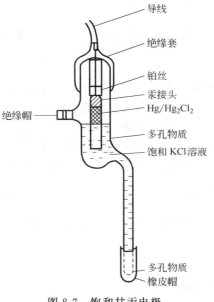

图 8-7　饱和甘汞电极

（1）甘汞电极

甘汞电极是由金属汞、甘汞（Hg_2Cl_2）及 KCl 溶液组成的，如图 8-7 所示。电极由两个玻璃套管组成，内玻璃管中封接一根铂丝，插入纯汞中，下置一层甘汞（Hg_2Cl_2）和汞的糊状物，并用浸有 KCl 溶液的脱脂棉塞紧。外玻璃管中装入 KCl 溶液，其下端与被测溶液接触部分是多孔物质，构成使溶液互相连接的通路。

甘汞电极的组成：$Hg，Hg_2Cl_2（固）| KCl（溶液）$

电极反应：　　$Hg_2Cl_2 + 2e^- \Longleftrightarrow 2Hg + 2Cl^-$

电极电位（25℃）

$$\varphi_{Hg_2Cl_2/Hg} = \varphi^\ominus_{Hg_2Cl_2/Hg} - 0.059\lg\alpha_{Cl^-} \tag{8-12}$$

由式（8-12）可见，温度一定，甘汞电极的电位由 KCl 溶液的 α_{Cl^-} 决定，即不同浓度的 KCl 溶液使甘汞电极具有不同的恒定值。KCl 溶液为饱和状态时的甘汞电极称为饱和甘汞电极，用 S. C. E. 表示。

不同摄氏温度下的饱和甘汞电极的电位

$$\varphi_{Hg_2Cl_2/Hg} = 0.2415 - 7.6 \times 10^{-4}(t-25)V \tag{8-13}$$

25℃时　　　　　　　　　　　$\varphi_{Hg_2Cl_2/Hg} = 0.2415V$

（2）银-氯化银电极

银-氯化银电极是在银丝上镀一层 AgCl，浸入一定浓度的 KCl 溶液中构成的。

银-氯化银电极可表示成：$Ag，AgCl（固）| KCl（溶液）$

电极反应：　　　　　　　　$AgCl + e^- \Longleftrightarrow Ag + Cl^-$

电极电位（25℃）：　　$\varphi_{AgCl/Ag} = \varphi^\ominus_{AgCl/Ag} - 0.059\lg\alpha_{Cl^-} \tag{8-14}$

温度升高，该电极随温度变化响应较快，精密度较好，故可适用于高温测定，最高可达 275℃。

8.1.3　电池的电动势

电位分析法是通过测定原电池的电动势，直接或间接求取待测溶液中的离子活度或浓

度。原电池是一种能自发地将体系内部的化学能转变为电能的化学电池。化学反应能够转变为产生电流的电池的首要条件是该反应本身必须是氧化还原反应。

在电位分析法中，原电池的装置是由一个指示电极和一个参比电极共同浸入被测溶液中构成的。测量电池可简单表示为

$$指示电极 \mid 被测溶液 \mid 参比电极$$

故电池的电动势可用下式表示，即

$$E = \varphi_{指} - \varphi_{参} + \varphi_{接}$$

其中 $\varphi_{指}$、$\varphi_{参}$、$\varphi_{接}$ 分别为指示电极的电极电位、参比电极的电极电位和液接电位。液接电位是由两个组成不同或浓度不同的电解质溶液相接触而产生的界面间的电位差。在一个确定的电化学体系中，参比电极的电极电位和液接电位可视为常数，用 K 表示，则由上式得

$$E = K + \varphi_{指} \tag{8-15}$$

指示电极的电极电位服从能斯特方程（Nernst）：

$$\varphi_{指} = \varphi^{\ominus} + \frac{RT}{nF} \ln \frac{\alpha_{Ox}}{\alpha_{Red}} \tag{8-16}$$

式中　　R——气体常数，$8.314 J/mol \cdot K$；

　　　　T——热力学温度，K；

　　　　F——法拉第常数 96487，C/mol；

　　　　n——电极反应得失电子数；

α_{Ox}，α_{Red}——指示电极氧化态（Ox）和还原态（Red）的活度。

25℃时

$$\varphi_{指} = \varphi^{\ominus} + \frac{0.059}{n} \lg \frac{\alpha_{Ox}}{\alpha_{Red}} \tag{8-17}$$

将式(8-16)、式(8-17)分别代入式(8-15)，合并常数项，用 K' 表示，即

$$E = K' + \frac{RT}{nF} \ln \frac{\alpha_{Ox}}{\alpha_{Red}} \tag{8-18}$$

25℃时

$$E = K' + \frac{0.059}{n} \ln \frac{\alpha_{Ox}}{\alpha_{Red}} \tag{8-19}$$

式(8-18)、式(8-19)即为电位分析法计算电池电动势的基本公式。

8.2　直接电位分析法

直接电位分析法是直接由测得的原电池电动势求出待测溶液中的离子活度或浓度。应用最多的是 pH 的测定和离子活度或浓度的测定。

8.2.1　pH 的电位测定

（1）测定的基本原理

测定 pH 的电化学体系是以 pH 玻璃电极作为指示电极，饱和甘汞电极作为参比电极，将两电极插入被测溶液中组成的原电池，如图 8-8 所示。

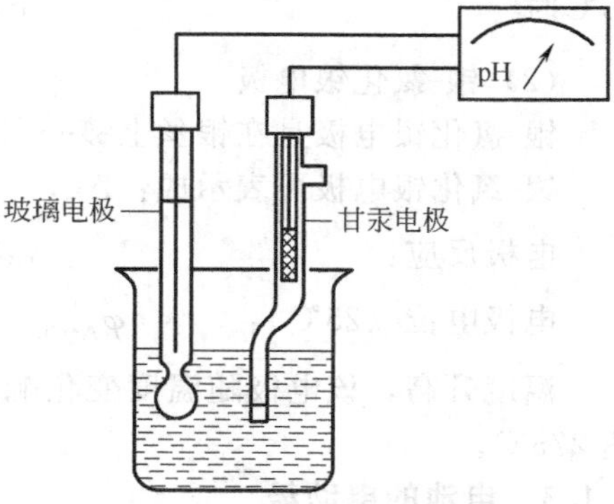

原电池的电动势可由式(8-18)或式(8-19)得出：

$$E_{电池} = K' + \frac{RT}{nF} \ln \alpha_{H^+} = K' + \frac{2.303RT}{F} pH \tag{8-20}$$

25℃时　$E_{电池} = K' + 0.059 \ln \alpha_{H^+} = K' - 0.059 pH$

$$\tag{8-21}$$

图 8-8　pH 的电位测定示意图

式中 K' 除包括内、外参比电极的电极电位等常数外，还包括难以测定与计算的液接电位、不对称电位等，因此在实际测量中，分别测定待测水样的电池电动势（E_X）和标准缓冲溶液的电池电动势（E_S）：

$$E_X = K'_X + \frac{2.303RT}{F} pH_X \qquad (8\text{-}22)$$

$$E_S = K'_S + \frac{2.303RT}{F} pH_S \qquad (8\text{-}23)$$

如果测量 E_X 和 E_S 的条件不变，$K'_X = K'_S$，将以上两式相减得：

$$pH_X = pH_S + \frac{(E_X - E_S)F}{2.303RT} \qquad (8\text{-}24)$$

上式中 pH_S 已知，由此式即可计算得到被测溶液中的 pH。

为了尽量减少误差，应该选用 pH_S 与被测溶液的 pH_X 相近的标准缓冲溶液，并在测定过程中尽可能使溶液的温度保持恒定。

（2）测定 pH 的仪器——pH 计

pH 计又称为酸度计，按照测量电动势的方式不同，可分为直读式和补偿式。酸度计设置有定位、温度补偿调节及电极斜率调节。由于温度的影响、pH 计电子元件的老化、生产厂家不一或浸泡时间不一等原因，故测定之前必须用标准缓冲溶液进行校正，使标度值与标准缓冲溶液的 pH 相一致。然后，再测定样品溶液，由标尺或数字显示直接读出 pH_X 值。表 8-1 列出了常用的六种基准缓冲溶液在不同温度下的 pH_S。

表 8-1　六种基准缓冲溶液的 pH_S

温度/℃	0.05mol/L KH₃(C₂O₄)·2H₂O	25℃饱和酒石酸氢钾	0.05mol/L 邻苯二甲酸氢钾	0.025mol/L Na₂HPO₄ 和 0.025mol/L KH₂PO₄	0.01mol/L 硼砂	25℃饱和 Ca(OH)₂
0	1.668	—	4.006	6.981	9.458	13.416
5	1.669	—	3.999	6.949	9.391	13.210
10	1.671	—	3.996	6.921	9.330	13.011
15	1.673	—	3.996	6.898	9.276	12.820
20	1.676	—	3.998	6.879	9.226	12.637
25	1.680	3.559	4.003	6.864	9.182	12.460
30	1.684	3.551	4.010	6.852	9.142	12.292
35	1.688	3.547	4.019	6.844	9.105	12.130
40	1.694	3.547	4.029	6.838	9.072	11.975
45	1.700	3.550	4.042	6.834	9.042	11.828
50	1.706	3.555	4.055	6.833	9.015	11.697
55	1.713	3.563	4.070	6.834	8.990	11.553
60	1.721	3.573	4.087	6.837	8.968	11.426
70	1.739	3.569	4.122	6.847	8.926	—
80	1.759	3.622	4.161	6.862	8.890	—
90	1.782	3.648	4.203	6.881	8.856	—

近些年，为适应环境监测的需要，已研制出含参比电极的 pH 复合电极与数显电位差计装在一起的 pH 测量装置，该装置具有体积小、重量轻、响应快、携带和使用方便等特点。另外还有一种双高阻输入式 pH 计，其参比电极为 pH 电极，选用的内充参比液的 pH 及组成与样品溶液尽量相近，由此组成一个电动势接近于零的对称电池，减少了温度、液接电位及离子活度系数等所带来的误差，非常适用于要求固定 pH 的测量控制。

8.2.2　离子活度（或浓度）的测定

（1）测定原理

采用直接电位法测定水中某种离子活度的电化学体系是由离子选择性电极作为指示电极，饱和甘汞电极作为参比电极，将两电极插入被测溶液中组成的原电池。以氟离子选择性电极测定水样中的氟离子活度为例，原电池的电动势可由式(8-18) 或式(8-19) 得出，即

$$E = K' - \frac{RT}{F}\ln\alpha_{F^-} = K' - \frac{2.303RT}{F}\lg\alpha_{F^-} \tag{8-25}$$

25℃时
$$E = K' - 0.059\lg\alpha_{F^-} \tag{8-26}$$

式中，K'包括内、外参比电极的电极电位等常数，还包括难以测量与计算的液接电位、不对称电位等，通常并不直接由测得的电动势 E 值计算被测离子的活度或浓度。

(2) 测定方法

在离子选择性电极的测定方法中，一般采用标准曲线法和标准加入法。

① 标准曲线法（工作曲线法） 首先配制一系列不同浓度被测离子的标准溶液（其中含有总离子强度调节缓冲液 TISAB），将指示电极和参比电极放入各标准溶液中，组成原电池，分别测定出各标准溶液的电动势，在半对数坐标纸上绘制出电池电动势 E 与对应的浓度对数值或负对数值（即 E-$\lg c$ 或 E-pc）的标准曲线，在一定浓度范围内，它是一条直线。然后在被测溶液中加入同样量的 TISAB，并用同一对电极测定其电动势 E_X 值，从标准曲线上查出相应的 c_X 值。如图 8-9 所示。

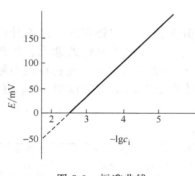

图 8-9　标准曲线

由式(8-25) 或式(8-26) 可看出，电位法测出的是离子的活度，而水处理和水质分析中常要求测定水中离子的浓度。浓度 c 与活度 α 之间的关系是 $\alpha = c\gamma$；γ 为离子活度系数。在实际分析中，因活度系数难以计算或计算繁琐，一般很少通过直接计算活度系数 γ 来求离子的浓度，而通常是在溶液中加入总离子强度调节缓冲液 TISAB，使溶液的离子强度保持相对的稳定，从而使离子活度系数基本相同，在尽可能一致的条件下对标准溶液和被测溶液进行测定，则 E-$\lg c$ 或 E-pc 标准曲线呈线性关系。如测定水样中的氟离子浓度：

$$E = K' - \frac{2.303RT}{F}\lg\gamma_{F^-}c_{F^-} = K'' - \frac{2.303RT}{F}\lg c_{F^-} \tag{8-27}$$

式中，K''是并入活度系数后的新常数。

TISAB 通常是由惰性电解质、配位掩蔽剂和 pH 缓冲溶液组成的。如测定水质中的氟离子浓度，采用的一种 TISAB 调节剂，其成分有 0.1mol/L NaCl、0.25mol/L HAc、0.75mol/L NaAc 和 0.001mol/L 柠檬酸钠，其中 HAc 和 NaAc 是缓冲溶液，维持溶液 pH=5.0；柠檬酸钠为配位掩蔽剂，以防止 Fe^{3+}、Al^{3+} 的干扰，调节剂的总离子强度为 1.75。由于加入大量电解质，故溶液中的离子强度主要由加入的物质所决定。

水样中的离子活度还可以用与测定 pH 相同的方法计算，即通过比较水样和标准溶液两个原电池的电动势计算被测离子的活度或浓度。

$$pc_X = pc_S + \frac{(E_X - E_S) \times nF}{2.303RT} \tag{8-28}$$

应该指出，构成原电池的正极是两个电极中电位高的电极，原电池的负极是两个电极中电位低的电极，因此要视指示电极和参比电极的电位大小确定原电池的正负极。

② 标准加入法　当待测溶液的成分比较复杂，离子强度比较大，难以使其活度系数与标准溶液相一致时，就不适宜采用上述的标准曲线法，此时可用标准加入法进行测定。

设被测离子浓度为 c_X(mol/L)，体积为 V_X(mL)，活度系数为 γ_X，测得工作电池的电

动势 E 为

$$E = K' + \frac{2.303RT}{nF} \lg \gamma_X c_X \tag{8-29}$$

接着在溶液中加入一准确体积 V_S、浓度 c_S 被测离子的标准溶液，此时水样被测离子的浓度 c' 为

$$c' = \frac{c_X V_X + c_S V_S}{V_X + V_S} \tag{8-30}$$

通常控制 V_S 在 V_X 的 1% 以内，$V_S \ll V_X$，故 $V_S + V_X \approx V_X$，并假设 $\gamma_X \approx \gamma'$，则电池电动势 E' 为

$$E' = K' + \frac{2.303RT}{nF} \lg \gamma' c'$$

$$E' \approx K' + \frac{2.303RT}{nF} \lg \gamma_X \left(c_X + \frac{c_S V_S}{V_X} \right) = K' + \frac{2.303RT}{nF} \lg \gamma_X (c_X + \Delta c) \tag{8-31}$$

式(8-31) 与式(8-29) 相减得：

$$\Delta E = E' - E = \frac{2.303RT}{nF} \lg \left(1 + \frac{\Delta c}{c_X} \right) = \frac{S}{n} \lg \left(1 + \frac{\Delta c}{c_X} \right) \tag{8-32}$$

式中 $S = 2.303RT/F$。将上式取反对数得：

$$c_X = \Delta c (10^{\Delta En/S} - 1)^{-1} \tag{8-33}$$

加入标准溶液后，应使增加的溶液浓度 Δc 尽量接近 c_X。若加入后浓度变化太小，电动势改变不大，可能引起较大的测定误差；加入后浓度改变太大，可能增大溶液的离子强度、配位反应等影响，造成较大的测定误差。

标准加入法的优点是不需做标准曲线，仅需一种标准溶液即可测得被测离子的浓度，操作简便快速，尤其适于溶液组成复杂且测试样较少的情况，在有配位剂存在时，采用此法测定的是被测离子的总浓度（包括游离的和已配位的）。而标准曲线法只能用来测定游离离子的浓度。

③ 格氏作图法　格氏作图法是多次标准加入法的一种数据处理方法。

设被测离子浓度为 c_X(mol/L)，体积为 V_X(mL)，组成电池，测量电动势。然后连续多次加入浓度 c_S，体积 V_S 的标准溶液，并使 $c_S \gg c_X$，$V_S \ll V_X$。假设活度系数不变。每加入一次标准溶液，测量一次电动势。该电池电动势为

$$E = K' + \frac{S}{n} \lg \frac{c_X V_X + c_S V_S}{V_X + V_S} \tag{8-34}$$

将上式重排

$$(V_X + V_S) 10^{n \cdot E/S} = (c_X V_X + c_S V_S) 10^{n \cdot K'/S} \tag{8-35}$$

式中，S/n 为斜率。如以 $(V_X + V_S) 10^{n \cdot E/S}$ 对 V_S 作图，可得一直线，将该直线外推至横轴交于 V_e，这时 $V_S = V_e$，且 $(V_X + V_S) 10^{n \cdot E/S} = 0$，则 $c_X V_X + c_S V_S = 0$

所以

$$c_X = -\frac{c_S V_e}{V_X} \tag{8-36}$$

为了避免繁琐的计算，可用格氏坐标纸作图，这是一种反对数坐标纸，可直接以 E 对 V_S 作图，求得 V_e 值。

格氏作图法避免了指数计算，实际应用中十分方便。由于处理数据可降低检测下限，尤其适用于低浓度样品的分析。

（3）离子选择性电极的性能

① 响应范围与检测限　离子选择性电极的电位随离子活度而变化，这一现象称为响应。因这种响应服从能斯特方程，故称为能斯特响应。通常电极的响应范围主要是指电极对被测

离子的响应符合能斯特方程的线性响应区域，25℃时，一般电极的线性范围为 $10^{-1} \sim$ $10^{-6}\,mol/L$，检测下限大约为 $10^{-6} \sim 10^{-8}\,mol/L$，有些电极在缓冲溶液中，检测下限可小于 $10^{-10}\,mol/L$。

离子选择性电极的检测限主要受膜材料在水中的溶解度大小的影响。如氯离子选择性电极，膜若采用 $AgCl/Ag_2S$ 制成的，因 AgCl 的溶度积为 1.6×10^{-10}（25℃），检测限约为 $5 \times 10^{-5}\,mol/L\ Cl^-$；若采用的膜是 Hg_2Cl_2/Ag_2S 制成的，因 Hg_2Cl_2 的溶度积为 2.0×10^{-18}（25℃），检测限可达 $5 \times 10^{-6}\,mol/L\ Cl^-$。另外电极膜表面光洁度对检测限也有影响，光洁度越高，检测限越低。

② 离子选择性电极的选择　离子选择性电极不仅对被测离子有响应，有时对共存的其他离子也会发生响应。对于一般离子选择性电极，若被测离子为 i，电荷为 n_i，干扰离子为 j，电荷为 n_j，则考虑了干扰离子影响后的膜电位公式：

$$\varphi_{膜} = K \pm \frac{2.303RT}{n_i F} lg[\alpha_i + K_{ij}(\alpha_j)^{n_i/n_j}] \qquad (8\text{-}37)$$

式中，K_{ij} 为选择性常数，通常 $K_{ij}<1$，它是反映离子选择性电极性能的标志之一，其含义为在实验条件相同时，产生相同电位的被测离子活度 α_i 与干扰离子 α_j 的比值，即 α_i/α_j。例如，pH 玻璃电极对 Na^+ 的选择性常数为 10^{-11}，意味着 Na^+ 的活度是 H^+ 活度的 10^{11} 倍时，两种离子产生的膜电位相等，即表明此电极对 H^+ 的响应比对 Na^+ 的响应灵敏 10^{11} 倍。显然，K_{ij} 值越小，其选择性越高。在电位分析中，当 $K_{ij}=10^{-2} \sim 10^{-4}$ 时，才能忽略干扰离子的影响。K_{ij} 值是一个实验值，测定方法不同，其值也不同。商品电极一般会提供有关干扰离子选择性常数的数据，利用 K_{ij} 可以判断电极对各种离子的选择性能。

8.3　电位滴定法

电位滴定法是根据电池电动势在滴定过程中的变化确定滴定终点的一种分析方法。由于电位滴定法只注意滴定过程中电位的变化，不需计算终点电位的数值，因而与直接电位法比较，受液接电位、不对称电位和活度系数等的影响要小得多，测定的精密度、准确度均比直接电位法高，与容量分析法相当；且与滴定分析法相比，不受溶液有色、浑浊等限制，适用于滴定反应平衡常数较小，滴定突跃不明显，或用指示剂指示终点有困难的情况。

但电位滴定法的缺点是操作较复杂、麻烦，分析时间较长。如能使用自动电位滴定仪，可达到简便、快速的目的。

8.3.1　电位滴定曲线和滴定终点的确定

电位滴定的装置如图 8-10 所示。

电位滴定曲线是以指示电极的电位或电池的电动势作为纵坐标，以滴定剂的量作为横坐标得到的曲线。在滴定过程中，每加一次滴定剂，测量一次电动势。在滴定开始时每次所加体积可多些，而在计量点附近每滴加 0.1mL 或 0.2mL 就测量一次。一般只要测量和记录计量点前后 $1 \sim 2$mL 滴定剂范围内的电位变化就可以了。

滴定终点可由滴定曲线来确定。以

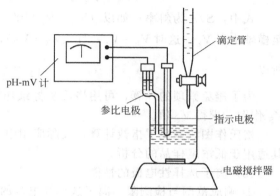

图 8-10　电位滴定的基本仪器装置示意图

0.100mol/L $AgNO_3$ 标准溶液滴定 20.00mL 的 NaCl 溶液为例。滴定曲线的作图法有下列几种。

（1）E-V 曲线法

通常绘制出的 E-V 曲线，如曲线对称且电位突跃部分陡直，则电位突跃的中点（或转折点）即为滴定终点。如图 8-11 所示，在 S 形滴定曲线上，作两条与滴定曲线相切的平行直线，两平行线的等分线与曲线的交点为曲线的拐点，即滴定终点，对应的体积为滴定至终点所需的体积。

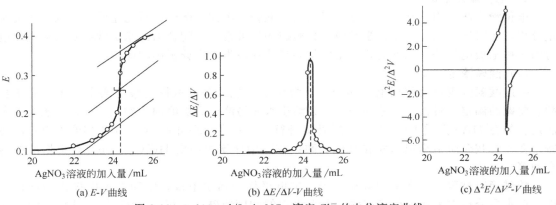

(a) E-V 曲线　　　　(b) $\Delta E/\Delta V$-V 曲线　　　　(c) $\Delta^2 E/\Delta V^2$-V 曲线

图 8-11　0.100mol/L $AgNO_3$ 滴定 Cl^- 的电位滴定曲线

（2）$\Delta E/\Delta V$-V 曲线法

$\Delta E/\Delta V$ 代表 E 的变化值与相对应的滴定剂体积的增量之比，它是一次微商 dE/dV 的估计值。图 8-11 是由表 8-2 中的数据绘制出的。如图所示，曲线的最高点对应于滴定终点。当 E-V 曲线突跃不明显时，采用一次微商作图法确定终点较准确。

表 8-2　0.1000mol/L $AgNO_3$ 溶液滴定 20.00mL 含 Cl^- 溶液的电位滴定数据

$AgNO_3$ 加入量/mL	E/V	$\Delta E/\Delta V$	$\Delta^2 E/\Delta V^2$	$AgNO_3$ 加入量/mL	E/V	$\Delta E/\Delta V$	$\Delta^2 E/\Delta V^2$
5.0	0.062	0.002		24.20	0.194		2.8
15.0	0.085	0.004		24.30	0.233	0.39	4.4
20.0	0.107	0.008		24.40	0.316	0.83	−5.9
22.0	0.123	0.015		24.50	0.340	0.24	−1.3
23.0	0.138	0.016		24.60	0.351	0.11	−0.4
23.50	0.146	0.050		24.70	0.358	0.07	
23.80	0.161	0.065		25.00	0.373	0.050	
24.00	0.174	0.09		25.50	0.385	0.024	
24.10	0.183	0.11					

（3）$\Delta^2 E/\Delta V^2$-V 曲线法

$\Delta^2 E/\Delta V^2$-V 曲线即二次微商曲线。一次微商作图法手续麻烦，二次微商法则可通过作图或计算确定终点。二次微商法是基于一次微商曲线的最高点恰好对应于二次微商 $\Delta^2 E/\Delta V^2 = 0$，它所对应的体积为滴定至终点所需的体积。例如由表 8-2 中的数据可知，反应终点应在 24.30～24.40mL 之间。

对应于 24.30mL 时：

$$\frac{\Delta^2 E}{\Delta V^2} = \frac{830 - 390}{24.35 - 24.25} = +4400$$

对应于 24.40mL 时：

$$\frac{\Delta^2 E}{\Delta V^2} = \frac{240 - 830}{24.45 - 24.35} = -5900$$

用内插法可计算出 $\Delta^2 E / \Delta V^2 = 0$ 时的 $AgNO_3$ 标准溶液的体积：

$$V = 24.30 + 0.10 \times \frac{4400}{4400 + 5900} = 24.34(mL)$$

应该指出，上述的三种确定终点的方法均假设在计量点附近滴定曲线是对称的，这样曲线的拐点才对应于滴定的终点。

8.3.2　电位滴定法的应用

电位滴定法应用非常广泛，它不仅适用于酸碱、沉淀、配位、氧化还原及非水等各类滴定分析，还可用于测定一些化学常数，如酸碱的离解常数、配合物的稳定常数及氧化还原电对的条件电极电位等。以下简要介绍电位滴定法在各类滴定分析中的应用。

（1）酸碱滴定

一般酸碱滴定都可使用电位滴定法，常用于有色或浑浊试样溶液的测定，尤其适于弱酸、弱碱的滴定。对太弱的酸和碱或不易溶于水而易溶于有机溶剂的酸碱，可在非水溶液中滴定。如在 HAc 介质中用 $HClO_4$ 对吡啶进行滴定；在乙醇介质中用 HCl 溶液滴定三乙醇胺；在乙二胺介质中滴定苯酚和其他弱酸；在丙酮介质中滴定 $HClO_4$、HCl 和水杨酸的混合物等。

酸碱滴定过程中，常采用玻璃电极、锑电极作为指示电极，饱和甘汞电极作为参比电极。在水质分析中采用电位滴定法可测定水中的酸度或碱度，用 NaOH 或 HCl 标准溶液作滴定剂，用 pH 计或电位滴定仪指示反应的终点，根据 NaOH 或 HCl 标准溶液的消耗量，计算水样中的酸度或碱度。

（2）沉淀滴定

用电位滴定法进行沉淀滴定时，应根据不同的沉淀反应选用不同的指示电极。如用 $AgNO_3$ 标准溶液滴定 Cl^-、Br^-、I^-、CN^-、CNS^-、S^{2-} 等离子以及一些有机酸的阴离子时，可选用银电极作指示电极；而当用汞盐如 $Hg(NO_3)_2$ 标准溶液滴定 Cl^-、I^-、CN^-、CNS^-、$C_2O_4^{2-}$ 等离子时，可选用汞电极作指示电极；而 $K_4[Fe(CN)_6]$ 溶液滴定 Pb^{2+}、Cd^{2+}、Zn^{2+}、Ba^{2+} 等离子，可选用铂电极作指示电极等。在沉淀滴定中使用最广泛的指示电极是银电极，当溶液中几种被测离子与滴定剂所生成沉淀的溶度积相差较大时，可不经分离进行连续滴定，如用 $AgNO_3$ 标准溶液可实现对 Cl^-、Br^-、I^- 的连续滴定，如图 8-12 所示，滴定突跃的先后次序为 I^-、Br^-、Cl^-。

在水质分析中测定水中的 Cl^-，以氯离子选择性电极为指示电极，以玻璃电极或双液接参比电极作参比，用 $AgNO_3$ 标准溶液作滴定剂，用伏特计测定两电极间的电位变化，电位变化最大时对应于滴定的终点。此法可用于地面水、地下水和工业废水中氯化物的测定，方法的检出下限可达 $10^{-4}\ mol\ Cl^-/L$。再如测定水中的硫化物（S^{2-}），还能以硫离子选择性电极为指示电极，双桥饱和甘汞电极为参比电极，用 $Pb(NO_3)_2$ 标准溶液滴定，用伏特计测定两电极间的电位变化，以指示滴定反应的终点。该法可用于地面水中及制革、化工、造纸、

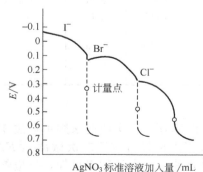

图 8-12　0.1 mol/L $AgNO_3$
溶液连续滴定
同浓度 Cl^-、Br^-、I^-（均为 0.1mol/L）
的理论电位滴定曲线

印染等工业废水中硫离子的测定，测定范围 $10^{-1} \sim 10^{-3}$ mol/L，方法最低检出限为 0.2mg/L。

（3）配位滴定

在配位滴定中，常用汞电极作为指示电极，甘汞电极作参比电极。如用 EDTA 溶液滴定 Mg^{2+}、Cu^{2+}、Zn^{2+}、Al^{3+}、Ca^{2+} 等金属离子。

配位滴定也可以用离子选择性电极作指示电极，指示滴定的终点，如氟离子选择性电极为指示电极，用氟化物滴定 Al^{3+}；用 Ca^{2+} 选择性电极作指示电极，以 EDTA 滴定 Ca^{2+} 等。

（4）氧化还原滴定

在氧化还原滴定中，常用惰性电极如铂电极作指示电极，以甘汞电极或钨电极作为参比电极。电极本身并不参加电极反应，仅作为交换电子的导体，用以显示被滴定溶液的平衡电位。氧化还原滴定的应用，如以 $KMnO_4$ 溶液滴定 I^-、NO_2^-、Fe^{2+}、V^{4+}、Sn^{2+}、$C_2O_4^{2-}$ 等离子；用 $K_2Cr_2O_7$ 溶液滴定 I^-、Sb^{3+}、Fe^{2+}、Sn^{2+} 等离子。

近些年，离子选择性电极的发展大大扩充了电位滴定法的应用范围。而自动电位滴定仪的应用，使操作更为简便又快速。在普通电位滴定的基础上，还有一些其他电位滴定法，如恒电流电位滴定法等，恒电流滴定中采用两个指示电极，并有微小和稳定的电流流过这两个电极。根据滴定过程中两指示电极间的电位差的变化来确定滴定终点。

8.4　电导分析法

电导率可表示溶液传导电流的能力。它的大小与水中所含无机酸、碱、盐的量有一定关系。当它们的浓度较低时，电导率随浓度的增大而增大，因此，常用电导率推测水中离子的总浓度或含盐量，了解水源矿物质污染的程度以及水质的状况。如天然水的电导率 $50 \sim 500\mu S/cm$，清洁河水为 $100\mu S/cm$，饮用水为 $50 \sim 1500\mu S/cm$，矿化水为 $500 \sim 1000\mu S/cm$ 或更高，海水为 $30000\mu S/cm$，某些工业废水为 $10000\mu S/cm$ 以上。而超纯水的电导率为 $0.01 \sim 0.1\mu S/cm$，新蒸馏水为 $0.5 \sim 2\mu S/cm$，实验室用去离子水为 $1\mu S/cm$ 等。

8.4.1　基本概念

电导（G）是电阻（R）的倒数。在一定条件（温度、压力等）下，导体的电阻除决定于物质的本性外，还与其截面积和长度有关。对截面积为 A 和长度为 l 的均匀导体，电阻（R）：

$$R = \rho \frac{l}{A}$$

式中，ρ 是电阻率；对于电解质溶液，长度（l）是指插入溶液中的两个电极间的距离；截面积（A）是指电极板的面积；电阻（R）则是两电极间的电阻。

若将上式取倒数，则有

$$G = \frac{1}{R} = \frac{1}{\rho} \times \frac{1}{(l/A)} = \kappa \frac{1}{Q}$$

式中　G——电导，其数值的大小可反映导电能力的强弱，S（西门子）；

$$Q = \frac{l}{A}$$

Q——电导池常数或电极常数；

$$\kappa = \frac{1}{\rho} = QS = \frac{Q}{R} \tag{8-38}$$

κ——电导率，是电阻率的倒数，S/cm。

在电解质溶液中电导率指相距 1cm 的两平行电极间充以 $1cm^3$ 溶液所具有的电导。由上式可知,对一特定的电导池,Q 是常数,只要测出溶液电阻 (R),便可求出电导率。

电导池常数 Q 常可选用已知电导率的标准 KCl 溶液测定。不同浓度的 KCl 溶液的电导率 (25℃),如表 8-3 所示。

表 8-3　不同浓度 KCl 溶液的电导率 (25℃)

浓度/(mol/L)	电导率/(μS/cm)	浓度/(mol/L)	电导率/(μS/cm)	浓度/(mol/L)	电导率/(μS/cm)
0.0001	14.94	0.00	717.8	0.05	6668
0.0005	73.90	0.01	1413	0.1	12900
0.001	147.0	0.02	2767		

溶液的电导率与其温度、电极上的极化现象、电极分布电容等因素有关,仪器上一般都采用补偿或消除措施。

8.4.2　水样测定

水的电导率可用专门的电导仪测定。根据测量电导的原理,电导仪可分为平衡电桥式电导仪、电阻分压式电导仪、电流测量式电导仪等。

（1）电导池常数 (Q) 的测定

按照电导仪使用说明测定电导池常数 (Q),即在 25℃ 恒温水浴中测定 0.01mol/L 标准 KCl 溶液的电阻 (R_{KCl}),查表 8-3 知,$\kappa_{KCl}=1413\mu$S/cm,则 $Q=1413R_{KCl}$。

（2）水样的测定

将水样注入已冲洗干净的电导池中,按上述步骤测定水样电阻 (R_X),并同时记录水温,水样的电导率 (κ'_X) 可按下式计算:

$$\kappa'_X=\frac{Q}{R_X}=\frac{1413R_{KCl}}{R_X}$$

如果用电导率测定,可直接读出电导率。当测定时水样温度不是 25℃,可进行换算:

$$\kappa_X^{25}=\frac{\kappa'_X}{1+\alpha(t-25)}$$

式中　κ_X^{25}——水样 25℃ 时的电导率,μS/cm;

$\quad\quad\kappa'_X$——水样测定温度下的电导率,μS/cm;

$\quad\quad\alpha$——各种离子电导率的平均温度系数,一般取值 0.22;

$\quad\quad t$——测定时的水样温度,℃。

8.5　极谱分析法

极谱分析法是建立在电解过程中电流-电压 (i-E) 特性曲线上,使用滴汞电极的电化学分析法。

经典的极谱分析法是将可氧化还原的物质在滴汞电极上进行电解,通过测定电解过程中电流-电压的变化绘制出 i-E 曲线,根据曲线的性质进行定性和定量分析。随着极谱分析法在理论研究和实际应用中的发展,除经典极谱法外,还出现了示波极谱、方波极谱、脉冲极谱、交流极谱、催化极谱、溶出伏安法等。这些新的极谱分析法,灵敏度明显提高,如溶出伏安法、脉冲极谱法、催化极谱法等的检测限一般可达 $10^{-8}\sim10^{-10}$mol/L,最低可达 10^{-12}mol/L。这些方法广泛应用于痕量无机物质的测定和有机物质的分析。在水分析化学中可用于 Cd^{2+}、Cu^{2+}、Zn^{2+}、Pb^{2+}、Ni^{2+} 的测定。

8.5.1　经典极谱法

经典极谱分析的基本装置如图 8-13 所示。它是一种特殊条件下进行的电解装置，电解池由滴汞电极和甘汞电极组成。滴汞电极作为阴极进行电解，滴汞电极的上端为贮汞瓶，汞经塑料管从下端毛细管滴入电解池中，因毛细管内径较小，电解时电流密度较大，形成浓差极化，故称为极化电极，其电极电位随外加电压的变化而变化；电解池的阳极通常采用具有较大面积的汞池电极或甘汞电极，电解时电流密度较小，不易发生浓差极化，称为去极化电极，其电极电位不随外加电压的改变而改变。

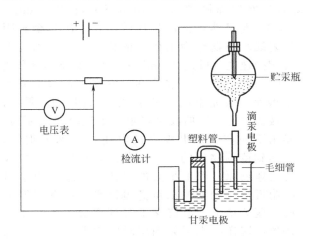

图 8-13　极谱分析基本装置

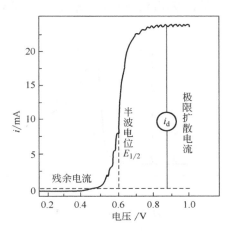

图 8-14　Cd^{2+} 的极谱图

以测定水样中的 Cd^{2+} 为例，说明测定原理。电解池可表示为

$$汞滴 \mid 试液(含支持电解质) \parallel KCl(饱和) \mid Hg_2Cl_2 \mid Hg$$

滴汞电极（阴极）的反应为

$$Cd^{2+} + Hg + 2e^- \Longrightarrow Cd(Hg)$$

甘汞电极（阳极）的反应为

$$2Hg + 2Cl^- \Longrightarrow Hg_2Cl_2 + 2e^-$$

试液中加入支持电解质以消除迁移电流。迁移电流来源于极化池的正极和负极对待测离子的静电吸引力或排斥力，因迁移电流与待测物质的浓度无定量关系，故需加以消除。常用的支持电解质有 KCl、NH_4Cl、KNO_3、NaCl、盐酸等。

图 8-14 是 Cd^{2+} 的极谱图。

当电位从 0V 开始，逐渐增加，在未达到 Cd^{2+} 的分解电位以前，仅有微小的电流通过，这种电流称为残余电流。当电位增加至 Cd^{2+} 的分解电位时（$-0.5\sim-0.6V$），滴汞电极表面上的 Cd^{2+} 开始还原为金属镉，并形成镉汞齐，此即阴极上的还原反应；在阳极上，甘汞电极中的汞发生氧化反应，此时，电位很小的增加，就会引起电流很大的增加。因电流的大小决定于 Cd^{2+} 向电极表面扩散的速度，故称为扩散电流。当电位继续增加到一定数值时，Cd^{2+} 离子达到电极表面，便立即被还原，此时电极表面上的 Cd^{2+} 离子浓度趋于零，电流达到最大值，再继续增加电位，电流不再增加，呈现电流平台，此电流称为极限电流。极限电流与残余电流之差为极限扩散电流，用 i_d 表示：

$$i_d = \kappa c \tag{8-39}$$

根据极限扩散电流 i_d 的大小，可以求得溶液中待测物质的浓度，这就是极谱定量分析的基础。

在极谱图中，当电流等于 $i_d/2$ 时，相应的滴汞电极的电位称为半波电位，用 $E_{1/2}$ 表示。不同物质在一定条件下具有不同的半波电位，它是离子性质的特征，是极谱定性分析的基础。$E_{1/2}$ 与溶液的 pH、组成及温度条件有关。只有在相同条件下测得的 $E_{1/2}$，才可用作定性分析的依据。

经典极谱法由于受到残余电流中电容电流的限制，灵敏度较低，汞滴消耗大，分析速度慢，目前已很少应用于实际样品分析。

8.5.2 示波极谱法

8.5.2.1 基本原理

示波极谱法（Oscillopolarography）又称为单扫描极谱法（Single Sweep Polarography），与经典极谱法相比较，它采用长余辉阴极射线示波器作为电信号的检测工具，因而电压扫描速度（可达 $250mV \cdot s^{-1}$）比经典极谱法（$200mV \cdot min^{-1}$）快得多。它在一滴汞上就可以得到一条完整的 i-E 曲线。如图 8-15 所示，示波极谱的 i-E 曲线呈峰形，出现峰状的原因，是由于加在滴汞电极上的电压扫描速度很快，当达到待测物质的还原电位时，该物质在电极上迅速还原，产生很大的电流；而之后由于电极附近待测物质的浓度急剧降低，扩散层厚度随之逐渐增大，电流又下降到取决于扩散控制的值，这样出现了如图所示的波形。曲线中 i_p

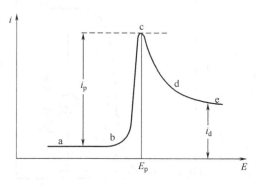

图 8-15　示波极谱图

为峰电流，E_p 为峰电位，根据峰电位和峰电流可以进行定性和定量的分析。

8.5.2.2 示波极谱法的特点

示波极谱法与经典极谱法比较，具有以下的特点。

① 操作简便快速。由于采用示波管显示 i-E 曲线，能在一滴汞上完成极谱曲线的测量，使汞的消耗量大大减少，使分析速度大大增加。

② 灵敏度高。由于极化速度得到了提高，吸附效应得到加强，使测定灵敏度比经典极谱提高 2 个数量级以上。

③ 分辨率高。示波极谱曲线光滑、峰锐，因此波峰分辨率较高。

④ 重现性好。滴汞电极具有不断更新而重现的表面，因而使得极谱图具有高度的再现性，其测量结果代表性好。

⑤ 应用广泛。适合大批试样的常规分析。

8.5.2.3 示波极谱法在水质分析中的应用

（1）测定水中的 Cd^{2+}、Cu^{2+}、Zn^{2+}、Ni^{2+} 四种离子

采用标准曲线法，在 1mol/L NH_4Cl-NH_4OH 底液中，以滴汞电极、铂碳电极作为工作电极，以 Ag-AgCl 电极或饱和甘汞电极为参比电极，测定水中 Cd^{2+}、Cu^{2+}、Zn^{2+}、Ni^{2+} 四种离子。

① 标准曲线的绘制　分别取一定体积的上述四种离子的标准溶液于 10mL 比色管中，加入 1mL 氨性支持电解质、0.5mL 极大抑制剂水溶液和少量的盐酸羟胺。稀释至刻度，混匀，转入电解池中，分段进行扫描。

Cd^{2+}、Cu^{2+}、Zn^{2+}、Ni^{2+} 四种离子的起始电位分别选为：$-0.25V$、$-0.5V$、$-0.85V$、$-1.1V$。

以相同的方法配制其他系列浓度标准溶液，并测定其极谱曲线，然后绘制出每种离子的峰高——浓度标准曲线。

② 水样的测定 取已处理好的水样放入 10mL 比色管中，如必要应先调至中性，按与测定标准溶液相同的程序加入试剂进行极谱测定，由峰高查出标准曲线上对应的离子含量。

（2）测定水中的 Pb^{2+}、Cd^{2+}：

① 标准曲线的绘制 分别取 Pb^{2+}、Cd^{2+} 离子的标准溶液于 10mL 比色管中，加 1mL 1∶1 盐酸、0.5mL 0.1％极大抑制剂水溶液和抗坏血酸 0.05g，溶解后稀释至刻度，混匀，转入电解池中，在 $-0.25 \sim -1.0V$ 的范围内扫描，其中 Pb^{2+} 的起始电位 $-0.25V$；Cd^{2+} 的起始电位 $-0.45V$。由测定的结果绘制出峰高——浓度标准曲线。

② 水样的测定 取已处理好的水样放入 10mL 比色管中，按与测定标准溶液相同的步骤加入试剂进行极谱测定，由测得的峰高查出标准曲线上对应的金属离子的含量。

上述的测定方法，适用于测定工业废水和生活污水的测定。对于饮用水、地面水和地下水，富集后方可测定。方法的检出下限可达 $10^{-6}mol/L$。

8.5.3 溶出伏安法

（1）基本原理

溶出伏安法（Stripping Voltammetry）是最灵敏的电化学分析方法。它包括富集和溶出两个过程，首先使待测物质在一定电位下电解或吸附富集一段时间，然后反向扫描改变电位使电极上的沉积物溶出回到溶液中，记录电解溶出过程的 i-E 曲线，根据曲线的峰电位和峰电流进行定性和定量分析。

溶出伏安法包括阳极溶出伏安法和阴极溶出伏安法。在溶出过程中，电极反应为氧化反应时，称为阳极溶出伏安法；溶出过程的电极反应为还原反应时，称为阴极溶出伏安法。

（2）在水质分析中的应用

溶出伏安法广泛用于金属离子及有机化合物测定。如阳极溶出伏安法在水质监测中用于测定饮用水、地表水和地下水中 Cd^{2+}、Cu^{2+}、Pb^{2+}、Zn^{2+}，采用标准曲线法，工作电极为滴汞电极，参比电极为 Ag-AgCl 电极或饱和甘汞电极。测定要点如下：

① 标准曲线的绘制 将水样调节至近中性。比较清洁的水可直接取样测定；含有机质较多的地面水用硝酸-高氯酸消解。分别取一定体积的 Cd^{2+}、Cu^{2+}、Pb^{2+}、Zn^{2+} 标准溶液于 10mL 比色管中，加 1mL 0.1mol/L 高氯酸（支持电解质），用蒸馏水稀释至刻度，混匀，倾入电解池中。将扫描电压范围选在 $-1.30 \sim +0.05V$。通氮气除氧，在 $-1.30V$ 极化电压下于悬汞电极上富集 3min，则试液中部分上述离子被还原富集并结合成汞齐。静置 30s，使富集在悬汞电极表面的金属均匀化。将极化电压均匀地由负方向向正方向扫描，记录伏安曲线，如图 8-16 所示。

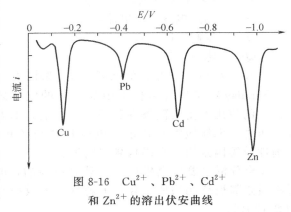

图 8-16 Cu^{2+}、Pb^{2+}、Cd^{2+} 和 Zn^{2+} 的溶出伏安曲线

以同法配制其他系列浓度标准溶液，并测定溶出伏安曲线，对峰高分别作空白校正后，绘出标准曲线。

② 水样的测定 取一定量的水样，加 1mL 同类支持电解质，用蒸馏水稀释至 10mL，按与测定标准溶液相同的操作步骤测定阳极溶出伏安曲线，经空白校正被测离子的峰高后，由标准曲线上查出并计算离子的浓度。

若水样的成分较复杂时，可采用标准加入法。操作要点如下：

准确吸取一定体积水样于电解池中，加 1mL 支持电解质，用蒸馏水稀释至 10mL，按上述测定标准溶液的方法测出各组分的峰高，然后再加入与水样中离子浓度含量相近的标准溶液，依同法再次进行峰高测定。被测离子浓度与峰高成正比，故

$$\frac{C_X}{h} = \frac{\dfrac{C_X V + C_S V_S}{V + V_S}}{H}$$

整理上式得

$$C_X = \frac{hC_S V_S}{(V + V_S)H - Vh} \tag{8-40}$$

式中 h——水样峰高，mm；

$\quad H$——水样中加入标准溶液后的峰高，mm；

$\quad C_S$——加入的标准溶液的浓度，$\mu g/L$；

$\quad V_S$——加入的标准溶液的体积，mL；

$\quad V$——测定所取水样的体积，mL。

该方法适用于饮用水、地表水和地下水中 Cd^{2+}、Cu^{2+}、Pb^{2+}、Zn^{2+} 的测定。检出范围为 $1 \sim 1000\mu g/L$，如富集时间达 6min，方法的检出下限可达 $0.5\mu g/L$。

8.5.4 库仑分析法

8.5.4.1 基本理论

库仑分析法是通过电解过程中所消耗的电量来进行定量分析的方法，它的理论依据是法拉第定律（Faraday' law）。Faraday 定律揭示了在电解过程中电极上所析出的物质的量与通过电解池的电量之间的关系，可表示为

$$m = \frac{MQ}{nF} = \frac{Mit}{nF} \tag{8-41}$$

式中 m——析出物质的质量，g；

$\quad M$——析出物质的摩尔质量，g/mol；

$\quad n$——电极反应转移的电子数；

$\quad F$——Faraday 常数，96485(C/mol)；

$\quad i$——通过电解池的电流，A；

$\quad t$——电解时间，s；

$\quad Q$——电量，C。

其含义为 1A（安培）的电流通过电解池 1s（秒）产生的电量为 1C（库仑）。

Faraday 定律是自然科学中最严格的定律之一。它的应用不受实验条件和环境的影响，如温度、压力、电解质溶液浓度、电极材料与形状、溶剂性质等因素均不会影响测定结果。

库仑分析法要求电极反应必须是单纯的，电量必须全部被待测物所消耗，电解反应的效率必须是 100%。

8.5.4.2 控制电位库仑分析法

控制电位库仑分析法是指在电解过程中，控制工作电极的电极电位保持恒定值，直接根据被测物质所消耗的电量求出其含量的方法。基本分析装置如图 8-17 所示。

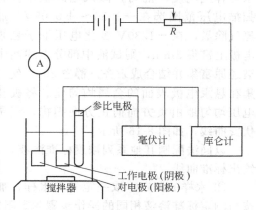

图 8-17 控制电位库仑分析装置

电极系统由工作电极、对电极和参比电极组成，其中工作电极与参比电极构成电位测量与控制系统，维持工作电极的电位恒定，使待测物质以 100% 的电流效率进行电解。当电流趋近于零时，表明该物质已电解完全。通过电路中串联的库仑计，则可精确测定电量，由 Faraday 定律计算出被测物质的含量。

常用的工作电极有铂、银、汞或碳电极等。

例如，用控制电位库仑法测定铜时，将含有 Cu^{2+}、0.4mol/L 酒石酸钠、0.1mol/L 酒石酸氢钠和 0.2mol/L 氯化钠溶液置于汞阴极电解池中，通氮除氧，在此底液中 Cu^{2+} 的极谱半波电位为 $-0.09V$，因而控制阴极电位在（$+0.24\pm0.02$)V（相对于参比电极），电解 40~60min 后，当电解电流降低至 1mA 以下时，电解已经完全，由消耗的电量计算铜含量。

8.5.4.3　恒电流库仑分析法

（1）测定原理

恒电流库仑分析法又叫做恒电流库仑滴定法，是建立在电解基础上的分析方法。其原理为在试液中加入适当物质，以一定强度的恒定电流进行电解，使之在工作电极（阴极或阳极）上电解产生一种试剂（称为滴定剂），该试剂与待测物质进行定量化学反应，反应的化学计量点可用指示剂或其他仪器方法（如电化学方法、分光光度法等）来指示。依据电解消耗的电量可计算被测物质的含量。

恒电流库仑滴定法的基本原理与普通容量法相似，不同点在于普通容量法的滴定剂是由滴定管中加入的，而库仑滴定法是用恒定的电流在电解质溶液中产生，从本质来说，库仑滴定法是以电子为"滴定剂"的容量分析方法。

在库仑滴定分析时，由于电流是恒定的，因而电解产生滴定剂耗去的电量容易测量（$Q=it$）。但它要求电流效率是 100%，而且要有合适的指示终点的方法，从而使它的应用范围受到限制。

（2）特点

恒电流库仑分析法具有以下特点。

① 指示化学计量点的方法多样。在库仑滴定过程中，既可采用滴定分析中的指示剂法和电位法来指示滴定终点，也可采用双铂电极电流法指示滴定终点。该法是在电解池中插入两支铂电极作为指示电极，并在它们之间加上一个很小的直流电压，一般为数十毫伏至 200mV。在化学计量点前后，根据两个电对的电极反应可逆与不可逆，在很小的直流电压作用下电流会有显著的变化。由电流突变点便可确定滴定终点。例如，采用电解产生的 I_2 滴定 As(Ⅲ) 时，在化学计量点之前，试液中主要是 As(Ⅴ)/As(Ⅲ) 不可逆电对，由于双铂电极上的电压很小，因而没有明显的氧化还原电流，如图 8-18 中 AB 段。在化学计量点之后，试液中主要是 $I_2/2I^-$ 电对，它是可逆电对，在很小直流电压下

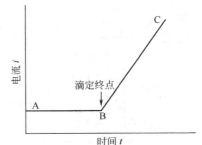

图 8-18　I_2 滴定 As(Ⅲ) 的双铂电极电流曲线

双铂电极上便会有明显的氧化还原电流，如图 8-18 中 BC 段。电流曲线转折处便是滴定终点。

② 可使用不稳定的滴定剂。库仑滴定法所用的滴定剂是电解过程中产生的，边产生边反应，这样使得一些不稳定的物质，如 Cl_2、Br_2、Cu^+ 等，也可用作滴定剂，从而扩大了应用的范围，如库仑滴定可利用酸碱、配位、氧化还原和沉淀反应等化学反应进行滴定。表 8-4 列出了一些库仑滴定分析中常见的滴定剂及应用。

③ 恒电流库仑分析法既可用于常量分析，也可用于微量分析，相对误差＜0.5％。若采用计算机控制的精密库仑滴定装置，准确度可达 0.01％。

表 8-4　库仑滴定法常见的滴定剂及应用

选用的滴定剂	介质溶液	工作电极	待测物质
Br_2	0.1mol/L H_2SO_4＋0.2mol/L NaBr	Pt	Sb^{3+},I^-,Ti^+,U^{4+},有机化合物
I_2	0.1 mol/L 硫酸盐缓冲溶液（pH＝8）＋0.1mol/L KI	Pt	As^{3+},Sb^{3+},$S_2O_3^{2-}$,S^{2-}
Cl_2	2mol/L HCl	Pt	As^{3+},I^-,脂肪酸
Ce(Ⅳ)	1.5mol/L H_2SO_4＋0.1mol/L $Ce(SO_4)_2$	Pt	Fe^{2+},$Fe(CN)_6^{4-}$
Mn(Ⅲ)	1.8mol/L H_2SO_4＋0.45mol/L $MnSO_4$	Pt	草酸,Fe^{2+},As^{3+}
Ag(Ⅱ)	5mol/L HNO_3＋0.1mol/L $AgNO_3$	Au	As^{3+},V^{4+},Ce^{3+},Zn^{2+},草酸
$Fe(CN)_6^{4-}$	0.2 mol/L $K_3Fe(CN)_4$(pH=2)	Pt	Zn^{2+}
Cu(Ⅰ)	0.07mol/L $CuSO_4$	Pt	Cr^{6+},V^{3+},IO_3^-
Fe(Ⅱ)	2mol/L H_2SO_4＋0.6 mol/L 铁铵矾	Pt	Cr^{6+},V^{5+},MnO_4^-
Ag(Ⅰ)	0.4mol/L $HClO_4$	Ag 阳极	Cl^-,Br^-,I^-
EDTA(Y^{4-})	0.02mol/L $HgNH_3Y^{2-}$＋0.1mol/LNH_4NO_3（pH=8 除 O_2）	Hg	Ca^{2+},Zn^{2+},Pb^{2+} 等
H^+ 或 OH^-	0.01mol/L Na_2SO_4 或 HCl	Pt	OH^-,或 H^+,有机酸或碱

（3）测定水样中的化学需氧量 COD

恒电流库仑滴定法测定 COD 的工作原理示于图 8-19。

该测定仪由库仑滴定池、电路系统和电磁搅拌器等组成。库仑池由工作电极对、指示电极对及电解液组成，其中，工作电极对为双铂片工作阴极和铂丝辅助阳极，用于电解产生滴定剂；指示电极对为铂片指示电极（正极）和钨棒参比电极（负极），以其电位的变化指示库仑滴定终点。电解液为 10.2mol/L H_2SO_4、$K_2Cr_2O_7$ 和 $Fe_2(SO_4)_3$ 铁混合液。电路系统由终点微分电路、电解电流变换电路、频率变换积分电路、数字显示逻辑运算电路等组成，用于控制库仑滴定终点，变换和显示电解电流，将电解电流进行频率转换、积分，并根据电解定律进行逻辑运算，直接显示水样的 COD 值。

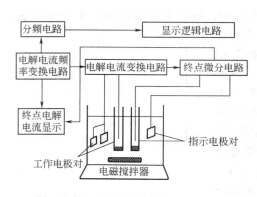

图 8-19　恒电流库仑分析仪测定 COD 的工作原理图

测定水样 COD 值的要点是：在空白溶液（蒸馏水加 H_2SO_4）和样品溶液（水样加 H_2SO_4）中加入同量的 $K_2Cr_2O_7$ 溶液，分别进行回流消解 15min，冷却后各加入等量的 $Fe_2(SO_4)_3$ 溶液，在搅拌状态下进行库仑电解滴定，即 Fe^{3+} 在工作阴极上还原为 Fe^{2+}（滴定剂）去滴定（还原）$Cr_2O_7^{2-}$。滴定空白溶液中 $Cr_2O_7^{2-}$ 得到的结果为加入重铬酸钾的总氧化量（以 O_2 计）；滴定水样中 $Cr_2O_7^{2-}$ 得到的结果为剩余重铬酸钾的氧化量（以 O_2 计）。设前者电解所需时间为 t_0，后者所需时间为 t_1，则由 Faraday 定律可得

$$W = \frac{I(t_0 - t_1)}{96485} \times \frac{M}{n} \tag{8-42}$$

式中　W——被测物质的重量，即水样电解时消耗的重铬酸钾相当于氧的克数；

　　　I——电解电流；

　　　M——氧的相对分子质量（32）；

　　　n——氧的得失电子数（4）；

　　96485——Faraday 常数。

设水样 COD 值为 c_x（mg/L），水样体积为 V（mL）：

$$W = \frac{V}{1000} c_x \tag{8-43}$$

将式(8-43) 代入式(8-42) 得

$$c_x = \frac{I(t_0 - t_1)}{96485} \times \frac{8000}{V} \tag{8-44}$$

恒电流库仑滴定法测定 COD 的方法简便、快速、试剂用量少，不需标定滴定溶液，尤其适合于工业废水的控制分析。

8.5.5　电化学分析方法的新进展

8.5.5.1　计时分析法

计时分析法是建立在测量电化学信号（如电流、电量或电位）与时间关系基础上的方法。测量电流与时间关系的，则称为计时电流法或计时安培法；测量电量与时间关系的，称为计时电量法或计时库仑法；若被控制的电位是阶梯电位，则由于阶梯电位具有不同的形式，又可分为单阶梯电位计时安培法、单阶梯电位计时库仑法、双阶梯电位计时安培法、双阶梯电位计时库仑法以及循环计时安培法、循环计时库仑法；若电流是控制对象，测量电位与时间的关系，则称为计时电位法。相应的又可分为单阶梯电流计时电位法、双阶梯电流计时电位法和循环计时电位法等。

计时法是测定有关电化学参数的有效手段，主要应用于电化学反应过程和电极反应动力学研究以及有关动力学参数的测定。计时法对于吸附的研究是一种很好的方法，近年来还用于化学修饰电极的研究。

8.5.5.2　光谱电化学

光谱电化学是光谱技术与电化学方法相结合的产物。已成为研究电极过程机理、电极表面特性、监测反应中间体、产物及测定电化学动力学和热力学参数的新的方法。光谱电化学充分利用电化学方法容易控制物质的状态和定量产生试剂的特点以及光谱方法便于识别物质的特点，在同一个电解池中采用电化学技术产生激发信号，同时以光谱技术进行物质的检测。

根据光学性质的不同，光谱电化学可分为紫外和可见光谱、红外光谱、偏振光谱、拉曼（Raman）光谱、光热和光声光谱、荧光光谱等，此外与电化学结合的方法还有电子衍射、X 射线衍射、Auger 能谱、光电子能谱、质谱、顺磁共振谱、石英晶体微天平（QCM）、扫描电子显微镜、扫描隧道显微镜、扫描电化学显微镜（SECM）等。这些方法促进和推动了电化学分析从宏观到微观，从分子水平探讨电化学反应过程、状态和结构检测的新发展。

8.5.5.3　电化学传感器

电化学传感器按响应信号可分为电位型电化学传感器、电流型电化学传感器（伏安传感器）和质量型传感器（微天平）。电位分析法中的离子选择性电极总是用电位法测定相界电位（界面电位差），属电位型电化学传感器，下面简要介绍电流型电化学传感器中的化学修饰电极、微电极。

（1）化学修饰电极（Chemically Modified Electrode，CME）

化学修饰电极是利用化学或物理方法，在普通导体或半导体电极表面涂敷了单分子的、多分子的、离子的或聚合物的化学物质薄膜，从而改变或改善了电极的原有性质，在电极上可进行某些预定的、有选择性的反应，并提供了更快的电子转移速度。CME 一般采用电流法，利用法拉第反应进行实验测定或研究的。

与其他电极相比，CME 突出的特点在于电极表面涂敷的薄膜是按研究者或使用者的意图设计的，并赋予了电极某种预定的性质，如化学的、电化学的、光学的、电学的或传输性等性能。化学修饰电极通常集分离、富集和测定三者于一体，可显著提高分析方法的选择性和灵敏度，因此广泛用于化学、电化学、生物电化学、催化机制和电合成化学的研究中，同时还广泛用于各种无机物、有机物及生物活性物质的分析测定。

（2）微电极

一般认为，电极的几何尺寸小于 $100\mu m$ 的称为微电极。与普通电极相比较，微电极具有以下特点：

① 电极尺寸很小，可在微小体系内工作，用于微区检测，适合于活体分析；

② 电极响应速度快，从而电位的扫描速度可达数万伏/秒；

③ 通过电极的电流很小，溶液的 iR 降趋近于零，对高阻抗体系电化学测量有利；

④ 由微电极组成的电解池常数很小，适用于快速动力学研究。

微电极现已广泛用于电化学理论研究、电化学参数测量和电化学分析测定中，它已成为活体分析的重要工具。在生命科学、医药学、法庭科学、遗传学等学科领域，微电极将有着广泛的应用前景。

8.5.5.4 生物电化学传感器

电化学分析法在当前生命科学的研究中占有重要地位。生命科学的快速发展为生物电化学传感器的发展提供了机遇，出现了活体分析、DNA 指纹分析、DNA 芯片和蛋白质芯片等技术，形成了电化学分析的前沿领域。下面简要介绍其中的酶传感器和免疫传感器。

（1）酶传感器

酶传感器是用固定化的酶与适当的换能器组装而成的，其中酶作为生物催化剂，可敏感而专一地作用于某种底物，产生生物信号，用换能器（如电极、热敏电阻、压电石英晶体片、光导纤维、场效应管等）将生物信号转化为可测量的光信号或电信号，从而测定待测物的含量。利用酶的高选择性及其在低浓度下催化底物反应的能力，酶传感器可对底物、激活剂、抑制剂或酶本身进行测定。

酶传感器具有的特点：较稳定，容易保存，寿命长，尤其是催化反应专一，有很高的特异性，但酶不易提纯，价格昂贵。酶传感器现已广泛用于医疗卫生、环境监测、国防、海关等部门。如在进出口检验中，用于测定农药残留量等。

（2）免疫传感器

免疫传感器是利用免疫反应原理与专用的化学检测装置（如电极、光极等）相结合而构成的。在免疫化学中，抗原与抗体依靠特异亲和性而结合的过程称为免疫反应，它是具有高选择性的分子识别反应。

免疫传感器现已广泛用于毒物分析、药物分析、环境监测和食品检验。

思考题与习题

8-1. 参比电极和指示电极有哪些类型？它们的主要作用是什么？

8-2. 直接电位法的依据是什么？为什么用此法测定溶液时，必须使用标准 pH 缓冲溶液？

8-3. 简要说明 pH 玻璃电极和氟离子选择性电极的作用原理。

8-4. 直接电位分析法测定离子活度的方法有哪些？影响测定准确度的因素有哪些？

8-5. 测定 F^- 浓度时，在溶液中加入 TISAB 的作用是什么？

8-6. 离子选择性电极的选择性如何衡量评价？

8-7. 电位滴定法的基本原理是什么？与普通滴定法相比较，电位滴定法有何特点？

8-8. 试比较经典极谱法、示波极谱法和溶出伏安法有何异同？

8-9. 在水质分析中，经典极谱法、示波极谱法和溶出伏安法的应用如何？

8-10. 电导分析法在水质分析中的应用有哪些？

8-11. 用玻璃电极测定水样 pH。将玻璃电极和另一参比电极浸入 pH＝4 的标准缓冲溶液中，组成的原电池的电极电位为 $-0.14V$；将标准缓冲溶液换成水样，测得电池的电极电位为 $0.03V$，计算水样的 pH。

8-12. 当下列电池中的溶液是 pH＝4.00 的缓冲溶液时，在 25℃测得电池的电动势为 $0.209V$，当缓冲溶液由未知溶液代替时，测得电池电动势如下：①$0.312V$；②$0.088V$；③$-0.017V$。试计算每种溶液的 pH。

8-13. 用膜电极测定水样中 Ca^{2+} 的浓度。将 Ca^{2+} 离子膜电极和另一参比电极浸入 $0.010mol/L$ 的 Ca^{2+} 溶液中，测得的电极电位为 $0.250V$。将 Ca^{2+} 标准溶液换成水样，测得的电极电位 $0.271V$。如两种溶液的离子强度一样，求算水样中 Ca^{2+} 的浓度 （mol/L）。

8-14. 将氟离子选择性电极（－）和参比电极（＋）放入 $0.001mol/L$ 的氟离子溶液中，测得电极电位为 $-0.159V$；改用含氟离子水样测得电极电位为 $-0.212V$，如果保持溶液的离子强度固定，计算水样中 F^- 的浓度 （mol/L）。

8-15. 以 Ag-AgCl 电极为指示电极（＋），饱和甘汞电极为负极（－），用 $0.1000mol/L$ $AgNO_3$ 溶液滴定 $50.0mL$，$0.1000mol/L$ NaCl 溶液，计算计量点时和计量点前、后相差 $0.1mL$ 时指示电极和电池的电极电位各为多少？

8-16. 下列电池

$$Pt|Sn^{4+}，Sn^{2+} 溶液，\| 标准甘汞电极$$

30℃时，测得 $E＝0.07V$。计算溶液中 $[Sn^{4+}]/[Sn^{2+}]$ 比值 （忽略液接电位）。

8-17. 下列电池

$$Ag|Ag_2CrO_4，CrO_4^{2-}（x\,mol/L）\| 标准甘汞电极$$

测得 $E＝-0.285V$，计算溶液中 CrO_4^{2-} 浓度 （mol/L） （忽略液接电位）。

8-18. 下列体系中电位滴定至计量点时的电池电极电位为多少？ ［饱和甘汞电极为负极 （－），电极电位 $0.2415V$］

① 在 $1mol/L$ HCl 介质中，用 Ce^{4+} 滴定 Sn^{2+}。

② 在 $0.5mol/L$ HCl 介质中，用 $Cr_2O_7^{2-}$ 滴定 Fe^{2+}。

第9章 气相色谱法

　　内容提要　介绍了色谱法的特点、分类、基本原理和适用范围；简述了气相色谱仪器结构、固定相、流动相的选择原则，色谱分离条件的选择方法；详述了色谱定性、定量测试方法。

9.1　色谱法概述

9.1.1　色谱法概述

　　色谱法是一种物理及物理化学的分离分析方法。1906 年俄国化学家茨维特在一根用碳酸钙颗粒填充的玻璃柱管中，通过石油醚淋洗成功地分离了植物色素，在管内形成了具有不同颜色的色带，每个色带表示了不同的色素，并由此创造了一个新词"色谱"（chromatography，意即"用颜色谱写"），这一名称被一直沿用至今。

　　不论哪一类色谱法，其共同的基本特点是具备两个相：不动的一相称为固定相（stationary phase）；另一相是携带混合物样品流过固定相的流动体，称为流动相（mobile phase）。从不同的角度，可将色谱法分为以下几种类型。

　　（1）按流动相所处状态分类

　　① 气相色谱法（GC，Gas Chromatography）。

　　② 液相色谱法（LC，Liquid Chromatography）。

　　③ 超临界流体色谱法（SFC，Supercritical Fluid Chromatography）。

　　（2）按固定相的使用形式分类

　　① 柱色谱法（Column Chromatography）。

　　② 纸色谱法（Paper Chromatography）。

　　③ 薄层色谱法（Thin Layer Chromatography）。

　　（3）按分离机理分类

　　① 吸附色谱法（Adsorption Chromatography）。

　　② 分配色谱法（Partition Chromatography）。

　　③ 离子交换色谱法（Ion Exchange Chromatography）。

　　④ 凝胶色谱法或体积排阻色谱法（gel permeation chromatography or size exclusion chromatography）。

　　⑤ 亲和色谱法：利用不同组分与固定相（固定化分子）的高专属性亲和力进行分离的技术称为亲和色谱法。这是一种新的分离技术，常用于蛋白质的分析。

　　本章着重介绍气相色谱法的原理和技术。

9.1.2　气相色谱法的特点和适用范围

　　（1）气相色谱分析法特点

　　① 分离效能高。能分离分析那些性质极为相近的多组分复杂混合物，如同位素、同系物、烃类异构体，以及许多具有生物活性的化合物等。灵敏度高，色谱法有高灵敏度的检测器，因此在微量、痕量分析中可大显功效。分析速度快，一般几分钟到几十分钟即可完成一个分析周期。

　　② 具有局限性。色谱法的缺点是直接对未知物定性分析比较困难，必须有已知纯物质

或相应的色谱定性数据作对照，才能得出定性结果。现代分析技术借助色谱-质谱，色谱-红外光谱或色谱与化学分析联用配合来进行定性鉴定。

（2）气相色谱法适用范围

气相色谱法可用于分析气体、易挥发或可转化为易挥发物质的液体或固体。不仅可以分析有机物，还可以分析部分无机物（如无机气体）。一般地说，只要沸点在 500℃ 以下，热稳定性良好，相对分子量在 400 以下的物质，原则上都可以采用气相色谱法。对于难挥发和热不稳定的物质，气相色谱法是不适用的，必须通过化学转化，生成挥发性的稳定的衍生物后再进行气相色谱分析。部分高分子或生物大分子可通过裂解色谱分析其裂解产物。

9.2　气相色谱分析流程

9.2.1　气相色谱分析流程

一般常用的气相色谱仪（gas chromatograph）所采用的基本设备如图 9-1 所示。载气（carrier gas）由高压气瓶 1 供给，经减压阀 2 降压后，进入载气净化干燥管 3，以除去载气中的水分、氧等不利杂质。由针形阀 4 控制载气的压力和流量。流量计 5 和压力表 6 用以指示载气的柱前流量和压力。再经过进样器（包括气化室）7 进入色谱柱 8，试样由进样口被注入并瞬间气化后，由不断流动的载气携带进入色谱柱（Column）8 进行分离。分离后的组分先后流入检测器 9 后放空。检测器将被测物质的浓度或质量的变化转变为一定的电信号，经放大器放大后由记录仪记录下来。所记录的电信号——时间曲线称为色谱流出曲线，又称色谱图。色谱图是进行定性和定量分析的依据。

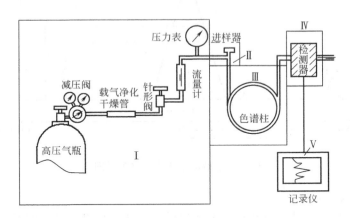

图 9-1　气相色谱流程图

9.2.2　气相色谱仪的结构

气相色谱仪包括 5 个基本部分，如图 9-1 所示。

① 气路系统 Ⅰ（gas system）　包括载气、燃气、助燃气的气源、气体净化器、气体流量控制和测量装置等。常用的载气有氮气、氢气、氩气、氦气等气体，载气流量的大小与稳定程度对色谱分析的可靠性有很大影响。

② 进样系统 Ⅱ（injection system）　包括进样器和气化室两部分。常用的进样器有注射器和六通阀，注射器一般用于液体样品，六通阀则用于气体样品。气化室是将液体样品瞬间气化为气体的装置，由一金属块和温控设备构成。

③ 分离系统Ⅲ（separation system） 包括色谱柱、柱箱以及温控装置。色谱柱主要有填充柱和毛细管柱两类，混合试样分离的成败很大程度上取决于色谱柱中固定相的选择。

④ 检测系统Ⅳ（detection system） 包括检测器及温控装置。其功能是将色谱柱分离后流出的组分，按其浓度或质量的变化，准确地转换成电信号（电流或电压），输送到记录系统。

⑤ 记录系统Ⅴ（record system） 包括放大器、记录仪（现在普遍用计算机色谱工作站）。

气相色谱仪的色谱柱和检测器是关键部件，它关系到混合物能否进行有效分离和分离后能否灵敏准确地检测。

9.3　色谱流出曲线和基本术语

主要色谱相关术语有下列几种。

（1）色谱流出曲线——色谱图（chromatogram）

色谱流出物通过检测器系统时所产生的响应信号对时间（或载气流出体积）的曲线图，称为色谱流出曲线，即色谱图。大部分色谱图都是峰形的，称作色谱峰（chromatographic peak）。分离效果较好的色谱峰呈正态分布，其峰形是对称的，如图 9-2。色谱图是色谱定性和定量的基础，也是研究色谱过程机理的依据。利用色谱图可以解决以下问题：根据各峰不同的位置（保留值）进行定性；根据峰面积或峰高进行定量测定；根据色谱峰的位置及其峰宽度，对色谱柱的分离性能进行评价；还可以根据色谱图的表征来判断色谱操作条件的优劣。

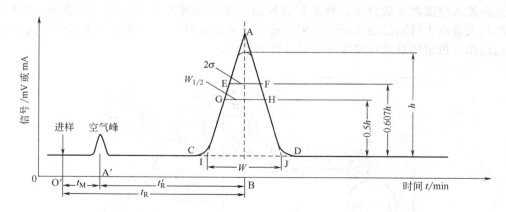

图 9-2　色谱流出曲线图（色谱图）

（2）基线（baseline）

在正常操作条件下，只有流动相（没有进样品）通过检测器系统时所产生的响应信号曲线。稳定的基线应该是平行于时间坐标轴的直线。基线随时间朝一定方向缓慢变化叫漂移（baseline drift）。各种因素引起的基线波动叫做基线噪声（baseline noise）。

（3）峰高（peak height）

从色谱峰顶点到基线之间的垂直距离。

（4）标准偏差 σ（standard deviation）

当色谱峰为正态分布时，可用标准偏差来表示它的区域宽度，即两个拐点间距离的一半，亦即峰高 0.607 倍处峰宽的一半。所谓拐点即峰两侧的曲线形状由凹到凸和由凸到凹的转折点（图 9-2 中 E、F 两点）。

（5）峰宽（peak width at peak base）

在峰两侧拐点处所作的切线与峰底相交两点之间的距离（图 9-2 中 I、J 两点），$W = 4\sigma$。

（6）半峰宽（peak width at half height）

峰高一半处的宽度。

（7）峰面积（peak area）

色谱峰与基线之间所围成的面积。

（8）定性参数——保留值（retention value）

① 死时间 t_M（dead time）　指不被固定相吸附或溶解的物质进入色谱柱时，从进样到出现峰极大值所需要的时间（它正比于色谱柱的空隙体积），也即气体流经色谱柱空隙所需要的时间，如图 9-2 中 O′A′。因为这种物质不被固定相所吸附或溶解，故其流动速度与流动相流动速度接近。测定流动相平均线速度 u 时可用柱长 L 与 t_M 的比值来计算，即

$$u = \frac{L}{t_M} \tag{9-1}$$

② 保留时间 t_R（retention time）　组分从进样到出现峰最大值所需的时间，如图中 O′B。

③ 调整保留时间 $t_R{}'$（adjusted retention time）　扣除死时间后的保留时间，如图 9-2 中 A′B。由于组分在色谱柱中的保留时间包含了组分随流动相通过柱子所需要的时间和组分在固定相中所滞留的时间，所以 $t_R{}'$ 实际上是组分在固定相中停留的时间。

保留时间是色谱定性的基本依据，但同一组分的保留时间受流动相速度的影响。因此有时用保留体积来表示保留值。

④ 死体积（dead volume）V_M　指色谱柱填充后，柱管内固定相颗粒间所剩留的空间、色谱仪管路和连接头间的空间以及检测器空间的总和。当后两项很小可以忽略不计时，死体积可由死时间和色谱柱出口的载气流速 F_0（mL/min）计算，即

$$V_M = t_M F_0 \tag{9-2}$$

⑤ 保留体积（retention volume）V_R　组分从开始进样到经过柱后被测物浓度出现极大点时所通过的流动相的体积。当载气流速 F_0 增大时，保留时间 t_R 则降低，故 V_R 为常数，与载气流速无关。

$$V_R = t_R F_0 \tag{9-3}$$

⑥ 调整保留体积（adjusted retention volume）V_R'　扣除死体积后的保留体积，它能更合理地反映出被测组分的保留特性，V_R' 也与载气流速无关。

$$V_R' = V_R - V_M = t_R' F_0 \tag{9-4}$$

⑦ 相对保留值（relative retention value）r_{21}　指某组分 2 的调整保留值与组分 1 的调整保留值之比。

$$r_{21} = \alpha = \frac{t_{R2}'}{t_{R1}'} = \frac{V_{R2}'}{V_{R1}'} \tag{9-5}$$

由于相对保留值只与柱温及固定相性质有关，而与其他色谱操作条件无关，被广泛用作定性的依据。它表示了固定相对这两种物质的选择性，又称选择因子，用 α 表示。r_{21} 越大，选择性越好，$r_{21} = 1$ 时两组分不能被分离。

（9）相比率 β（phase ratio）

色谱柱中流动相体积与固定相体积之比，

$$\beta = \frac{V_M}{V_S} \tag{9-6}$$

式中　V_M——色谱柱中流动相体积；

　　　V_S——色谱柱中固定相体积。

相比率反映了色谱柱柱型及结构的重要特征，空心柱的 β 值要比填充柱高得多。例如，

填充柱的 β 值为 6～35，毛细柱的 β 值为 50～1500。

9.4 色谱法基本理论

9.4.1 色谱法基本原理

9.4.1.1 色谱分离过程的描述

当流动相携带被分析的混合组分气体进入色谱柱时，立刻接触到固定相，产生吸附或溶解作用。载气不断流过固定相，吸附或被溶解的组分又被脱附或挥发到流动相中，随着载气继续前进，又被前面的固定相吸附或溶解。被测组分在两相间进行反复多次的（约 $10^3 \sim 10^6$ 次）吸附-脱附或溶解-挥发过程，使得那些吸附或溶解能力只有微小差别的组分，在移动速度上产生了很大差别。难被吸附或溶解度小的组分，则容易被脱附或挥发，在气相中的浓度大，逐渐走在前面，停留在色谱柱中的时间就短些。而容易被吸附或溶解度大的组分走在后面，停留在柱中的时间就长些。经过一段时间后彼此分离，先后走出色谱柱，进入信号检测器，进而在记录器上显示出各组分的保留值（如保留时间）和色谱峰面积数值，如图 9-3 所示。

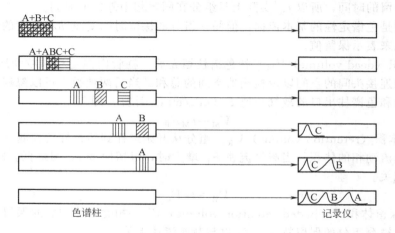

图 9-3 样品各组分在色谱中的分离示意图

9.4.1.2 分配系数和分配比

在色谱中，组分在流动相和固定相之间发生了多次反复的吸附和脱附或溶解和挥发的分配平衡过程。在一定温度下，组分在固定相和流动相之间的分配达到平衡时的浓度比，称为分配系数（partition coefficient），用 K 表示。

$$K = \frac{\text{组分在固定相中的浓度}}{\text{组分在流动相中的浓度}} = \frac{c_S}{c_M} \tag{9-7}$$

不同物质在一定温度下，在两相间的分配系数 K 值是不同的。分配系数小的组分，每次分配在气相中的浓度较大，因此较早流出色谱柱。分配系数是由组分和固定相的热力学性质决定的，它是每一个溶质的特征值，仅与固定相和温度有关，与两相体积、色谱柱管的特征以及所使用的仪器无关。

实际工作中又常用另一个参数——容量因子 k'（capacity factor）也称分配比（partition ratio）来表征分配平衡过程。它是指在一定温度下的平衡状态时，组分在固定液和载气中的质量之比。

$$k' = \frac{\text{组分在固定液中的质量}}{\text{组分在流动相中的质量}} = \frac{m_S}{m_M} \tag{9-8}$$

k' 也是无因次量，它和分配系数 K 值一样都是衡量色谱柱对组分保留能力的参数，k' 越大，保留时间越长；k' 为零，表示该组分在固定液中不溶解。容量因子与分配系数的关系为

$$K = \frac{c_S}{c_M} = \frac{m_S/V_S}{m_M/V_M} = k'\frac{V_M}{V_S} = k'\beta \tag{9-9}$$

容量因子与保留值的关系可由 k' 的定义推导出来。由于进样量极少，组分气体密度极小，所以可以将组分在气相、固相中的质量，分别用使这些组分流出色谱柱所需耗费的载气体积 V_M、V'_R 来表示，即

$$k' = \frac{V'_R}{V_M} = \frac{t'_R F_0}{t_M F_0} = \frac{t'_R}{t_M} \tag{9-10}$$

分配系数 K 及分配比 k' 与选择因子 α 的关系为：

$$\alpha = \frac{t'_{R2}}{t'_{R1}} = \frac{K_2}{K_1} = \frac{k'_2}{k'_1} \tag{9-11}$$

可见两组分的分配系数 K 或分配比 k' 相差越大分离效果越好，两组分具有不同的分配系数是色谱分离的先决条件。

色谱分离的目的是将试样中各组分彼此完全分离，两峰间的距离必须足够远。试样在色谱柱中的分离过程包括两个方面：一方面是试样中各组分在两相间的分配情况。这与各组分在两相间的分配系数，即各物质（包括试样中的各组分、固定相、流动相）的分子结构和性质有关。各个组分在色谱柱上出峰时间的先后（保留值的不同），反映了各组分在两相间分配情况的差别，它由色谱过程的热力学因素控制。但另一方面，虽然两个组分分配系数不同，两峰之间虽有一定距离，出峰时间有差别，但如果每个峰都很宽，以至彼此重叠，还是不能完全分开。这些峰的宽窄程度，反映了各组分在色谱柱中的运动情况，是由组分在色谱柱中传质和扩散行为决定的，即与色谱过程的动力学因素有关。如图 9-4 反映了柱效能对分离程度的影响，所以在考虑色谱柱分离效能时，必须全面考虑这两个因素。关于柱效能，有两个理论，即塔板理论和速率理论。

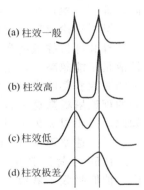

图 9-4 分配系数一定时柱效能对分离程度的影响

9.4.1.3 塔板理论和速率理论
（1）塔板理论（plate theory）

最早由 Martin 和 Synge 提出的塔板理论，是一个半经验理论，它把色谱柱比作一个精馏塔，沿用精馏塔中塔板的概念来描述组分在两相间的分配行为，同时引入塔板数作为衡量柱效能的指标。

由塔板理论计算出来的理论塔板数可作为柱效能高低的一种尺度。假设柱长为 L，塔板间距离为 H，则色谱柱的理论塔板数为

$$n = \frac{L}{H} \tag{9-12}$$

由塔板理论可推导出理论塔板数与色谱半峰宽或峰底宽度的关系：

$$n = 5.54\left(\frac{t_R}{W_{1/2}}\right)^2 = 16\left(\frac{t_R}{W}\right)^2 \tag{9-13}$$

式中　t_R——保留时间；

　　　$W_{1/2}$——半峰宽度；

　　　W——峰底宽度。

计算时它们均应用同一单位（时间或长度）表示。可见，色谱峰宽度越小，即峰越窄，塔板数 n 就越多，理论塔板高度 H 也就越小，则此时柱效能越高。n 或 H 可作为描述柱效能的一个指标。

由于死时间 t_M 包含在 t_R 中，而实际死时间并不参与柱内的分配，所以往往计算出来的理论塔板数 n 尽管很大、理论塔板高度 H 尽管很小，但色谱柱表现出来的实际分离效能却并不好。因而为了真实反映柱效能高低，用扣除了死时间的有效塔板数和有效塔板高度作为柱效能的指标，即

$$n_{eff} = 5.54\left(\frac{t'_R}{W_{1/2}}\right)^2 = 16\left(\frac{t'_R}{W}\right)^2 \tag{9-14}$$

$$H_{eff} = \frac{L}{n_{eff}} \tag{9-15}$$

应该注意两点。

① n_{eff} 越多表示组分在柱内达到平衡的次数越多，柱效能越高，峰形越窄，对分离越有利。但还不能预言并确定各组分是否有被分离的可能，因为分离的可能性决定于分配系数的差异，而不是分配次数的多少。所以不应把有效塔板数看作是实现分离可能性的依据，而只能把它看作是在一定条件下，柱分离能力发挥程度的标志。

② 用 n_{eff} 或 H_{eff} 表示柱效能时，除注明色谱条件外，必须指出是对什么物质而言的。因为相同色谱条件下，不同物质在同一根柱上的分配系数不同，所以计算所得的塔板数不同，即同一根柱对不同物质的柱效能不同。

塔板理论成功地解释了色谱流出曲线的形状（正态分布）、浓度极大点的位置，并提出了计算和评价柱效的参数。但由于它的某些假设不完全符合柱内的实际分离过程，例如纵向扩散是不能忽略的，也没有考虑各种动力学因素对柱内传质的影响，因此不能解释色谱峰变宽的原因和影响塔板高的各种因素等本质问题，也不能说明为什么在不同流速下可以测得不同的理论塔板数这一事实，这就限制了它的应用。而速率理论很好地解决了这些问题。尽管如此，由于以 n 或 H 作为柱效能的指标很直观，迄今仍为色谱工作者们所接受。

（2）速率理论（rate theory）

1956 年荷兰学者范第姆特（Van Deemter）等提出了色谱过程动力学理论——速率理论。他们吸收了塔板理论中板高的概念，并充分考虑组分在两相间的扩散和传质过程，从而在动力学基础上较好地解释了影响板高的各种因素。该理论模型对气相和液相色谱均适用。Van Deemter 方程的数学简化式为

$$H = A + \frac{B}{u} + Cu \tag{9-16}$$

式中，u 为流动相的线速度；A、B、C 为常数，分别代表涡流扩散项系数、分子扩散项系数和传质阻力项系数。可见，在 u 一定时，只有 A、B、C 三项都较小时，H 才能较小，柱效才能较高。

速率理论指出了影响柱效能的因素，对分离条件的选择具有指导意义。它说明，要使板高下降、柱效能提高，应遵循以下原则：载体颗粒均匀较细（也不可过细，以免气阻过大分析不能正常进行）、装填均匀；固定液配比小，液膜薄（但要保证将载体表面及表面活性中心全部掩盖）；组分在液相中的扩散系数大，因而固定液黏度要小；柱温不可过低或过高；组分在气相中的扩散系数适中（往往优先选用轻载气，因其渗透性好、分析时间快）；载气流速适当。

9.4.2 色谱柱的总分离效能

（1）分离度（resolution）的定义

单独用柱效或选择性不能真实反映组分在色谱柱中的分离情况，因此需引进一个综合性

能指标——分离度 R。分离度是既能反映柱效率，又能反映选择性的指标，称为总分离效能指标。分离度又叫分辨率，是指相邻两个峰的分离程度，定义为相邻两色谱峰保留值之差与两色谱峰峰底宽度总和之半的比值，即

$$R = \frac{t_{R2} - t_{R1}}{(W_1 + W_2)/2} \tag{9-17}$$

当峰形较差，峰底宽度难以测量时可用半峰宽代替峰底宽，这时分离度用 R' 表示。注意：R' 与 R 的物理意义相同，但数值不同，根据半峰宽与峰底宽的数值关系，$R = 0.59R'$。R 值越大，表明相邻两组分分离越好。一般说，当 $R < 1$ 时两峰有部分重叠；当 $R = 1$ 时分离度可达到 98%；当 $R = 1.5$ 时分离程度可达 99.7%。通常以 $R = 1.5$ 作为相邻两组分已完全分离的标志。

（2）分离度与柱效能及其他参数的关系

分离度 R 的定义并没有反映出影响分离度的诸因素。实际上，分离度受柱效 n、选择因子 α 和容量因子 k' 三个参数的控制。对于难分离物质，由于它们的保留值差别小，可近似地假设 $k_1' = k_2' = k'$，$W_1 = W_2 = W$，由式(9-13) 得

$$\frac{1}{W} = \frac{\sqrt{n}}{4} \times \frac{1}{t_R} \tag{9-18}$$

由式(9-10) 可得 $t_R = t_M(1 + k')$，代入式(9-17) 及式(9-18)，整理后得

$$R = \frac{\sqrt{n}}{4} \left(\frac{\alpha - 1}{\alpha} \right) \left(\frac{k'}{1 + k'} \right) \tag{9-19}$$

式(9-19) 即为基本色谱分离方程式，它反映了分离度 R 与柱效 n、选择因子 α 以及容量因子 k' 之间的关系。在实际应用中用有效塔板数 n_{eff} 代替 n，将式(9-13) 除以式(9-14)，并将 $t_R = t_M(1 + k')$ 代入，可得

$$n = \left(\frac{1 + k'}{k'} \right)^2 n_{eff} \tag{9-20}$$

将式(9-20) 代入式(9-19) 则可得基本色谱分离方程式的又一表达式，即

$$R = \frac{\sqrt{n_{eff}}}{4} \left(\frac{\alpha - 1}{\alpha} \right) \tag{9-21}$$

由于相邻两峰的峰底宽度近似，$W_1 = W_2 = W$，用 $\alpha = t_{R2}' / t_{R1}'$ 代入式(9-17)，并结合式(9-14)、式(9-15)，可推导出分离度与柱长 L、有效塔板数 n_{eff} 的关系。

$$n_{eff} = 16R^2 \left(\frac{\alpha}{\alpha - 1} \right)^2 \tag{9-22}$$

$$L = 16R^2 H_{eff} \left(\frac{\alpha}{\alpha - 1} \right)^2 \tag{9-23}$$

式(9-22) 将分离度 R、柱效能 n 和选择因子 α 联系起来，只要已知其中两个量，则可计算出第三个量的值。并且可以从式(9-23) 计算出分离两组分所需的色谱柱长度。对于一定理论板高的柱子，在一定的分离操作条件下，分离度的平方与柱长成正比，即 $L \propto R^2$。说明用较长的柱可以提高分离度，但延长了分析时间。因此提高分离度的最好方法是制备出一根性能优良的柱子，通过降低塔板高来提高分离度。

【例 9-1】 假设有两组分的相对保留值：① $r_{21} = 1.08$；② $r_{21} = 1.16$。要使它们完全分离（即 $R = 1.5$），问需 n（有效）和色谱柱长各为多少？（一般填充柱 $H_{eff} = 0.10cm$）

解 ① $r_{21} = \alpha = 1.08$，则

$$n_{eff} = 16 \times 1.5^2 \times \left(\frac{1.08}{1.08 - 1} \right)^2 = 6.6 \times 10^3$$

$$L = n_{eff} \times H_{eff} = 6.6 \times 10^3 \times \frac{0.10}{100} = 6.6(m)$$

② $r_{21} = \alpha = 1.16$，则

$$n_{eff} = 16 \times 1.5^2 \times \left(\frac{1.16}{1.16-1}\right)^2 = 1.9 \times 10^3$$

$$L = n_{eff} \times H_{eff} = 1.9 \times 10^3 \times \frac{0.10}{100} = 1.9(m)$$

从以上计算可看出，选择因子（相对保留值）越大，则所需 n（有效）越小，柱长较短也可以达到完全分离。因此要根据速率方程选择合适的分离操作条件，以达到合适的分离度。

9.5　气相色谱固定相的选择

能否用一台色谱仪完成对复杂组分满意的分离，关键在于找到合适的固定相和分离操作条件。气相色谱固定相分为两类：①用于气固色谱的固体吸附剂；②用于气液色谱的液体固定相（包括固定液和载体）。

9.5.1　气固色谱固定相——固体吸附剂

气固色谱是基于组分分子在吸附剂表面的吸附，故也称为吸附色谱。主要用于分离和分析永久性气体及气态烃类。这类固定相的缺点是种类有限，其性能与制备条件、活化条件有很大关系，不是同批制备的吸附剂性能往往不易重现；进样量稍大时柱效下降，色谱峰拖尾，且使吸附中心中毒，柱寿命缩短；高温下有催化活性，由于这些原因使应用受到局限。近年来研制了一些改性的、新的表面结构均匀的吸附剂，如石墨化炭黑、碳分子筛等，应用稍有扩大，能够成功地分离一些顺反式空间异构体。

常用的固体吸附剂主要有强极性的硅胶、弱极性的氧化铝，非极性的活性炭和特殊作用的分子筛等。使用时可根据它们对各种气体吸附能力的不同，选择合适的吸附剂。

作为有机固定相的高分子多孔微球如 GDX 系列，是一类由苯乙烯加二乙烯苯合成的多孔聚合物，分为极性和非极性两种。它既是载体又起固定液的作用，可在活化后直接用于分离，也可作为载体在其表面涂渍固定液后再用。人工合成可控制其孔径大小及表面性质。而且，圆球形颗粒容易填充均匀，数据重现性好。无液膜存在时没有"流失"问题，可大幅度程序升温，适合于有机物中痕量水的分析，也可用于多元醇、脂肪酸、腈类、胺类的分析。

9.5.2　气液色谱固定相

气液色谱的固定相由载体（担体）和固定液构成。

9.5.2.1　载体（担体）

载体也称担体，一般为化学惰性的多孔材料（固体颗粒），其作用在于提供一个大的惰性表面，以承担固定液，使其能在表面展成薄而均匀的液膜。

（1）对载体的要求

具有足够大的表面积和良好的孔穴结构，使固定液与试样的接触面较大，能均匀地分布成一层薄膜，但载体表面积不宜太大，否则易吸附组分，造成峰拖尾；表面化学惰性；热稳定性好；形状规则，粒度均匀，具有一定机械强度。

（2）载体类型

大致可分为硅藻土和非硅藻土两类。硅藻土载体是目前气相色谱中常用的一种载体，它是由称为硅藻的单细胞海藻骨架组成，主要成分是二氧化硅和少量无机盐。根据制造方法和产品特点的不同，又分为红色和白色两种担体。一般在涂渍之前需进行预处理，如酸洗、碱

洗、硅烷化及添加减尾剂等，以屏蔽活性吸附中心。

非硅藻土类有前面所讲的高分子多孔微球，还有氟担体，玻璃微球，石英微球，素瓷等，它们大多比表面积小，耐腐蚀，常用于特殊分析。

9.5.2.2　固定液

固定液一般为高沸点有机物，均匀地涂在载体表面，呈液膜状态。

（1）对固定液的要求

① 首先是选择性好。对性质相近的组分，分配系数要有差别。固定液的选择性可用相对调整保留值 r_{21}（选择因子 α）来衡量。对于填充柱一般要求 $r_{21} > 1.15$；对于毛细管柱 $r_{21} > 1.08$。

② 稳定性要好。热稳定性好，沸点高，挥发性小。化学稳定性好，不与待测组分发生化学反应。操作温度下固定液不流失或热分解，而导致柱寿命缩短、组分保留值不易重复。

③ 对试样有适当的溶解能力。

鉴于以上要求，固定液的沸点都很高，而且各有其特定的使用温度范围和最高使用温度极限。现已有上千种固定液，为达到良好的分离效果，必须了解组分和固定液分子之间的作用原理，并能够预测组分在固定液上的分配行为和流出顺序，能够针对被测物的性质选择合适的固定液。

（2）组分和固定液分子间的相互作用力

色谱中常用"极性"来说明固定液和被测组分的性质。所谓极性分子就是指由电负性不同的原子所构成的分子，它的正电中心和负电中心不重合时，形成的具有正负极的极性分子。固定液的选择，一般根据"相似相溶"原理进行，即被测组分和固定液分子的性质相似时，固定液和组分两种分子间作用力就强，被测组分在固定液中的溶解度就大，分配系数就大，流出慢；反之，流出快。也就是说组分和固定液分子间作用力的大小决定了溶解度或分配系数。

这种分子间作用力不像分子内的化学键那么强，而是一种较弱的吸引力。它主要包括：定向力、诱导力、色散力和氢键力 4 种。此外，固定液和被测组分间还可能存在形成化合物或配合物等的键合力。

① 定向力（静电力）：由于极性分子的永久偶极间存在静电作用而引起的静电作用力。

② 诱导力：极性分子和非极性分子共存时，由于在极性分子永久偶极电场的作用下，非极性分子被极化而产生诱导偶极，它们之间的作用力就叫"诱导力"。这个作用力一般是很小的。在分离具有非极性分子和可极化分子的混合物时，可用极性固定液的诱导效应来分离它们。如苯和环己烷的沸点很接近（80.10℃ 和 80.80℃），若用非极性固定液（如液体石蜡），是很难将它们分开的。但苯比环己烷易极化，所以用极性固定液，能使苯产生诱导偶极，这样，苯比环己烷有较大的保留值而得以分离。

③ 色散力：非极性分子间虽没有定向力和诱导力，但其分子却具有瞬间周期变化的偶极矩，伴随这种周期变化的偶极矩有一个同步电场产生，能使邻近的分子极化，而被极化的分子又反过来使瞬间偶极矩的变化幅度加大，于是产生相互作用的色散力。色散力比前两种力弱，是所有分子间普遍存在的一种力，是非极性分子之间的惟一吸引力。用非极性固定液分离非极性组分时分子间的作用力就是这种力，由于色散力与沸点成正比，所以组分基本按沸点顺序分离。

④ 氢键力：也是一种定向力。当氢原子和一个电负性很大的原子（F、O、N）构成共价键时，它又能和另一个电负性很大的原子形成一种强有力的有方向的力，这种力叫氢键作用力。表示为"X—H…Y"，"—"表示共价键，"…"表示氢键。氢键的强弱还与 Y 的半径有关，半径越小，越易靠近 X—H，其氢键越强。氢键的类型和强弱次序为：

$$F—H…F > O—H…O > O—H…N > N—H…N > N≡C—H…N$$

由于 —CH_2— 中的碳原子电负性很小，因而 C—H 键不能形成氢键，即饱和烃之间没有氢键作用存在。氢键力介于色散力和化学力之间。若以分子中含有—OH、—COOH、—NH$_2$、=NH官能团的固定液制备成色谱柱，用来分析含F、O、N的化合物时常有显著的氢键作用，作用力强的在柱内保留时间长。

如分析乙醇和环己烷的混合物时，若选用低分子量的聚乙二醇做固定液时，由于固定液与乙醇有氢键作用，与环己烷无氢键作用，所以很容易分离开，环己烷先流出，乙醇后流出。

除上述4种作用力外，尚有分子间的特殊作用力。利用组分与固定液分子间的这种特殊作用力大小不同也可以进行分离。例如Ag$^+$与双键的络合作用，双键上的Π电子可与银离子形成微弱的络合物。因此在烃类混合物的分析中，若在固定液中加入硝酸银或高氯酸银，可以选择性地保留烯烃。同碳数的烷烃先流出，而炔烃与银离子形成炔银，不出峰。又如利用脂肪酸盐（如硬脂酸锌、硬脂酸铜或油酸镍）固定液与胺类络合作用的不同，可以很容易地分离伯胺、仲胺、叔胺。例如分离4-甲基吡啶和2,6-二甲基吡啶，达到同样分离度所需要的理论塔板数，用硅油作固定液需要2.5×10^5块，而用硬脂酸锌仅需要4块。

（3）固定液的特征与分类

在众多的固定液中选出合适的固定液，是非常烦琐的一件事。固定液的分离特征就是要阐明各种固定液对试样的分离规律，固定液之间的联系与规律，它是选择和发展固定液的基础。如何科学地描述固定液的分离特征，过去曾有人作了大量的科学研究。目前大都采用固定液的相对极性和固定液的特征常数来表示固定液的分离特征。

① 相对极性（relative polarity） 1959年Rohrschneider（罗氏）提出用相对极性来表示固定液的分离特征。此法规定，非极性固定液角鲨烷的极性为0，强极性固定液β,β'-氧二丙腈的极性为100，然后选一对物质（如正丁烷-丁二烯或环己烷-苯）来进行实验。分别测定它们在氧二丙腈、角鲨烷及欲测固定液的色谱柱上的相对保留值，将其取对数后经过计算得到被测固定液的极性。由此测得的各种固定液的相对极性均在0～100之间。一般将其分为5级，每20个单位为一级。相对极性在0～+1之间的叫非极性固定液，+2级为弱极性固定液，+3级为中强极性固定液，+4～+5级为强极性固定液。非极性亦可用"一"表示。

② 固定液的特征常数 1970年McReynolds（麦氏）改进了罗氏方案，他选用5种探测物质（即苯、丁醇、2-戊酮、硝基丙烷和吡啶）代表5种不同的作用力，麦氏常数值越大，该种作用力就越大。五种麦氏常数之和称为总极性$P_总$，$P_总$越大，表示固定液与探测物质之间总的作用力越强，该固定液的极性就越强；麦氏常数值越小则固定液极性接近于非极性。麦氏常数中某些特定值，如X'、Y'值越大，则表明该固定液对相应探测物作用力越强。麦氏常数十分有助于固定液的评价、分类和选择。表9-1列出了一些常用固定液的麦氏常数。

表 9-1　麦氏常数表

固　定　液	型号	苯	丁醇	2-戊酮	1-硝基丙烷	吡啶	平均极性	总极性	最高使用温度/℃
		X'	Y'	Z'	U'	S'			
角鲨烷	SQ	0	0	0	0	0	0	0	100
甲基硅橡胶	SE-30	15	53	44	64	41	43	217	300
苯基(10%)甲基硅氧烷	OV-3	44	86	81	124	88	85	423	350
苯基(20%)甲基硅氧烷	OV-7	69	113	111	171	128	118	592	350
苯基(50%)甲基硅氧烷	DC-710	107	149	153	228	190	165	827	225
苯基(60%)甲基硅氧烷	OV-22	160	188	191	283	253	219	1075	350
三氟丙基(50%)甲基硅氧烷	QF-1	144	233	355	463	305	300	1500	250
氰乙基(25%)甲基硅橡胶	XE-60	204	381	340	493	367	307	1785	250
聚乙二醇-20000	PEG-20M	322	536	368	572	510	462	2308	225
己二酸二乙醇聚酯	DEGA	378	603	460	665	658	553	2764	200
丁二酸二乙醇聚酯	DEGS	492	733	581	833	791	686	3504	200
三(2-氰乙氧基)丙烷	TCEP	593	857	752	1028	915	829	4145	175

③ 固定液的化学类型　固定液还可用化学类型分类。这种分类方法是将有相同官能团的固定液排列在一起，然后按官能团的类型分类，这样就便于按组分与固定液结构相似原则选择固定液。表 9-2 列出了按化学结构分类的各种固定液。

表 9-2　按化学结构分类的固定液

固定液的结构类型	极　　性	固定液举例	分 离 对 象
烃类	最弱极性	角鲨烷、石蜡油	分离非极性化合物
硅氧烷类	极性范围广	甲基硅氧烷、苯基硅	
	从弱极性到	氧烷、氟基硅氧烷、	不同极性化合物
	强极性	氰基硅氧烷	
醇类和醚类	中强极性	聚乙二醇	强极性化合物
酯类和聚酯	强极性	苯甲酸二壬酯	应用较广
腈和腈醚		氧二丙腈、苯乙腈	极性化合物
有机皂土			分离芳香异构体

（4）固定液的选择

固定液的选择一般按"相似相溶"的原则，也有个别情况不符合"相似相溶"这一原理的，在应用时应根据实际情况。

① 非极性组分选非极性固定液。保留作用主要是色散力，按组分沸点高低顺序流出，沸点低的先流出。同系物按碳数顺序，相对摩尔质量低的先流出。极性与非极性物沸点接近时，若极性差别比较大，则极性组分先流出。

② 中等极性的组分用中等极性的固定液，保留作用力为色散力和诱导力。组分基本按沸点顺序，沸点低的先流出。沸点接近时，极性强的组分后流出。

③ 强极性组分选强极性固定液，两者之间的保留作用力为静电力。组分按极性顺序流出，非极性及极性小的先流出。

④ 对于能形成氢键的组分，选强极性或氢键型固定液。组分按能与固定液形成氢键能力的大小顺序流出，不易形成氢键的先流出。例如用三乙胺做固定液，分离一甲胺、二甲胺和三甲胺，则不易形成氢键的三乙胺先流出，一甲胺最后流出。

⑤ 分离极性与非极性混合物，一般选极性固定液。非极性组分先流出。

⑥ 复杂物质的分离，用一种固定液很难完成任务，可以用混合固定液或双柱系统。

⑦ 特殊选择性固定液的使用，如有机皂土或液晶对异构物分离很有效，可分离芳烃间对位异构体，对位后出峰。

实际操作中，如果了解试样组成，可从麦氏特征常数表中选取几项常数差别较大的固定液，以适当的操作条件进行色谱分离，然后再根据分离情况进一步筛选。当然也可以查阅文献资料，从前人总结出的类型参考表中选择。

9.6　检测器的类型和性能指标

9.6.1　气相色谱检测器的类型

在选定了合适的固定液之后，就要选择能够检测出被测组分，并能达到所要求精度的检测器。气相色谱检测器是把载气里被分离的各组分的浓度或质量转换成电信号的装置。它是气相色谱仪的一个重要部件。对检测器的要求是测量准确、灵敏度高，检测限低、稳定性好、线性范围宽等。目前检测器的种类达数十种，本书只简要介绍常用的几种。

根据检测原理的不同，可将其分为浓度型检测器和质量型检测器两种。

① 浓度型检测器（concentration sensitive detector）　测量的是载气中某组分浓度瞬间

的变化，即检测器的响应值和组分的浓度成正比，如热导检测器和电子捕获检测器。

② 质量型检测器（mass flow rate sensitive detector） 测量的是载气中某组分进入检测器的速度变化，即检测器的响应值与单位时间内进入检测器某组分的量成正比，如火焰离子化检测器和火焰光度检测器。

9.6.1.1 热导检测器

热导检测器（Thermal conductivity detector，TCD）是根据不同的物质具有不同的导热系数原理制成的。热导检测器由于结构简单、性能稳定、线性范围宽、价格便宜，而且几乎对所有物质都有响应，因而是应用最广、最成熟的一种检测器。其主要缺点是灵敏度较低。

（1）热导池的结构和工作原理

热导池由池体和热敏元件（如铼钨丝）构成，用惠斯通电桥测量其信号。可分为双臂和四臂热导池两种。由于四臂热导池热丝的阻值是双臂热导池的 2 倍，其灵敏度也是双臂热丝的 2 倍。热导池检测器的测量原理是基于不同物质与载气的导热系数各不相同。如图 9-5 所示根据电桥平衡原理，当热导池两臂只有载气通过时，它对两臂钨丝影响相同，电桥处于平衡状态，AB 两端无信号输出，此时记录仪记录的信号是基线。当被测组分随载气通过热导池的测量臂时，由于混合气体与载气导热系数不同，它们从热丝上带走的热量与纯载气通过时带走的热量不同，从而使热丝的温度及其电阻值发生了变化，破坏了电桥的平衡，AB 两端有信号输出，即为色谱峰。信号的大小取决于组分在载气中的浓度和组分导热系数与载气导热系数的差别，浓度越大，差别越大，输出信号就越大。

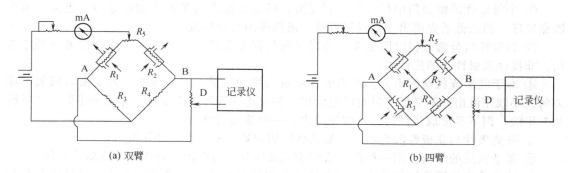

(a) 双臂　　　　　　　　　　　　　(b) 四臂

图 9-5　热导池电路图

（2）影响热导池检测器灵敏度的因素

① 桥电流。桥路电流增加，使钨丝温度提高，钨丝和热导池体的温差大，气体就容易将热量传出去，灵敏度提高。响应值与工作电流的三次方成正比。所以，增大电流有利于提高灵敏度。但电流太大，使钨丝处于灼热状态，引起基线不稳，且易将热丝烧断。一般桥流控制在 100～200mA 左右（N_2 作载气时为 100～150mA，H_2 作载气时 150～200mA）。

② 热导池体温度的影响。当桥流一定时，钨丝温度就一定。如果池体温度降低，池体和钨丝的温差加大，能使灵敏度提高。但池体温度过低，被测物、水分等会冷凝在检测器中，从而形成污染。池体温度一般不应低于柱温。

③ 载气的影响。首先是载气种类的影响。载气与试样的热导系数相差越大，则灵敏度越高。通常选热导系数较大的氢气。

用相对分子量最小的氢气作载气，它的热导率相当大，是一般被测物质的几倍、十几倍，所以灵敏度很高，线性范围也宽，定量结果较好。氮气作载气比较安全，但氮气与许多被测物质的热导率接近，所以灵敏度低。有些试样如甲烷，导热系数比它大，会出现负峰。

选择载气流速时，一方面要顾及对柱效能的影响，另一方面要注意流速对浓度型检测器信号的影响。当流速较低时灵敏度较高，甚至可接近氢焰检测器。

④ 热敏元件阻值的影响。阻值高、电阻温度系数大的热敏元件（如钨丝），灵敏度高。

⑤ 池体体积。为提高灵敏度，减小死体积，并能在毛细管柱色谱仪上配用，应使用具有微型池体积的热导池（$2.5\mu L$）。

9.6.1.2　氢火焰离子化检测器

氢火焰离子检测器（Flame ionization detector，FID）是以氢气和空气燃烧的火焰作为能源，利用含碳有机物在火焰中燃烧产生离子。在外加电场作用下，离子定向运动形成离子流，根据离子流产生的电信号强度，检测被色谱柱分离出来的组分。它的特点是：灵敏度高，比热导池高约 10^3 倍；检出限低，可达 10^{-12} g/s；能检测大多数含碳有机化合物；死体积小，响应速度快，线性范围宽，可达 10^6 倍，非常适合于毛细管柱的配备使用。缺点是不能检测永久性气体、H_2O、CO、CO_2、CCl_4、NH_3、氮的氧化物、硫化氢等，对于含氧、卤素、硫、磷、硅等元素的有机物，响应值降低，含杂原子越多响应值下降愈显著。正是由于对大气和水都没有响应，所以很适合于用来测大气和水中痕量有机物。

（1）氢火焰离子检测器结构

如图 9-6 所示，主体是一个由不锈钢圆筒制成的离子化室，一个圆环状的极化极（又称发射极），一个圆筒或圆盘状的收集极和一个石英火焰喷嘴及气体入口等构件组成。在极化极和收集极之间加直流电压形成静电场。

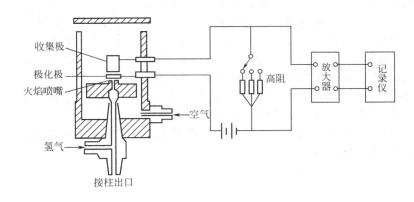

图 9-6　氢火焰离子检测器示意图

（2）火焰离子化机理

目前对此机理尚不十分清楚，普遍认为是一种化学电离过程而不是热电离过程。有机物在火焰中先裂解形成自由基（$CH_3 \cdot$，$CH_2 \cdot$ 和 $CH \cdot$）然后与氧产生正离子，有一部分同水生成 H_3O^+ 离子。

$$C_mH_n \xrightarrow{\text{高温裂解}} \cdot CH$$
$$\cdot CH + O_2^* \longrightarrow CHO^+ + e$$
$$CHO^+ + H_2O \longrightarrow CO + H_3O^+$$

式中，O_2^* 为激发态氧。化学电离产生的一些正离子和电子在电场作用下向发射极和收集极运动，形成微电流，此电流经放大，由记录仪记录得色谱图。对非烃类或不易生成自由基的物质，有较小或没有响应。

（3）影响检测器灵敏度的因素

① 气体流量。燃气氢气与载气（通常是氮气）流量之比影响氢火焰的温度及火焰中的

电离过程。氢气流量低不但灵敏度低，而且易熄火。但也不宜过高，否则会产生很大噪声信号。通常氢气与载气（通常是氮气）流量之比是 $1\sim1.5:1$。

空气流量一般为氢气流量的 10 倍，因为空气不但是助燃气，还为生成 CHO^+ 提供 O_2，流量低会降低灵敏度。但空气流速过大，也造成对火焰的扰动，经实验测试，空气流速在 $400mL/min$ 以上时响应值基本稳定，不再增加。还应注意保证气路清洁，以免对基线造成影响。

② 检测器温度。氢焰检测器的温度不是影响灵敏度的主要因素，从 $80\sim200℃$ 灵敏度几乎相同。80℃以下灵敏度下降，是由于水蒸气冷凝造成的。所以适当高一些的温度比较合适。

③ 极化电压。实践证明极化电压较低时，响应值随极化电压的增加而增加，然后趋于一个饱和值。极化电压高于饱和值时与检测器的响应值无关。一般选 $\pm100\sim\pm300V$ 之间。

9.6.1.3 电子捕获检测器

电子捕获检测器（Electron Capture Detector，ECD）也称电子俘获检测器，是一种选择性很强、高灵敏度的浓度型检测器。对具有电负性物质（如含卤素、硫、磷、氮、氧、氰）的检测有很高的灵敏度（检出限约 $10^{-14}g/cm^3$）。广泛用于农药残留、大气及水质污染分析。它的缺点是线性范围窄，只有 10^3 左右，且响应易受操作条件的影响，重现性差。

（1）电子捕获检测器的结构及工作原理

实际上它是一种放射性离子化检测器。ECD 结构如图 9-7 所示，检测器内腔有筒状的 β 射线放射源（^{63}Ni 或 ^3H），筒体上端为阳极，下端为阴极，在此两极间施加一直流或脉冲电压。当载气（一般为高纯氮气）进入检测器时，载气在放射源发出的 β 射线作用下发生电离，产生的正离子和低能量电子在电场作用下向两极运动，形成恒定电流——基流。当具有电负性的组分进入检测器时，它捕获了检测器中低能量低速运动的电子，形成稳定的负离子，再与载气电离产生的正离子结合成中性化合物，被载气带出检测器。结果使基流降低，产生了负信号，形成倒峰。被测组分浓度越大，捕获电子概率越大，基流下降越快，倒峰越大。

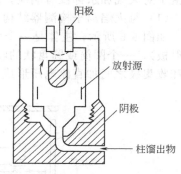

图 9-7 电子捕获检测器示意图

$$N_2 \xrightarrow{\beta} N_2^+ + e$$
$$X + e \longrightarrow X^-$$
$$X^- + N_2^+ \longrightarrow X + N_2$$

（2）影响检测器灵敏度的因素

① 载气纯度。必须使用高纯氮气（99.99%以上），普通氮气必须脱氧净化。

② 极化电压。极化电压的选择应是既能得到较大基流，又能使电子保持在低能量、慢速运动的范围内，以提高捕获概率，从而提高响应值。对于直流电场一般选用 $<50V$，对于脉冲电压则应选择最佳脉冲周期。

③ 检测室温度。不同电负性物质随温度的变化，其灵敏度有不同的变化趋势。在定量检测中必须精确控制检测温度，精度不可超过 $\pm0.1℃$。

④ 进样量。由于其线性范围较窄，进样量不可超载。

9.6.1.4 其他常用检测器

常用检测器还有火焰光度检测器（Flame Photometric Detector，FPD），是一种对硫、磷物质具有高选择性和高灵敏度的检测器，也称硫、磷检测器。实际上它是由氢火焰检测器和光度计两部分组成。广泛用于大气、食品、石油化工产品中含硫以及农药残留量的分析。

另一种用途广泛的检测器为氮磷检测器（NPD）。它是从氢火焰检测器发展而来，只对含氮和磷的化合物有很高的选择性和灵敏度。主要用于食品、药物、农药残留以及亚硝胺的分析。

9.6.2　检测器的性能指标

优良的检测器应具有以下几个优良性能指标：灵敏度高、检出限低、死体积小、响应迅速、线性范围宽、稳定性好。

(1) 灵敏度 S （sensibility）

检测器的灵敏度亦称响应值或应答值。当一定浓度或一定质量的组分进入检测器，就产生一定的响应信号 R。以进样量 Q 对检测器响应信号作图，可得到一直线。直线的斜率就是检测器的灵敏度 S。因此灵敏度可定义为信号 R 对进样量 Q 的变化率。

$$S = \frac{\Delta R}{\Delta Q} \tag{9-24}$$

各种检测器的机理不同，灵敏度的量纲和计算公式也不同。如果信号 ΔR 取 mV，对于浓度型检测器 ΔQ 取 mg/cm^3，灵敏度写作 S_C，其单位是 $mV \cdot cm^3 \cdot mg^{-1}$，即每毫升载气中有 1mg 试样时在检测器所能产生的响应信号的大小（mV 数）；对于质量型检测器 ΔQ 取 g/s，灵敏度用 S_m 表示，其灵敏度单位是 $mV \cdot s \cdot g^{-1}$，即每秒钟有 1g 试样进入检测器时所能产生的信号大小（mV 数）。实际工作中常用色谱峰的峰面积来计算检测器的灵敏度。根据灵敏度的定义，可得浓度型检测器灵敏度的计算公式

$$S_C = \frac{A_i C_2 F_0}{W_i C_1} \tag{9-25}$$

式中　S_C——灵敏度，$mV \cdot cm^3 \cdot mg^{-1}$；

　　　A_i——色谱峰面积；

　　　C_2——记录仪灵敏度，mV/cm；

　　　F_0——检测器入口处载气流速，cm^3/min；

　　　W_i——进入检测器的样品质量，mg；

　　　C_1——记录纸移动速度，cm/min。

由式(9-25)可见，对于浓度型检测器，进样量一定时，峰面积与载气流速成反比，载气流速越小，产生的信号就越大。

质量型检测器灵敏度的计算公式为

$$S_m = \frac{60 C_2 A_i}{W_i C_1} \tag{9-26}$$

式中　S_m——灵敏度；

　　　W_i——进入检测器的样品质量；其余与上同。

可见，对于质量型检测器，峰面积与进样量成正比；进样量一定时，峰面积与流速无关。

(2) 检出限 （敏感度）D （detection limit）

当检测器输出信号放大时，电子线路中固有的噪声同时也被放大，使基线起伏波动。取基线起伏的平均值，用符号 R_N 表示。检出限是指检测器恰能产生和噪声相鉴别的信号时，在单位体积或时间内需向检测器进入的物质质量。检出限定义为：检测器恰能产生 3 倍于噪声信号时，每秒钟需引入检测器的样品量（g）或单位体积（mL）载气中需含的样品量。

$$D = \frac{3 R_N}{S} \tag{9-27}$$

式中，D 为检出限；S 为灵敏度 S_c 或 S_m；R_N 为噪声信号大小。

D 越小，说明仪器越敏感。热导池检测器的检出限一般为 $10^{-5} mg/cm^3$，即每毫升载气中有约 $10^{-5}mg$ 溶质所产生的响应信号相当于噪声的 3 倍。氢焰检测器的检出限为 $10^{-12} g/s$，

即每秒钟有 10^{-12} g 的样品进入检测器就能产生 3 倍于噪声的信号。无论哪种检测器，检出限值都与灵敏度成反比，与噪声成正比。检出限不仅取决于灵敏度，而且受制于噪声，所以它是衡量检测器性能的综合指标。

（3）最小检测量 Q_0（minimum detectable quantity）

在实际工作中，检测器不可能单独使用，而是与柱、气化室、记录仪及连接管道等联用组成一个色谱体系。最小检测量是指产生 3 倍噪声峰高时，色谱体系（色谱仪）所需的最小进样量。因为 $A = 1.065 W_{1/2} h$，对于浓度型检测器组成的色谱仪，最小检测量见式(9-28)，即

$$Q_c = 1.065 W_{1/2} F_0 D \qquad (9-28)$$

质量型检测器的最小检测量见式(9-29)。可见 Q_0 与检测限成正比；但与检测限不同，Q_0 不仅与检测器性能有关，还与柱效率及操作条件有关。所得色谱峰的半峰宽越窄，Q_0 越小。

$$Q_m = 1.065 W_{1/2} D \qquad (9-29)$$

（4）线性范围（linear range）

线性范围是指进样量与信号之间保持线性关系的范围，即检测器呈线性时最大和最小进样量之比，或叫最大允许进样量（浓度）与最小检测量（浓度）之比。这个范围越大越有利于准确定量。如氢焰检测器的线性可达 10^7，热导检测器则在 10^5 左右。

（5）响应时间（response time）

响应时间是指进入检测器的某一组分的输出信号达到其值的 63% 所需要的时间，响应时间越小越好。检测器的死体积小，电路系统的滞后现象小，响应速度就快。一般响应时间都小于 1s。

9.7　气相色谱实验技术

9.7.1　分离条件的选择

① 首先要根据待测组分的性质，选择合适的固定相、流动相、检测器种类及柱型。

② 然后要根据分离度要求选择合适的柱子长度（如前所述）。

③ 再设定一些具体操作条件，如载气流速的选择。

根据 Van Deemter 方程式，用板高 H 对载气流速 u 作图，如图 9-8。在速率方程中 A 项与流速无关，流速对 B、C 两项的作用完全相反。流速对柱效的总影响存在一个最佳值，即曲线的最低点，塔板高度 H 最小处，此时柱效能最高，其相应的流速是最佳线速 u_{opt}。u_{opt} 及 H_{min} 可由式 $H = A + B/u + Cu$ 微分得到，即

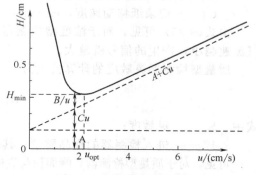

图 9-8　流速对柱效的影响

$$\frac{dH}{du} = -\frac{B}{u^2} + C = 0 \qquad (9-30)$$

$$u_{opt} = \left(\frac{B}{C}\right)^{\frac{1}{2}} \qquad (9-31)$$

$$H_{min} = A + 2(BC)^{\frac{1}{2}} \qquad (9-32)$$

从图 9-8 中还可看出，当 u 较小时，分子扩散项 B/u 是影响板高的主要因素，此时宜选用相对分子量较大的载气（氮气、氩气），以便使组分在载气中有较小的扩散系数。当 u 较大时，传质阻力项 Cu 起主导作用，宜选用相对分子质量小的载气（氢气、氦气），使组

分有较大的扩散系数，减小传质阻力，提高柱效。当然，载气的选择还要考虑与检测器相适应。实际工作中，为了缩短分析时间，往往使流速稍高于最佳流速。

载气流量可用皂膜流量计在柱后测量。对于内径为 3～4mm 的色谱柱，氮气的流量一般为 20～60mL/min，氢气的流量 40～90mL/min，具体选择应通过试验来确定。以所分析组分能够分离开来，且在短时间内能完成分析任务为原则。

④ 柱温的选择。柱温是一个非常重要的操作条件，直接影响分离效能和分析时间。柱温升高，会使各组分的分配系数 K 变小，出峰时间缩短；同时也使各组分间的分配系数差别变小，保留时间差值变小，分离度变差。但柱温过低传质速率显著降低，柱效能下降，而且会延长分析时间。

为避免固定液流失和污染检测器，柱温的最高温度应低于固定液的最高使用温度。一般柱温应当比试样中各组分的平均沸点低 20～30℃；对于含有的组分较多，沸程较宽的样品，宜采用程序升温。

⑤ 气化温度的选择。应足以使样品瞬间气化，但气化温度也不应过高，以防试样分解。通常高于柱温 30～70℃。

⑥ 检测器温度的选择。视不同的检测器类型而定，要考虑温度对检测器灵敏度的影响。应保证样品不被冷凝，一般不低于柱温。

⑦ 进样量与进样技术。进样量的多少要依检测器的灵敏度、柱子的负荷，以及具体分析结果的要求而定。进样过多，会使柱子负担不了，表现为峰明显变宽或峰形不对称，柱效降低；进样过少会使微量组分的检出能力受到削弱。

正常的进样量应在峰面积（或峰高）与进样量呈线性关系的范围内，此时峰宽应保持不变，也即柱效能不变。并将此范围内允许的最大进样量称为柱容量或柱负荷。一般气体进样量往往在 0.1～5mL；液体进样量 0.1～5μL。进样动作要轻巧，快而准，在不到 1s 内完成。

9.7.2　气相色谱柱的制备

(1) 柱管的材料和柱型

① 填充柱　内径 2～4mm，长 1～10m，可由不锈钢、铜、玻璃或聚四氟乙烯管制成。金属管不易损坏，但在高温下有时有催化活性，特别是铜管；玻璃无催化活性，但容易破损。柱型有 U 形和螺旋形。可根据实验要求选材。

② 毛细管柱　内径 0.2～0.5mm，长 30～300m，可由不锈钢或玻璃拉成。近年来普遍采用石英毛细管柱。

(2) 柱管的清洗

管子的清洗可根据管材及玷污程度决定。玻璃管用碱洗（洗油污）或酸性洗液浸泡（洗无机玷污物）；不锈钢管用 5%～10% 热碱除去内壁的油垢；铜管则用 10% 盐酸或者是 1:1 的盐酸浸泡抽洗，以除去内壁上的 CuO。然后用水冲洗至中性，再用乙醇冲洗两遍，用氮气吹干备用。

(3) 填充柱的制备

要制备一根分离效能较高的色谱柱，必须把载体涂上一层薄而均匀的液膜，再把涂好的固定相均匀而又紧密地填充到色谱柱中，因此固定液的涂渍和色谱柱的填充，是重要的色谱操作技术之一。

① 固定液的涂渍方法　为把载体涂上一层薄而均匀的液膜，首先，要选好溶剂，使固定液完全溶解，不能有悬浮物，必要时要过滤。其次，因载体强度不高，要避免在涂渍中因搅拌而使载体破碎，或过筛损坏液膜。第三，若载体表面及内孔中存在空气，会妨碍固定液溶液渗入，故需减压除去。下面介绍常规涂渍方法。

称取一定量固定液，置于一蒸发皿中，并加入一定量溶剂，使之恰能浸过载体而无过剩，完全溶解后，加入一定量载体，将蒸发皿置于真空干燥中接泵抽干。所需溶剂的量为：红色载体——1.5mL 溶剂/g 载体；白色载体——2.0mL 溶剂/g 载体；耐火砖载体——1.75mL 溶剂/g 载体。例如配 20g 红色载体，需溶剂 20×1.5＝30mL。待溶剂基本挥发以后，放在水浴上或红外灯下加热，使溶剂挥发至干，中间可定时轻轻翻动担体，使其均匀。

② 色谱柱的填充　固定相填充好坏直接影响色谱柱效率。一般用泵抽填充法，即把色谱柱尾端塞上玻璃棉，接真空泵，另一端接一漏斗在抽吸下加入固定相，然后轻轻敲打色谱柱，至固定相不再进入为止。装好后，塞上玻璃棉。要求填充均匀紧密，才能达到柱效高。

③ 色谱柱的老化　将色谱柱安装在色谱仪中（要和检测器断开以免污染），接通载气，流速 5～10mL/min。在高于柱温 5～10℃条件下（要低于固定相最高使用温度）老化 4～8h，以便将残存溶剂、低沸点杂质赶走。老化时固定液在载体表面还有一个再分布过程，从而涂得更加均匀牢固。

9.8　气相色谱定性方法

色谱分析法具有较高的分离效能，对一个样品进行色谱分析时，首先是分离，然后就要进行定性和定量分析，这才是最后的目的。定性分析通常采用已知纯物质对照法判别各色谱峰代表什么组分，必要时采用与具有高鉴别能力的质谱和光谱联用技术，以及与化学反应联用来解决未知物的定性问题。其中最有效的是色谱-质谱联用分析。

（1）用已知纯物质对照定性

这是气相色谱定性分析中最方便，最可靠的方法。这个方法基于在一定操作条件下，特定组分的保留值是一定值的原理。如果未知样品较复杂，可采用在未知混合物中加入已知物，通过未知物中哪个峰增大，来确定未知物中成分。

对于复杂样品的分析，利用双柱或多柱法更有效、可靠。原来一根柱子上可能出现相同保留值的两种组分，在另一柱上就有可能出现不同的保留值。因此，选择分离的两根柱子极性差别应尽量大，以便组分保留值有较大的差别。如果用纯样品校对，也需在两根柱上观察标样峰与未知峰是否始终重合。

（2）根据保留指数定性

保留指数又称 Kovats 指数，用 I 表示，是一种重现性较其他保留数据都好的定性参数。该方法以正构烷烃为参比标准，把某组分的保留行为用两个紧靠近它的标准物来标定，可以根据所用固定相和柱温直接与文献值对照，而不需要标准样品。

人为规定正构烷烃的保留指数为其碳数乘 100，如正己烷和正辛烷的保留指数分别为600 和 800。至于其他物质的保留指数，则可采用两个相邻正构烷烃保留指数进行标定。测定时，将碳数为 n 和 $n+1$ 的正构烷烃加于样品 X 中进行分析，若测得它们的调整保留时间分别为 $t'_r(C_n)$、$t'_r(C_{n+1})$ 和 $t'_r(x)$，且 $t'_r(C_n) < t'_r(x) < t'_r(C_{n+1})$ 时，则组分 X 的保留指数可按下式计算，即

$$I_X = 100\left[n + \frac{\lg t'_r(X) - \lg t'_r(C_n)}{\lg t'_r(C_{n+1}) - \lg t'_r(C_n)}\right] \tag{9-33}$$

同系物组分的保留指数之差一般应为 100 的整数倍。一般来说，除正构烷烃外，其他物质保留指数的 1/100 并不等于该化合物的含碳数。

利用式（9-33）求出未知物的保留指数，然后与文献值对照，即可实现未知物的定性。注意测量保留指数的色谱条件一定要与文献上的固定相、载体、柱温或毛细管柱完全相同，

否则测量是没有意义的。另外选取作参比标准的正构烷烃的调整保留值应在组分 X 的前后，而且要用几个已知组分验证。

【例 9-2】　由乙酸正丁酯在阿皮松 L 柱上的流出曲线图（柱温 100℃）中测得调整保留距离为：乙酸乙酯 310.0，正庚烷 174.0，正辛烷 373.4，求乙酸正丁酯的保留指数。

解　已知 $n=7$

$$I_X=100\times(7+\lg310.0-\lg174.0/\lg373.4-\lg174.0)=775.6$$

即乙酸正丁酯的保留指数为 775.6。

（3）与其他方法联用

气相色谱与质谱、Fourier 红外光谱、发射光谱等仪器联用是目前解决复杂样品定性分析最有效工具之一。

（4）化学方法定性

化学方法定性就是利用化学反应，使样品中某些化合物与特征试剂反应，生成相应的衍生物。常用的有三种方法：柱前预处理，柱上选择性除去法和柱后流出物化学反应定性法。

（5）利用检测器的选择性定性

利用不同检测器具有不同的选择性和灵敏度，可以对未知样品大致分类定性。如氢焰对无机气体、水等无响应，电子捕获对电负性大的组分灵敏度高、火焰光度检测器只对含磷、硫的物质敏感等。

9.9　气相色谱定量方法

气相色谱定量分析是根据检测器对溶质（组分）产生的响应信号与溶质的量成正比的原理，通过色谱图上的面积或峰高，计算样品中溶质的含量。

9.9.1　峰面积测量方法

峰面积是色谱图提供的基本定量数据，峰面积测量的准确与否直接影响定量结果。对于不同峰形的色谱采用不同的测量方法。

① 对称形峰面积的测量——峰高乘半峰宽法　理论上可以证明，对称峰的面积为

$$A=1.065hW_{1/2} \tag{9-34}$$

② 不对称形峰面积的测量——峰高乘平均峰宽法　对于不对称峰的测量如仍用峰高乘半峰宽，误差就较大，因此采用峰高乘平均峰宽法，即

$$A=\frac{1}{2}h(W_{0.15}+W_{0.85}) \tag{9-35}$$

式中，$W_{0.15}$ 和 $W_{0.85}$ 分别为峰高 0.15 倍和 0.85 倍处的峰宽。

9.9.2　定量校正因子

① 定量校正因子的定义。色谱定量分析是基于峰面积与组分的量成正比关系。但由于同一检测器对不同物质具有不同的响应值，即对不同物质，检测器的灵敏度不同，所以两个相等量的物质得不出相等的峰面积。或者说，相等的峰面积并不意味着相等物质的量。因此，在计算时需将面积乘上一个换算系数 f_i'，使组分的面积转换成相应物质的量，即

$$m_i=f_i'A_i \tag{9-36}$$

式中　m_i——组分 i 的量，它可以是质量，也可以是摩尔或体积（对气体）；

　　　A_i——峰面积；

　　　f_i'——换算系数，称为绝对校正因子，其定义为单位峰面积所代表的组分的量。它可表示为

$$f'_i = \frac{m_i}{A_i} \tag{9-37}$$

绝对校正因子的倒数叫绝对响应值 S_i，即

$$f'_i = \frac{1}{S_i} \tag{9-38}$$

② 相对校正因子　在实际工作中，经常以相对校正因子 f_i 代替绝对校正因子 f'_i。相对校正因子 f_i 定义为：样品中各组分的定量校正因子与标准物的定量校正因子之比。用下式表示

$$f_i = \frac{f'_i}{f'_s} = \frac{A_s m_i}{A_i m_s} \tag{9-39}$$

式中，m 和 A 分别代表质量和面积；下标 i 和 s 分别代表待测组分和标准物。

③ 相对校正因子的测量　凡文献查得的校正因子都是指相对校正因子。由于以体积计量的气体样品，1mol 任何气体在标准状态下其体积都是 22.4L，所以摩尔校正因子就是指体积校正因子。相对校正因子只与试样、标准物和检测器类型有关，与操作条件、柱温、载气流速、固定液性质无关。

校正因子测定方法：准确称量被测组分和标准物质，混合后，在实验条件下将标准混合物注入色谱（注意进样量应在线性范围之内），分别测量相应的峰面积。然后通过公式计算校正因子，如果数次测量值接近，可取其平均值。

9.9.3　几种常用的定量计算方法

（1）归一化法（normalization method）

归一化法是气相色谱中常用的一种定量方法。应用这种方法的前提条件是试样中各组分必须全部流出色谱柱，并在色谱图上都出现色谱峰。当测量参数为峰面积时，归一化的计算公式为

$$X_i = \frac{A_i f_i}{A_1 f_1 + A_2 f_2 + \cdots + A_i f_i} \times 100\% \tag{9-40}$$

式中，A_i 为组分 i 的峰面积；f_i 为组分 i 的定量校正因子。

归一化法的优点是简便、准确，当操作条件如进样量、载气流速等有所变化时对结果的影响较小。适合于对多组分试样中各组分含量的分析。

（2）外标法（external standard method）

外标法简便，是所有定量分析中最常用的一种方法。它不要求所有组分全部分离，由于是相同组分的比较，也不需要校正因子。但进样量要求十分准确，操作条件也需严格控制不变。它适用于日常控制分析和大量同类样品的分析。又分为单点校正法（比较法）和外标标准曲线法。

比较法即配制一个和被测组分含量十分接近的标准溶液。当进样量相等，试样 X_i 和标准样溶液 X_s 组成相同（密度相等）时，两个峰面积之比（A_i/A_s）等于其含量之比。如公式（9-41）。比较法要求标准样和试样的组分含量接近，或者在线性范围内，组成相同或接近。

$$X_i = X_s \frac{A_i}{A_s} \tag{9-41}$$

外标法标准曲线就是配制一系列不同浓度的标准溶液，作色谱测定，绘出标准曲线。然后在完全相同的条件下进未知样品，得到峰面积，再从标准曲线上查得对应含量，如图 9-9。

（3）内标法（internal standard method）

为了克服外标法的缺点，可采用内标法。这种方法的特点是：选择一内标物质，以固定的浓度加入标准溶液和样品溶液中，以抵消实验条件和进样量变化带来的误差。将质量为 m_s 的内标物加入到已知质量为 m 的样品中，混匀后进行色谱测定。测得的内标物峰面积为 A_s，样

品组分峰面积为 A_i，则内标物与组分的质量之比等于对应的峰面积乘上其校正因子之比，即

$$\frac{m_i}{m_s}=\frac{f_iA_i}{f_sA_s} \tag{9-42}$$

所以　　　　　　　　$$X_i=\frac{m_i}{m}\times100\%=\frac{m_sf_iA_i}{mf_sA_s}\times100\% \tag{9-43}$$

内标法中常以内标物为基准，即 $f_s=1.0$。

对内标物的要求是：样品中不含内标物质；峰的位置在各待测组分之间或与之相近；稳定、易得纯品；与样品能互溶但无化学反应；内标物浓度恰当，使其峰面积与待测组分相差不太大。单点内标法需要预先测定待测组分和内标物的校正因子。

内标标准曲线法是一种简化的内标法。由式（9-43）可见，若称取同样量的试样 m，加入恒定量的内标物 m_s，则被测物的质量分数 X_i 与 A_i/A_s 成正比。制作标准曲线时先将欲测组分的纯物质配成一系列不同浓度的标准溶液。分别取固定量的标准溶液和内标物，混合后进入色谱仪进行测试。以 A_i/A_s 对标准溶液浓度 X_i 作图，得到内标法标准曲线，如图 9-10。测试未知样品时，取和制作标准曲线时同样量的试样和内标物，测出其峰面积比，从标准曲线上查出被测物含量。若组分密度比较接近，可用量取体积代替称量，方法更为简便。内标标准曲线法也不必测出校正因子。令 $m_sf_i/(mf_s)=k_i$，则通过原点的直线可表示为

$$X_i=k_i\frac{A_i}{A_s}\times100\% \tag{9-44}$$

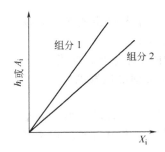

图 9-9　外标法标准曲线

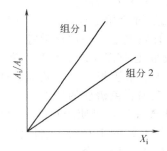

图 9-10　内标法标准曲线

内标法的特点是进样量不要求准确，操作条件略有变化不会影响测定结果，是一种比较准确的定量方法，适于测定试样中一两个组分，而不是全部。缺点是引入内标物的同时也带来了又一个分离问题，且每次分析需要二次称量试样和内标物，比较麻烦费时。

9.10　毛细管柱气相色谱法简介

毛细管柱气相色谱法（Capillary column gas chromatography，CGC）是采用具有高分离效能的毛细管柱分离复杂组分的一种气相色谱法。1957 年由 Golay 首先提出，可以解决原来填充柱不能解决或很难解决的问题。

（1）毛细管柱气相色谱仪

毛细管柱气相色谱仪和填充柱色谱仪十分相似。前者比后者在柱前多一个分流/不分流进样器，柱后加一个尾吹气路。由于毛细管柱的容量小，采用分流进样器是将进入气化室的样品绝大部分放空，只允许极小部分样品进入色谱柱进行分离（进样分流比在 1∶30 至 1∶500）。同时加尾吹气以减少组分的柱后扩散，减少柱后死体积和补充检测器的载气流量。

常用的毛细管柱色谱仪大都是单气路，其流程如图9-11。

由于毛细管柱具有柱容量小，出峰快的特点，因此须有一些特殊的技术要求。它要求瞬间注入极小量样品，对进样技术要求极严，进样器的好坏直接影响毛细管色谱的定量结果。另外它需要响应快、灵敏度高的检测器和快速响应的记录仪。

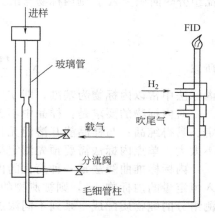

图9-11　毛细管柱流程示意图

（2）毛细管柱的分类

现在的毛细管柱大都采用熔融石英柱，内壁涂渍一层极薄而均匀的固定液膜。毛细管柱按其固定液的涂渍方法可分为如下几种。

① 涂壁开口管柱（wall coated open tubular，WCOT）。将固定液直接涂在毛细管内壁上，这是戈雷最早提出的毛细管柱。其特点是柱效高但柱容量低。

② 多孔层开口管柱（porous layer open tubular，PLOT）。在管壁上涂一层多孔性吸附剂固定颗粒，不再涂固定液，实际上是气固色谱。

③ 载体涂渍开口管柱（support coated open tubular，SCOT）。为了增大开管柱内固定液的涂渍量，先在毛细管内壁上涂一层很细的（小于 $2\mu m$）多孔颗粒，以增大表面积，然后再在多孔层上涂渍固定液。这种毛细管柱，在固定液厚度不增加的情况下可提高固定液涂渍量，因此柱容量较高。

④ 化学键合相毛细管柱。将固定相用化学键合的方法导入并涂敷在柱表面或经表面处理的毛细管内壁上。经过化学键合，大大提高了柱的热稳定性。

⑤ 交联毛细管柱。由交联引发剂将固定相交联到毛细管管壁上。这类柱子具有耐高温、抗溶剂抽提、液膜稳定、柱效高、柱寿命长等特点，因此得到迅速发展。

（3）毛细管色谱柱的特点

① 渗透性好，可使用长的色谱柱。柱渗透性好，即载气流动阻力小。毛细管柱的比渗透率约为填充柱的 100 倍，这样就有可能在同样的柱压降下，使用 100m 以上的柱子，而载气线速度仍可保持不变。

② 相比率 β 大（固定液液膜厚度小），有利于提高柱效并实现快速分析。一般毛细管柱 β 值比填充柱大得多，而毛细管柱的容量因子 k' 值小，加上渗透性大，故可用很高的载气流速，从而使分析时间缩短，可实现快速分析。

③ 柱容量小，允许进量小。进样量取决于柱内固定液含量，由于毛细管柱涂渍的固定液仅十几毫克，液膜厚度为 $0.35\sim 1.50\mu m$，柱容量小。对液体样品，一般进样量为 $10^{-3}\sim 10^{-2}\mu L$，故需要采用分流进样技术。

④ 总柱效高。毛细管柱柱效虽优于填充柱，但两者仍处于同一数量级。由于毛细管柱长度比填充柱大 $1\sim 2$ 个数量级，所以总柱效远高于填充柱，这样就大大提高了分离复杂混合物的能力。

9.11　气相色谱法应用举例

气相色谱法用在水质分析中的关键问题是如何去除大量水的影响，或对极微量组分进行富集。其办法是选择受水影响较小的检测器，或预先除水、浓缩被测组分。如用氢火焰离子化检测器适宜于具有水的样品，一般少量的水是没有反应的，但是大量的水进入检测器时就产生灭火、灵敏度降低、基线提高、拖尾加重等现象。电子捕获检测器不能注水，因此应用这种检测器时对水样必须预先进行除水、浓缩富集。

常用的避免水干扰的方法有以下几种。

① 有机溶剂萃取。这是最常用的去除水分和浓缩富集的方法。如用电子捕获检测器时，常用烷烃（正己烷、庚烷及苯等）作为萃取剂；用氢火焰检测器时，最常用的萃取剂是二硫化碳、四氯化碳或氯仿等。

② 采用适当的固定相。它能使水峰提前，往往可以避免水的干扰。如用 GDX-101 型固定相，在数十秒内就出现水峰，而被测组分在 $1\sim2$min 后才出现。但应指出，只有水样中被测组分浓度较高（如大于几 mg/L）时才能直接注入水样。另外，还可以用极性很强的固定液，往往可以在色谱图中不显示水峰。

③ 选择适当的分离条件。选择适当条件往往可以避免水峰的干扰。如选择适当的柱温可以避免水峰的干扰。用聚乙二醇琥珀酸酯分离醛、醇、酸时效果很好，但当柱温为 $200℃$ 时，10μL 水的峰高可达十余厘米；而在 $100℃$ 时，只有一个 1cm 左右的线条，不影响测定。

下面是几个应用实例。

① 气相色谱法分析水中六六六、滴滴涕。这是一国标方法，该方法用石油醚萃取水中六六六、滴滴涕后，用带电子捕获检测器的气相色谱仪进行测定。

固定相：$80\sim100$ 目 chromosorb W AW DMCS 载体上涂 1.5%OV-17（苯基甲基聚硅氧烷）和 1.95%QF-1（氟代烷基硅氧烷）；色谱柱：2m$\times3.5$mm 填充柱；载气：氮气，流速 60mL/min；柱温 $180℃$；气化温度 $200℃$；检测器 $220℃$，电子捕获检测器。色谱图如图 9-12。

② 废水中苯系物的测定。水样经 CS_2 萃取，静置分层后取 CS_2 所在的有机相进样，用标准曲线法定量。

固定相：$60\sim80$ 目 6201 载体上涂 2.5%有机皂土$+2.5\%$邻苯二甲酸二壬酯；填充柱，柱温 $65℃$；载气 H_2，流速 20cm/s；检测器 FID（氢火焰离子化检测器），$180℃$；气化温度 $150℃$。色谱图如图 9-13。

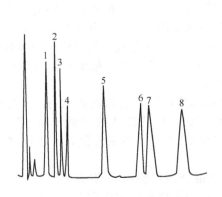

图 9-12　水中六六六、滴滴涕气相色谱图

1—α-六六六；2—β-六六六；3—γ-六六六；4—δ-六六六；
5—PP′-DDE；6—QP′-DDT；7—PP′-DDD；8—PP′-DDT

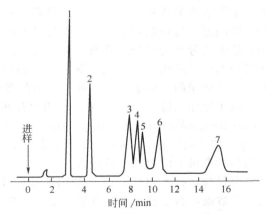

图 9-13　废水中苯系物色谱图

1—苯；2—甲苯；3—乙苯；4—对二甲苯；
5—间二甲苯；6—邻二甲苯；7—苯乙烯

③ 气体分析。对硫化氢等气体分析多用气固吸附色谱、六通阀进样和热导池检测器。

固定相为 GDX-102；4m$\times3$mm 填充柱，柱温 $60℃$；载气：氢气，40mL/min；热导池检测器，$100℃$。色谱图如图 9-14。

④ 毛细管柱色谱法分离分析复杂混合物。

色谱条件：FS-SE-54，50m×0.25mm 毛细管柱；程序升温：起始温度 50℃，升温速率 8℃/min，终温 200℃；分流比 1：30；进样量 0.5μL；ECD 检测器。如图 9-15 卤代烃色谱图。

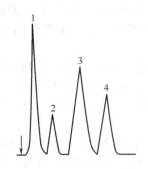

图 9-14 气体分析色谱图
1—O₂ 和 N₂；2—CO₂；3—H₂S；4—H₂O

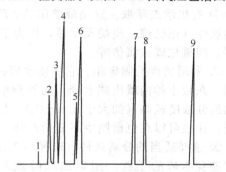

图 9-15 毛细管柱分析卤代烃色谱图
1—二氯甲烷；2—三氯甲烷；3—1,1,1-三氯乙烷；
4—四氯化碳；5—三氯乙烯；6——溴二氯甲烷；
7—二溴一氯甲烷；8—四氯乙烯；9—溴仿

9.12　色谱-质谱联用分析法简介

气相色谱-质谱法（Gas Chromatography-Mass Spectrometry，GC/MS）是一种把气相色谱法与质谱仪直接联用的分析方法。气相色谱法可以实现高效率的分离和定量检测，但定性能力差；而质谱仪具有灵敏度高，定性能力强等优点，但定量分析精度不高。两者联用，将气相色谱作为质谱的进样装置，在混合物进入质谱检测器离子源之前，先经过气相色谱分离，将各组分按时间顺序展开，依次进入离子源，分批分析。这就回避了复杂混合物同时进入离子源造成的各种困难，尤其是质谱中无法解决的质荷比（m/e）接近、相同离子引起的叠加峰问题。这种联用中，质谱作为气相色谱的检测器来使用，能检出几乎全部化合物，气相色谱无法分开的组分经质谱检测器电离后可再按质荷比进一步分离。从质谱图中可判断被测组分的分子结构，能准确地测定被分析组分的相对分子质量，确定色谱峰是否是单一组分。质谱测量的高灵敏度也弥补了气相色谱测量的不足。

除了气相色谱-质谱联用外，随着高压液相色谱技术的进展，液相色谱-质谱法（Liquid Chromatography-Mass Spectrometry，LC/MS）发展很快。广泛使用的"离子喷雾"（Ion spray）和"电喷雾"（electrospray）技术，有效地实现了 LC 与 MS 的连接，液相色谱-质谱联用是具有极大潜力的分析技术。

现代分析技术中色谱-质谱联用的计算机系统，能很好地控制色谱-质谱的操作，自动采集质谱数据，自动校正和计算精确质量，自动显示、打印出化合物的色谱图和质谱图，并可与数据库中的标准谱图相对照，提供定性分析结果和匹配程度。色谱-质谱联用仪器不仅可以进行有机化合物的鉴定和结构分析，而且还可根据一系列质谱峰的强度，进行有机化合物的定量分析，所有这些都把有机质谱分析提高到一个全新的水平。

目前，色谱-质谱仪计算机联用分析技术已广泛用于有机物的鉴定（如兴奋剂的检测）和水处理的评价。一般水样经过富集（如用大孔树脂 GDX-2 吸附、溶剂萃取）、浓缩（通常采用 K-D 蒸发器蒸发浓缩）后，已能方便地鉴定水中只有几 μg/L 的物质。由于灵敏度的提高，色谱柱性能的改善，以及采用计算机检索、解析谱图，今天的色谱-质谱联用系统一天鉴定水样中的化合物，比早期的 6 个月中所能鉴定的还要多，而且能够发现极痕量的具体化合物。这是其他方法不能与之匹敌的。现在，色谱-质谱法不仅用于天然水、工业废水和饮用水中有机物的调查，而且更重要的是用于水处理效果的评价，尤其对水中有机污染物处理效果的评价。

思考题与习题

9-1. 按流动相不同，色谱分析法可分为哪些类别？

9-2. 简述气相色谱分析法的特点和适用范围。

9-3. 简要说明气相色谱法的基本原理。

9-4. 气相色谱仪有哪几部分构成？各有什么作用？

9-5. 能否根据塔板数来判断两组分分离的可能性，为什么？

9-6. 速率方程中 A、B、C 三项的物理意义是什么？

9-7. 什么是最佳载气流速？实际分析中是否一定要选用最佳流速，为什么？

9-8. 柱温是最重要的色谱操作条件之一。柱温对色谱分析有何影响？如何选择柱温？

9-9. 气液色谱固定相由哪些部分组成？各部分作用是什么？

9-10. 固定液可分为几类？如何选择固定液？

9-11. 色谱柱总的分类效能指标是什么？怎样计算？一般定量分析中对其有何要求？

9-12. 热导池检测器的工作原理是怎样？如何考虑其操作条件？

9-13. 氢焰检测器的工作原理是怎样？如何考虑其操作条件？

9-14. 分析宽沸程组分的混合物时，应采用哪种色谱分析法？

9-15. 试指出气液色谱中老化柱子的目的？如何进行老化，要注意些什么？

9-16. 毛细管色谱柱有什么特点？实际应用时与填充柱有何不同？

9-17. 已知在一色谱柱上，未知物与纯物质 a 的保留时间相同，可以断言未知物就是 a 物质吗？如何利用气相色谱进行定性？

9-18. 有 a、b、c、d、e 五个组分，在一气液色谱上的分配系数为 480、360、490、496 和 473，试指出它们在该色谱柱上的流出次序。

9-19. 以邻苯二甲酸二壬酯为固定液分离苯、甲苯、环己烷、和正己烷混合物时，它们的流出顺序怎样？为什么？

9-20. 为什么要用校正因子进行定量计算？在什么情况下可以不用校正因子？

9-21. 常用的色谱定量方法有哪些？它们各有什么特点，如何应用？

9-22. 在气相色谱法中，调整保留值实际上反映了哪几种分子间的相互作用？

9-23. 在气相色谱法中，可以利用文献记载的保留数据定性，目前最有参考价值的是哪一种？

9-24. 在气相色谱法中，色谱柱使用的上限温度取决于什么？使用的下限温度又取决于什么？

9-25. 对气相色谱柱分离度影响的最大因素是什么？

9-26. 用气相色谱法分离正乙醇，正庚醇，正辛醇，正壬醇，以 Chromosorb W 上涂 20% 聚乙二醇-20000 为固定相，以氢气为流动相时，其保留时间顺序如何？

9-27. 在气相色谱分析中，为了测定下面组分，宜选用哪种检测器？

　　① 农作物中含氯农药的残留量；　　　② 酒中水的含量；

　　③ 啤酒中微量硫化物；　　　　　　　④ 苯和二甲苯的异构体。

9-28. 已知记录仪灵敏度为 0.2mV/cm，记录纸速度为 1200mm/h，注入含苯 0.05% 的二硫化碳溶液 $1\mu L$，苯的色谱峰高为 12.0cm，半峰宽为 10mm，仪器噪声为 0.01mV，求氢焰检测器的灵敏度和检测限。

$$(S_m = 1.74 \times 10^8 \text{mV} \cdot \text{s} \cdot \text{mg}^{-1}; \quad D_m = 1.15 \times 10^{-10} \text{g} \cdot \text{s}^{-1})$$

9-29. 有一根 2m 长的气液色谱柱，以氮气作载气。在不同载气线速时，相应的理论塔板数为

$u/(\text{cm/s})$	4.0	6.0	8.0
n	323	308	253

求最佳载气线速度及在最佳线速度时，色谱柱的 H 和 n。（$u_{opt}=4.60$mm·s^{-1}；$H=0.61$cm；n=328）

9-30. 分析某试样时两个组分的相对保留值为 1.15，柱的 $H_{有效}=1$mm，问需多长的色谱柱才能将两组分完全分离（$R=1.5$）？　　　　　　　　　　　　　　　　　　　　（$L=2.12$m）

9-31. 色谱图上有两个色谱峰，它们的保留时间和半峰宽分别为 $t_{R1}=3$min 10s，$t_{R2}=3$min 40s，$W_{1/2}①=1.8$mm，$W_{1/2}②=2.0$mm 已知 $t_M=10$s，纸速为 1cm/min。求这 2 个色谱峰的相对保留值 $r_{2,1}$ 和分离度 R。　　　　　　　　　　　　　　　　　　　　　　　（$r_{2,1}=1.17$；$R=1.55$）

9-32. 在角鲨烷上，60℃时下列物质的保留时间为：空气-147.9s，正己烷-410.0s，正庚烷-809.2s，未知物-543.3s，求未知物的保留指数。　　　　　　　　　　　　　　　　　　　（$I_X=644.4$）

9-33. 用内标法测定环氧丙烷中水的含量。称取 0.5000g 甲醇，加到 5.000g 样品中，混匀进样，得到内标物甲醇和水的峰面积分别为 1.12cm^2 和 1.40cm^2。已知甲醇和水的校正因子分别为 0.990 和 0.869，计算水的百分含量。　　　　　　　　　　　　　　　　　　　　　　　　（11.2%）

9-34. 采用 GDX 柱测定乙醇中的水含量。已知标样乙醇中水的质量百分含量为 8.30%，进样 1.0μL，得到的水峰高为 11.5cm；待测试样进样 1.0μL 得到的水峰高为 7.62cm，求待测试样中水的含量。

（5.50%）

9-35. 已知一混合酚试样中仅有苯酚、邻甲酚、间甲酚和对甲酚四种组分，经乙酰化处理后，用液晶柱测得色谱图，图上各组分的色谱峰峰高、半峰宽以及已测得的各组分的校正因子 f 分别如下：

	苯酚	邻甲酚	间甲酚	对甲酚
h/mm	64.0	104.1	89.2	70.0
$W_{1/2}$/mm	1.94	2.40	2.85	3.22
f	0.85	0.95	1.03	1.00

求算各组分的质量分数。　　　　　　　（12.71%；28.59%；31.54%；27.15%）

第**10**章　高效液相色谱法

内容提要　介绍了高效液相色谱法的特点、仪器基本结构和常用检测器类型；分析了高效液相色谱法几种主要类型的选择原则及应用特点。

10.1　高效液相色谱法的特点

高效液相色谱法（High Performance Liquid Chromatography，HPLC）是 20 世纪 70 年代初发展起来的一种新型、高效、快速的色谱分析方法。液相色谱法是指流动相为液体的色谱技术，而高效液相色谱法是在经典液相色谱基础上，引入了气相色谱的理论，在技术上采用了高压泵、高效固定相和高灵敏度检测器，因而具备速度快、效率高、灵敏度高、操作自动化的特点。从以下几方面可以了解高效液相色谱法的特点。

（1）高效液相色谱法与经典液相色谱法相比较

① 高压、高速　经典液相色谱法是重力加料，压力低、流速极慢。而高效液相色谱法配备了高压输液泵，供液压力和进样压力都很高，一般可达 $150\sim350\text{kg/cm}^2$，流速可高达 $10\text{cm}^3/\text{min}$，大大地缩短了分析时间。

② 高效、高选择性　由于近年来颗粒规则、均匀、极细固定相（$5\mu\text{m}$ 或 $10\mu\text{m}$ 等）以及新研制出的各种化学键合固定相的出现，加之湿法装柱技术的不断提高，使高效液相色谱柱的柱效可达到 5000 塔板/米甚至 3 万塔板/米（而气相色谱柱柱效约为 2000 塔板/米），一般只使用 $15\sim25\text{cm}$ 长的柱子，由于填料的不断发展和改进，目前最短的柱子只有 3cm 长。分析速度很快，分离效率和选择性也大大提高。

③ 高灵敏度　高效液相色谱配有高灵敏度的检测器，分析灵敏度比经典色谱有很大提高，所需进样量很少，微升数量级足以进行全分析。

由于高效液相色谱具备以上优点，又称作高速液相色谱或高压液相色谱。

（2）高效液相色谱法与气相色谱法相比较

高效液相色谱法与气相色谱法比较具有以下几方面优点。

① 气相色谱法分析对象只限于分析气体和低沸点化合物，它们仅占有机物总数的20%。对于占有机物总数近80%的那些高沸点、热稳定性差、摩尔质量大以及高极性和离子型的各种物质，目前主要用高效液相色谱法来进行分离和分析。

② 气相色谱采用流动相是惰性气体，它对组分没有亲和力，即仅起运载作用，要靠变换固定相的种类来提高分离的选择性，从而实现对不同性质混合物的分离。而高效液相色谱法中可以通过选用不同极性的流动相液体，来提高分离的选择性。流动相的选择余地大，它对组分可产生一定的亲和力，并参与固定相同组分作用的激烈竞争。因此流动相对分离起很大作用，相当于增加了一个控制和改进分离条件的参数，这为选择最佳分离条件提供了极大方便。除了柱子制备以外，操作难点就在于流动相的选择。通常可以采用纯溶剂，二元或多元混合溶剂作流动相，需要遵循一定的规律，以科学的方法优选。

③ 气相色谱一般都在较高的温度下进行，而高效液相色谱则经常可在室温条件下工作。

④ 从分离目的看，液相色谱不仅用于分析目的，选择合适的溶剂还可以制备纯样品。

有专门用于制备目的的制备色谱仪，采用口径较宽、较长的色谱柱及配套系统。

高效液相色谱法也存在一些缺点：色谱柱及仪器设备费用昂贵，操作严格。要消耗大量的溶剂，而且许多溶剂对人体是有害的；一般可用气相色谱进行分离分析的组分来说，高效液相色谱的分辨率、灵敏度以及分离速度方面还逊于气相色谱。

高效液相色谱在水质分析中已经得到广泛的应用，例如水中聚丙烯酰胺高效絮凝剂中丙烯酰胺单体的测定，废水中多环芳烃的测定等。

10.2　高效液相色谱法的基本理论

高效液相色谱法的基本概念及理论基础，如保留值、分配系数、分配比、分离度、塔板理论、速率理论等与气相色谱法是一致的，但是有其不同之处。液相色谱法与气相色谱法的根本区别在于流动相的不同。液相色谱法的流动相为不同极性的液体，气相色谱的流动相为惰性气体。液相色谱分离的实质是溶质分子（被测组分）与溶剂分子（又称流动相或洗脱液）以及固定相分子间的相互作用，这种作用力的大小，决定色谱分离过程的保留行为。而且液体的扩散系数只有气体的万分之一至十万分之一，而黏度比气体大一百倍、密度为气体的一千倍左右。这些差别显然将对色谱过程产生影响，因此这里主要讨论一下与气相色谱理论的差异。

10.2.1　液相色谱的速率理论

液相色谱法与气相色谱法在速率方程的形式上是一致的，但影响色谱峰扩展及色谱分离的因素有所不同。

（1）涡流扩散项

其含义与气相色谱法填充柱相同。

（2）纵向扩散项

由于分子在液体中的扩散系数比在气体中要小 4~5 个数量级，因此，在液相色谱法中，当流动相的线速度大于 0.5cm/s 时，组分在流动相中的纵向扩散可以忽略。而在气相色谱中，这一项却是重要的。

（3）传质阻力项

它包括固定相（固相）传质阻力和流动相（液相）传质阻力，在高效液相色谱中传质阻力是使色谱峰扩展的主要原因。

① 固相传质阻力：主要发生在液-液分配色谱中，取决于液膜厚度、流速和组分分子在固定液中的扩散系数等因素。使用薄的固定液层或使用微小的固定相颗粒，都可以使固相传质阻力降低。

② 液相传质阻力：包括流动的载液的传质阻力和滞留的载液的传质阻力。前者与流速、固定相的填充状况和柱子的形状、直径、填料结构等因素有关；后者与固定相的微孔大小、深浅等因素有关。

总之，高效液相色谱分离过程中，纵向扩散项可以忽略不计，决定其板高的是传质阻力项，因此要减小板高，提高分离效率，必须采用粒度细小、装填均匀的固定相。有了湿法装填技术，10μm 以下的微粒型固定相已成为目前应用广泛的高柱效填料。

10.2.2　流动相线速度对板高的影响

① 由图 10-1 高效液相色谱 LC（a）和气相色谱 GC（b）的 H-u 图可知。对应于一定长的柱子，柱效越高，理论塔板数越大，板高越小。两者十分相似，对应于某一流速，都有一个板高最小值，这个最小值即为柱效的最高点。不同的是，LC 的板高最小值比 GC 的最小值小一个数量级以上，说明 LC 的柱效比 GC 高很多。LC 的板高最小值所对应的流速比 GC 的流速也小一个数量级，说明对于 LC，为了取得良好的柱效，流速不要很高。

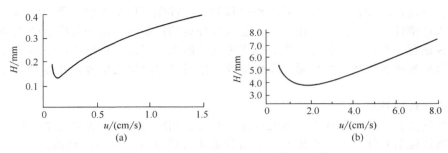

图 10-1　LC（a）和 GC（b）的 H-u 图

　　② 分子扩散项和传质阻力项对板高的贡献，由图 10-2 可见，在较低线速度时，分子扩散项起主要作用；线速度较高时，传质阻力项起主要作用，其中流动相传质阻力项对板高的贡献几乎是一个定值。在高线速度时，固相传质阻力项成为影响板高的主要因素，随着线速度的增加，板高值越来越大，柱效急剧下降。

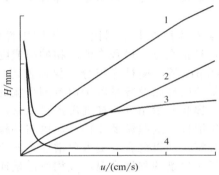

图 10-2　分子扩散项和传质阻力项对板高的贡献
1—H-u 关系曲线；2—固定相传质阻力项（$C_s u$）；3—流动相传质阻力项（$C_m u$）；4—分子扩散项（B/u）

10.3　高效液相色谱仪的结构

　　高效液相色谱仪的结构示意如图 10-3 所示，一般可分为 4 个主要部分：高压输液系统、

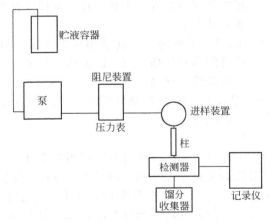

图 10-3　高效液相色谱仪结构示意图

进样系统、分离系统和检测系统。其工作过程如下：首先高压泵将贮液器中流动相溶剂经过进样器送入色谱柱，然后进入检测器。当注入欲分离的样品时，流经进样器的流动相将样品带入色谱柱进行分离，各个组分依先后顺序进入检测器，记录仪将检测器送出的信号记录下来，由此得到液相色谱图。如果是制备色谱仪，这时可对照检测信号，在检测器出口进行馏分的收集。

（1）高压输液系统

由于高效液相色谱所用固定相颗粒极细，对流动相阻力很大，为使流动相较快流动，必须配备有高压输液系统。它是高效液相色谱仪最重要的部件，一般由储液罐、高压输液泵、过滤器、压力脉动阻力器等组成，其中高压输液泵是核心部件。一个好的高压输液泵应符合密封性好、输出流量恒定、压力平稳、可调范围宽、便于迅速更换溶剂及耐腐蚀等要求。常用的输液泵分为恒流泵和恒压泵两种。恒流泵特点是在一定操作条件下，输出流量保持恒定而与色谱柱引起阻力变化无关；恒压泵特点是指能保持输出压力恒定，但其流量随色谱系统阻力而变化，故保留时间的重现性差。它们各有优缺点，目前恒流泵正逐渐取代恒压泵。恒流泵又称机械泵，分为机械注射泵、往复式柱塞泵、隔膜泵等，目前使用较多的是往复式柱塞泵。

根据分析的需要，可以载入两种以上不同比例、不同极性的溶剂，进行所谓的梯度洗提。梯度洗提（或梯度淋洗）是指在分离过程中流动相的组成随时间的变化而改变。通过改变流动相的极性、离子强度或 pH 等，使被测组分的保留值得以改变，从而提高分离效率。梯度淋洗对于分离一些组分复杂的样品及容量因子值范围很宽的样品尤为必要，能够缩短时间、提高分辨率、改善峰型、提高测量精度。梯度洗提可以采用在常压下预先按照一定的程序将溶剂混合后再用泵输入色谱柱，这叫做低压梯度，也叫外梯度。也可以将溶剂用高压泵直接输入色谱系统的梯度混合室，加以混合后送入色谱柱，即所谓高压梯度或称为内梯度系统。梯度淋洗的作用相当于气相色谱的程序升温，气相色谱是通过改变柱温，而液相色谱是通过改变流动相的组成来达到改变组分容量因子的目的。

（2）进样系统

高效液相色谱柱比气相色谱柱短得多（5～30cm），所以柱外展宽较突出。柱外展宽是指色谱柱外的因素所引起的峰展宽，主要包括进样系统、连接管道及检测器中存在的死体积。柱外展宽可分为柱前展宽和柱后展宽。进样系统是引起柱前展宽的主要因素，因此高效液相色谱法中对进样技术要求较严。进样装置一般有三类。

① 隔膜注射进样器。这种进样方式与气相色谱类似。它是在色谱柱顶端装一耐压弹性隔膜，进样时用微量注射器刺穿隔膜将试样注入色谱柱。其优点是装置简单、价廉、死体积小，缺点是允许进样量小，重复性差。

② 高压进样阀。目前多采用六通阀进样。其结构和工作原理与气相色谱中所用六通阀完全相同。由于进样可由定量管的体积严格控制，因此进样准确，重复性好，适于做定量分析，更换不同体积的定量管，可调整进样量。

③ 自动进样器。当有大批样品、需做常规分析时，可采用自动进样器。它由程序或微机控制，能自动取样、进样、清洗等。

（3）分离系统——色谱柱

色谱柱是液相色谱的心脏部件，它包括柱管和固定相两部分，柱管材料通常为不锈钢或内衬光滑的聚合材料。一般色谱柱长 5～30cm，内径 4～5mm，凝胶色谱柱内径 3～12mm，制备柱内径较大，可达 25mm 以上。一般在分离柱前备有一个前置柱，前置柱内填充物和分离柱完全一样，但粒度较大，因而柱两端压降很小，同系统其他部分相比可以忽略不计。这样可使淋洗溶剂经过前置柱时被其中的固定液饱和，使它在流过分离柱时不再洗脱其中固定液，保证分离柱的性能不受影响。

（4）检测系统

对高效液相色谱检测器的要求与气相色谱检测器的要求基本相同。衡量检测器性能的指标如灵敏度、最小检测量、线性范围等，仍可延用气相色谱的表示方法。

在液相色谱中，有两种基本类型的检测器。一类是溶质型检测器，它仅对被分离组分的物理或化学特性有响应，属于这类检测器的有紫外、荧光检测器等。另一类是总体型检测器，它对试样和洗脱液总的物理或化学性质有响应，属于这类检测器的有示差折光、电导检测器等。现简要介绍几种常用的检测器。

① 紫外光度检测器（ultraviolet photometric detector，UPD） 紫外光度检测器是高效液相色谱中应用最广泛的一种检测器，它适用于对紫外光（或可见光）有吸收的样品。紫外检测器灵敏度较高，通用性也较好，它要求试样组分必须有紫外吸收，但溶剂必须能透过所选波长的光，选择的波长不能低于溶剂的最低使用波长。

近年来已发展了一种应用光电二极管阵列的紫外检测器，由于采用计算机快速扫描采集数据，可以得到保留时间-波长-吸光度值三维的色谱-光谱图像。

② 荧光检测器（fluorescence detector，FD） 荧光检测器是利用某些物质具有荧光特性来检测的，即某些物质受到电磁辐射照射而激发时，能重新发出相同或较长波长的光。在一定条件下，荧光强度与物质浓度成正比。激发波长可由光源来限定或由单色器选择。

荧光检测器是一种选择性强的检测器，它适合于具有荧光特性或其衍生物有荧光特性的物质。许多有机化合物具有天然荧光活性，其中带有芳香基团的化合物荧光活性很强。荧光检测器灵敏度高，检出限可达 $(10^{-12} \sim 10^{-13})g/cm^3$，比紫外检测器高出 2～3 个数量级，也可用于梯度淋洗。缺点是适用范围有一定的局限性。

③ 示差折光检测器（refractive index detector，RID） 测量的是样品-洗脱液系统总的折射率。按其工作原理可分为偏转式和反转式两种。任何物质只要其折射率与洗脱液有足够的差别，就可以检测。几乎所有物质都有各自不同的折射率，因此示差折光检测器是一种通用型检测器，灵敏度可达 $10^{-7}g/cm^3$。其主要缺点是对温度变化敏感，洗脱液和两个池子的温度应该稳定到 $\pm 0.001℃$；流速的波动也能影响示差折光仪的响应，并且不能用于梯度淋洗。

④ 电导检测器（electrical conductivity detector） 电导检测器属于电化学检测器，是离子色谱法应用最多的检测器。其作用原理是基于物质在某些介质中电离后所产生电导变化来测定电离物质的含量，它的主要部件是电导池。电导检测器的响应受温度的影响较大，因此要求放在恒温箱中。电导检测器的缺点是 pH＞7 时不够灵敏。

近年来发展的新型检测器有质谱检测器、Fourier 红外检测器、光散射检测器等，价格昂贵。其中液相色谱-质谱检测器联用装置发展较快，使用较广泛。

（5）数据采集与记录系统

最早的数据采集和记录系统使用记录仪，后来配置了积分仪，现在则都采用色谱工作站。它可以对数据自动采集、处理和储存，在设置好分析条件和谱图参数后，能够对色谱仪分析过程进行自动控制，待色谱出峰完毕后自动计算出分析结果。

10.4 高效液相色谱法的主要类型及选择

高效液相色谱法根据分离机制不同，可分为以下几个类型。

10.4.1 液-液分配色谱法

液-液分配色谱法（Liquid-Liquid Partition Chromatography，LLPC）的固定相和流动

相均为液体，它是利用不同组分在两相中溶解度不同来实现分离的，分离的顺序决定于分配系数的大小，分配系数大的组分保留值大。与气相色谱法不同的是，液相色谱法中的流动相（也叫溶剂）的种类、洗脱强度、溶解度、极性等性质对分配系数有较大的影响，对组分的分离起重要作用。

为了更好地解决固定液在载体上的流失问题，现在多采用化学键合固定相。它是将各种不同的有机基团通过化学反应键合到载体表面的一种方法。由于键合固定相非常稳定，在使用中不易流失，适用于梯度淋洗，特别适用于分离容量因子值范围较宽的样品。而且，键合的官能团可以是各种极性的，加之通过改变流动相的组成和种类，可以有效地分离各种类型的化合物（极性、非极性和离子型），适用于多种样品的分离。它代替了固定液的机械涂渍，它的出现是液相色谱法的一个重大突破，对液相色谱法的发展起着重大作用。目前有70%～80%的分离是在化学键合固定相上进行的。这种液相色谱法又称作化学键合相色谱法，简称键合色谱（Chemically Bonded Chromatography），此法的缺点是不能用于酸、碱度过大或存在氧化剂的缓冲溶液作流动相的体系。

用来制备键合固定相的载体，几乎都用硅胶。利用硅胶表面的硅醇基（Si-OH）与有机分子之间可以成键，从而得到各种性能的固定相。一般可分为三类。

① 疏水基团，如不同链长的烷烃（C_8 或 C_{18}）和苯基等。

② 极性基团，如氨丙基、氰乙基、醚和醇等。

③ 离子交换基团，如作为阴离子交换的胺基、季铵盐；作为阳离子交换基团的磺酸基等。

液-液色谱或化学键和色谱法对流动相的基本要求是：流动相尽可能不与固定相互溶，而且流动相与固定相的极性差别越大越好。根据所用流动相和固定相的极性程度，又分为正相色谱和反相色谱。如果采用的流动相的极性小于固定相的极性，称为正相色谱，它适合于极性化合物的分离。其流出顺序是极性小的先流出，极性大的后流出。如果采用的流动相的极性大于固定相的极性，称为反相色谱。它适用于分离非极性化合物，其流出顺序与正相色谱恰好相反。

正相键合相色谱法是以极性有机基团，如氰基、胺基、双羟基等键合在硅胶表面作为固定相，而以非极性或极性小的溶剂（如烃类中加入适量的极性溶剂氯仿、醇、乙腈等）为流动相，来分离极性化合物的方法。此时极性组分的分配比值随组分本身极性的增加而增大，但随流动相极性的增加而降低。这种色谱法主要用于分离异构体、极性不同的化合物，特别适用于分离不同类型的化合物。

反相键合相色谱法的固定相采用的是极性较小的键合固定相，如硅胶-$C_{18}H_{37}$、硅胶-苯基等，流动相是采用极性较强的溶剂，如甲醇-水、乙腈-水、水和无机盐的缓冲溶液等，它用于分离多环芳烃等低极性化合物。若采用含有一定比例的甲醇或乙腈的水溶液为流动相也可用于分离极性化合物。若采用水和无机盐的缓冲溶液为流动相，则可分离一些易离解的样品，如有机酸、有机碱、酚等。反相键合相色谱法具有柱效高、能获得无拖尾色谱峰的优点。

10.4.2 液-固色谱法

液-固色谱法（Liquid-Solid Adsorption Chromatography，LSAC）是以固体吸附剂作为固定相，吸附剂通常是一些多孔的固体颗粒物质，如硅胶、氧化铝、聚酰胺等，在它们的表面存在吸附中心。液-固色谱实质是根据物质在固定相上的吸附作用不同来进行分离的。

当流动相通过固定相（吸附剂）时，吸附剂表面的活性中心就要吸附流动相分子（S_a）。同时，当试样分子（X）被流动相带入柱内，只要它们在固定相上有一定程度的保留，就要取代数目相当的，已经被吸附的流动相溶剂分子（S）。于是在固定相表面发生竞争吸附。

$$X + nS_a \Longrightarrow X_a + nS \tag{10-1}$$

达到平衡时有
$$K_a = \frac{[X_a][S]^n}{[X][S_a]^n}$$
(10-2)

式中　X——流动相中的试样分子；

　　　S_a——吸附在固定相表面上的溶剂分子；

　　　X_a——取代溶剂分子而吸附在固定相表面上的试样分子；

　　　S——被顶替下来的流动相中的溶剂分子；

　　　K_a——吸附平衡常数。

K_a 值大表示组分在吸附剂上保留强，难于洗脱。K_a 小则保留弱，易于洗脱。试样中各组分的吸附平衡常数不同，据此得以分离。

液-固色谱法适用于分离相对分子量中等的油溶性试样，对具有不同官能团的化合物和异构体具有较高的选择性。凡是能用薄层色谱法成功地进行分离的化合物，亦可以用液-固色谱法进行分离。缺点是由于非线性等温吸附，常引起峰的拖尾现象。

10.4.3　离子交换色谱法

离子交换色谱法（Ion-Exchange Chromatography，IEC）是利用离子交换原理和液相色谱技术结合来测定溶液中阳离子和阴离子的一种分离分析方法。凡是能够电离的物质原则上都可用离子交换色谱法进行分离。它不仅适合于无机离子混合物的分离，亦可用于有机物的分离，如氨基酸、核酸、蛋白质等生物大分子，应用广泛。

离子交换色谱法的固定相为离子交换树脂，它是由不溶性的可渗透的聚合物骨架和骨架孔隙位置上共价键合的可离解的官能团组成。其中能离解出阳离子的称为阳离子交换树脂，能离解出阴离子的称为阴离子交换树脂。离子交换色谱法中的流动相大都是一定 pH 和盐浓度（离子强度）的缓冲溶液，有时也添加一定量的与水混溶的有机溶剂（如甲醇、乙醇、乙腈或二氧六环等）。通过改变流动相中盐离子的种类、浓度和 pH 来改变离子交换的选择性和交换能力，从而得到最佳分离效果。

以 R-A 表示离子交换树脂，以 B 表示试样离子，其离子交换反应通式可表示如下

一般形式：R-A＋B ⟷ R-B＋A　　　(10-3)

阳离子交换：$RY^+ + M^+ \rightleftharpoons Y^+ + M^+R$　　　(10-4)

阴离子交换：$RY^- + X^- \rightleftharpoons Y^- + RX^-$　　　(10-5)

达到平衡时，其平衡常数（离子交换反应的选择系数）

$$E = \frac{[A][R-B]}{[B][R-A]}$$
(10-6)

该常数表示交换过程达平衡后，样品离子和洗脱剂离子在两相间的分配情况。E 值越大，组分离子与交换剂的作用越强，组分的保留时间也越长。由此可见，在离子交换色谱中，可以通过改变离子交换剂或流动相来改变离子交换的选择性。

10.4.4　离子色谱法

离子色谱法（Ion Chromatography，IC）是由离子交换色谱法派生出来的一种分离方法。离子交换色谱法在无机离子的分析和应用中受到限制，例如对于那些不能采用紫外检测器的被测离子，如果采用电导检测器，被测离子的电导信号被强电解质流动相的高背景电导信号淹没而无法检测。为了解决这一问题，1975 年，Small 等人提出一种能同时测定多种无机和有机离子的新技术。他们在离子交换柱后加一根抑制柱，抑制柱中填装与分离柱电荷相反的离子交换树脂。当通过分离柱后的试样组分再通过抑制柱时，具有高背景电导的流动相转变成低背景电导的流动相，这样用电导检测器可直接检测各种离子的含量。这种色谱技术称为离子色谱。

若样品为阳离子 M^+，用无机酸 HCl 作为流动相，抑制柱为高容量的强碱型阴离子交换剂。当试样流经阳离子交换剂的分离柱后，随流动相进入抑制柱，在抑制柱中发生两个重要反应

$$ROH^- + H^+Cl^- \longrightarrow RCl^- + H_2O \tag{10-7}$$

$$ROH^- + M^+Cl^- \longrightarrow M^+OH^- + RCl^- \tag{10-8}$$

由反应可见：经抑制柱后，一方面将大量酸转变为电导很小的水，消除了流动相本底电导的影响。同时又将样品阳离子 M^+ 转变成相应碱，由于 OH^- 离子的淌度为 Cl^- 离子的 2.6 倍，从而提高了所测阳离子电导的检测灵敏度。对于阴离子样品也有相似的作用原理。

在分离柱后加一个抑制柱的离子色谱仪称为抑制型离子色谱（suppressed IC）或称双柱离子色谱（double column IC）。由于抑制柱要定期再生，而且谱带在通过抑制柱后会加宽，降低了分离度。后来，Fritz 等人提出不采用抑制柱，而采用电导率极低的溶液，例如苯甲酸盐或邻苯二甲酸盐的稀溶液作流动相的离子色谱体系，称为非抑制型离子色谱（non-suppressed IC）或单柱离子色谱（single column IC），它要比抑制型离子色谱灵敏度低一些。

10.4.5 离子对色谱法

离子对色谱法（Ion Pair Chromatography，IPC）是分离分析强极性有机酸和有机碱的极好方法。它是离子对萃取技术与色谱法相结合的产物。在 20 世纪 70 年代中期，Schill 等首先提出了离子对色谱法，后来，这种方法得到十分迅速的发展。

离子对色谱法是将一种（或数种）与组分（溶质离子）电荷相反的离子（称对称离子或反离子、平衡离子）加到流动相或固定相中，使其与溶质离子结合形成离子对，从而控制溶质离子保留行为的一种色谱法。目前广泛使用的是反相离子对色谱法，现以离子对形成机理说明之。假如有一离子对色谱体系，固定相为非极性键合相，流动相为水溶液，并在其中加入一种电荷与组分离子 A^- 相反的离子 B^+ 离子，B^+ 离子由于静电引力与带负电的 A^- 组分离子生成离子对化合物 A^-B^+。离子对生成反应式如下

$$A^-_{水相} + B^+_{水相} \Longleftrightarrow A^-B^+_{有机相} \tag{10-9}$$

由于离子对化合物 A^-B^+ 具有疏水性，因而被非极性固定相（有机相）提取。组分离子的性质不同，它与反离子形成离子对的能力大小就不同，形成的离子对疏水性质也不同，导致各组分离子在固定相中滞留时间不同，因而出峰先后不同。这就是离子对色谱法分离的基本原理。平衡常数为

$$E_{AB} = \frac{[A^-B^+]_{有机相}}{[A^-]_{水相}[B^+]_{水相}} \tag{10-10}$$

在反相离子对色谱中，A^- 在两相中的分配系数为

$$K = \frac{[A^-B^+]_{有机相}}{[A^-]_{水相}} = E_{AB}[B^+]_{水相} \tag{10-11}$$

$$k' = \frac{KV_s}{V_M} = E_{AB}[B^+]_{水相} \times \frac{1}{\beta} \tag{10-12}$$

式中，β 为相比率。可见，容量因子 k' 随 E_{AB} 和水相中反离子 B^+ 的浓度 $[B^+]_{水相}$ 的增大而增大。

所以要分离离子型化合物 A 和 C，其相对保留值决定于平衡常数 E_{AB} 与 E_{CB} 之比。

$$r_{AC} = \frac{k'_A}{k'_B} = \frac{E_{AB}}{E_{CB}} \tag{10-13}$$

从式(10-13)看出，两种不同的离子型化合物，其提取常数差别越大则分离得越好。

在离子对色谱中样品的保留值受很多因素影响，以反相体系为例，平衡离子的类型和浓度、溶液的 pH、温度、流动相溶剂的极性以及流动相中盐的种类和浓度都会改变组分的保留值。改变这些条件，就可以在较大范围内改变分离的选择性，能较好地解决难分离混合物的分离问题。因而此法发展迅速，广泛用于分离药物、染料中间体、生物胺及代谢产物，也可以用于无机离子（如镧系、锕系化合物）的分析。

10.4.6　体积排阻色谱法

体积排阻色谱法（Steric Exclusion Chromatography，SEC）又称凝胶色谱法，主要用于较大分子的分离和相对分子质量分布的测定。根据所用流动相不同分成两类：早期用水或水溶液作流动相的称为凝胶过滤色谱（Gel Filtration Chromatography，GFC）；后来用有机溶剂作流动相的称为凝胶渗透色谱（Gel Permeation Chromatography，GPC），二者的分离机制完全相同。与其他液相色谱方法原理不同，它不具有吸附、分配和离子交换作用机理，而是基于试样分子的体积大小和形状不同来实现分离的。其固定相为化学惰性多孔物质-凝胶，它类似于分子筛，但孔径比分子筛大。凝胶内具有一定大小的孔穴，体积大的分子不能渗透到孔穴中而被排阻，较早地被淋洗出来；中等大小的分子能部分渗透；小分子可完全渗透入内，最后流出色谱柱。这样，样品分子基本按其分子大小、排阻先后由柱中流出。

体积排阻色谱被广泛应用于大分子的分级，即用来分析大分子物质相对分子质量的分布。它具有其他液相色谱所没有的特点：①保留时间是分子尺寸的函数，有可能提供分子结构的某些信息；②保留时间短，谱峰易检测，可采用灵敏度较低的检测器，如示差折光检测器等；③固定相与分子间作用力极弱，趋于零，由于柱子保留分子不是很强，因此柱寿命长；④不能分辨分子大小相近的化合物，相对分子质量差别必须大于10％才能得以分离。

以水溶液为流动相的凝胶色谱适用于分析水溶液样品，以有机溶剂为流动相的凝胶色谱适用于非水溶性样品。一般分离高分子有机化合物，常采用的流动相有四氢呋喃、甲苯、氯仿、二甲基甲酰胺、间甲苯酚等；生物物质的分析主要用水、缓冲盐溶液、乙醇及丙酮等。

其他色谱法还有生物亲和色谱法、超临界流体色谱法等，可根据需要查阅有关资料选用。各种方法都各有其自身特点和应用范围，一种方法不可能是万能的，它们可以相互补充。应根据分离目的、试样的性质和量的多少、现有设备条件等选择合适的分离方法。一般可根据试样的相对分子量、溶解度及分子结构等进行分离方法的初步选择。初选分离类型可参照下面图10-4和表10-1。

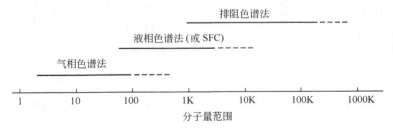

图 10-4　色谱法的应用范围

表 10-1　液相色谱分离选择参照表

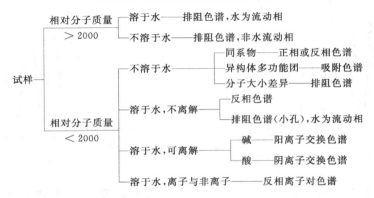

10.5 液相色谱法应用实例

（1）反相键合相色谱法测定水中丙烯酰胺

聚丙烯酰胺在水处理中作絮凝剂，次生油回收中作助凝剂。丙烯酰胺作为活性单体通常存在于许多聚合体系中，是有毒物质。丙烯酰胺单体用高效液相色谱法测定，方法简单、准确度、灵敏度都较高。方法回收率84.6%，最低检出限为5×10^{-9}，变异系数19.23%。

色谱柱：ZORPAC ODS C_{18}（250×4.6mm）；柱温：35℃；流动相：K_2HPO_4-KH_2PO_4缓冲溶液pH=5.67，流速1mL/min；检测器：UV210nm；进样量：$100\mu L$。图10-5为丙烯酰胺分离色谱图。

（2）正相液固色谱分离多联苯混合物

色谱柱：200×3.0mm柱内装硅胶（$10\mu m$）；流动相：80%正庚烷/20%水，流量2mL/min；柱温：室温；检测器：UVD。图10-6为多联苯混合物的分析色谱图。

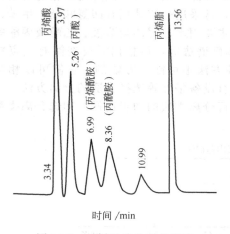

图10-5 丙烯酰胺分离色谱图

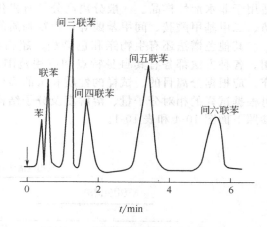

图10-6 多联苯混合物的分析色谱图

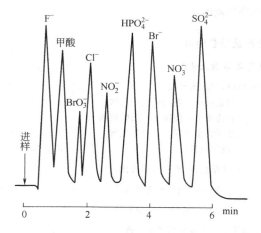

图10-7 离子色谱法分离常见阴离子色谱图

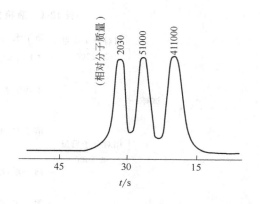

图10-8 聚苯乙烯相对分子质量分布色谱图

（3）离子色谱法分离水中多种阴离子

分离柱：HPIC-AS4A；流动相：0.00075mol/L $NaHCO_3$，0.0022mol/L Na_2CO_3；流速：2mL/min；进样体积 50μL；浓度：μg/g，F^-（3），HCOOH（8），BrO_3^-（8），Cl^-（4），NO_2^-（10），HPO_4^{2-}（30），Br^-（30），NO_3^-（30），SO_4^{2-}（25）；检测器：抑制型电导检测。图 10-7 为离子色谱法分离常见阴离子色谱图。

（4）排阻色谱法测定聚苯乙烯相对分子质量分布

色谱条件：色谱柱，多孔硅胶微球 Zorbax 型（孔径约 35nm）5～6μm，250×2.1mm；流动相：四氢呋喃，流速 1.0mL/min；柱温 60℃；检测器：UVD。图 10-8 为聚苯乙烯相对分子质量分布色谱图。

思考题与习题

10-1. 从原理、构造及应用范围上简要说明气相色谱与液相色谱的异同点。

10-2. 在液相色谱中，采取什么措施可以改变柱子选择性？

10-3. 液相色谱中提高柱效的有效途径有哪些？其中最有效的途径是什么？

10-4. 液相色谱法有几种类型？简要说明其保留机理和适宜分离的物质。

10-5. 何谓正相液相色谱？何谓反相液相色谱？

10-6. 何谓梯度洗提？它适合于分析何种试样？

10-7. 对下列试样，用液相色谱分析，应用何种检测器：

① 长链饱和烷烃的混合物；

② 水体中多环芳烃化合物。

10-8. 什么是化学键合固定相？它的突出优点是什么？

10-9. 在硅胶柱上，用甲苯为流动相时，某溶质的保留时间为 28min，若改用四氯化碳或三氯甲烷为流动相，试指出哪一种能减少该溶质的保留时间？

10-10. 分离下列物质，宜用何种液相色谱法？

① 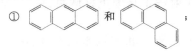　；

② CH_3CH_2OH　和 $CH_3CH_2CH_2OH$；

③ Ba^{2+} 和 Sr^{2+}；

④ C_4H_9COOH　和 $C_5H_{11}COOH$。

10-11. 指出下列物质在正相色谱和反相色谱中的洗脱顺序：

① 正己烷，正己醇，苯；

② 乙酸乙酯，乙醚，硝基丁烷。

第**11**章 流动注射分析法

内容提要 本章在简要介绍流动注射分析技术的产生、流动注射分析的特点、基本原理及系统组成的基础上，对该技术的发展现状、优缺点和发展前景进行了评述，并列举了流动注射分析技术在水质分析中的应用。

溶液化学分析自动化是未来分析化学发展的一个重要方向。流动注射分析技术（Flow Injection Analysis，FIA）是在连续流动分析技术（Continuous Flow Analysis，CFA）的基础上发展起来的一种新的溶液连续流动分析技术。由于它具有分析速度快、准确度和精密度高、设备和操作简单、通用性强、试样和试剂消耗量少以及可以与多种检测手段相结合等一系列优点，已得到了广泛的应用和推广。

11.1 流动注射分析（FIA）概述

11.1.1 FIA 的创立

传统的分析化学如加液、稀释、过滤、搅拌、定容、吸样、滴定等手工操作是每个化学实验室中最常见的操作，且最原始的手工操作与最先进的电子计算机化的检测仪器在同一实验室中共存已属常见，这种状态已经严重阻碍了先进的检测仪器更好地发挥作用。通常一个分析过程中试样的处理往往占去整个分析时间的 90%，这种状况远远不能满足电子信息时代对一个化验室所应该提供的信息量的要求。流动注射法正是为更好解决这一矛盾在 20 世纪 70 年代中期出现的溶液处理技术的新观念。

西方国家早在 20 世纪 40 年代就有人试图通过机械手和传送带的技术路线来解决实验室中溶液处理的低效率。其结果总是形成的设备价格昂贵，又容易出现机械故障。但由于在观念上没有超越手工间歇式操作的模式，即使正常工作，效率的提高也十分有限，使得它的推广与普及受到限制。在 50 年代后期，在溶液自动分析领域出现了一次重要的变革。最初由美国的 Technicon 等公司在空气泡间隔式连续流动分析的基础上发展了名为 Auto-Analyzer 的溶液处理自动分析仪，第一次把分析试样与试剂从传统的试管、烧杯容器中转入管道中。试样与试剂在连续流动中完成物理混合与化学反应。这一新技术在 60 与 70 年代的西方得到了一定程度的普及，对化学实验室中溶液处理的基本操作的变革起到了推动作用。

间隔式连续流动分析仍然维持了传统操作最终都要达到物理与化学平衡的观念。实际上，之所以在液流中加入气泡也正是为了利用其搅拌与壁垒的双重功能来创造实现两种平衡的条件。这一措施虽然有效，却从另一方面——即平衡条件的制约，限制了其进一步提高效率。1975 年由丹麦学者 Ruzicka 与 Hansen 首次命名的流动注射分析（Flow Injection Analysis，FIA）摆脱了上述观念上的局限，采用把一定体积的试样注入到无气泡间隔的流动试剂（载流）中的办法，保证混合过程与反应时间的高度重现性，在非平衡状态下高效率地完成了试样的在线处理与测定，从而触发了化学实验室中基本操作技术的又一次更大、更根本的变革。这次变革的根本性质在于打破了几百年来分析化学反应必须在物理化学平衡条件下完成的传统，使非平衡条件下的分析化学成为可能，从而开发出分析化学的一个全新领域。

11.1.2　FIA 在近代分析化学发展中的地位

FIA 的出现是现代科学技术发展过程中对化学信息的质量与数量要求不断提高的结果。FIA 正是从实验室操作中最基础部分入手来提高整个化学分析过程的效率及改善提供信息的能力。一般说，FIA 只有同特定的检测技术结合才能形成一个完整的分析体系，但也正因此它才有极广泛的适应性，而一旦实现了这种结合就会使一些传统的检测方法（其中包括如原子吸收光谱分析那样本来就效率不低的方法）在分析性能方面有显著的提高，甚至飞跃。

FIA 在现代分析化学中的重要地位不仅是由于它可以用较简单的实验设备在广泛的领域中实现分析的自动化与高效率，它还能够通过单次测定提供有关试样不同稀释或试样与试剂不同混合比例的多维信息。当这一重要功能通过与化学计量学结合之后将会产生一些更为重要的突破。

11.2　流动注射分析的特点

自从丹麦分析化学家 Ruzicka 和 Hansen 于 1975 年提出流动注射分析（FIA）概念以来，FIA 就迅速发展起来，这一具有全新理念的自动分析技术的特点是：适应性广泛，分析效率高，试样和试剂消耗量少，检测精度高，设备简单，中国产 FIA 产品价格低廉。

流动注射分析发展迅速，它已被广泛应用于很多分析领域。目前应用的主要领域有：水质检测、土壤样品分析、农业和环境监测、科研与教学、发酵过程监测、药物研究、禁药检测、血液分析、食品和饮料、分光光度分析、火焰光度分析、质谱分析、原子光谱分析、荧光分析、生物化学分析等。

Ruzicka 等 1988 年在其专著第二版中对流动注射分析定义为：向流路中注入一个明确的流体带，在连续非隔断载流中分散而形成浓度梯度，从此浓度梯度中获得信息的技术。

在水分析过程中，FIA 是将含有试剂的载流由蠕动泵输送进入管道，再由进样阀将一定体积的试样注入载流中，以"试样塞"形式随之恒速地移动，试样在载流中受分散过程控制，"试样塞"被分散成一个具有浓度梯度的试样带，并与载流中试剂发生化学反应生成某种可以检测的物质，再由载流带入检测器，给出检测信号（如吸光度、峰面积或峰高、电极电位等），由此求得水样中被分析组分的含量。

FIA 最具独创性之处就是它抛弃了传统的稳定态概念，提出了可以在物理和化学不平衡的状态下进行测定，是一种湿化学（即溶液化学）法快速启动分析技术和手段。

FIA 的主要特点可以概括为以下几点。

① 仪器简单，价格低廉。简单的 FIA 设备可用常规仪器自行组装，操作简便。中国已有 FIA-TI 流动注射通用仪。

② 分析速度快。分析频率通常为 100～300 样/h，最快可达 1200 样/h，即使对于包括较复杂的处理，如萃取、吸着柱分离等过程的测定也可达 40～60 样/h。分析的重现性好，一般相对标准偏差小于 1%。

③ 取样少，试剂消耗低。FIA 是一种微量分析技术，每次测定仅需微升级的溶液（一般消耗试样为 10～100μL/次），试剂消耗水平也大体相似。与传统手工操作相比，可节约试剂与试样 90%～99%，这对于使用贵重试剂的分析有重要意义。另外由于分析系统封闭，

进行的化学反应不受空气成分影响，有利于保护环境。

④ 自动化程度高。进样→"化学处理"→测量→数据处理和程序控制可全部实现自动化。

⑤ 可与多种检测器联用，应用范围广。FIA 可与多种检测手段联用，既可完成简单的进样操作又可实现诸如在线萃取、在线柱分离及在线消化等较复杂的溶液操作自动化。它还是一种比较理想的进行自动监测与过程分析的手段。

11.3　FIA 基本原理和仪器结构

随着 FIA 技术的发展，各种模式和不同档次的 FIA 相继问世，有多种具有特殊溶液处理功能的 FIA 装置或组件也研制成功。

基本的 FIA 实验装置很简单，流动注射分析（FIA）系统主要有载流驱动系统（试剂贮器、蠕动泵）、进样系统（采样注入阀）、混合反应系统（反应盘管）和检测系统（检测器和记录仪）等几个部分组成。图 11-1 所示为基本的 FIA 装置与功能。

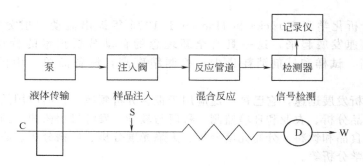

图 11-1　基本 FIA 装置与功能
C—试剂载体；S—样品；D—检测器；W—废液

当注入阀中一定体积的试样被注入以一定流速连续流动的载流中后，在流经反应器时与载流在一定程度上相混，与载流试剂反应的产物在流经流通式检测器时得到检测，记录仪读出为一峰形信号。典型的 FIA 峰如图 11-2 所示，一般以峰高为读出值绘制校正曲线及计算分析结果。图中 S 为注样点，T 为试样在系统中的留存时间，一般为数秒至数十秒钟。

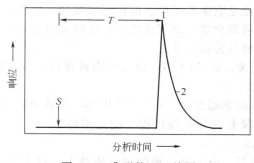

图 11-2　典型的 FIA 峰图
1——峰顶流出位；2—峰顶读出位；
S——进样点；T——留存时间

11.3.1　载流驱动系统

液体驱动或传输设备是 FIA 实验装置中的重要部分，相当于 FIA 系统的心脏，其功能是将试剂、样品等溶液输送到分析系统。目前常用的液体传输装置主要有蠕动泵和柱塞泵。常用蠕动泵挤压富有弹性的塑料软管（又称泵管）来驱动含试剂的载流或试剂在管道内连续流动。

FIA 中使用的理想液体传输设备应具备以下特性：

① 流速既具有短期稳定性（如几小时），又具有长期（以几天为基础）重现性；

② 多通道，至少应能提供四个平行泵液通道以保证较高的灵活性；

③ 提供无脉动的液体输送；

④ 能输送多种试剂和溶剂；

⑤ 易于调节流速；

⑥ 生产成本低，运行消耗少。

11.3.2　进样系统

注入阀也称注样阀、采样阀或注入口等，其功能是采集一定体积的试样（或试剂）溶液，并以高度重现的方式将其注入到连续流动的载流中。进样方式一般可分为定容进样、定时进样或者两种方式结合。也有将进样方式分为正相进样、反相进样两种方式。

正相进样：一般用旋转进样阀将一定体积的试样以完整的"试样塞"形式注入管道内含试剂的载流中，这种进样方式称作正相 FIA，也是常用的流动注射分析法。

反相进样：近年来提出的反相 FIA 法（Reverse Flow Injection Analysis，rFIA），此法是将试剂与试样颠倒注入，即将少量的试剂注入到管道内含试样的载流中。rFIA 法适用于水样量充足又得节省试剂的情况，且提高了灵敏度。目前，rFIA 法已有了长足的发展。

FIA 和 rFIA 的基本流路如图 11-3 所示。

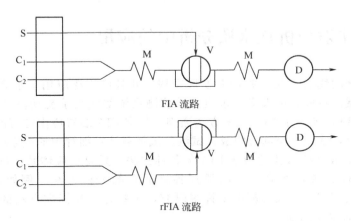

图 11-3　FIA 和 rFIA 的基本流路示意图

C_1，C_2—试剂载体；S—样品；M—反应盘管；V—自动采样阀；D—检测器

11.3.3　混合反应系统

混合反应系统主要由反应盘管和多功能连接件组成。注入的"试样塞"在反应盘管中被分散成试样带，并与载流中的试剂发生化学反应生成可检测的物质。

混合反应器的主要功能是实现经三通汇合的两个或多个液体的重现径向混合以及混合液中化学反应的发生。最常用的混合反应器由一些能盘绕、打结或编织的聚四氟乙烯管或塑料管组成。采用这种几何形状的目的在于通过改变流动的方向在径向上产生二次流，促进径向混合，减少试样的轴向分散。

混合反应管道的另一功能是实现试样的在线稀释。此时要求试样带与载流稀释剂之间实现轴向混合。

11.3.4 检测系统

检测系统主要由 FIA 的检测器组成，其作用是将试样同试剂反应产物的特性或试样本身的特性转换为可测的电信号，由显示装置显示出来。

FIA 必须和特定的检测技术联用，才能构成完整的分析系统。

与 FIA 结合在一起常用的检测方法有以下几种。

① 分光光度法　分光光度法是最早与 FIA 联用的检测方法，由于方法简便、仪器结构简单、价格低廉，至今仍然是应用最广泛的检测方法。

② 电化学法　采用电化学检测，FIA 流路简单，没有光度法检测中可能存在的折射光的干扰。由于载流对电极表面的不断冲洗，样品与电极表面接触时间很短，所以电极寿命一般较长。

③ 化学发光法　化学发光持续时间一般较短，发光强度随时间变化很大，使用传统的检测方法精确度往往较差。化学发光法与 FIA 联用，方法的灵敏度和线性范围都得到了改善。

④ 荧光法　选择性较好的荧光法与流动注射联用，因整个过程在一个密闭体系中完成，避免了氧的荧光淬灭，提高了定量分析的准确度。

⑤ 原子光谱法　FIA 与原子光谱法联用，最初 FIA 只是作为原子光谱仪的进样系统。后来，由于发现联用系统可大大节省试剂，并且进样之前样品经过分离富集等预处理，提高了测定的选择性和灵敏度，因此得到广泛应用。

近年来，FIA 又实现了与感耦等离子体质谱（ICP-MS）及微波等离子体发射光谱（MW-PES）的联用，取得了一些有意义的结果。

11.4　流动注射分析在水质分析中的应用

由于具有显著的优点，近年来 FIA 发展很快，并且已广泛应用于水质的自动监测和工业在线分析等领域。目前，绝大多数水质自动监测系统都使用了流动注射技术。1989 年日本 JISK0126—1989 已颁布了 FIA 分析方法通则，规定 FIA 装置应由送溶液、试样注入、操作、检测、管路及显示记录等部分组成；试液、试剂载液在细管中形成连续的流动系统。在分析方法方面，JISK0126 提出适合于 FIA 的各种方法，只要反应体系、进液方法及测定方法按分析目的进行有效地组合，便能得到各种适宜的分析方法。例如，对 FIA 法测定 COD、BOD、TP、TN、总汞等都做了许多研究，这些方法与标准方法的相关性研究是目前 FIA 法标准化的主要问题。

EPA 正考虑将一些 FIA 方法作为标准分析方法。最近，ISO 也建议把 FIA 列入"Standard Methods for the Examination of Water and Waste Water"。

FIA 在中国发展也很快。FIA 在线富集——火焰原子吸收法测定 Cu^{2+}、Zn^{2+}、Pb^{2+}、Cd^{2+} 已成为中国的统一环境监测方法，FIA——电极流动法测定 Cl^-、NO_3^--N 也作为试行方法在中国环境监测系统试行。表 11-1 为 FIA 技术在水质分析中的一些应用。

为了更清楚说明 FIA 在水分析中的应用，下面介绍一些 FIA 在水质分析中的应用实例。

表 11-1　FIA 技术在水质分析中的应用

序号	测定对象	测 定 原 理	灵 敏 度	分析速度/(样/h)
1	NO_2^-	NEDC(萨耳茨曼)分光光度法(540nm)	0.5×10^{-9}-N	80
2	NO_3^-	Cu-Cd 柱还原后同上	0.5×10^{-9}-N	50
3	NH_4^+	靛酚分光光度法(540nm)	100×10^{-9}-N	30
4	TN	$K_2S_2O_7$ 分解-NO_3^- 直接分光光度法(220nm)	100×10^{-9}-N	30
5	PO_4^{3-}	钼蓝分光光度法(700~750nm)	5×10^{-9}-P	40
6	TP	$K_2S_2O_7$ 分解后同上	5×10^{-9}-P	30
7	TOC	燃烧生成 CO_2-氨基苯二酰肼化学发光法	50×10^{-9}	—
8	COD	消耗 $KMnO_4$ 分光光度法(525nm)	5×10^{-6}	15
9	SO_4^{2-}	生成 $BaSO_4$ 分光光度法(373nm)	20×10^{-6}	24
10	SO_3^{2-}	$KMnO_4$ 氧化-化学发光法(450~600nm)	2×10^{-7}M	300
11	F^-	La-茜素络合物褪色分光光度法(620nm)	10×10^{-9}	45
12	Cl^-	硫氰酸汞(Ⅱ)分光光度法(450nm)	50×10^{-9}	45
13	Cl_2	邻联甲苯胺分光光度法(450nm)	—	60
14	CN^-	生成荧光素钠-CN 化学发光法	50×10^{-9}	—
15	As	氢化物发生(AsH_3-AAS)法	0.5×10^{-9}	40
16	Se	氢化物发生(SeH_2-AAS)法	0.5×10^{-9}	40
17	Sb	氢化物发生(SbH_3-AAS)法	0.5×10^{-9}	40
18	Te	氢化物发生(H_2Te-AAS)法	0.5×10^{-9}	40
19	Hg	还原气化(Hg)-AA 法	0.5×10^{-9}	40
20	Al	二甲酚橙分光光度法		
21	B	间苯二酚分光光度法(510nm)	10×10^{-9}	30
		变色酸配合物荧光法(激发波长 313nm,发射波长 350~360nm)	0.5×10^{-9}	30
22	Li	冠醚配合物萃取(氯仿)分光光度法(410nm)	—	40
23	Na	冠状化合物-1,2 二乙基氯苯萃取分光光度法(423nm)	5×10^{-9}	20
24	K	离子缔合物分光光度法(430nm)	0.2×10^{-6}	30
25	Ca	甲酚酞分光光度法	—	40
26	Mg	AAS(标准加入法)	100×10^{-9}	—
		钙镁指示剂分光光度法	100×10^{-9}	40
27	Cd	螯合树脂浓缩-AAS 法	5×10^{-9}	20
28	Pb	TPPS(水溶性卟啉)分光光度法	50×10^{-9}	40
		吡啶偶氮分光光度法	5×10^{-9}	30
29	Zn	T(5-ST)(水溶性卟啉)分光光度法	50×10^{-9}	40
30	Cu	螯合树脂浓缩-AAS 法	20×10^{-9}	20×10^{-9}
31	Co	PPDA 接触反应分光光度法	40×10^{-12}	30
		螯合树脂浓缩-AAS 法	20×10^{-12}	—
32	Ni	PAR 分光光度法		37
33	总 Cr	氧化成 Cr(Ⅵ),二苯卡巴肼分光光度法	—	37
34	Fe	Fe(Ⅱ):邻菲络啉(TPTZ 法也较好)分光光度法	2.5×10^{-9}	30
		Fe(Ⅲ):抗坏血酸还原后同上	2.5×10^{-9}	30
35	Ti	二安替比林甲烷分光光度法	—	60
36	V	8-羟基喹啉-氯仿萃取分光光度法	3×10^{-9}	30
37	Th	1,3-蒽二酚荧光光度法	5×10^{-9}	17~50
38	Si	钼蓝缔合物分光光度法	2.5×10^{-9}	30
39	洗涤剂	离子缔合物分光光度法	3×10^{-9}	—
40	硬度	羟基萘酚分光光度法	5×10^{-9}	40
41	Sn	苯基芴酮分光光度法	10×10^{-9}	—
42	Mn	KIO_4 分光光度法	50×10^{-9}	—
43	Bi	KI 反应-生成 I_2 萃取分光光度法	10×10^{-9}	—
44	Mo	硫氰酸分光光度法	10×10^{-9}	—
45	W	硫氰酸分光光度法	50×10^{-9}	—

11.4.1 电镀废水中微量铬（Ⅵ）、锌和镍的流动注射光度分析

图 11-4 为典型的水中污染物连续自动分析装置的 FIA 流路图。

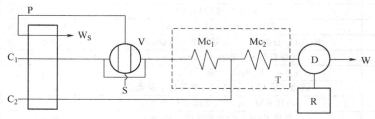

图 11-4　水中污染物连续自动分析装置 FIA 流路图

C_1，C_2—试剂载体；S—样品；P—蠕动泵；M_{C_1}，M_{C_2}—反应盘管；V—自

动采样阀；D—光度计；R—数据处理机；T—恒温器；W_s，W—废液

（1）铬（Ⅵ）的 FIA-光度分析

① 基本原理　在酸性溶液中，六价铬（CrO_4^{2-}）与二苯碳酰二肼（DPC）反应生成紫红色配合物，$\lambda_{max}=540nm(\varepsilon=4\times10^4)$。引入 FIA 测定体系中，在 $\lambda_{max}=545nm$ 处测吸光度值，采用标准曲线法求得水中铬（Ⅵ）的含量。

② 测试条件　FIA 体系：载液 C_1　0.10mol/L H_2SO_4 溶液

载液 C_2　0.05% DPC 水溶液

$\lambda_{max}=545nm$

上述 FIA 体系中，水样中 Fe^{3+}、Zn^{2+} 和 Ni^{2+} 的含量（mg/L）为 Cr（Ⅵ）的 5 倍、Cu^{2+} 为 2.5 倍时，不干扰测定。Cu^{2+} 的含量大于 5 倍时，产生正干扰，可采用强酸性阳离子交换树脂消除干扰。测定范围为 0～5.0mg/L。

（2）锌的 FIA-光度分析

① 基本原理　在弱酸性条件下（pH=5.9），Zn^{2+} 与二甲酚橙（XO）形成红色配合物 Zn^{2+}-XO，引入 FIA 体系中，$\lambda_{max}=575nm$，在此条件下，Cu^{2+}、Ni^{2+} 干扰测定。故在 570nm 处测定吸光度值，标准曲线法求得水中 Zn^{2+} 的含量，可消除干扰。

② 测试条件　FIA 体系：载液 C_1　0.5% $Na_2S_2O_3$ 和 0.1%丁二酮肟混合液

载液 C_2　0.015%二甲酚橙的乙酸盐缓冲溶液（pH=5.9）

$\lambda_{max}=570nm$

在上述 FIA 体系中，电镀废水中的其他离子存在下不干扰测定，测定范围为 0～10.0mg/L。

（3）镍的 FIA-光度分析

① 基本原理　在有氧化剂 I_2 存在的碱性条件下，Ni^{4+} 与丁二酮肟生成化学计量数为 1∶4 的酒红色可溶性配合物，有两个吸收峰，$\lambda_{max}=440nm(\varepsilon=1.5\times10^4)$ 和 $\lambda_{max}=530nm$ $(\varepsilon=6.6\times10^3)$

$$Ni^{2+} \xrightarrow{\text{氧化剂}} Ni^{4+}$$

$$Ni^{4+}+3(C_4H_6N_2O_2)^{2-} \Longleftrightarrow Ni(C_4H_6N_2O_2)_3^{2-}$$

引入 FIA 体系中，$\lambda_{max}=460nm(\varepsilon=1.4\times10^4)$，测定废水中 Ni^{2+}，标准曲线法求算 Ni^{2+} 的含量。

② 测试条件　FIA 体系：载液 C_1　0.5%柠檬酸和 0.03mol/L I_2 混合溶液

载液 C_2　0.075%丁二酮肟的氨性溶液（5mL $NH_3\cdot H_2O$/100mL）

$\lambda_{max}=460nm$

在上述 FIA 体系中，电镀废水中可能存在的 Cu^{2+}、Zn^{2+}、Fe^{2+}、Fe^{3+}、$Cr(\text{VI})$ 等不干扰测定，测定范围 $0\sim5.0mg/L$。

11.4.2　工业废水中微量铜和氰化物的流动注射光度分析

（1）铜的 FIA-光度分析

① 基本原理　在弱碱性条件下，Cu^{2+} 与 N,N-二乙氨基二硫代甲酸钠（NaDDTC）生成化学计量数为 $1:2$ 的黄棕色配合物，$\lambda_{max}=440nm(\varepsilon=1.4\times10^4)$。引入 FIA 体系时，在 $\lambda_{max}=460nm$ 处测吸光度值，由标准曲线上查出对应的 Cu^{2+} 的含量。

② 测试条件　FIA 体系：载液 C_1　0.2% EDTA-0.5 柠檬酸-NH_3-NH_4Cl 缓冲溶液
（pH=8.2）

载液 C_2　0.2% NaDDTC 水溶液

$\lambda_{max}=460nm$

在上述 FIA 体系中，工业废水中可能存在的 Zn^{2+}、Ni^{2+}、Fe^{3+}、Fe^{2+}、$Cr(\text{VI})$ 和 Cr^{3+} 不干扰测定，测定范围为 $0\sim5.0mg/L$。

（2）氰化物的 FIA-光度分析

① 基本原理　在中性条件下，水中的氰化物（CN^-）被氯胺 T 氧化生成氯化氰 CNCl，氯化氰与异烟酸作用经水解生成戊烯二醛，再与吡唑啉酮进行缩合反应，生成蓝色染料，在 638nm 处测定吸光度，用标准曲线法定量。这是水和废水分析中的常用方法。但该反应较慢，即使加热条件下也需近 50min 的显色时间。虽然在形成最终蓝色产物之前，在反应初期形成了红色中间产物，但形成后立即转化，在手工条件下无法用来定量。国内有学者通过 FIA 技术成功地应用了这一不稳定的中间产物实现了氰化物的快速定量分析。在 548nm 处以 60 样/h 的速度完成了测定，比原方法提高效率数 10 倍。

② 测试条件　FIA 体系：载液 C_1　0.04%氯胺 T 与磷酸盐缓冲溶液（pH=7.0）

载液 C_2　1.25%异烟酸与 0.2%吡唑啉酮混合液

$\lambda_{max}=548nm$

由氰化物（CN^-）与异烟酸-吡唑啉酮显色反应的红色中间产物（反应温度 35℃）的吸收曲线得 $\lambda_{max}=548nm$，依此作测定波长，用标准曲线法求得废水中氰化物的含量，测定范围 $0\sim5.0mg/L$。

11.4.3　连续膜流动注射紫外光度法测定水中二氧化氯

近年来，流动注射分析在线预处理技术得到了令人瞩目的发展，在非物理平衡及化学平衡条件下实现高效率气-液、液-液及固-液分离浓集。在线预处理技术主要有膜分离技术，如利用透气膜的气体扩散能很快测出溶解在水样中的气体；借助半透膜的渗析作用从大分子中分离出小分子以及溶剂萃取等；还有离子交换树脂在线预富集等。

（1）基本原理

二氧化氯的定量方法有碘量法及在 $\lambda_{max}=360nm(\varepsilon=1230L/mol\cdot cm)$ 的最大吸收波长下的光度法。前种方法受其他氧化剂的干扰，后种方法受其他在 360nm 附近有吸收的共存物质的干扰。利用 ClO_2 能透过微孔性聚四氟乙烯膜管，制作 ClO_2 的流动注射装置，见图 11-5，使 ClO_2 通过，而水中离子及悬浊性物质不能透过，因此在分析上具有良好的选择性。将含 ClO_2 的水样（S）在混合点（M）与 pH=6.89 磷酸盐缓冲溶液（0.1mol/L）（C_1）混合，输送到分离器（Sm）的外管中，水样中的 ClO_2 透过内管，溶解在流入内管的 pH=6.89 磷酸盐缓冲溶液（0.01mol/L）（C_2）中，用 UV 检测器测定 ClO_2 在 360nm 处的吸光度值，由标准曲线查出对应的 ClO_2 的浓度。本法的检出限为 $2.7\times10^{-7}mol/L$。适用于 ClO_2 作消毒剂的水厂中的水质监测。

（2）测试条件

FIA 体系：载液 C_1：pH＝6.89 磷酸盐缓冲溶液（0.1mol/L）0.49mL/min

载液 C_2：pH＝6.89 磷酸盐缓冲溶液（0.01mol/L）0.36mL/min

λ_{max}＝360nm

需要说明的几个问题。

① 图 11-5 中的膜分离器（Sm）是由内管和外管组成，长 500mm，内管是由微孔性聚四氟乙烯膜制成，内径 1.0mm，外径 1.8mm；外管是由玻璃管制成，内径 2.2mm，外径 4.0mm。

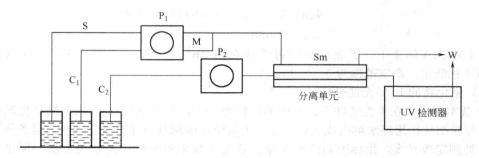

图 11-5　水中 ClO_2 的 FIA-UV 光度法测量装置

S—水样；C_1，C_2—试剂载体；P_1，P_2—蠕动泵；

M—反应盘管；Sm—膜分离器；W—废液

② 为防止分离器因外部和内部液流差较大而发生膜破损，它们的流量分别控制在 0.49mL/min 和 0.36mL/min。

③ 该方法控制温度 25℃为宜。

④ 本方法除 Mn（Ⅶ）氧化 ClO_2 而分解、碘离子及连苯三酚还原 ClO_2 分解产生干扰外，其他化学物质几乎不干扰 ClO_2 的测定。

上面介绍的是典型的流动注射法在水分析中的应用。除此之外，FIA 技术还可测定水中硫离子，它将亚甲蓝分光光度法和流动注射分析方法结合起来，对制革工业废水中的硫离子进行快速测定。

FIA 还可在线测定总磷。它采用过硫酸盐在线消解水样中不同形态的磷，使其转化为磷酸盐。有机磷在紫外催化过硫酸盐消解下转化为正磷酸盐。使用硫酸消解，聚合磷酸盐转化为正磷酸盐。消解过程发生在样品阀之前。消解好的部分样品被注入 FIA，由 FIA 测定磷酸盐。正磷酸根离子与钼酸铵和酒石酸锑钾反应，生成磷钼化合物。磷钼化合物被抗坏血酸还原，形成蓝色化合物，它在 880nm 处有吸收。

11.4.4　FIA 技术的发展趋势

流动注射分析技术不仅可应用于环境监测、医药和临床化验、工业在线分析等领域，同时也可应用于化学反应动力学机理、配合物的形成过程及生化反应等理论研究。一些复杂的物理和化学过程能在流动注射分析技术中得以实现，并由此产生出在线离子交换、在线固相萃取、在线氢化物发生、液-液萃取、气体扩散、停流技术、稀释技术、FIA 滴定技术和同时分析等许多新的技术和装置，使得一些反应过程复杂、要求条件苛刻及操作繁琐的分析方法变得简单、快速易行，而且极大地提高了方法的准确度和精密度。

随着科学技术的不断发展，可通过进一步发展流动注射分析技术与其他测试技术的联合应用，充分发挥其分析速度快、准确度和精密度高、设备和操作简单、通用性强、试样和试剂消耗量少以及可以与多种手段相结合等优点，来替代目前所采用的一些传统的化学分析方法，扩展流动注射分析技术的应用天地。可以相信，流动注射分析技术将会有新的发展和更广阔的应用天地。

思考题与习题

11-1. 名词解释

流动注射分析（FIA）；　　正相 FIA；　　反相 FIA。

11-2. 简述流动注射分析系统基本组成及功能。

11-3. 试述流动注射分析技术在水分析化学中的发展现状和趋势。

水分析化学实验

第一部分　定量分析常用的实验仪器和基本操作

一、分析天平

分析天平是定量分析中最重要、最常用的精密仪器之一。实验室中常用的是半自动电光天平（例如，TG-328B型半自动天平）、全自动电光天平、单盘电光天平和电子天平等。其载荷一般为 $100\sim200$ mg。根据分度值的大小又可分为常量分析天平（0.1mg/分度）、微量分析天平（0.01mg/分度）和超微量分析天平（0.001mg/分度）。常用分析天平的规格、型号见实表1。

实表1　常用分析天平的规格、型号

种　　类	型　　号	名　　称	规　　格
双盘天平	TG328A	全机械加码电光天平	200g/0.1mg
	TG328B	半机械加码电光天平	200g/0.1mg
	TG332A	微量天平	20g/0.01mg
单盘天平	DT-100	单盘精密天平	100g/0.1mg
	DTG-160	单盘电光天平	160g/0.1mg
电子天平	FA1604	上皿式电子天平	160g/0.1mg
	JA2003	上皿式电子天平	200g/0.1mg

1. 半机械加码电光天平

半机械加码电光天平为等臂双盘天平，现以 TG328B 型为例，说明其构造及使用方法。如实图1所示为半自动电光天平的外形及构造图。天平横梁是天平的主要部件，天平正中是立柱，安装在天平地板上。柱的上方嵌有一块玛瑙平板，与支点刀口相接触。天平的悬挂系统由吊耳、空气阻尼器、秤盘组成，其中吊耳的平板下面嵌有光面玛瑙，与刀口相接触，使吊钩及秤盘、阻尼器内筒能自由摆动；空气阻尼器则通过筒内空气的阻力作用使天平横梁很快停摆而达到平衡；秤盘分左、右盘，左盘放被称物，右盘放砝码。指针下端装有缩微标尺，从屏上可看到标尺的投影，屏中央有一条垂直刻线，标尺投影与该线重合处即为天平的平衡位置。天平的升降旋扭位于天平底板正中，开启天平时，顺时针旋转该旋扭，托梁架即下降，梁上的三个刀口与相应的玛瑙平板相接触，吊钩及秤盘自由摆动，天平进入工作状态。停止称量时，关闭升降旋扭，则横梁、吊耳及秤盘被托住，刀口与玛瑙平板分开，天平进入休止状态。转动圈码指数盘，可加 $10\sim990$ mg 圈形砝码。

半自动电光天平的使用方法如下所述。

（1）天平称量前的检查与准备　检查天平是否正常，天平是否水平，秤盘是否洁净，圈码指数盘是否在"000"位，圈码有无脱位，吊耳有无脱落、移位等。

检查和调整天平的空盘零点。用天平箱下方的平衡螺丝（粗调）和投影屏调节杠（细调）调节天平零点，这是分析天平称重练习的基本内容之一。

（2）称量　当要求快速称量，或怀疑被称物可能超过最大载荷时，可先用架盘药物天平（台秤）粗称。采用电光天平称量时，将待称物置于天平左盘的中央，关上天平左门。按照"由大到小，中间截取，逐级试重"的原则在右盘加减砝码。试重时应半开天平，观察指针偏移方向或标尺投影移动方向，以判断左右两盘的轻重。注意：指针总是偏向轻盘，标尺投影总是向重盘方向移动。先调定克以上砝码（应用镊子取放），关上天平右门。再依次调整百毫克组和十毫克组圈码，每次都从中间量（500mg 和 50mg）开始调节。调定十毫克组圈码后，再完全开启天平，准备读数。

读数时，砝码调定，全开天平。待标尺停稳后即可读数。被称物的质量等于砝码总量加标尺读数（均以克计）。标尺读数在 9～10mg 时，可再加 10mg 圈码，从屏上读取标尺负值，记录时将此读数从砝码总量中减去。

称量、记录完毕，即应关闭天平，取出被称物，将砝码夹回盒内，圈码指数盘退回到"000"位，关闭两侧门，盖上防尘罩。

2. 电子天平

电子天平是最新一代的天平，是根据电磁力平衡原理，直接称量，全量程不需砝码，放上被称物后，在几秒内即达到平衡，显示读数，称量速度快，精度高。它的支承点用弹性簧片取代机械天平的玛瑙刀口，用差动变压器取代升降枢装置。

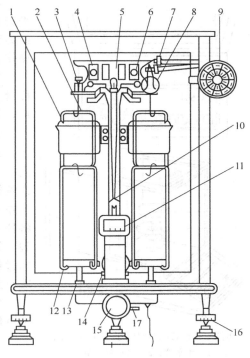

实图 1　半自动电光天平
1—阻尼器；2—挂钩；3—吊耳；4,6—平衡螺丝；5—天平梁；7—环码钩；8—环码；9—指数盘；10—指针；11—投影屏；12—秤盘；13—盘托；14—光源；15—旋扭；16—螺丝脚；17—拨杆

用数字显示代替指针刻度式。因而，具有使用寿命长、性能稳定、操作简便和灵敏度高的特点。此外，电子天平还具有自动校正、自动去皮、超载指示、故障报警等功能以及具有质量电信号输出功能，且可与打印机、计算机联用，进一步扩展其功能，如统计称量的最大值、最小值、平均值及标准偏差等。由于电子天平具有机械天平无法比拟的优点，尽管其价格较高，但也会越来越广泛地应用于各个领域并逐步取代机械天平。

电子天平按结构可分为上皿式和下皿式电子天平。秤盘在支架上面为上皿式，秤盘吊挂在支架下面为下皿式。目前，广泛使用的是上皿式电子天平。尽管电子天平种类繁多，但其使用方法大同小异，具体操作可参看各仪器的使用说明书。下面以 FA1604 型电子天平为例如实图 2 所示。

FA1604 型电子天平的使用方法如下所述。

（1）水平调节　观察水平仪，如水平仪水泡偏移，需调整水平调节脚，使水泡位于水平仪中心。

（2）预热　接通电源，预热 1h 后，开启显示器进行操作。称量完毕，一般不用切断电源（若较短时间内例如 2h 内暂不使用天平），再用时可省去预热时间。

（3）开启显示器　轻按 ON 健，显示器全亮，约 2s 后显示天平的型号，然后是称量模式 0.0000g。读数时应关上天平门。

（4）天平基本模式的选定　天平通常为"通常情况"模式，并具有断电记忆功能。使用时若改为其他模式，使用后一经按 OFF 健，天平即恢复通常情况模式。

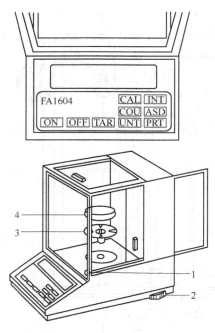

实图 2　FA1604 型电子天平外形图
1—水平仪；2—水平调节器；
3—盘托；4—秤盘

（5）校准　天平安装后，第一次使用前，应对天平进行校准。因存放时间较长、位置移动、环境变化或为获得精确测量，天平在使用前一般都应进行校准操作。

（6）称量　按 TAR 键，显示为零后，置被称物于秤盘上，待数字稳定即显示器左下角的"0"标志熄灭后，该数字即为被称物的质量值。

（7）去皮称量　按 TAR 键清零，置容器于秤盘上，天平显示容器质量，再按 TAR 键，显示零，即去皮重。再置被称物于容器中，或将被称物（粉末状物或液体）逐步加入容器中直至达到所需质量，待显示器左下角"0"熄灭，这时显示的是被称物的净质量。将秤盘上的所有物品拿开后，天平显示负值。按 TAR 健，天平显示 0.0000g。若称量过程中秤盘上的总质量超过最大载荷时，天平仅显示上部线段，此时应立即减小载荷。

（8）称量结束后，按 OFF 键关闭显示器　若当天不再使用天平，应拔下电源插头。

3. 称量方法

对于不同的天平和称量对象，需采用相应的称量方法和操作步骤。对于机械天平而言，常用的称量方法有：

（1）直接称量法　此法用于称量一物体的质量。例如称量某小烧杯的质量，容量器皿校正中称量某容量瓶的质量，重量分析实验中称量某坩埚的质量等。这种称量方法适于称量洁净干燥的、不易潮解或升华的固体试样。

（2）固定质量称量法　又称增重法。此法用于称量某一固定质量的试剂（如基准物质）或试样。因操作的速度很慢，适用于称量不易吸水、在空气中稳定存在的粉末状或小颗粒（最小颗粒应小于 0.1mg，以便调节其质量）的样品。

注意：固定质量称量法如实图 3 所示，若不慎加入试剂超过指定质量，应先关闭升降旋钮，然后用牛角匙取出多余试剂。重复上述操作，直至试剂质量符合指定要求为止。严格要求时，取出的多余试剂应弃去，不能放回原试剂瓶中。操作时防止将试剂散落于天平左盘表面皿等容器以外的地方。称好的试剂必须定量地由表面皿等容器直接转入接受器。此即所谓"定量转移"。

实图 3　固定质量称量法

（3）递减称量法　又称减重法。适用于称量易于吸水、易于氧化或易于与 CO_2 反应的试样。由于称取试样的质量是由两次称量之差求得，故又称差减法。

称量步骤如下：从干燥器中取出称量瓶，用小纸片夹住称量瓶，如实图 4 所示，打开瓶盖，用牛角匙加入适量试样（一般为称一份试样量的整数倍）。盖上瓶盖将称量瓶置于天平左盘。称出称量瓶加试样后的准确质量。将称量瓶取出，在接受器的上方，倾斜瓶身，用称量瓶盖轻敲瓶口上部使试样慢慢落入容器中如实图 5 所示。当倾出的试样接近所需量（可从体积上估计或试重得知）时，一边继续用瓶盖轻敲瓶口，一边逐渐将瓶身竖直，使黏附在瓶口上的试样落下，然后盖好瓶盖，把称量瓶放回天平左盘，准确称取其质量。两次质量之差，即为试样的质量。按上述方法连续递减，可称取多份试样。

实图 4　称量瓶拿法　　　　　　　　实图 5　从称量瓶中敲出试样

二、滴定分析的基本仪器及其操作

滴定管、移液管、吸量管与容量瓶等是滴定分析时准确量度溶液体积和准确吸取与配制一定体积溶液的常用量器，是滴定分析中最基本的容量分析仪器。滴定分析基本操作是水质分析中重要的实验技术，也是培养学生具有良好分析技能的最基本训练。

1. 滴定管

普通的滴定管分为酸式滴定管和碱式滴定管。另还有自动滴定管和微量滴定管，如实图 6 所示。滴定管的总容量最小的为 1mL，最大的为 100mL，常用的是 50mL、25mL 和 10mL 的滴定管。

酸式滴定管可以盛酸性、中性及氧化性等非碱性溶液，但不适宜装碱性溶液，因碱性溶液能腐蚀玻璃的磨口和旋塞。碱式滴定管则用来装碱性或无氧化性的溶液，而能与橡皮起反应的溶液如高锰酸钾、碘和硝酸银等溶液不能加入碱式滴定管。

滴定的操作如以下所述。

（1）装入操作溶液　将溶液装入酸管或碱管之前，应将试剂瓶中的溶液摇匀，使凝结在瓶内壁上的水珠混入溶液。混匀后的操作溶液应直接倒入滴定管中，不得用其他容器（如烧杯、漏斗等）来转移。先将操作液润洗滴定管内壁三次，每次 10～15mL。最后将操作液直接倒入滴定管，直至充满至零刻度以上为止。

（2）检查并排除管嘴气泡　管充满操作液后，应检查管的出口下部尖嘴部分是否留有气泡。排除碱管中的气泡时，可将碱管垂直地夹在滴定管架上，左手拇指和食指捏住玻璃珠部位，使胶管向上弯曲翘起，并捏挤胶管，使溶液从管口喷出，即可排除气泡。排除酸管中的气泡时，右手拿滴定管上部无刻度处，并使滴定管倾斜 30℃，左手迅速打开活塞，使溶液冲出管口，反复数次，一般即可排除气泡。

（3）酸式滴定管的操作　滴定时，左手握滴定管，无名指和小指向手心弯曲，轻轻地贴着出口部分，用其余三指控制旋塞的转动。如实图 7 所示。

（4）碱式滴定管的操作　滴定时，仍以左手握滴定管，其拇指在前，食指在后，其他三个指辅助夹住出口管。用拇指和食指捏住玻璃珠所在部位，向右边挤胶管，使玻璃珠移至手心一侧，这样溶液即可从玻璃珠旁边的空隙流出，如实图 8 所示。

（5）边滴边摇瓶　滴定操作可在锥形瓶或烧杯内进行。在锥形瓶中进行滴定时，用右手的拇指、食指和中指拿住锥形瓶，其余两指辅助在下侧。使瓶底离滴定台高约 2～3cm，滴定管下端伸入瓶口内约 1cm，左手握住滴定管，按前述方法，边滴边摇动。

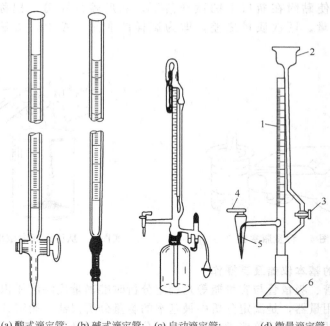

(a) 酸式滴定管;　(b) 碱式滴定管;　(c) 自动滴定管;　　　(d) 微量滴定管

实图 6　滴定管

1—微量滴定管；2—贮液管；3—装液用活塞；4—滴定用活塞；5—毛细管；6—底座

实图 7　酸式滴定管的操作　　　　实图 8　碱式滴定管的操作

　　滴定时，要观察滴落点周围颜色的变化。一般开始时，滴定速度可稍快，呈"见滴成线"，这时每秒 3～4 滴左右。但不要滴成"水线"。接近终点时，应改为一滴一滴加入，即加一滴摇几下。最后是每加半滴，摇几下锥形瓶，直至溶液出现明显的颜色变化为止。

　　加入半滴溶液的方法：用酸管时，可轻轻转动旋塞。使溶液悬挂在出口管嘴上，形成半滴，用锥瓶内壁将其沾落，用洗瓶吹洗或采用倾斜锥瓶的方法，将附于壁上的溶液涮至瓶中；对碱管，可先松开拇指与食指，将悬挂的半滴溶液沾在锥瓶内壁上，再放开无名指和小指。

　　2. 容量瓶

　　容量瓶主要用于配制准确浓度的溶液或定量地稀释溶液，故常与分析天平、移液管配合使用。使用容量瓶时，应注意五点。

　　(1) 检查容量瓶的瓶塞是否漏水　　方法如下：加自来水至标度刻线附近。盖好瓶塞后，左手用食指按住塞子，其余手指拿住瓶颈标线以上部分，右手用指尖托住瓶底边缘。将瓶倒立 2min，如不漏水，将瓶直立，转动瓶塞 180°后，再倒立 2min 检查，如不漏水即可使用。

另外标度刻线位置距离瓶口不能太近，否则不利于混匀溶液。

使用容量瓶时，注意不要将其玻璃磨口塞随便取下放在桌面上，以免沾污或搞错，可用橡皮筋或细绳将瓶塞系在瓶颈上，如实图 9 所示。

（2）溶液的配制　最常用的方法是将待溶固体称出置于小烧杯中，加水或其他溶剂将固体溶解，然后将溶液定量转入容量瓶中。转移溶液的操作如实图 9，右手拿玻璃棒，左手拿烧杯。使烧杯嘴紧靠玻璃棒，而玻璃棒则悬空伸入容量瓶口中。棒的下端应靠在瓶颈内壁上。使溶液沿玻璃棒和内壁流入容量瓶中，溶液流完后，用洗瓶吹洗玻璃棒和烧杯内壁，再将溶液转入容量瓶中。如此操作，一般应重复五次以上。然后加水至容量瓶的四分之三左右容积，用右手食指和中指夹住瓶塞的扁头，将容量瓶拿起。按同一方向摇动几周，使溶液初步混匀。继续加水至距离标度刻线约 1cm 处后，等 1～2min 使附在瓶颈内壁的溶液流下后，再用细而长的滴管滴

实图 9　转移溶液的操作

加水至弯月面下缘与标度刻线相切（注意：勿使滴管接触溶液，也可用洗瓶加水至刻度）。

当加水至容量瓶的标度刻线时，盖上干的瓶塞，用左手食指按住塞子，其余手指拿住瓶颈标线以上部分，而用右手的全部指尖托住瓶底边缘，然后将容量瓶倒转。使气泡上升到顶，使瓶振荡混匀溶液。将瓶反复倒转，振荡溶液。如此操作 10 次左右。

（3）稀释溶液　用移液管移取一定体积的溶液于容量瓶中，加水至标度刻线。按上述方法混匀溶液。

（4）不宜长期保存试剂溶液　如配好的溶液需作保存时，应转移至磨口试剂瓶中，不要将容量瓶当作试剂瓶使用。

（5）使用完毕应立即用水冲洗干净　如长期不用，磨口处应洗净擦干，并用纸片将磨口隔开。容量瓶不得在烘箱中烘烤，也不能在电炉等加热器上直接加热。如需使用干燥的容量瓶时，可将容量瓶洗净后，用乙醇等有机溶剂荡洗后晾干或用电吹风的冷风吹干。

3. 移液管、吸量管的使用

移液管是用于准确量取一定体积溶液的量出式玻璃量器，它的中间有一膨大部分，如实图 10（a）。管颈上部刻有一圈标线，在标明的温度下，使溶液的弯月面与移液管标线相切，让溶液按一定的方法自由流出，则流出的体积与管上标明的体积相同。

吸量管是具有分刻度的玻璃管，如实图 10（b）、（c）、（d）所示。它一般只用于量取小体积的溶液。常用的吸量管有 1mL、2mL、5mL、10mL 等规格，吸量管吸取溶液的准确度不如移液管。应该注意，有些吸量管其分刻度不是刻到管尖，而是离管尖尚差 1～2cm，如实图 10（d）所示。

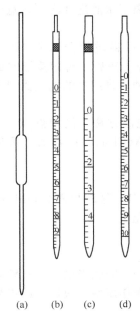

实图 10　移液管和吸量管

移液管和吸量管的使用：

（1）移液管和吸量管的润洗　移取溶液前，可用吸水纸将洗干净的管的尖端内外的水除去，然后用待吸溶液润洗三次。方法是：手持洗耳球，将洗耳球对准移液管口，将管尖伸入溶液或洗液中吸取，待吸液吸至球部的四分之一处（注意：勿使溶液流回，

以免稀释溶液）时，移出，荡洗，弃去。如此荡洗三次。这一步骤可保证管的内壁及有关部位与待吸溶液处于同一体系浓度状态。吸量管的润洗操作与此相同。

（2）移取溶液　管经润洗后，移取溶液时，将管直接插入待吸液液面下约 $1\sim2cm$ 处。管尖不应伸入太浅，以免液面下降后造成吸空；也不应伸入太深，以免移液管外部附有过多的溶液。吸液时，应注意容器中液面和管尖的位置，应使管尖随液面下降而下降。当洗耳球慢慢放松时，管中的液面徐徐上升，当液面上升至标线以上时，迅速移去吸耳球。与此同时，用右手食指堵住管口。左手拿盛待吸液的容器。然后，将移液管往上提起，使之离开液面。并将管的下端原插入溶液的部分沿待吸液容器内部轻转两圈，以除去管壁上的溶液。然后使容器倾斜成约 $30°$，其内壁与移液管尖紧贴，此时右手食指微微松动，使液面缓慢下降，直到视线平视时弯月面与标线相切，这时立即用食指按紧管口。移开待吸液容器，左手改拿接收溶液的容器，并将接收容器倾斜，使内壁紧贴移液管尖。约成 $30°$ 左右。然后放松右手食指，使溶液自然地顺壁流下。

待液面下降到管尖后，等 15s 左右，移出移液管。这时，尚可见管尖部位留有少量溶液。对此，除特别注明"吹"（blow-out）字的以外，一般此管尖部位留存的溶液是不能吹入接收容器中的。因为在生产检定移液管时并没有把这部分体积算进去。但必须指出，由于一些管口尖部做得不很圆滑，可能会因靠接受容器内壁的管尖部位不同而使留存在管尖部位的体积有大小的变化。为此，可在等 15s 后，将管身往左右旋动一下。这样管尖部分每次留存的体积将会基本相同。

吸量管的使用大体与上述操作相同。但吸量管上常标有"吹"字，特别是 1mL 以下的吸量管尤其是如此。所以要特别注意。同时吸量管中，如实图 10(d) 的形式，它的分度刻到离管尖尚差 $1\sim2cm$ 处，放出溶液时也应注意。实验中，要尽量使用同一支吸量管，以免带来误差。

4. 容量仪器的洗涤

容量仪器在使用之前必须洗净。洗净的量器，它的内壁应能被水均匀润湿而无小水珠。

实验室常用的烧杯、锥形瓶、量筒、量杯等一般的玻璃器皿，可用毛刷蘸去污粉、合成洗涤剂或肥皂液等刷洗，再用自来水冲洗干净，然后用蒸馏水或去离子水润洗 3 次。注意节约用水，采用多次少量洗涤方法。

滴定管、移液管、吸量管、容量瓶等具有精确刻度的仪器，可将质量分数 $0.1\%\sim0.5\%$ 的合成洗涤剂倒入容器中，摇动几分钟，弃去，用自来水冲洗干净后，再用蒸馏水或去离子水润洗 3 次，如果未洗干净，可用洗液浸泡数分钟到数十分钟，将用过的洗液倒回原瓶中可反复使用多次。然后依次用自来水、蒸馏水或去离子水洗净。

必须指出，洗液并不是万能的，对不同的污染应采用不同的洗涤方法。例如被 MnO_2 沾污的器皿，应用草酸或 $HCl-NaNO_2$ 的酸性溶液洗涤；又如被 $AgCl$ 沾污的器皿，可用 $NH_3 \cdot H_2O$ 或 $Na_2S_2O_3$ 溶液洗涤。

常用的洗液

（1）铬酸洗液　取 $K_2Cr_2O_7$（CP）20g，加热水 40mL 溶解，冷却，缓缓加入 320mL 浓硫酸。使用时注意安全，当铬酸洗液颜色变绿时，已失效，需重新配制。

（2）碱性酒精溶液　$30\%\sim40\%NaOH$ 酒精溶液。

三、分光光度计及其操作

吸收光谱法是基于物质对光的选择性吸收而建立起来的分析方法。吸收光谱法具有较高的灵敏度和一定的准确度，特别适于微量组分的测定。本法还具有操作简便、快速、适用范围广等特点，在分析化学中占有重要的地位。

吸收光谱法使用的仪器，主要由实图 11(a) 中所示五部分组成。

下面简单介绍在可见光区使用的 721 型和 721B 型分光光度计的结构和使用方法。

1. 721 型分光光度计

721 型分光光度计的仪器结构示意简图如实图 11(b)。

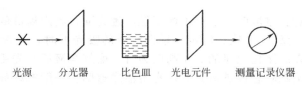

光源　分光器　比色皿　光电元件　测量记录仪器

（a）分光光度计主要部件示意图

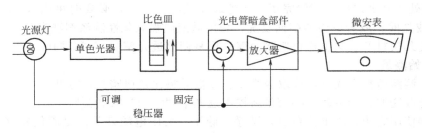

（b）721 型分光光度计结构示意图

实图 11　分光光度计

仪器采用钨丝灯作光源。玻璃棱镜为单色器。单色光经比色皿内溶液射到光电管上，产生光电流，经放大器放大后可直接在微安表上读出吸光度或透光率。

721 型分光光度计的外形如实图 12，仪器的使用方法如下。

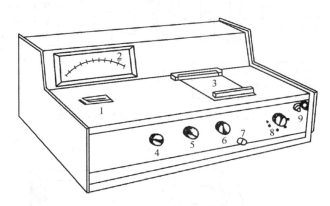

实图 12　721 型分光光度计外形图

1—波长读数盘；2—电表；3—比色槽暗盒箱；4—波长调节；5—"0"透光率调节；
6—"100％"透光率调节；7—比色皿架拉杆；8—灵敏度选择；9—电源开关

① 在仪器尚未接通电源时，电表的指针必须位于"0"刻线，若不在零位，则调节电表的零点校正螺丝，使指针至"0"。

② 打开比色皿暗盒盖以关闭光门，接通电源，打开电源开关，预热仪器 20min。

③ 将波长调节旋钮调至所需波长，将灵敏度选择预置于"1"挡。

灵敏度分为五挡，1 挡的灵敏度最低。其选择原则是：逐挡增加。当用参比溶液调节透光率 100％ 时，在保证良好地调节至 100％ 的前提下，尽可能采用灵敏度较低的挡。这样仪器将有较高的稳定性。当灵敏度不足而调不到 100％ 时，再逐挡增高。每当改变灵敏度后，须重新校正透光率"0"和 100％。

④ 用"0"透光率调节旋钮将仪器调节在透光率"0"处，此操作被称为调节机械零点。

⑤ 将装有溶液的比色皿放入比色皿架中。盖上暗盒盖，此时光路开启。让参比溶液置于光路上，用"100％"透光率调节旋钮使电表指针指在透光率 100％ 位置（即 A＝0.00）。

使用比色皿应注意：拿取时，手指不能接触其透光面；测定溶液的吸光度时，应先用该待测溶液润洗比色皿内壁 2～3 次；测定一系列溶液的吸光度时，通常是按从稀到浓的顺序测定。被测定的溶液以装至比色皿的 3/4 高度为宜。盛好溶液后，先用滤纸轻轻吸去比色皿外部的液体，再用擦镜纸轻轻擦拭透光面，直至洁净透明。一般把盛放参比溶液的比色皿放在第一格内，待测溶液放在其他格中。根据溶液浓度的不同，选用适当厚度的比色皿，使溶液的吸光度处于 0.8 以内。实验完毕，比色皿要洗净、晾干，必要时可用（1＋1）或（1＋2）的硝酸或盐酸，或者适当的溶剂浸洗，忌用碱液或强氧化性洗涤剂洗涤。

⑥ 重复几次打开、关上比色皿暗盒盖，反复调整透光率"0"和"100％"，待指示稳定后，方可开始测量。

⑦ 将待测溶液推入光路，读取吸光度。读数后将比色皿暗盒盖打开。

⑧ 每当改变波长测量时，必须重新校正透光率"0"和"100％"。

⑨ 仪器使用完毕，取出比色皿，洗净、晾干。关闭电源开关，复原仪器（短时间停用仪器，不必关闭电源，只需打开比色皿暗盒盖）。

2. 721B 型分光光度计

721B 型分光光度计的结构示意及外形分别如实图 13 和实图 14 所示。

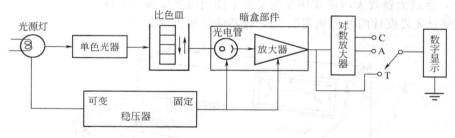

实图 13　721B 型分光光度计结构示意图

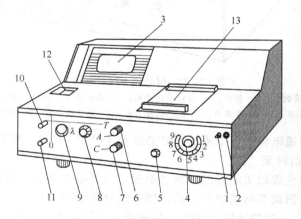

实图 14　721B 型分光光度计外形图

1—电源开关；2—指示灯；3—数字电压表；4—灵敏度调节旋钮；5—试样架拉杆；6—吸光度调零旋钮；7—浓度旋钮；8—选择开关；9—波长手轮；10—100％（T）旋钮；11—0％（T）旋钮；12—波长刻度窗；13—样品室盖

721B 型分光光度计的光信号由光电管接受后，通过高值电阻转换成微弱的信号，再经微电流放大器放大。在数字显示器上直接读取吸光度或透光率。

721B 型分光光度计的使用方法如下：

① 将灵敏度调节旋钮置于"1"挡；将选择开关置于"T"挡，调节波长手轮至所需的波长。

② 接通电源，开启电源开关。打开样品室盖关闭光门，调节 T 旋钮，使数字显示为"0.00"，然后将样品室盖盖上开启光门，置比色皿座于蒸馏水校正位置，调节 100%（T）旋钮。至显示透光率"100.0"附近，并将仪器预热 20min。

③ 打开样品室盖，调节 0%（T）旋钮，使显示为"0.0"；将装有溶液的比色皿置于比色皿座中，盖上样品室盖。将参比溶液置于光路，调节 100%（T）旋钮，使显示为"100.0"。若未能显示到"100.0"，则增大灵敏度挡，再调节 100%（T）旋钮，直至显示为"100.0"。重复操作此项，直至仪器显示稳定。

④ 在仪器稳定显示透光率为"100.0"时，将选择开关置于吸光度 A 挡，调节吸光度调零旋钮，使显示为"0.000"，然后将被测溶液置于光路，则显示出被测溶液的吸光度 A 值。读数后打开样品室盖。

⑤ 测量过程中，每当改变波长或灵敏度挡时，都应重新校正透光率"0.0"和"100.0"。

⑥ 仪器使用完毕，关闭电源，拔下电源开关。取出比色皿，洗净。复原仪器。

分光光度计除上述介绍的 721 型、721B 型外，还有 722 型和 723 型等。

722 型光度计是以碘钨灯为光源、衍射光栅为色散元件、端窗式光电管为光电转换器的单光束、数显式可见光分光光度计。波长为 330～800nm，波长精度为 ±2nm，波长重现性为 0.5nm，单色光的带宽为 6nm，吸光度的显示范围为 0～1.999，吸光度的精确度为 0.004（在 A=0.5 处），试样架可置 4 个吸收池。

723 型分光光度计是采用单片微机控制的普及型智能化仪器，仪器采用衍射光栅，能在近紫外、可见光谱范围内（330～800nm）使用，波长精度高，读数稳定，具有自动调整"100"和"0"、四孔校正、自动扫描、自动绘图、打印及浓度计算等功能。751 型可见及紫外分光光度计具有两种光源——钨丝灯和氢灯，单色光器用石英棱镜，接受器用两只光电管——氧化铯光电管（红敏光电管）和锑铯光电管（蓝敏光电管），可在紫外、可见和近红外光谱范围内（200～1000nm）使用。

四、酸度计及其操作

酸度计是对溶液中氢离子活度产生选择性响应的一种电化学传感器。酸度计由电极和电动势测量部分组成。电极用来与试液组成工作电池，电动势测量部分则将电池产生的电动势进行放大和测量，最后显示出溶液的 pH。通过比较标准缓冲溶液所组成的电池的电动势和待测试液组成的电池的电动势，从而得出待测试液的 pH。

多数酸度计兼有毫伏测量挡，可直接测量电极电位。如果配上合适的离子选择电极，还可以测量溶液中某一种离子的浓度（活度）。

酸度计测定 pH 时，通常以玻璃电极为指示电极，饱和甘汞电极为参比电极。玻璃电极的电极电位随溶液 pH 的变化而改变，饱和甘汞电极的电极电位保持稳定，不随溶液 pH 而变化。由玻璃电极、饱和甘汞电极和待测溶液组成工作电池。

在使用酸度计测 pH 时，pH 标准溶液一般采用缓冲溶液，通常只要有酸性、近中性和碱性三种标准就可以了。应选用与待测溶液的 pH 相近的 pH 标准缓冲溶液来校正酸度计。这样可减少测量误差。

标准缓冲溶液须保存在盖紧的玻璃瓶或塑料瓶中（硼砂溶液应保存在塑料瓶中）。一般几周内可保持 pH 稳定不变，低温保存可延长使用时间。在电极浸入 pH 标准缓冲溶液之前，玻璃电极与甘汞电极要用蒸馏水充分冲洗，并用滤纸轻轻吸干，以免标准缓冲溶液被稀释或沾污。pH 标准缓冲溶液在稳定期内可多次使用。如果由于变质发浑，则应弃去。

目前广泛应用的是直读式酸度计（电位计式少用），它实际上是一台高输入阻抗的直流毫伏计。测出的电池的电动势经阻抗变换后进行直流放大，带动电表直接显示出溶液的 pH。中国产的酸度计型号繁多，且精度不同，使用方法也有差异，具体操作时应按照仪器所附的使用说明书进行。下面分别介绍 pHS-2 型和 pHS-3C 型酸度计。

1. pHS-2 型酸度计

pHS-2 型酸度计是一种较为精密的高阻抗输入的直流毫伏计，它是用电位法测量溶液中氢离子浓度常用的仪器。其面板结构如实图 15 所示。

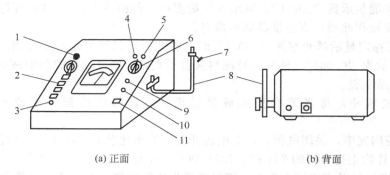

(a) 正面　　　　　　　　　　　(b) 背面

实图 15　pHS-2 型酸度计的面板结构示意图

1—指示灯；2—pH 按键；3—零点调节器；4—甘汞电极接线柱；5—玻璃电极（或银电极）插孔；
6—pH-mV 分挡开关；7—电极夹子；8—电极杆；9—校正调节器；
10—定位调节器；11—读数开关

pHS-2 型酸度计的使用方法如下：

（1）电极安装　先把电极夹子 7 夹在电极杆 8 上，然后将玻璃电极夹在夹子上，玻璃电极的插头插在电极插孔 5 内，并将小螺丝旋紧。甘汞电极夹在另一夹子上，甘汞电极引线连接在接线柱 4 上。使用时应把上面的小橡皮塞和下端橡皮塞拔去，以保持液位压差。不用时要把它们套上。

（2）校正　如要测量 pH，先按下按键 2，但读数开关 11 保持不按下状态。左上角指示灯 1 亮，为要保持仪表稳定，测量前要预热 30min 以上。

① 用温度计测量被测溶液的温度。

② 调节温度补偿器到被测溶液的温度值。

③ 将分挡开关 6 放在 "6"，调节零点调节器 3 使指针指在 pH "1.00" 上。

④ 将分挡开关 6 放在 "校" 位置，调节校正调节器 9 使指针指在满刻度。

⑤ 将分挡开关 6 放在 "6" 位置上，重复检查 pH "1.00" 位置。

⑥ 重复③和④两个步骤。

（3）定位　仪器附有三种标准缓冲溶液（pH 为 4.00，6.86，9.20）。可选用一种与被测溶液的 pH 较接近的缓冲溶液对仪器进行定位。仪器定位操作步骤如下。

① 向烧杯内倒入标准缓冲溶液，按溶液温度查出该温度时溶液的 pH。根据这个数值，将分挡开关 6 放在合适的位置上。

② 将电极插入缓冲溶液，轻轻摇动，按下读数开关 11。

③ 调节定位调节器 10 使指针指在缓冲溶液的 pH（即开挡开关上的指示数加表盘上的指示数），至指针稳定为止。重复调节定位调节器。

④ 开启读数开关，将电极上移，移去标准缓冲溶液，用蒸馏水清洗电极头部，并用滤纸将水吸干。这时，仪器已定好位，后面测量时，不得再动定位调节器。

（4）测量　操作步骤如下所述。

① 放上盛有待测溶液的烧杯，移下电极，将烧杯轻轻摇动。

② 按下读数开关 11，调节分挡开关 6，读出溶液的 pH。如果指针打出左面刻度，则应减少分挡开关的数值。如指针打出右面刻度，应增加分挡开关的数值。

③ 重复读数，待读数稳定后，放开读数开关，移走溶液，用蒸馏水冲洗电极，将电极保存好。

④ 关上电源开关，套上仪器罩。

2. pHS-3C 计

pHS-3C 型酸度计是一种精密数字显示 pH 计，其测量范围宽，重复性误差小。pHS-3C 型酸度计的面板结构如实图 16 所示。

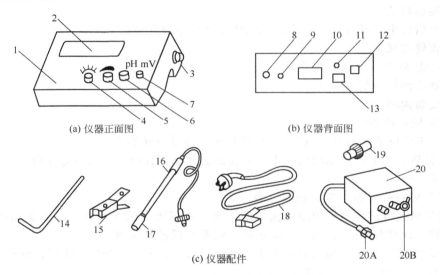

(a) 仪器正面图　　　　(b) 仪器背面图

(c) 仪器配件

实图 16　pHS-3C 型酸度计示意图及仪器配件

1—前面板；2—显示屏；3—电极梗插座；4—温度补偿调节旋钮；5—斜率补偿调节旋钮；6—定位调节旋钮；
7—选择旋钮（pH 或 mV）；8—测量电极插座；9—参比电极插座；10—铭牌；11—保险丝；12—电源开关；
13—电源插座；14—电极梗；15—电极夹；16—E201 C 型塑壳可充式 pH 复合电极；17—电极套；
18—电源线；19—Q9 短路插头；20—电极插转换器；20A—转换器插头；20B—转换器插座

pHS-3C 酸度计的使用方法如下所述。

（1）电极安装　电极梗 14 插入电极架插座，电极夹 15 夹在电极梗 14 上，复合电极 16 夹在电极夹 15 上，拔下复合电极 16 前端的电极套 17，用蒸馏水清洗电极，再用滤纸吸干电极底部的水分。

（2）开机　将电源线 18 插入电源插座 13，按下电源开关 12。电源接通后，预热 30min，接着进行标定。

（3）标定　将选择旋钮 7 调到 pH 挡；调节温度补偿调节旋钮 4，使旋钮白线对准溶液温度值，把斜率补偿调节旋钮 5 顺时针旋到底，把清洗过的电极插入 pH＝6.86 的标准缓冲溶液中，调节定位调节旋钮，使仪器显示读数与该缓冲溶液的 pH 一致。用蒸馏水清洗电极，再用 pH＝4.00 或 9.18 的标准缓冲溶液重复操作，调节斜率旋钮到 pH＝4.00 或 9.18，直至不用再调节定位或斜率两调节旋钮为止。至此，完成仪器的标定。

注意：一般情况下，在 24h 内仪器不需再标定，经标定的仪器定位及斜率调节旋钮不应再有变动。

（4）测量溶液的 pH　用蒸馏水清洗电极头部，用滤纸吸干，将电极浸入被测溶液中，用玻璃棒搅拌溶液，使溶液均匀，在显示屏上读出溶液的 pH。若被测溶液与定位溶液的温度不同时，则先调节温度补偿调节旋钮 4，使白线对准被测溶液的温度值，再将电极插入被测溶液中，读出该溶液的 pH。

第二部分　课堂实验

实验 1　分析天平的称量练习

一、实验目的
掌握分析天平的基本操作、使用规则和常用的称量方法。

二、仪器与试剂
TG-328B 型半自动电光天平。

石英砂或固体分析纯 $K_2Cr_2O_7$。

三、实验内容
1. 固定质量称量法

称取 0.5000g 石英砂或 $K_2Cr_2O_7$ 试样两份。称量方法如下。

① 在分析天平上准确称出洁净干燥的表面皿或小烧杯的质量（可先在台秤上粗称）。记录称量数据。

② 在天平的右盘增加 500mg 砝（圈）码。

③ 用牛角匙将试样慢慢加到表面皿的中央，直到天平的平衡点与称量表面皿时的平衡点基本一致（误差范围≤0.2mg），记录称量数据和试样的实际质量。

④ 可以多练习几次。以表面皿加试样为起点，再增加 0.5000g 砝码，继续加入试样，直到平衡为止。如此反复练习 2～3 次。

2. 递减称量法

直接准确称取 Na_2CO_3 质量（准确至 0.0001g），方法如下。

① 用台式小天平称出两个清洁干燥的小烧杯，然后在分析天平上称准至 0.1mg，记录 $W_{空1}$ 和 $W_{空2}$。

② 另取一清洁干燥的称量瓶，称出粗重后，加入约 1g Na_2CO_3，再在分析天平上精确称量，记录 W_1；从其中移取约 0.3～0.4g（1/3 左右）于第一个小烧杯中后，精确称量剩余质量，记录 W_2；从中再移取约 0.3～0.4g 于第二个小烧杯中，精确称量剩余质量，记录为 W_3。

③ 再分别称量已装有样品的小烧杯的质量，记录 $W_{样1}$ 和 $W_{样2}$。

结果的检验：

检查小烧杯的增重是否等于称量瓶之减重，即

$$W_{样1}-W_{空1}=W_1-W_2$$
$$W_{样2}-W_{空2}=W_2-W_3$$

若不相等，求出称量的偏差。

四、实验记录及数据处理
1. 固定质量称量法的称量结果

名　　　称	结果/g
小烧杯（或表面皿）＋试样	$W_{(样+空)}$
小烧杯（或表面皿）空重	$W_空$
试样质量	$W_样$

2. 递减称量法的称量结果

名　　　称	第 1 份质量/g	第 2 份质量/g
称量瓶＋Na_2CO_3	$W_1 =$ $W_2 =$	$W_2 =$ $W_3 =$
称出 Na_2CO_3 的质量	$S_1(W_1 - W_2) =$	$S_2(W_2 - W_3) =$
小烧杯＋称出 Na_2CO_3 小烧杯空重 称出 Na_2CO_3 的质量	$W_{样1} =$ $W_{空1} =$ $S_1'(W_{样1} - W_{空1}) =$	$W_{样2} =$ $W_{空2} =$ $S_2'(W_{样2} - W_{空2}) =$
偏差/mg	$S_1 - S_1' =$	$S_2 - S_2' =$

注意事项

① 称量前应使天平箱内部清洁、环码挂在固定的钩上、天平保持水平等，否则需用软毛刷清扫和作必要的调节，然后测定天平零点。

② 加重或减重时必须先把天平梁托起（天平休止）。

③ 砝码必须用砝码镊子夹取，且要轻拿轻放。砝码放在右侧天平盘上，加减环码时应一挡一挡的转动环码旋钮，防止跳落或串位。

④ 称量和读取数值时，必须关上天平门。

⑤ 化学试剂或湿的物体必须放入小烧杯或称量瓶中称重。放在左侧天平盘上。过热或过冷的物体应在天平室内干燥器中放置 15～30min 后再称量。吸湿性或挥发性的物质，需放在密闭容器中称量。

⑥ 天平遇有故障时需及时报告指导教师，不得擅自修理。

思考题

1. 固定称量法和差减法各有什么优缺点？在何种情况下选用这两种方法？如使用的是电子天平，如何更好进行这两种方法的称重？

2. 称量时，能否徒手拿取小烧杯或称量瓶？如何操作才能保证试样不致损失？

3. 在实验中记录称量数据应准确至几位？为什么？

实验 2　滴定分析基本操作

一、实验目的

通过 HCl 和 NaOH 溶液的配制和标定，掌握容量分析仪器的用法和滴定操作技术，并学会滴定终点的判断。

二、仪器与试剂

① 滴定管：25mL 或 50mL　1 支；

② 移液管：25mL　1 支；

③ 吸量管：1mL、5mL、10mL 各 1 支；

④ 容量瓶：250mL　2 个；

⑤ 浓盐酸 HCl：相对密度 1.183，37％，分析纯 A. R；

⑥ 无水碳酸钠 Na_2CO_3；

⑦ 固体 NaOH；

⑧ 指示剂：0.1％酚酞乙醇溶液，0.1％甲基橙水溶液；

⑨ 无 CO_2 蒸馏水：将蒸馏水或去离子水煮沸 15min，冷却至室温，pH 应大于 6.0，电导率小于 $2\mu S/cm$。无 CO_2 蒸馏水应贮存在带有碱石灰管的橡皮塞盖严的瓶中。所有试剂溶液均用无 CO_2 蒸馏水配制。

三、实验步骤

1. 无水碳酸钠 Na_2CO_3 的称量

首先将在干燥箱中 180℃ 下烘 2h，干燥器中冷却至室温。用差减法准确称取约 1g 三份（记录 W_1、W_2、W_3 准确质量，精确到 0.0001g），分别放入 250mL 锥形瓶中，待用。

2. HCl 标准储备溶液的配制与标定

① 配制约 1mol/L HCl 溶液：计算配制 50mL 1mol/L HCl 溶液需要浓 HCl 的体积量 $V_{HCl浓}$ （mL），然后用吸量管吸取 $V_{HCl浓}$ （mL）放入 250mL 容量瓶中，用蒸馏水稀释至刻度，摇匀，贴上标签，待标定。

② 标定：向上述 3 份盛 Na_2CO_3 的 250mL 锥形瓶中，分别加入 20mL 无 CO_2 蒸馏水溶解后，加 1~2 滴甲基橙指示剂，用 HCl 操作溶液滴定至溶液由橙黄色变为淡橙红色为终点。记录消耗 HCl 溶液的体积 （V_{HCl}，mL），根据 Na_2CO_3 基准物质的质量，计算 HCl 溶液的浓度 （mol/L）

$$c_{HCl} = \frac{W}{53V_{HCl}} \times 1000$$

式中　c_{HCl}——HCl 标准储备溶液的浓度，mol/L；

　　　V_{HCl}——滴定时消耗 HCl 操作溶液的体积，mL；

　　　W——基准物质 Na_2CO_3 的质量，g，共 3 份，W_1、W_2、W_3；

　　　53——基准物质 Na_2CO_3 的摩尔质量 （$1/2Na_2CO_3$），g/mol。

3. 0.1000mol/L HCl 溶液的配制

根据上述所得 HCl 标准储备溶液的浓度，计算配制 250mL 0.1000mol/L HCl 溶液所需的量 $V_{HCl储备}$ （mL），用吸量管准确吸取 $V_{HCl储备}$ （mL）放入 250mL 容量瓶中，用无 CO_2 蒸馏水稀释至刻度。

4. NaOH 标准溶液的配制和标定

① 配制约 0.1mol/L NaOH 溶液：在台式小天平上称取配制 250mL 0.1mol/L NaOH 溶液所需固体 NaOH 的量 （g），放入干净的小烧杯中，加少许蒸馏水，用玻璃棒搅拌，溶解后稀释至 250mL，摇匀，倒入试剂瓶中，贴上标签。

② 标定：将上面 NaOH 溶液加入滴定管中，调节零点。用移液管吸取 25.00mL 0.1000mol/L HCl 溶液共 3 份，分别放入锥形瓶中，加 1~2 滴酚酞指示剂，自滴定管用 NaOH 溶液滴定至溶液由无色变为淡粉红色指示滴定终点。记录 NaOH 溶液用量 （mL）。计算 NaOH 溶液的浓度 （mol/L）。

四、实验记录及数据处理

HCl 溶液标定				NaOH 溶液标定			
NaOH 的质量/g				NaOH 的质量/g			
HCl 溶液滴定至终点读数/mL				HCl 溶液滴定至终点读数/mL			
初始读数/mL				初始读数/mL			
HCl 溶液用量/mL				HCl 溶液用量/mL			
HCl 标准溶液的浓度/(mol/L)				HCl 标准溶液的浓度/(mol/L)			

HCl 溶液标定			NaOH 溶液标定		
平均浓度/(mol/L)			平均浓度/(mol/L)		
绝对偏差			绝对偏差		
平均偏差			平均偏差		
相对平均偏差			相对平均偏差		

思考题

1. 配制 NaOH 溶液时，应选用何种天平称取试剂？为什么？

2. HCl 和 NaOH 溶液能直接配制准确浓度的标准溶液吗？用蒸馏水溶解时加入的蒸馏水量是否需要十分准确？为什么？

3. 在滴定分析实验中，滴定管、移液管为何需要用滴定剂和要移取的溶液润洗几次？滴定中使用的锥形瓶是否需要这样的润洗？为什么？

4. 用 HCl 溶液滴定 NaOH 时为何选用甲基橙作为指示剂，而用 NaOH 滴定 HCl 溶液时为何选用酚酞作为指示剂？选择指示剂的原则是什么？

实验 3　水中臭阈值的测定

一、实验目的

掌握测定水样臭阈值的方法和原理。

二、实验原理

臭是检验原水和处理水质必测项目之一，其测定方法有定性描述法和臭强度近似定量法（臭阈试验）。臭阈值是水样用无臭水稀释到闻出最低可辨别的臭气浓度的稀释倍数。规定饮用水的臭阈值≤2。由于检验人员嗅觉敏感性有差异，对同一水样稀释系列的检验结果会不一致，所以一般选择 5 名以上嗅觉敏感的人员同时检验，取各检验结果的几何均值作为代表值。

三、仪器与试剂

1. 仪器

① 500mL 具塞锥形瓶；

② 0～100℃温度计；

③ 恒温水浴。

2. 试剂

① 无臭水：一般用蒸馏水或自来水通过颗粒活性炭制取无臭水。自来水中的余氯可用硫代硫酸钠溶液滴定脱除。将蒸馏水或自来水通过盛有 12～40 目颗粒活性炭的玻璃管（内径 76mm，高 460mm，活性炭顶部、底部加一层玻璃棉，防止炭粒冲出或洗出），流速 100mL/min。

② 含臭水：用邻甲酚或正丁醇配制含臭水样。

四、实验步骤

1. 每 5～10 人一组。

2. 吸取 0mL、2mL、4mL、8mL、12mL、25mL、50mL、100mL 和 200mL 含臭水样，分别放入 500mL 锥形瓶中，各加无臭水至 200mL。各瓶编以暗号（空白样插入中间），于水浴内加热至（60±1）℃。

3. 取出锥形瓶，振荡 2～3 次，去塞，闻其臭味，与无臭水比较，确定刚好闻出臭气的稀释样。

4. 计算

$$臭阈值 = \frac{水样体积（mL）+ 无臭水体积（mL）}{水样体积（mL）}$$

如果有 N 人参加检验，用几何均值表示臭阈值。例如 7 位检验人员检测水样的臭阈值为 2、4、8、6、2、8、2。则

$$臭阈值 = \sqrt[7]{2 \times 4 \times 8 \times 6 \times 2 \times 8 \times 2} \approx 4.0$$

五、实验记录及数据处理

实验记录（检验温度：　　）

水样/mL	无臭水/mL	检 验 结 果				
		检验人员 1	检验人员 2	检验人员 3	检验人员 4	检验人员 5
2	198					
4	196					
8	192					
10	200					
12	188					
25	175					
50	150					
100	100					
200	0					
臭阈值						
几何均值						

注意事项

① 检验人员如嗅觉迟钝不可入选。参加检验人员在实验之前勿用香皂、香水，勿食带有气味的食物。拿锥形瓶时，手上不能有异味，不得触及瓶颈。

② 如水样含有余氯（例如自来水），应在脱氯前，后各检验一次。应用新配制的硫代硫酸钠溶液（$3.5g \, Na_2S_2O_3 \cdot 5H_2O$ 溶于 1L 水中，1mL 此溶液可除去 0.5mg 余氯）脱氯。

思考题

1. 测定臭的方法有几种？测定的结果是相对值还是绝对值？为什么？

2. 自来水、蒸馏水或去离子水为何不可直接做无臭水？无臭水应怎样制取？

实验 4　水中碱度的测定（酸碱滴定法）

一、实验目的

通过实验掌握水中碱度测定的方法，进一步掌握指示剂的选择和滴定终点的判断。

二、实验原理

采用分别滴定法测定水中碱度。分别取两份水样，其中一份水样以酚酞为指示剂，用 HCl 标准溶液滴定至终点时溶液由红色变为无色，用量记为 P（mL）；另一份水样则以甲基橙为指示剂，用同浓度 HCl 标准溶液滴定至溶液由橘黄色变为橘红色，用量记为 T（mL），如果 $P > 1/2T$，则存在 OH^- 和 CO_3^{2-} 碱度；$P < 1/2T$，则存在 CO_3^{2-} 和 HCO_3^- 碱度；$P = 1/2T$，则只有 CO_3^{2-} 碱度；若 $T = P > 0$，则只有 OH^- 碱度；$P = 0$，$T > 0$，只有 HCO_3^- 碱度。根据 HCl 标准溶液的浓度和用量（P 与 T），求出水中的碱度。

三、仪器与试剂

① 酸式滴定管　　25mL。

② 锥形瓶　　250mL。

③ 移液管　　　　　100mL。

④ 无 CO_2 蒸馏水：将蒸馏水或去离子水煮沸 15min，冷却至室温，pH 应大于 6.0，电导率小于 $2\mu S/cm$。无 CO_2 蒸馏水应贮存在带有碱石灰管的橡皮塞盖严的瓶中。所有试剂溶液均用无 CO_2 蒸馏水配制。

⑤ 0.1000mol/L HCl 溶液。

⑥ 酚酞指示剂　　　0.1% 的 90% 乙醇溶液。

⑦ 甲基橙指示剂　　0.1% 的水溶液。

四、实验步骤

① 用移液管吸取两份水样和无 CO_2 蒸馏水各 100mL，分别放入 250mL 锥形瓶中，加入 4 滴酚酞指示剂，摇匀。若溶液呈红色，用 0.1000mol/L HCl 溶液滴定至刚刚变为无色（可与无 CO_2 蒸馏水的锥形瓶比较）。记录 HCl 用量（P），若加酚酞指示剂后溶液无色，则不需用 HCl 溶液滴定。

② 另吸取两份水样和无 CO_2 蒸馏水各 100mL，分别放入 250mL 锥形瓶中，每瓶中加入甲基橙指示剂 3 滴，混匀。若水样变为橘黄色，则用 0.1000mol/L HCl 溶液滴定至刚刚变为橘红色为止（与无 CO_2 蒸馏水的颜色比较）记录 HCl 用量（T），如果加入甲基橙指示剂后溶液变为橘红色，则不需用 HCl 溶液滴定。

五、实验记录及数据处理

1. 实验记录

平行样编号		1	2
酚酞指示剂	滴定管终点读数/mL 滴定管开始读数/mL P/mL		
	平均值		
甲基橙指示剂	滴定管终点读数/mL 滴定管开始读数/mL T/mL		
	平均值		

2. 数据处理

$$总碱度（CaO 计, mg/L）= \frac{28.04 \times c \times T \times 1000}{水样体积}$$

$$总碱度（CaCO_3 计, mg/L）= \frac{50.05 \times c \times T \times 1000}{水样体积}$$

式中　c ——HCl 标准溶液的浓度，mol/L；

28.04——氧化钙的摩尔质量（1/2CaO），g/mol；

50.05——碳酸钙的摩尔质量（1/2CaCO$_3$），g/mol。

思考题

1. 根据实验数据如何判断水样中碱度的种类？怎样计算每种碱度的含量？

2. 水中碱度的测定还可以采用连续滴定法，比较两种方法的操作和计算有何不同？

实验 5　水中总硬度的测定

一、实验目的

① 学习 EDTA 标准溶液的配制与标定；

② 掌握配位滴定法中的直接滴定方式；

③ 掌握水中总硬度的测定原理和测定方法。

二、实验原理

水中总硬度是指水中 Ca^{2+}、Mg^{2+} 的总浓度，包括碳酸盐硬度（即暂时硬度）和非碳酸盐硬度（即永久硬度）。硬度对工业用水关系很大，尤其是锅炉用水，各种工业对水的硬度均有一定的要求。

在 pH＝10 的 NH_3-NH_4Cl 缓冲溶液中，以铬黑 T 为指示剂，用三乙醇胺掩蔽 Fe^{3+}、Al^{3+}、Cu^{2+}、Pb^{2+}、Zn^{2+} 等共存离子。用 EDTA 标准溶液进行滴定，则 EDTA 与水中 Ca^{2+}、Mg^{2+} 形成紫红色配合物，滴定至终点时，置换出的铬黑 T 使溶液呈亮蓝色，即为终点。根据 EDTA 标准溶液的浓度和用量即可求出水样的总硬度。

如果在 pH＞12 时，Mg^{2+} 以 $Mg(OH)_2$ 沉淀形式被掩蔽，加钙指示剂，用 EDTA 标准溶液滴定至溶液由红色变为蓝色，即为终点。根据 EDTA 标准溶液的浓度和用量可分别求出水样中 Ca^{2+}、Mg^{2+} 的含量。

如果 Mg^{2+} 的浓度小于 Ca^{2+} 浓度的 1/20，则需加入 5mL Mg^{2+}-EDTA 溶液，改善终点变色的敏锐性。

三、仪器与试剂

① 滴定管 50mL。

② 0.01mol/L EDTA 标准溶液：称取 3.725g EDTA 钠盐（Na_2-EDTA·$2H_2O$），溶于水后倾入 1000mL 容量瓶中，用水稀释至刻度。

③ 铬黑 T 指示剂：称取 0.50g 铬黑 T，溶于含有 25mL 三乙醇胺和 75mL 无水乙醇溶液中，低温保存，有效期约 100d。

④ NH_3-NH_4Cl 缓冲溶液（pH≈10）。

称取 20g NH_4Cl 溶于水后，加入 100mL 分析纯氨水，用蒸馏水稀释至 1L，pH≈10。

⑤ Mg-EDTA 盐溶液：分别配制 0.05mol/L 的 Mg^{2+} 溶液和 0.05mol/L 的 EDTA 溶液各 500mL，然后在 pH≈10 的氨性条件下，以铬黑 T 为指示剂，用上述 EDTA 滴定 Mg^{2+}，得到两者之比，按此比例将 Mg^{2+} 溶液和 EDTA 溶液混合，使得 Mg：EDTA＝1：1。

⑥ 0.01mol/L 钙标准溶液：准确称取 0.500g 分析纯碳酸钙 $CaCO_3$（预先在 105～110℃下干燥 2h）放入 500mL 烧杯中，用少量水润湿，逐滴加入 4mol/L 盐酸至碳酸钙完全溶解。加 100mL 水，煮沸数分钟（除去 CO_2），冷至室温，加入数滴甲基红指示液（0.1g 溶于 100mL 60％ 乙醇中），逐滴加入 3mol/L 氨水直至变为橙色，转移至 500mL 容量瓶中，用蒸馏水定容至刻度，此溶液 1.00mL＝1.00mgCaCO₃＝0.4008mg Ca。

⑦ 三乙醇胺 200g/L。

⑧ Na_2S 溶液 20g/L。

⑨ 4mol/L HCl 溶液。

⑩ 2mol/L NaOH 溶液：将 8gNaOH 溶于 100mL 新煮沸放冷的水中，盛放在聚乙烯瓶中。

⑪ 钙指示剂

四、实验内容

1. EDTA 的标定

分别吸取 3 份 25.00mL 0.01mol/L 钙标准溶液于锥形瓶中，加入 20mL pH≈10 的 NH_3-NH_4Cl 缓冲溶液，再加 3 滴铬黑 T 指示剂，立即用 EDTA 溶液滴定至溶液由酒红色变为紫蓝色即为终点，记录用量。用平均值计算 EDTA 的准确浓度。按下式计算 EDTA 溶液的浓度 c_{EDTA}（mol/L）。

$$c_{EDTA} = \frac{钙标准溶液的浓度 \times 钙标准溶液的用量}{EDTA 溶液的用量}$$

2．水样的测定

（1）总硬度的测定

① 吸取 50mL 自来水样 3 份，分别放入 250mL 锥形瓶中。加 1～2 滴 HCl 溶液酸化，煮沸数分钟以除去 CO_2，冷却至室温，并再用 NaOH 或 HCl 调至中性。

② 加入 3mL 三乙醇胺溶液，掩蔽 Fe^{3+}，Al^{3+} 等的干扰。

③ 加 5mL 氨性缓冲溶液和 1mL Na_2S 溶液以掩蔽 Cu^{2+}、Zn^{2+} 等重金属离子。

④ 加入 3 滴铬黑 T 指示剂。

⑤ 立即用 EDTA 标准溶液滴定，当溶液由紫红色至蓝色即为终点（滴定时充分摇动锥形瓶，使反应完全），记录用量。由下式计算：

$$水的总硬度(mol/L) = \frac{c_{EDTA} V_{EDTA(1)}}{水样的体积}$$

$$水的总硬度(CaCO_3 计, mg/L) = \frac{100.1 \times c_{EDTA} V_{EDTA(1)}}{水样的体积}$$

式中　100.1——碳酸钙的摩尔质量，g/mol。

（2）钙硬度的测定

① 吸取 50mL 自来水水样 3 份，分别放入锥形瓶中，以下同总硬度测定步骤①至③。

② 加 1mL 2mol/L NaOH 溶液（此时水样的 pH 为 12～13）。加 0.2g（约 1 小勺）钙指示剂（水样呈明显的紫红色）。立即用 EDTA 标准溶液滴定至蓝色即为终点。记录用量。则

$$钙硬度(Ca^{2+}, mg/L) = \frac{40.08 c_{EDTA} V_{EDTA(2)}}{水样体积}$$

式中　40.08——钙的摩尔质量（Ca），g/mol。

五、实验记录及数据处理

平行水样编号		1	2	3
EDTA 的标定	EDTA 的用量/mL			
	EDTA 标准溶液的浓度/(mol/L)			
	EDTA 浓度的平均值/(mol/L)			
总硬度的测定	$V_{EDTA(1)}$/mL			
	平均值			
	总硬度/(mmol/L) 总硬度($CaCO_3$ 计)/(mg/L)			
	$V_{EDTA(2)}$/mL			
	平均值			
	钙硬度(Ca)/(mg/L)			

思考题

1．根据实验数据，计算水中镁硬度是多少（mg/L 表示）？

2．测定水的硬度时，什么情况下需加入 Mg-EDTA 盐？阐述 Mg-EDTA 盐提高终点变色敏锐性的原理。

3．为什么滴定要在缓冲溶液中进行？若滴定溶液中不加缓冲溶液会发生什么现象？

实验 6 水中 Cl⁻ 的测定 （沉淀滴定法）

测定水中的卤素离子如 Cl⁻，常采用银量法中的莫尔法和佛尔哈德法，两种方法各有其适用的条件。现分别介绍如下。

Ⅰ 莫 尔 法

一、实验目的

学习 $AgNO_3$ 标准溶液的配制和标定；掌握用莫尔法进行沉淀滴定的原理、方法和实验操作。

二、实验原理

莫尔法是在中性或弱碱性溶液中，以 K_2CrO_4 为指示剂，以 $AgNO_3$ 标准溶液进行滴定。由于 AgCl 沉淀的溶解度比 Ag_2CrO_4 小，因此，溶液中首先析出 AgCl 沉淀。当 AgCl 定量沉淀后，过量 1 滴 $AgNO_3$ 溶液即与 CrO_4^{2-} 生成砖红色 Ag_2CrO_4 沉淀，指示达到终点。主要反应如下：

$$Ag^+ + Cl^- \underline{\quad\quad} AgCl \quad （白色） \quad\quad K_{sp} = 1.8 \times 10^{-10}$$
$$2Ag^+ + CrO_4^{2-} \underline{\quad\quad} Ag_2CrO_4 （砖红色） \quad\quad K_{sp} = 2.0 \times 10^{-12}$$

滴定必须在中性或弱碱性溶液中进行，最适宜 pH 范围为 6.5～10.5。如果有铵盐存在，溶液的 pH 需控制在 6.5～7.2 之间。

指示剂的用量对滴定有影响，一般以 5×10^{-3} mol/L 为宜。凡是能与 Ag^+ 生成难溶性化合物或配合物的阴离子都干扰测定，如 PO_4^{3-}、AsO_4^{3-}、SO_3^{2-}、S^{2-}、CO_3^{2-}、$C_2O_4^{2-}$ 等。其中 H_2S 可加热煮沸除去，将 SO_3^{2-} 氧化成 SO_4^{2-} 后不再干扰测定。大量 Cu^{2+}，Ni^{2+}，Co^{2+} 等有色离子将影响终点观察。凡是能与 CrO_4^{2-} 指示剂生成难溶化合物的阳离子也干扰测定，如 Ba^{2+}，Pb^{2+} 能与 CrO_4^{2-} 分别生成 $BaCrO_4$ 和 $PbCrO_4$ 沉淀。Ba^{2+} 的干扰可加入过量的 Na_2SO_4 消除。

Al^{3+}、Fe^{3+}、Bi^{3+}、Sn^{4+} 等高价金属离子在中性或弱碱性溶液中易水解产生沉淀，会干扰测定。

三、仪器与试剂

① NaCl 基准试剂：在 500～600℃高温炉中灼烧半小时后，置于干燥器中冷却后使用。

② 0.1mol/L $AgNO_3$ 溶液的配制：称取 8.5g $AgNO_3$ 溶解于 500mL 不含 Cl⁻ 的蒸馏水中，将溶液转入棕色试剂瓶中，置暗处保存，以防光照分解。

③ K_2CrO_4 溶液：50g/L。

四、实验步骤

1. $AgNO_3$ 溶液的标定

准确称取 0.5～0.65g NaCl 基准物于小烧杯中，用蒸馏水溶解后转入 100mL 容量瓶中，稀释至刻度，摇匀。用移液管移取 25.00mL NaCl 溶液注入 250mL 锥形瓶中，加入 25mL 蒸馏水，用吸量管加入 1mL K_2CrO_4 溶液，在不断摇动下，用 $AgNO_3$ 溶液滴定至呈现砖红色，即为终点。平行标定 3 份。根据所消耗 $AgNO_3$ 的体积 (V_1) 和 NaCl 的质量，计算 $AgNO_3$ 的浓度 (mol/L)：

$$c_{AgNO_3} = \frac{c_{NaCl} V_{NaCl}}{V_1}$$

2. 水样测定

吸取 50.00mL 水样 3 份分别放入锥形瓶中，用 1mL 吸量管加入 1mL K_2CrO_4 溶液，在不断摇动下，用 $AgNO_3$ 标准溶液滴定至溶液出现砖红色即为终点。同法做空白滴定。水样中氯的含量按下式计算：

$$氯化物(Cl^-,mg/L) = \frac{(V_2-V_1) \times C_{AgNO_3} \times 35.45 \times 1000}{水样体积}$$

式中　V_1——蒸馏水中消耗硝酸银标准溶液量，mL；

　　　V_2——水样消耗硝酸银标准溶液量，mL；

　C_{AgNO_3}——硝酸银标准溶液的浓度；

　35.45——氯离子（Cl^-）的摩尔质量，g/mol。

实验完毕后，将装 $AgNO_3$ 溶液的滴定管先用蒸馏水冲洗 2～3 次后，再用自来水洗净，以免 $AgNO_3$ 残留于管内。

五、实验记录及数据处理

实验结果记录

平行样编号		1	2	3
$AgNO_3$ 标准溶液的标定	滴定终点读数/mL			
	滴定开始读数/mL			
	V_1/mL			
	V_1 的平均值			
	$AgNO_3$ 标准溶液的浓度/(mol/L)			
水样测定	滴定终点读数/mL			
	滴定开始读数/mL			
	V_2/mL			
	V_2 的平均值			
	水中氯的含量/(mg/L)			

Ⅱ　佛尔哈德法

一、实验目的

1. 学习 NH_4SCN 标准溶液的配制和标定；

2. 掌握用佛尔哈德返滴定测定氯离子的原理和方法。

二、实验原理

在含 Cl^- 的酸性试液中，加入一定量过量的 Ag^+ 标准溶液，定量生成 $AgCl$ 沉淀后，过量 Ag^+ 以铁铵矾为指示剂，用 NH_4SCN 标准溶液回滴，由 $[FeSCN]^{2+}$ 离子的红色，指示滴定终点。主要反应为

$$Ag^+ + Cl^- =\!=\!= AgCl(白色) \qquad K_{sp} = 1.8 \times 10^{-10}$$

$$Ag^+ + SCN^- =\!=\!= AgSCN(白色) \qquad K_{sp} = 1.0 \times 10^{-12}$$

$$Fe^{3+} + SCN^- =\!=\!= [FeSCN]^{2+}(红色) \qquad K_1 = 138$$

指示剂用量大小对滴定有影响，一般控制 Fe^{3+} 浓度为 0.015mol/L 为宜。

滴定时，控制氢离子浓度为 0.1～1mol/L，激烈摇动溶液，并加入硝基苯（有毒！）或石油醚保护 $AgCl$ 沉淀，使其与溶液隔开，防止 $AgCl$ 沉淀与 SCN^- 发生交换反应而消耗滴定剂。

测定时，能与 SCN^- 生成沉淀或生成配合物，或能氧化 SCN^- 的物质均有干扰。PO_4^{3-}，AsO_4^{3-}，CrO_4^{2-} 等离子，由于酸效应的作用而不影响测定。

三、仪器与试剂

① $AgNO_3$ 0.1mol/L（见莫尔法）。

② 0.1mol/L NH_4SCN 溶液的配制：称取 3.8g NH_4SCN，用 500mL 蒸馏水溶解后转入试剂瓶中。

③ 铁铵矾指示剂的配制：400g/L。

④ HNO_3(1+1)。若含有氮的氧化物而呈黄色时，应煮沸驱除氮化合物。

⑤ 硝基苯。

四、实验步骤

1. NH_4SCN 溶液的标定

用移液管移取 $AgNO_3$ 标准溶液 25.00mL 于 250mL 锥形瓶中，加入 5mL(1+1) HNO_3，铁铵矾指示剂 1.0mL，然后用 NH_4SCN 溶液滴定，滴定时激烈振荡溶液，当滴至溶液颜色为淡红色稳定不变时即为终点。NH_4SCN 溶液的体积消耗量记为 V_1。平行标定 3 份。计算 NH_4SCN 溶液的浓度：

$$c_{NH_4SCN}(mol/L) = \frac{c_{AgNO_3}V_{AgNO_3}}{V_1}$$

2. 水样测定

吸取 50.00mL 水样 3 份分别放入锥形瓶中，加入 5mL(1+1) HNO_3，由滴定管加入 $AgNO_3$ 标准溶液至过量 5～10mL（加入 $AgNO_3$ 溶液时，生成白色 AgCl 沉淀，接近计量点时，氯化银要凝聚，振荡溶液，再让其静置片刻，使沉淀沉降，然后加入几滴 $AgNO_3$ 到清液层。如不生成沉淀。说明 $AgNO_3$ 已过量，这时再适当过量 5～10mL $AgNO_3$ 即可）。然后，加入 2mL 硝基苯，用橡皮塞塞住瓶口，剧烈振荡半分钟，使 AgCl 沉淀进入硝基苯层而与溶液隔开。再加入铁铵矾指示剂 1.0mL，用 NH_4SCN 标准溶液滴至出现淡红色的 $[FeSCN]^{2+}$ 稳定不变时即为终点。平行测定 3 份。计算如下：

$$氯化物(Cl^-,mg/L) = \frac{[c_{AgNO_3}V_{AgNO}(过量)-c_{NH_4SCN}V_{NH_4SCN}]\times 35.45}{水样体积}$$

五、实验记录及数据处理

实验结果记录

平行样编号		1	2	3
NH_4SCN 溶液的标定	滴定终点读数/mL			
	滴定开始读数/mL			
	NH_4SCN 溶液的用量 V_1/mL			
	V_1 的平均值			
	NH_4SCN 溶液的浓度/(mol/L)			
水样测定	滴定终点读数/mL			
	滴定开始读数/mL			
	V_2/mL			
	V_2 的平均值			
	水中氯的含量/(mg/L)			

思考题

1. 莫尔法测定时为什么溶液的 pH 须控制在 6.5～10.5？酸度对佛尔哈德法测定 Cl^- 离子含量有何影响？

2. 以 K_2CrO_4 作指示剂时，指示剂浓度过大或过小对测定有何影响？

3. 佛尔哈德法测氯时，为什么要加入石油醚或硝基苯？若用此法测定 Br、I 时，还需加入石油醚或硝基苯吗？

4. 本实验为什么用 HNO_3 酸化？可否用 HCl 溶液或 H_2SO_4 酸化？为什么？

实验 7 水中溶解氧的测定

一、实验目的

1. 学习水中溶解氧的固定方法。
2. 掌握碘量法测定水中溶解氧 DO 的原理与方法。

二、实验原理

溶于水中的分子态氧称为溶解氧，用 DO 表示，单位为 mgO_2/L。水中溶解氧的含量与大气压力、水温及含盐量等因素有关。溶解氧 DO 是水质综合指标之一，也是废水生化处理过程中的一项重要控制指标。

测定原理：水样中加入硫酸锰和碱性碘化钾，水中溶解氧将低价锰氧化成高价锰，生成四价锰的氢氧化物棕色沉淀。加酸后，氢氧化物沉淀溶解，并与碘离子反应而释放出游离碘。以淀粉为指示剂，用硫代硫酸钠标准溶液滴定释放出的碘，根据滴定溶液消耗量计算溶解氧含量。主要反应如下：

$$Mn^{2+}+2OH^- \Longrightarrow Mn(OH)_2 \downarrow （白色）$$

$$Mn(OH)_2 + \frac{1}{2}O_2 \Longrightarrow MnO(OH)_2 \downarrow （棕色）$$

$$MnO(OH)_2 + 2I^- + 4H^+ \Longrightarrow Mn^{2+} + I_2 + 3H_2O$$

$$I_2 + 2S_2O_3^{2-} \Longrightarrow 2I^- + S_4O_6^{2-}$$

三、仪器与试剂

① 溶解氧瓶：$250\sim300mL$。

② 硫酸锰溶液：称取 480g 硫酸锰（$MnSO_4 \cdot 4H_2O$）或 400g（$MnSO_4 \cdot 2H_2O$）溶于蒸馏水中，过滤并稀释至 1L。此溶液加至酸化过的碘化钾溶液中，遇淀粉不得产生蓝色。

③ 碱性碘化钾溶液：称取 500g NaOH 溶解于 $300\sim400mL$ 水中，冷却；另称取 150g KI 溶解于 200mL 水中，合并两溶液，混匀，用蒸馏水稀释至 1L。如有沉淀，则放置过夜后，倾出上层清液，贮于棕色瓶中，用橡皮塞塞紧，避光保存。此溶液酸化后，遇淀粉应不呈蓝色。

④ 1%（m/V）淀粉溶液：称取 1g 可溶性淀粉，用少量水调成糊状，再用刚煮沸的水稀释至 100mL。冷却后，加入 0.1g 水杨酸或 0.4g 氯化锌防腐。

⑤ 重铬酸钾标准溶液 $c_{\frac{1}{6}K_2Cr_2O_7}=0.0250mol/L$：称取于 $105\sim110℃$ 烘干 2h，并冷却的重铬酸钾 1.2258g，溶于水，移入 1000mL 容量瓶中，用水稀释至标线。摇匀。

⑥ 硫代硫酸钠溶液：称取 6.25g（$Na_2S_2O_3 \cdot 5H_2O$）溶于煮沸放冷的水中，加 $0.2gNa_2CO_3$，用蒸馏水稀释至 1000mL，贮于棕色瓶中。此溶液约为 0.025mol/L。使用前用 0.0250mol/L 重铬酸钾标准溶液进行标定。

⑦ 1+5 硫酸溶液。

四、实验内容

1. 水样采集

用水样冲洗溶解氧瓶，然后沿瓶壁或用虹吸法由溶解氧瓶底部注入水样至水样溢流出瓶容积的 $1/3\sim1/2$ 左右，迅速盖上瓶塞。注意取样时绝对不能使采集的水样与空气接触，且瓶口不能留有空气泡。否则另行取样。

2. 溶解氧的固定

取样后，用吸液管插入溶解氧瓶的液面下，加入 1mL 硫酸锰溶液，2mL 碱性碘化钾溶液，盖好瓶塞，倒置混合数次，静置。一般应在取样现场进行固定。

3. 溶解氧的测定

轻轻打开瓶塞，立即用吸管插入液面下加入 2.0mL（1＋5）硫酸，小心盖好瓶塞。倒置混合摇匀，至沉淀物全部溶解为止。放置暗处 5min。

吸取 100.00mL 上述溶液放入 250mL 锥形瓶中，用 $Na_2S_2O_3$ 标准溶液滴定至溶液呈淡黄色，然后加入 1mL 淀粉指示剂，继续滴定至蓝色刚好褪去，即为终点。记录 $Na_2S_2O_3$ 标准溶液的用量。平行测定 2～3 次。

五、实验数据处理

$$溶解氧（mgO_2/L）＝(cV×8×1000)/100$$

式中　c——硫代硫酸钠标准溶液的浓度（$Na_2S_2O_3$），mol/L；

V——硫代硫酸钠标准溶液的用量，mL；

8——氧的摩尔质量$\left(\dfrac{1}{2}O\right)$，g/mol；

100——水样的体积，mL。

根据硫代硫酸钠标准溶液的用量计算出水样中溶解氧的含量。

注意事项

当水样中含有干扰物质时，如有亚硝酸盐存在时，可采用叠氮化钠修正法，即预先将叠氮化钠加入碱性碘化钾溶液中，使水中的亚硝酸盐分解而消除干扰；如水样中含 Fe^{3+} 达 100～200mg/L 时，可加入 1mL 40% 氟化钾溶液消除干扰；如水样中含氧化性物质（如游离氯等），则可预先加入相当量的硫代硫酸钠去除。

思考题

1. 在水样中，若加入 $MnSO_4$ 和碱性 KI 溶液后，只生成白色沉淀，说明了什么？此时还需继续滴定吗？

2. 测定水中溶解氧 DO 时，采用叠氮化钠修正法是如何消除亚硝酸盐的干扰的？

实验 8　水中高锰酸盐指数的测定

一、实验目的

掌握 $KMnO_4$ 标准溶液的配制与标定；学习水中高锰酸盐指数的测定方法。

二、实验原理

高锰酸盐指数是水中有机物污染综合指标之一。它是指水体中易被强氧化剂 $KMnO_4$ 氧化的还原性物质所消耗的氧化剂的量，最终换算成氧的含量（mgO_2/L）。高锰酸钾法仅限于测定地表水、饮用水和生活污水。根据测定溶液的介质不同，分为酸性高锰酸钾法和碱性高锰酸钾法。酸性高锰酸钾法适用于氯离子含量不超过 300mg/L 的水样，而在碱性条件下高锰酸钾的氧化能力比酸性条件下稍弱，不能氧化水中的氯离子，故碱性高锰酸钾法常用于测定含氯离子浓度较高的水样。

酸性高锰酸钾法：在酸性条件下，向水样中加入的一定量的高锰酸钾 $KMnO_4$ 可将水样中的某些有机物及还原性的物质氧化，剩余的 $KMnO_4$ 用过量的草酸钠 $Na_2C_2O_4$ 还原，再以 $KMnO_4$ 标准溶液回滴剩余的 $Na_2C_2O_4$，根据加入的过量 $KMnO_4$ 和 $Na_2C_2O_4$ 标准溶液的量及最后 $KMnO_4$ 标准溶液的用量，计算出高锰酸盐指数。主要反应如下：

$$4MnO_4^-（过量）+5C（有机物）+12H^+ \Longleftrightarrow 4Mn^{2+}+5CO_2\uparrow+6H_2O$$

$$5C_2O_4^{2-}（过量）+2MnO_4^-（剩余）+16H^+ \Longleftrightarrow 2Mn^{2+}+10CO_2\uparrow+8H_2O$$

$$5C_2O_4^{2-}（剩余）+2MnO_4^-+16H^+ \Longleftrightarrow 2Mn^{2+}+10CO_2\uparrow+8H_2O$$

三、仪器与试剂

① 酸式滴定管 50mL，锥形瓶 250mL。

② 高锰酸钾溶液 $c_{\frac{1}{5}KMnO_4}\approx0.1mol/L$：称取 3.2g $KMnO_4$ 溶于 1.2L 蒸馏水中，煮沸，使体积减少至 1L 左右，放置过夜。用 P_{40} 玻璃砂芯漏斗过滤，滤液贮于棕色瓶中，避光保存。

③ 高锰酸钾溶液 $c_{\frac{1}{5}KMnO_4} \approx 0.01mol/L$：吸取 100mL 0.1mol/L $KMnO_4$ 溶液于 1000mL 容量瓶中，用水稀释至刻度，混匀，贮于棕色瓶中，避光保存。此溶液约为 0.01mol/L，使用当天标定其准确浓度。

④ 草酸钠标准溶液 $c_{\frac{1}{2}Na_2C_2O_4} = 0.1000mol/L$：称取 0.6705g 的草酸钠，并在 $105\sim110℃$ 下烘干 1h，将冷却后的草酸钠溶于水，移入 1000mL 容量瓶中，用水稀释至刻度。

⑤ 草酸钠标准溶液 $c_{\frac{1}{2}Na_2C_2O_4} = 0.0100mol/L$：吸取 10.00mL 上述草酸钠溶液，移入 100mL 容量瓶中，用水稀释至刻度。

⑥ (1+3) 硫酸。

四、实验内容

1. $KMnO_4$ 溶液的标定

将 50mL 蒸馏水和 5mL (1+3) H_2SO_4 依次加入 250mL 锥形瓶中，再加 10.00mL 0.0100mol/L $Na_2C_2O_4$ 标准溶液，加热至 $70\sim85℃$，用 0.01mol/L 近似浓度的 $KMnO_4$ 溶液滴定溶液由无色至刚刚出现浅红色，即为滴定终点。记录滴定终点时 $KMnO_4$ 溶液的用量。平行测定三次，计算 $KMnO_4$ 标准溶液的准确浓度。

2. 水样高锰酸盐指数的测定

① 取清洁透明水样 100mL 放入 250mL 锥形瓶中；若水样为浑浊水，则取 $10\sim25mL$，加蒸馏水稀释至 100mL。

② 在锥形瓶中加入 5mL (1+3) H_2SO_4，并准确加入 10mL 已标定的 0.01mol/L $KMnO_4$ 标准溶液，投入几粒玻璃珠，加热至沸腾，煮沸 10min。若溶液红色消失，说明水中有机物含量太多，需另取较少量水样稀释 $2\sim5$ 倍（至总体积 100mL）。重复步骤①、②。

③ 煮沸 10min 后趁热准确加入 10.00mL 0.0100mol/L 草酸钠溶液，摇动均匀，立即用已标定的 0.01mol/L $KMnO_4$ 标准溶液滴定溶液由无色至刚刚显淡红色。记录消耗 $KMnO_4$ 标准溶液的量 (V_1)。平行测定三次，计算水样的高锰酸盐指数。

则

$$高锰酸盐指数(O_2, mg/L) = \frac{[c_1(10+V_1) - 10c_2] \times 8 \times 1000}{100}$$

式中 c_1——已标定的 $KMnO_4$ 标准溶液浓度，$\left(\frac{1}{5}KMnO_4\right)$，mol/L；

V_1——最后滴定时所耗用的 $KMnO_4$ 标准溶液的体积，mL；

c_2——$Na_2C_2O_4$ 标准溶液的浓度，$\frac{1}{2}Na_2C_2O_4 = 0.0100mol/L$；

8——氧$\left(\frac{1}{2}O\right)$的摩尔质量，g/mol；

100——水样的体积，mL。

五、实验记录及数据处理

平 行 样 编 号		1	2	3
KMnO₄ 标准溶液的标定	$KMnO_4$ 用量/mL			
	加入 $Na_2C_2O_4$ 量/mL			
	$KMnO_4$ 准确浓度/(mol/L)			
	$KMnO_4$ 浓度的平均值			
水样测定	滴加的 $KMnO_4$ 量 V_1/mL			
	高锰酸盐指数/(O₂,mg/L)			
	高锰酸盐指数的平均值			

思考题

1. 在高锰酸盐指数的实际测定中，常引入 $KMnO_4$ 标准溶液的校正系数 K，该校正系数 K 如何测定？引入 K 后的高锰酸盐指数如何计算？

2. 比较酸性高锰酸钾法和碱性高锰酸钾法的异同，什么情况下需采用碱性高锰酸钾法测定水样的高锰酸盐指数？

实验 9 重铬酸钾法测定水样的化学需氧量

一、实验目的

学习硫酸亚铁铵标准溶液的标定；掌握采用重铬酸钾法测定水中 COD 的原理及方法。

二、实验原理

在强酸性溶液中，准确加入过量的重铬酸钾标准溶液，加热回流，将水样中还原性物质（主要是有机物）氧化，过量的重铬酸钾以试亚铁灵作指示剂，用硫酸亚铁铵标准溶液回滴，根据所消耗的重铬酸钾标准溶液量计算水样化学需氧量。

三、仪器与试剂

1. 仪器

① 500mL 全玻璃回流装置。

② 加热电炉装置。

③ 25mL 或 50mL 酸式滴定管、锥形瓶、移液管、容量瓶等。

2. 试剂

① 重铬酸钾标准溶液 $\left(\dfrac{1}{6}K_2Cr_2O_7 = 0.2500\text{mol/L}\right)$：称取 12.258g 优质纯或分析纯重铬酸钾 $K_2Cr_2O_7$（预先已在 120℃ 下，烘干 2h，干燥器冷却后称重）溶于水中，移入 1000mL 容量瓶中，稀释至刻度，摇匀。

② 硫酸亚铁铵标准溶液 $(NH_4)_2Fe(SO_4)_2 \cdot 6H_2O \approx 0.1\text{mol/L}$ 的配制：称取 39.5g 分析纯硫酸亚铁铵溶于水中，搅拌下缓慢加入 20mL 浓 H_2SO_4，冷却后移入 1000mL 容量瓶中，用水稀释至刻线，摇匀。此溶液的浓度约为 0.1mol/L。使用前需用重铬酸钾标准溶液标定其准确浓度。

③ 试亚铁灵指示剂：称取 1.485g 邻二氮菲（$C_{12}H_8N_2 \cdot H_2O$）及 0.695g（$FeSO_4 \cdot 7H_2O$）溶于水中，稀释至 100mL，贮于棕色瓶内。

④ Ag_2SO_4-H_2SO_4 溶液：称取 5g 硫酸银 Ag_2SO_4 加入 500mL 浓 H_2SO_4 中。放置 1~2d，不时摇动使其溶解。

⑤ 硫酸汞：结晶或粉末。

⑥ 无有机物蒸馏水：将含有少量 $KMnO_4$ 的碱性溶液的蒸馏水再行蒸馏即得（蒸馏过程中水应始终保持红色，否则应随时补加 $KMnO_4$）。

四、实验内容

1. 硫酸亚铁铵溶液的标定

准确吸取 10.00mL 0.2500mol/L 重铬酸钾溶液（1/6 $K_2Cr_2O_7$）于 500mL 锥形瓶中，加蒸馏水至 110mL 左右，缓慢加入 30mL 浓 H_2SO_4，混匀。冷却后加 3 滴试亚铁灵指示剂（约 0.15mL），用硫酸亚铁铵溶液滴定至溶液由橙黄色经蓝绿色渐变到蓝色后，立即转为棕红色即为终点。记录硫酸亚铁铵溶液用量（V，mL）。平行测定 3 次。则硫酸亚铁铵标准溶液的浓度 c：

$$c(\text{mol/L}) = \frac{0.2500 \times 10.00}{V}$$

2. 水样的测定

① 吸取 20.00mL 的均匀水样（或吸取适量的水样稀释至 20.00mL）置于 250mL 磨口回流锥形瓶中，准确加入 10.00mL 重铬酸钾标准溶液及加数粒玻璃珠，连接磨口回流冷凝管，从冷凝管上口慢慢地加入 30mL 硫酸-硫酸银溶液，轻轻摇动锥形瓶使溶液混匀，加热回流 2h（自开始沸腾时）。

对于 COD 高的废水样，可先取上述操作所需体积 1/10 的废水样和试剂于 15×150mm 硬质玻璃试管中，摇匀，加热后观察是否成绿色。如溶液显绿色，再适当减少废水取样量，直至溶液不变绿色为止，从而确定废水样分析时应取用的体积。稀释时，所取废水样量不得少于 5mL，如果化学需氧量很高，则废水样应多次稀释。废水中氯离子含量超过 30mg/L 时，应先把 0.4g 硫酸汞加入回流锥形瓶中，再加 20.00mL 废水（或适量废水稀释至 20.00mL），摇匀。

② 冷却后，用 90mL 水冲洗冷凝管壁，取下锥形瓶。溶液总体积不得少于 140mL，否则因酸度太大，滴定终点不明显。

③ 溶液再度冷却后，加 3 滴试亚铁灵指示液，用硫酸亚铁铵标准溶液滴定，溶液的颜色由橙黄色经蓝绿色渐变到蓝色后，立即转为棕红色即为终点。记录硫酸亚铁铵 $(NH_4)_2Fe(SO_4)_2$ 标准溶液的用量（V_1，mL）。共做 2 个平行样。

④ 同时以 20.00mL 蒸馏水作空白试验，其操作步骤与测定水样相同，记录消耗的 $(NH_4)_2Fe(SO_4)_2$ 标准溶液的体积（V_0，mL）。计算如下：

$$COD(O_2, mg/L) = (V_0 - V_1)c \times 8 \times 1000/V_{水}$$

式中　V_1——滴定水样时消耗 $(NH_4)_2Fe(SO_4)_2$ 标准溶液的体积，mL；

　　　V_0——空白试验消耗 $(NH_4)_2Fe(SO_4)_2$ 标准溶液的体积，mL；

　　　c——硫酸亚铁铵标准溶液的浓度 $(NH_4)_2Fe(SO_4)_2$，mol/L；

　　　8——氧（1/2O）的摩尔质量，g/mol；

　　　$V_{水}$——水样的体积，mL。

五、实验记录及数据处理

平行样编号		1	2	3
$(NH_4)_2Fe(SO_4)_2$ 标准溶液的标定	$(NH_4)_2Fe(SO_4)_2$ 用量/mL			
	$(NH_4)_2Fe(SO_4)_2$ 的浓度/(mol/L)			
	$(NH_4)_2Fe(SO_4)_2$ 浓度的平均值			
水样测定	$(NH_4)_2Fe(SO_4)_2$ 用量 V_1/mL			
	空白值 V_0/mL			
	COD/(mg/L)			
	COD 的平均值			

注意事项

① 使用 0.4g 硫酸汞配合氯离子的最高量可达 40mg，如取用 20.00mL 水样，即最高可配合 2000mg/L 氯离子浓度的水样。若氯离子的浓度较低，也可少加硫酸汞，使保持硫酸汞∶氯离子＝10∶1（W/W）。若出现少量氯化汞沉淀，并不影响测定。

② 水样取用体积可在 10.00～50.00mL 范围内，但试剂用量及浓度需按下表进行相应调整，也可得到满意的结果。

③ 对于化学需氧量小于 50mg/L 的水样，应改用 0.0250mol/L 重铬酸钾标准溶液。回滴时用 0.01mol/L 硫酸亚铁铵标准溶液。

④ 水样加热回流后，溶液中重铬酸钾剩余量应为加入量的 1/5～4/5 为宜。

⑤ 每次实验时，应对硫酸亚铁铵标准溶液进行标定，室温较高时尤其注意其浓度的变化。

水样取用量和试剂用量表

水样体积 /mL	0.2500mol/L K_2CrO_7 溶液/mL	Ag_2SO_4-H_2SO_4 溶液/mL	$HgSO_4$ /g	$[(NH_4)_2Fe(SO_4)_2]$ /(mol/L)	滴定前总体积 /mL
10.0	5.0	15	0.2	0.050	70
20.0	10.0	30	0.4	0.100	140
30.0	15.0	45	0.6	0.150	210
40.0	20.0	60	0.8	0.200	280
50.0	25.0	75	1.0	0.250	350

思考题

1. 水中高锰酸盐指数与化学需氧量 COD 有何异同？各适用于什么情况？

2. COD 的计算公式中，为什么要用空白值（V_0）减去水样值（V_1）？

实验 10　水中五日生化需氧量的测定

一、实验目的

掌握采用碘量法测定水中五日生化需氧量 BOD 的原理和方法；了解稀释倍数的确定方法和稀释水的配制方法。

二、实验原理

生化需氧量是指在规定条件下，微生物分解存在于水中的某些可氧化物质，主要是有机物质所进行的生物化学过程中消耗溶解氧的量。分别测定水样培养前的溶解氧含量和在（20±1）℃培养 5d 后的溶解氧含量，二者之差即为五日生化过程所消耗的氧量（BOD_5）。

对于较清洁的水样，如 BOD＜7mg/L 时，可直接测定水样在培养前后的溶解氧的减少量即 BOD；对于含较多的有机物的某些地面水及大多数工业废水、生活污水，如 BOD＞7mg/L 时，则需要稀释后再培养测定，以降低其浓度，保证降解过程在有足够溶解氧的条件下进行。其具体水样稀释倍数可借助于高锰酸钾指数或化学需氧量 COD 进行推算；对于不含或少含微生物的工业废水，在测定 BOD 时应进行接种，以引入能分解废水中有机物的微生物。当废水中存在难于被一般生活污水中的微生物以正常速度降解的有机物或含有剧毒物质时，应接种经过驯化的微生物。

三、仪器与试剂

1. 仪器

① 恒温培养箱（20±1）℃。

② 溶解氧瓶 200～300mL，带有磨口玻璃塞并具有供水封用的钟形口。

③ 量筒 1000～2000mL。

④ 玻璃搅棒：棒长应比所用量筒高度长 20cm，在棒的底端固定一个直径比量筒直径略小，并带有几个小孔的硬橡胶板。

⑤ 细口玻璃瓶 5～20L。

⑥ 虹吸管：供分取水样和添加稀释水用。

2. 试剂

（1）氯化钙溶液　称取 27.5g 无水 $CaCl_2$ 溶于水，稀释至 1000mL。

（2）氯化铁溶液　溶解 0.25g $FeCl_3 \cdot 6H_2O$ 于水中，并稀释至 1000mL。

（3）硫酸镁溶液　称取 22.5g $MgSO_4 \cdot 7H_2O$ 溶于水中，稀释至 1000mL。

（4）磷酸盐缓冲溶液　溶解 8.5g KH_2PO_4，21.7g K_2HPO_4，33.4g $Na_2HPO_4 \cdot 7H_2O$ 和 1.7g NH_4Cl 溶于水中，稀释至 1000mL。此溶液 pH＝7.2，BOD 应小于 0.2mg/L。

（5）稀释水　在 5～20L 细口玻璃瓶中装一定量蒸馏水，控制水温在 20℃左右。然后用无油空气压缩机或薄膜泵，将此水曝气 2~8h，使水中的溶解氧接近于饱和，也可以鼓入适量纯氧。瓶口盖以两层经洗涤晾干的纱布，置于 20℃ 培养箱中放置数小时，使水中溶解氧含量达 8mg/L 左右。用前在每升蒸馏水中加入上述氯化钙溶液、氯化铁溶液、硫酸镁溶液、磷酸盐缓冲溶液各 1mL，并混合均匀。稀释水的 pH 应为 7.2，其 BOD 应小于 0.2mg/L。

（6）盐酸溶液（0.5mol/L）　将 40mL（$\rho=1.18g/mL$）盐酸溶于水，稀释至 100mL。

（7）氢氧化钠溶液（0.5mol/L）　将 20g 氢氧化钠溶于水，稀释至 1000mL。

（8）亚硫酸钠溶液（$\frac{1}{2}Na_2SO_3=0.025mol/L$）　将 1.575g 亚硫酸钠溶于水，稀释至 1000mL。此溶液不稳定，需每天配制。

（9）葡萄糖-谷氨酸标准溶液　将葡萄糖和谷氨酸在 103℃ 干燥 1h 后，各称取 150mg 溶于水中，移入 1000mL 容量瓶内并稀释至标线，混合均匀。临用前配制该标准溶液。

（10）接种液　可选用以下任一方法。以获得适用的接种液。

① 城市污水，一般采用生活污水，在室温下放置一昼夜，取上层清液供用。

② 表层土壤浸出液，取 100g 花园土壤或植物生长土壤，加入 1L 水，混合并静置 10min，取上清液供用。

③ 用含城市污水的河水或湖水。

④ 污水处理厂的出水。

⑤ 当分析含有难于降解物质的废水时，在排污口下游 3~8km 处取水样作为废水的驯化接种液。如无此种水源，可取中和或经适当稀释后的废水进行曝气、每天加入少量该种废水，同时加入适量表层土壤或生活污水，使能适应该种废水的微生物大量繁殖。当水中出现大量絮状物，或检查其 COD 的降低值出现突变时，表明适用的微生物已进行繁殖，可用做接种液。一般驯化过程需要 3~8d。

（11）接种稀释水　一般 1L 稀释水中接种液加入量，生活污水为 1~10mL；表层土壤浸出液为 20~30mL；河水、湖水为 10~100mL。

操作时取适量接种液，加入稀释水中，混匀。接种稀释水的 pH 应为 7.2；BOD 值以在 0.3~1.0mg/L 之间为宜。接种稀释水配制后应立即使用。

四、实验内容

1. 水样预处理

① 水样的 pH 若超出 6.5~7.5 范围时，可用盐酸或氢氧化钠稀溶液调节近似为 7，但用量不要超过水样体积的 0.5%。若水样的酸度或碱度很高，可改用高浓度的碱或酸液进行中和。

② 水样中含有铜、铅、锌、镉、铬、砷、氰等有毒物质时，可使用经驯化的微生物接种液的稀释水进行稀释，或增大稀释倍数，以减小毒物的浓度。

③ 含有少量游离氯的水样，一般放置 1~2h，游离氯即可消失。对于游离氯在短时间不能消散的水样，可加入亚硫酸钠 Na_2SO_3 溶液去除。加入量计算如下：取中和好的水样 100mL，加入 1+1 乙酸 10mL，10%（m/V）碘化钾溶液 1mL，混匀。以淀粉溶液为指示剂，用 Na_2SO_3 标准溶液滴定游离碘。根据 Na_2SO_3 标准溶液的消耗量及其浓度，计算出水样所需加入的 Na_2SO_3 溶液的量。

④ 从水温较低的水域中采集的水样，可遇到含有过饱和溶解氧，此时应将水样迅速升温至 20℃ 左右，充分振摇，以赶出过饱和的溶解氧；从水温较高的水域或废水排放口取得的水样，则应迅速使其冷却至 20℃ 左右，并充分振摇，使其与空气中氧分压接近平衡。

2. 水样的测定

（1）不经稀释水样的测定　对于较清洁的水样，如溶解氧含量较高、有机物含量较少的地面水，可直接采用虹吸法将约 20℃ 的混匀水样转移至两个溶解氧瓶内，转移过程中应注意不使其产生气泡。以同样的操作将这两个溶解氧瓶充满水样并加塞水封。立即测定其中一瓶的溶解氧。将另一瓶放入培养箱中，在 (20±1)℃培养 5d 后，测其溶解氧。

（2）需经稀释水样的测定　根据实践经验，地面水，可由测得的高锰酸盐指数与一定系数的乘积求得稀释倍数（见下表）。

高锰酸盐指数/(mg/L)	系　数	高锰酸盐指数/(mg/L)	系　数
<5	—	10～20	0.4、0.6
5～10	0.2、0.3	>20	0.5、0.7、1.0

工业废水，由测得的 COD 值确定。使用稀释水时，COD 值分别乘以 0.075，0.15 和 0.225，即获得 3 个稀释倍数；使用接种稀释水时，则分别乘以 0.075，0.15 和 0.25，得到 3 个稀释倍数。

如无现成的高锰酸盐指数或 COD 值的资料，一般污染较严重的废水（如工业废水）可稀释成 0.1%～1%，对于普通和沉淀过的污水可稀释成 1%～5%；生物处理后的出水可稀释成 5%～25%；对污染的河水可稀释成 25%～100%。

稀释前还需进行稀释水的检验：用虹吸法吸取稀释水，注满两个溶解氧瓶，加塞，用水封口。其中一瓶立即测定其中 DO，另一瓶于培养箱内 20℃下培养 5d 后测定其中 DO。要求溶解氧的减少量小于 0.2～0.5mg/L。

3. 测定水样的方法

（1）一般稀释法　适于含水样 1% 以下的稀释法。按照选定的稀释比例，用虹吸法沿筒壁先引入部分稀释水（或接种稀释水）于 1000mL 量筒中，加入需要量的均匀水样，再引入稀释水（或接种稀释水）至 1000mL，用一根带橡皮板的玻璃棒小心搅匀。搅拌时勿使搅拌棒的橡皮板露出水面，防止产生气泡。

按不经稀释水样的测定步骤进行装瓶，测定当天溶解氧和培养 5d 后的溶解氧含量。

另取两个溶解氧瓶，用虹吸法装入稀释水（或接种稀释水）做空白试验。测定 20℃培养 5d 前、后的 DO 值。

（2）直接稀释法　适于含水样 1% 以上的稀释法。在已知两个容积相同（其差小于 1mL）的溶解氧瓶中，用虹吸法先引入部分稀释水（或接种稀释水），再加入按瓶容积与稀释比例计算出的水样量，然后用稀释水（或接种稀释水）将瓶充满，盖紧瓶塞（瓶中不得留有气泡），用水封口。其余操作与上述稀释法相同。

在 BOD 的测定中，一般采用叠氮化钠改良法测定溶解氧。如遇干扰物质，应根据具体情况采用相应的测定法。

五、实验数据处理

$$BOD(mg/L) = \frac{(C_1 - C_2) - (B_1 - B_2)f_1}{f_2}$$

式中　C_1——水样在培养前的 DO 值，mg/L；

C_2——水样经 5d 培养后的剩余 DO 值，mg/L；

B_1——稀释水（或接种稀释水）培养前的 DO 值，mg/L；

B_2——稀释水（或接种稀释水）5d 培养后的 DO 值，mg/L；

f_1——稀释水（或接种稀释水）在培养液中所占的比例；

f_2——水样在培养液中所占的比例。

注意事项

① 测定一般水样的 BOD 值时，硝化作用很不明显或根本不发生。但对于生物处理池出水，则含有大量硝化细菌。测定这种水样的 BOD 时，若只需测定有机物的需氧量，应加入硝化抑制剂，如丙烯基硫

脲等。

② 在两个或三个稀释比的样品中，凡消耗溶解氧大于 2mg/L 和剩余溶解氧大于 1mg/L 的都有效，计算结果可取平均值。

思考题

1. 生物化学需氧量与高锰酸盐指数、化学需氧量有何异同？
2. BOD 的仪器测定法与上述稀释测定法比较有何优缺点？

实验 11　邻二氮菲吸收光谱法测定水中的铁

一、实验目的

① 熟悉并掌握 721 型分光光度计的使用方法。
② 学习如何选择吸收光谱分析的实验条件。
③ 掌握用吸收光谱法测定铁的原理及方法。

二、实验原理

以不同波长的光依次射入被测溶液，并测出相应的吸光度；以波长为横坐标，对应的吸光度为纵坐标作图，所得的曲线称为吸收光谱曲线或吸收光谱。吸收光谱是研究物质的性质和含量的理论基础，也是吸收光谱法的重要试验条件。

在建立一个新的吸收光谱法时，必须进行一系列条件试验，包括显色化合物的吸收光谱曲线（简称吸收光谱）的绘制、选择合适的测定波长、显色剂浓度和溶液 pH 的选择及显色化合物影响等。此外，还要研究显色化合物符合朗伯-比尔定律的浓度范围、干扰离子的影响及其排除干扰的方法等。

吸收光谱法的这些实验条件，都是通过实验来确定的。本实验在测定试样中铁含量之前，先做部分条件试验，以便初学者掌握确定实验条件的方法。

条件试验的简单方法是：变动某实验条件。固定其余条件，测得一系列吸光度值，绘制吸光度-某实验条件的曲线，根据曲线确定某实验条件的适宜值或适宜范围。

已知在 pH 2～9 溶液中，Fe^{2+} 与邻二氮菲（Phen）生成稳定的橙红色配合物 $[\lambda_{max}=508nm，\varepsilon=1.1\times10^4 L/(mol \cdot cm)，lg\beta_3=21.3(20℃)]$：

$$Fe^{2+}+3phen \longrightarrow Fe(Phen)_3^{2+}（橙红色）$$

该配合物在暗处可稳定半年。在 508nm 处测定吸光度值，用标准曲线法可求得水样中 Fe^{2+} 的含量。Fe^{3+} 与邻二氮菲生成 1：3 的淡蓝色配合物（$lg\beta_3=14.1$），故显色前可先用盐酸羟胺将 Fe^{3+} 还原为 Fe^{2+}，其反应为：

$$2Fe^{3+}+2NH_2OH \cdot HCl \longrightarrow 2Fe^{2+}+N_2\uparrow+2H_2O+4H^++2Cl^-$$

则本法可测定水中总铁、Fe^{2+} 和 Fe^{3+} 的各自含量。

三、仪器与试剂

1. 仪器

721 型分光光度计，pH 计，容量瓶 100mL 2 个，具塞磨口比色管 50mL 10 支，吸量管 1mL、2mL、10mL 各 1 支，坐标纸，精密 pH 试纸。

2. 试剂

① 铁标准溶液（Ⅰ）（$Fe^{2+}=100\mu g/mL$）。准确称取 0.7022g 分析纯硫酸亚铁铵 $(NH_4)_2Fe(SO_4)_2 \cdot 6H_2O$，放入烧杯中，加入 20mL(1+1)HCl，溶解后移入 1000mL 容量瓶中，用去离子水稀释至刻度，混匀。此溶液中铁含量为 $100\mu g/mL$，Fe^{2+} 浓度为 $1.79\times10^{-3} mol/L$。

② 铁标准溶液（Ⅱ）（$Fe^{2+}=10\mu g/mL$）。用吸量管准确吸取 10.0mL 上述铁标准溶液（Ⅰ）至 100mL 容量瓶中，用去离子水稀释至标线刻度，混匀。

③ 0.15%（m/V）邻二氮菲水溶液（新鲜配制）。

④ 10%（m/V）盐酸羟胺水溶液（新鲜配制）。

⑤ 缓冲溶液（pH=4.6）　将 68g 乙酸钠溶于约 500mL 蒸馏水中，加入 29mL 冰乙酸，并将溶液稀释至 1000mL。

⑥ 0.1mol/L NaOH 溶液。

⑦ 含铁水样（总铁含量在 0.30～1.40mg/L）。

四、实验内容

1. 吸收曲线的制作和测量波长的选择

① 吸取 1.00mL 铁标准溶液（Ⅱ），同时取 1.00mL 去离子水（空白试验），分别放入 50mL 比色管中，加入 1.0mL 10%盐酸羟胺溶液，混匀。放置 2min 后，加入 2.0mL 0.15%邻二氮菲和 5.0mL 缓冲溶液，用去离子水稀释至刻度，混匀。即分别得到邻二氮菲-Fe(Ⅱ) 溶液及其空白溶液。

② 在 721 型分光光度计上，将上述邻二氮菲-Fe(Ⅱ) 溶液和空白溶液分别盛于 1cm 比色皿中，安放于仪器的比色皿架上。按仪器使用方法操作，从 420～560nm，每隔 10nm 测定一次。每次用空白溶液调零，测定邻二氮菲-Fe(Ⅱ) 溶液的吸光度值。在吸收峰 510nm 附近，再每隔 2nm 测定一点。记录不同波长处的吸光度值。

2. 显色配合物的稳定性试验

① 取 1.0mL 铁标准溶液（Ⅰ）(Fe^{2+}=100μg/mL)，按与上述步骤 1.① 中的方法，可分别得到邻二氮菲-Fe（Ⅰ）溶液及其空白溶液。

② 在选定的波长下（λ_{max}=508nm），用 1cm 比色皿，以空白溶液调吸光度值为零，立即测定吸光度值。

③ 然后放置 30min、1.5h 和 4h，再分别测定吸光度值，记录。

3. 显色剂用量的确定

① 依次吸取 1.0mL 铁标准溶液（Ⅰ）(Fe^{2+}=100μg/mL) 和 1mL 10%盐酸羟胺溶液各 7 份，放入 7 个 50mL 比色管中，混匀。放置 2min。分别加入 0.0mL（空白）；0.10mL；0.30mL；0.50mL；1.00mL；2.00mL 及 4.00mL 0.15%邻二氮菲溶液和 5.0mL 缓冲溶液，以去离子水稀释至刻度，混匀。

② 在 721 型分光光度计上，用 1cm 比色皿，以不含显色剂溶液为空白，在 508nm 处测定吸光度值，记录。

4. 显色溶液 pH 的确定

① 吸取 1.0mL 铁标准溶液（Ⅰ）（Fe^{2+}=100μg/mL）和 1mL 10% $NH_2OH \cdot HCl$ 溶液各 8 份，依次放入 8 个 50mL 比色管中，混匀。静置 2min。再加 2.0mL 0.15%邻二氮菲溶液，混匀。分别加入 0mL、2mL、5mL、10mL、20mL、25mL、30mL 和 40mL 0.1mol/L NaOH 溶液，用去离子水稀释至刻度，混匀。在 508nm 处，用 1cm 比色皿，以去离子水为空白，测定吸光度值，记录。

② 然后用 pH 计或精密 pH 试纸分别测定 pH，记录。

5. 标准曲线绘制

① 用吸量管准确吸取 0.00mL（空白）、0.50mL、1.00mL、2.50mL、3.50mL、5.00mL 和 7.00mL 铁标准溶液（Ⅱ）(Fe^{2+}=10μg/mL)，同样按照上述步骤 1.① 中的方法，可分别得到不同浓度的邻二氮菲-Fe(Ⅱ) 溶液。然后放置 10min。

② 在 721 型分光光度计上，在 508nm 处，用 1cm 比色皿，以"空白"调零，测定各溶液的吸光度值，做记录。

③ 以铁含量为横坐标，对应的吸光度值为纵坐标，绘制标准曲线。

6. 水样的测定（总铁含量在 $0.30\sim1.40\text{mg/L}$）

（1）水样中总铁的测定　用移液管吸取 25mL 水样，放入 50mL 比色管中，按上述步骤 1.①中的方法，得到邻二氮菲-水样溶液，放置 10min。接着以与绘制标准曲线相同的程序测定吸光度值（即重复步骤 5.②、③）。在标准曲线上查出水样中总铁含量（共 3 个平行样）。

（2）水样中 Fe^{2+} 的测定　用移液管吸取 25mL 水样，放入 50mL 比色管中，不加 $NH_2OH \cdot HCl$ 溶液，以下按绘制标准曲线步骤进行，测定吸光度值，在标准曲线上查出水样中 Fe^{2+} 的含量。

（3）计算

$$铁（mg/L）=\frac{m}{水样体积（mL）}=\frac{c_{标,Fe}\times50}{水样体积（mL）}$$

式中　m——标准曲线上查出总铁或 Fe^{2+} 的含量，μg；

　　$c_{标,Fe}$——标准曲线上查出总铁或 Fe^{2+} 的含量，mg/L；

　　50——水样稀释最终体积，mL。

五、实验记录及数据处理

1. 吸收曲线的制作和测量波长的选择

波长 λ/nm	420	430	440	450	460	470	480	490	500	510	520	530	540	550	560
吸光度 A															

波长 λ/nm	502	504	506	508	510	512	514	516	518
吸光度 A									

以波长为横坐标，对应的吸光度为纵坐标，将测得值逐个描绘在坐标纸上，并连成光滑曲线，即得吸收光谱。从曲线上查得溶液的最大吸收波长，即为铁的测量波长（又称工作波长）。

2. 显色配合物的稳定性

放置时间/h	立即	0.50	1.50	4.00
吸光度 A				

在坐标纸上，以放置时间为横坐标，对应的吸光度为纵坐标，绘制放置时间（h）-吸光度（A）关系曲线。

3. 显色剂用量的确定

0.15%邻二氮菲溶液/mL	0.10	0.30	0.50	1.00	2.00	4.00
吸光度 A						
适宜的显色剂用量						

在坐标纸上，以邻二氮菲的加入量（mL）为横坐标，对应的吸光度值为纵坐标，绘制显色剂用量—吸光度关系曲线。从中找出适宜的显色剂用量。

4. 显色溶液 pH 的确定

0.1mol/L NaOH 溶液/mL	0	2	5	10	20	25	30	40
溶液 pH								
吸光度 A								
适宜的 pH 区间								

在坐标纸上，以 pH 为横坐标，对应的吸光度值为纵坐标，作 pH-吸光度关系曲线。从中找出适宜的 pH 区间。

5. 标准曲线绘制（终体积 50mL）

铁标准溶液/(10μg/mL)	1	2	3	4	5	6	7
加入量/mL	0.0	0.50	1.00	2.50	3.50	5.00	7.00
Fe 含量/μg	0.0	5.0	10.0	25.0	35.0	50.0	70.0
Fe 的浓度/(mg/L)	0.0	0.10	0.20	0.50	0.70	1.00	1.40
吸光度 A	0.0						

绘制标准曲线。

6. 水样的测定

总 铁				Fe^{2+}			
水样编号	1	2	3	水样编号	1	2	3
吸光度 A				吸光度 A			
Fe 含量/μg				Fe 含量/μg			
Fe 浓度/(mg/L)				Fe 浓度/(mg/L)			
平均含量/(mg/L)				平均含量/(mg/L)			

思考题

1. 实验中用 721 型分光光度计测得的最大吸收波长与文献值 508nm 是否有差别？如有差别，请解释原因。

2. 简述单色光不纯对吸收光谱测定的影响。

3. 本实验中配制铁标准溶液的硫酸亚铁铵是分析纯试剂，但显色时为何还要加盐酸羟胺？

4. 为提高标准曲线的精度，可用线性回归法（最小二乘法）确定该曲线的回归方程。试根据所得的实验数据，计算回归方程 $C = aA + b$ 中的 a 值和 b 值。

实验 12　水中挥发酚的测定（4-氨基安替比林萃取光度法）

一、实验目的

学习测定水中挥发酚的预处理方法；掌握采用 4-氨基安替比林萃取光度法测定水中挥发酚的方法原理。

二、实验原理

酚类的分析方法很多，各国普遍采用 4-氨基安替比林光度法。而高浓度含酚废水则可采用溴酸钾容量法测定，此法适于车间排放口或未经处理的总排污口废水的测定。

4-氨基安替比林光度法：酚类化合物在 pH = 10.0 + 0.2 介质中，在铁氰化钾 $K_3Fe-(CN)_6$ 存在下，与 4-氨基安替比林（即 4-AAP）反应，生成橙红色的吲哚酚安替比林染料。该染料的水溶液在 510nm 波长处有最大吸收。在此波长下测定吸光度值，由标准曲线可查出酚的含量。如用 20mm 比色皿测量，酚的最低检出限为 0.1mg/L。而该染料的 $CHCl_3$ 萃取液在 460nm 波长处有最大吸收，若在此波长处测定吸光度值，同样用标准曲线法定量，其最低检出限为 0.002mg/L，测定上限为 0.12mg/L。

三、仪器与试剂

1. 仪器

① 分光光度计。

② 500mL 锥形分液漏斗，500mL 全玻璃蒸馏器。

2. 试剂

实验用水应为无酚水。

（1）无酚水　于 1L 水中加入 0.2g 经 200℃ 活化 0.5h 的活性炭粉末，充分振摇，放置过夜。用双层中速滤纸过滤，或加氢氧化钠使水呈强碱性，并滴加高锰酸钾溶液至紫红色，移入蒸馏瓶中加热蒸馏，收集馏出液备用。

注意：无酚水应贮于玻璃瓶中，取用时应避免与橡胶制品（橡皮塞或乳胶管）接触。

（2）三氯甲烷（氯仿）。

（3）2%（m/V）4-氨基安替比林溶液　称取 4-氨基安替比林（$C_{11}H_{13}N_3O$）2g 溶于水中，并稀释至 100mL，贮于棕色瓶中，冰箱内保存，可使用一周。

（4）8%（m/V）铁氰化钾溶液　称取 8g 铁氰化钾 $K_3[Fe(CN)_6]$ 溶于水中，稀释至 100mL，贮存于棕色瓶中，冰箱内保存，可使用一周。

（5）缓冲溶液（pH 约为 10）　称取 20g 氯化铵 NH_4Cl，溶于 100mL 氨水中，贮存于橡皮塞瓶中，冰箱中保存。

注意：应避免氨挥发所引起 pH 的改变，注意在低温下保存和取用后立即加塞盖严，并根据使用情况适量配制。

（6）淀粉溶液　称取 1g 可溶性淀粉，用少量水调成糊状，加沸水至 100mL，冷后，置于冰箱内保存。

（7）苯酚标准贮备液　称取 1.00g 无色苯酚 C_6H_5OH 溶于水，移入 1000mL 容量瓶中，稀释至刻度线。冰箱内保存，至少稳定一个月。

标定：吸取 10.00mL 上述的苯酚标准贮备液于 250mL 碘量瓶中，加水稀释到 100mL，加 10.00mL 0.1mol/L 溴酸钾-溴化钾溶液，立即加入 5mL 浓盐酸，盖上瓶塞，轻轻摇匀，在暗处放置 10min。加入 1g 碘化钾 KI，盖好塞，混匀，暗处放置 5min。用 0.0125mol/L 硫代硫酸钠标准溶液滴定至淡黄色，加入 1mL 1% 淀粉溶液，继续滴定至蓝色刚好褪去。同时以无酚水代替作空白试验，分别记录硫代硫酸钠标准溶液的用量（V_1，V_0）。

计算

$$苯酚（mg/L）=\frac{(V_0-V_1)c\times15.68\times1000}{V}$$

式中　V_0——空白试验中硫代硫酸钠标准溶液用量，mL；

V_1——滴定酚贮备液时，硫代硫酸钠标准溶液用量，mL；

c——硫代硫酸钠标准溶液浓度（$Na_2S_2O_3$），mol/L；

15.68——苯酚的摩尔质量$\left(\frac{1}{6}C_6H_5OH\right)$，g/mol；

V——取用苯酚贮备液的体积，mL。

（8）苯酚标准使用液　取适量苯酚贮备液，用水稀释至每毫升含 0.010mg 苯酚。使用时当天配制。

（9）溴酸钾-溴化钾标准参考溶液（$c_{\frac{1}{6}KBrO_3}=0.1mol/L$）　称取 2.784g 溴酸钾 $KBrO_3$ 溶于水，加入 10g 溴化钾 KBr，溶解后，移入 1000mL 容量瓶中，稀释至刻度线。

（10）浓度约为 0.0125mol/L 的硫代硫酸钠标准溶液　称取 3.1g 硫代硫酸钠溶于煮沸放冷的水中，加入 0.2g 碳酸钠，稀释至 1000mL，临用前可用碘酸钾溶液标定。

标定方法：取 10.00mL 碘酸钾溶液置于 250mL 碘量瓶中，加水稀释至 1000mL，加 1g 碘化钾，再加 5mL（1+5）硫酸。加塞，轻轻摇匀。置暗处放置 5min，用硫代硫酸钠溶液滴定至淡黄色，加 1mL 淀粉溶液，继续滴定至蓝色刚褪去为止，记录硫代硫酸钠溶液用量。

计算硫代硫酸钠的浓度（mol/L）：

$$c_{Na_2S_2O_3} = \frac{碘酸钾标准溶液的浓度（mol/L）\times 碘酸钾标准溶液量（mL）}{硫代硫酸钠标准溶液消耗量（mL）}$$

（11）**硫酸铜溶液**　称取 30g 硫酸铜 $CuSO_4 \cdot 5H_2O$ 溶于水，稀释至 300mL。

（12）**磷酸溶液**　取 50mL H_3PO_4（20℃下，其密度为 1.69g/mL），用水稀释至 500mL。

（13）**甲基橙指示剂**　称取 0.05g 甲基橙溶于 100mL 水中。

四、实验内容

1. 水样的预蒸馏

如水样中含酚＜0.05mg/L 时，取水样 250mL 于蒸馏瓶中，加数粒小玻璃珠以防暴沸，再加 2 滴甲基橙指示剂，用磷酸溶液调节至 pH 约为 4（溶液呈橙红色），加 5.0mL 硫酸铜溶液（如采样时已加过硫酸铜，则补加适量；若加入硫酸铜溶液后产生较多量的黑色硫化铜沉淀，则应摇匀后放置片刻，待沉淀后，再滴加硫酸铜溶液至不再产生沉淀为止）。

连接冷凝器，加热蒸馏至馏出液约 225mL 时，停止加热，放冷。向蒸馏瓶中加入 25mL 水，继续蒸馏至馏出液为 250mL。过程中，如发现甲基橙的红色褪去，应在蒸馏结束后，再加 1 滴甲基橙指示剂；如发现蒸馏后的残液不呈酸性，则应重新取样，增加磷酸加入量，进行蒸馏。

2. 标准曲线绘制

① 吸取苯酚标准使用液（1μg/mL）0.0mL（空白）、0.50mL、1.00mL、3.00mL、5.00mL、7.00mL、10.00mL 和 15.00mL 分别放入已盛有 100mL 水的 8 个 500mL 分液漏斗中，用水稀释至 250mL。加 2.0mL 缓冲溶液，混匀。加 1.50mL 4-氨基安替比林溶液，混匀。再加 1.5mL 铁氰化钾溶液，混匀。放置 10min。

② 准确加入 10.0mL 氯仿，加塞，萃取 2min，静置分层。用干脱脂棉拭干分液漏斗颈管内壁，于颈管内塞一束干脱脂棉或滤纸。放出氯仿层，弃去最初滤出的数滴萃取液后，直接放入 2cm 比色皿中，在 460nm 处以"空白"调零，测定吸光度。以吸光度值为纵坐标，以对应的苯酚含量为横坐标绘制标准曲线。

3. 水样的测定

将预蒸馏馏出液转入 500mL 分液漏斗中（或取一定量馏出液，稀释至 250mL 后，转入分液漏斗中）。用与绘制标准曲线相同步骤测量吸光度，在标准曲线上查出水样中的苯酚含量（μg）。

计算

$$挥发酚（以苯酚计，mg/L）= \frac{m}{V}$$

式中　m——在标准曲线上与经空白校正后的水样吸光度值相对应的苯酚含量，μg；

V——移取的水样馏出液的体积，mL。

五、实验记录及数据处理

实验编号	1	2	3	4	5	6	7	8
苯酚标准液/mL	0.0	0.50	1.00	3.00	5.00	7.00	10.00	15.00
标准液苯酚含量/μg	0.0	0.50	1.00	3.00	5.00	7.00	10.00	15.00
250mL 水中含量/(mg/L)	0.0	0.002	0.004	0.012	0.020	0.028	0.040	0.060
吸光度								
水样吸光度								

绘制标准曲线。并计算出水样中挥发酚的含量（mg/L）。

注意事项

① 水样含挥发酚较高，如水样中含酚＞0.05mg/L 时，可直接采用 4-氨基安替比林光度法在 510nm 处测定。

② 水样中如有游离性余氯，可加入过量的硫酸亚铁将余氯还原为氯离子，然后蒸馏。

③ 配制标准溶液的苯酚应为无色，若有颜色，则需精制。可将苯酚在温水浴中熔化，然后倒入蒸馏瓶中，加热蒸馏，空气冷凝收集 182～184℃蒸馏液于冰水冷却的锥形瓶中，冷却后的苯酚为无色结晶体，保存于暗处。

思考题

1. 测定水样中的挥发酚（还有氰化物、氨等）时为什么要进行预蒸馏？

2. 本实验采用的是 4-氨基安替比林萃取光度法测定水中挥发酚，萃取的作用是什么？什么情况下，可使用直接光度法测定？

实验 13　水中氨氮的测定（纳氏试剂光度法）

一、实验目的

了解测定水中氨氮的预处理的方法；掌握光度法测定水中氨氮的原理及方法。

二、实验原理

氨氮的测定方法有：纳氏试剂光度法、苯酚-次氯酸盐（或水杨酸-次氯酸盐）光度法和电极法等。其中纳氏试剂光度法具有操作简便、灵敏等特点，但钙、镁、铁等金属离子、硫化物、醛、酮类，以及水中色度和混浊等会干扰测定，需要相应的预处理。苯酚-次氯酸盐光度法具有灵敏、稳定等优点，干扰情况及其消除方法与纳氏试剂光度法相同。电极法通常不需要对水样进行预处理，且具有测量范围宽等优点。而氨氮含量较高时，可采用蒸馏-酸滴定法。

纳氏试剂光度法：将水样调至中性，加入硼酸盐缓冲溶液，pH＝9.5；然后将氨以气态蒸出，用硼酸溶液吸收。水中的氨氮则与纳氏试剂（碘化汞和碘化钾的碱性溶液）作用生成黄棕色胶态配合物 $[Hg_2ONH_2]I$，在 410nm 波长下，测定吸光度值，由标准曲线法计算水中氨氮的含量。本法最低检出浓度为 0.025mg/L，测定上限为 2mg/L。水样经适当的预处理后，可适用于地面水、地下水、工业废水和生活污水的测定。

三、仪器与试剂

1. 仪器

① 带氮球的氨氮蒸馏装置，如实图 17 所示。

② 分光光度计。

③ pH 计。

2. 试剂

配制试剂用水均应采用无氨水。

（1）无氨水　制备方法如下。

① 蒸馏法：每升蒸馏水中加 0.1mL 硫酸，在全玻璃蒸馏器中重蒸馏，使水中各种型体的氨或胺最终都变成不挥发的盐类。弃去 50mL 初馏液，接取其余馏出液于具塞磨口的玻璃瓶中，密塞保存。

② 离子交换法：使蒸馏水通过强酸性阳离子交换树脂柱。

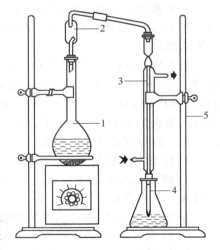

实图 17　水中氨氮蒸馏装置
1—500mL 凯氏烧瓶；2—氮球；
3—直形冷凝管；4—吸收瓶；
5—固定支架

（2）硼酸盐缓冲溶液 取约 500mL 0.025mol/L 四硼酸钠溶液（9.5g/L $Na_2B_4O_7 \cdot 10H_2O$），加入 88mL 0.1mol/L NaOH，用水稀释至 1000mL。

（3）硼酸溶液 称取 20g 硼酸溶于水，稀释至 1000mL。

（4）纳氏试剂 制备方法如下。

① 称取 20g 碘化钾溶于约 25mL 水中，边搅拌边分次少量加入二氯化汞（$HgCl_2$）结晶粉末（约 10g），至出现朱红色沉淀不易溶解时，改为滴加饱和二氯化汞溶液，并充分搅拌，当出现微量朱红色沉淀不再溶解时，停止滴加氯化汞溶液。

另称取 60g 氢氧化钾溶于水，并稀释至 250mL，冷却至室温后，将上述溶液徐徐注入氢氯化钾溶液中，用水稀释至 400mL，混匀。静置过夜，将上清液移入聚乙烯瓶中，密塞保存。

② 称取 16g 氢氧化钠，溶于 50mL 水中，充分冷却至室温。

另称取 7g 碘化钾和碘化汞（HgI_2）溶于水，然后将此溶液在搅拌下徐徐注入氢氧化钠溶液中。用水稀释至 100mL，贮于聚乙烯瓶中，密塞保存。

注意：纳氏试剂，毒性很强，防止吸入！

（5）酒石酸钾钠溶液 称取 50g 酒石酸钾钠 $KNaC_4H_4O_6 \cdot 4H_2O$ 溶于 100mL 水中，加热煮沸以除去氨，放冷，定容至 100mL。

（6）铵标准贮备溶液 称取 3.819g 经干燥的无水氯化铵 NH_4Cl 溶于 1000mL 容量瓶中，稀释至刻度线。此溶液含 1.00mg 氨氮/mL。

（7）铵标准使用液 移取上述铵标准贮备液 5.00mL，放入 500mL 容量瓶中，稀释至刻度线。此溶液含 0.010mg 氨氮/mL。

（8）氨氮溶液 约为 0.05mol/L。

（9）0.05% 溴百里酚蓝指示剂 pH 6.0～7.6。

（10）轻质氧化镁 将氧化镁在 500℃ 下加热，以除去碳酸盐。

（11）其他 1mol/L HCl 溶液；1mol/L NaOH 溶液。

四、实验内容

1. 水样预蒸馏

如果水样的氨氮含量大于 1mg/L 时，可以直接采用纳氏试剂光度法测定；但若氨氮含量小于 1mg/L 或水样的颜色、浊度较高时，则应预先用蒸馏法将 NH_3 蒸出，再用纳氏试剂光度法测定。

取水样 250mL，移入凯氏烧瓶中，加数滴溴百里酚蓝指示剂，用 NaOH 溶液或 HCl 溶液调节 pH≈7。加入 20mL 缓冲溶液和数粒玻璃珠，用 6mol/L NaOH 调节 pH 至 9.5（用 pH 计或精密 pH 试纸测定），以 50mL 硼酸溶液为吸收液，立即连接氮球和冷凝管，导管下端插入吸收液液面 2cm 以下，加热蒸馏。速度控制在 6～10mL/min，蒸馏至馏出液达 200mL，将导管离开吸收液面，再停止加热。用无氨水定容至 250mL。

2. 标准曲线绘制

① 吸取 0.0mL、0.50mL、1.00mL、3.00mL、5.00mL、7.00mL 和 10.00mL 铵标准使用液（氨氮含量：0.01mg/mL），分别放入 50mL 比色管中，加水稀释至刻度线。

② 加入 1.0mL 酒石酸钾钠溶液，混匀。

③ 加入 1.5mL 纳氏试剂，混匀。

④ 放置 10min 后，在波长 420nm 处，用光程 20mm 比色皿，以水为参比，测定吸光度。由测得的吸光度，减去零浓度空白管的吸光度后，得到校正吸光度值，绘制以氨氮含量（mg）对校正吸光度的标准曲线。

3. 水样的测定

吸取经蒸馏处理后的氨氮馏出液 50mL，放入比色管中，按绘制标准曲线程序，按步骤 2.②、③、④进行操作，测定吸光度值。做 2 个平行样。在标准曲线上查出水样中氨氮的含量。

五、实验记录及数据处理

1. 绘制标准曲线

实 验 编 号	1	2	3	4	5	6	7
铵标准使用液体积/mL	0.0	0.50	1.00	3.00	5.00	7.00	10.00
氨氮的质量/mg	0.0						
50mL 溶液中氨氮含量/(mg/L)	0.0						
吸光度值	0.0						

2. 实验结果

平 行 样	1	2
水样的吸光度值		
水样中的氨氮含量/(mg/L)		
平均值/(mg/L)		

注意事项

① 测定水样时，如果是未蒸馏水样，可按前述方法测定。但如果是蒸馏的水样，则需中和氨吸收液中的硼酸后再测定，其方法：多加 2mL 纳氏试剂，中和硼酸；或在加入 1.5mL 纳氏试剂之前用 1mol/L NaOH 溶液中和硼酸。

② 水样中如含有余氯时，与氨生成氯胺，不能与纳氏试剂生成显色化合物，干扰测定。遇此情况，可在含有余氯的水样中加入适量还原剂（如 0.35% $Na_2S_2O_3$ 溶液）消除干扰后测定。

③ 纳氏试剂中碘化汞与碘化钾的比例，对显色反应的灵敏度有较大影响。静置后生成的沉淀应除去。

④ 滤纸中常含痕量铵盐，使用时注意用无氨水洗涤。所用玻璃器皿应避免实验室空气中的氨玷污。

思考题

1. 测定水中氨氮时，为何采用预蒸馏的预处理的方法？

2. 水中氨氮的测定方法有哪些？各适用于什么情况？

实验 14 水中 pH 的测定（玻璃电极法）

一、实验目的

掌握 pH 计测定溶液 pH 的方法和原理。

二、实验原理

电位法测定溶液的 pH，是以玻璃电极为指示电极，饱和甘汞电极为参比电极，组成原电池。实验中选用 pH 与水样 pH 接近的标准缓冲溶液，校正 pH 计，并保持溶液温度恒定，以减少由于液接电位、不对称电位及温度等变化而引起的误差，测定水样之前，用两种不同 pH 的缓冲溶液校正，如用一种 pH 的缓冲溶液定位后，再测定相差约 3 个 pH 单位的另一种缓冲溶液的 pH 时，误差应在 ±0.1pH 之内。

校正后的 pH 计，可以直接测定水样或溶液的 pH。

三、仪器与试剂

（1）仪器　各种型号的 pH 计。

（2）试剂

① 0.05mol/L 邻苯二甲酸氢钾标准缓冲溶液;

② 0.025mol/L 混合磷酸盐缓冲溶液;

③ 浓度约为 0.1mol/L 的 NaH_2PO_4 溶液。

四、实验内容

按照仪器使用说明书的操作方法进行操作。

1. 将电极与塑料杯用水冲洗干净后,用标准缓冲溶液淋洗 1～2 次,用滤纸吸干。

2. 分别用 0.05mol/L 邻苯二甲酸氢钾标准缓冲溶液和 0.025mol/L 混合磷酸盐标准缓冲溶液校正仪器刻度。

3. 水样和溶液 pH 的测定

① 用水冲洗电极 3～5 次,再用被测水样或溶液冲洗 3～5 次,然后将电极放入水样或溶液中。

② 测定完毕,清洗干净电极和塑料杯。

五、实验记录及数据处理

编　　号	1	2	3
被测溶液 pH			
平均值			

注意事项

1. 玻璃电极的使用

① 使用前应将玻璃电极的球泡部位浸在蒸馏水中 24h 以上。如果在 50℃ 蒸馏水中,可浸泡 2h。冷却至室温后当天使用。不用时也须浸在蒸馏水中。玻璃电极的玻璃膜极薄,很容易破碎,使用时要特别小心。

② 安装时要用手指夹住电极导线插头安装,切勿使球泡与硬物接触。玻璃电极下端要比饱和甘汞电极高 2～3mm。防止触及杯底而损坏。

③ 玻璃电极测定碱性水样或溶液时,应尽快测量。测量胶体溶液、蛋白质和染料溶液时,用后须用棉花或软纸蘸乙醚小心地擦拭、酒精清洗,最后用蒸馏水洗净。

2. 饱和甘汞电极使用

① 使用饱和甘汞电极前,应先将电极管侧面小橡皮塞及弯管下端的橡皮套取下,不用时再放回。

② 饱和甘汞电极应经常补充管内的饱和氯化钾溶液,溶液中应有少许 KCl 晶体,不可有气泡。补充后应等几小时再用。

③ 饱和甘汞电极不能长时间浸在被测水样中。不能在 60℃ 以上的环境中使用。

3. 仪器校正时,应选择与水样 pH 接近的标准缓冲溶液校正仪器。

思考题

1. pH 计上的"温度"钮与"定位"钮的作用各是什么?

2. 为什么常用邻苯二甲酸氢钾、四硼酸钠、二草酸三氢钾等的溶液作为 pH 标准缓冲溶液?

实验 15　水中氟化物的测定(氟离子选择电极法)

一、实验目的

掌握采用氟离子选择电极法测定水中或溶液中氟化物的方法和原理。

二、实验原理

将氟离子选择电极和饱和甘汞电极浸入水样或含氟溶液中,构成原电池。该原电池的电动势与氟离子活度的对数呈线性关系,分别测定电极与已知标准氟离子浓度溶液组成的原电池电动势及电极与水样或待测含氟溶液组成的原电池电动势,由这两个关系式即可计算出待测水样或含氟溶液中 F^- 浓度。常用的定量方法有标准曲线法和标准加入法。

对于污染严重的生活污水和工业废水，以及含氟硼酸盐的水样均要进行预蒸馏。

三、仪器与试剂

1. 仪器

① 氟离子选择电极。

② 饱和甘汞电极或银-氯化银电极。

③ 离子活度计或 pH 计，精确到 0.1mV。

④ 磁力搅拌器、聚乙烯或聚四氟乙烯包裹的搅拌子。

⑤ 聚乙烯杯：100mL、150mL。

2. 试剂

所用水为去离子水或无氟蒸馏水。

（1）氟化物标准贮备液　称取预先在 105～110℃烘干 2h 或在 500～650℃烘干约 40min 后冷却的基准氟化钠（NaF）0.2210g。用水溶解后移入 1000mL 容量瓶中并稀释至刻度线，摇匀，贮存于聚乙烯瓶中。该溶液氟离子浓度为 $100\mu g/mL$。

（2）氟化物标准溶液　吸取上述氟化钠标准贮备液 10.00mL，注入 100mL 容量瓶中，稀释至刻度线，摇匀。该溶液氟离子浓度为 $10\mu g/mL$。

（3）乙酸钠溶液　称取 15g 乙酸钠（CH_3COONa）溶于水中，并稀释至 100mL。

（4）总离子强度调节缓冲溶液（TISAB）　称取 58.8g 二水合柠檬酸钠和 85g 硝酸钠，加水溶解，用盐酸调节 pH 至 5～6，转入 1000mL 容量瓶中，稀释至刻度线，摇匀。

（5）2mol/L 盐酸溶液。

四、实验内容

1. 按照测量仪器和电极的使用说明，首先接好线路，将各开关置于"关"的位置。开启电源开关，预热 15min。以后操作按说明书要求进行。测定前，试液应达到室温，并与标准溶液温度一致（温差不得超过±1℃）。

2. 标准曲线的绘制

① 分别吸取 1.00mL、3.00mL、5.00mL、10.00mL、20.00mL 氟化物标准溶液，置于 5 个 50mL 容量瓶中。

② 加入 10mL 总离子强度调节缓冲溶液（TISAB），用水稀释至刻度线，摇匀。

③ 分别移入 100mL 聚乙烯杯中，各放入一个塑料搅拌子。

④ 按浓度由低到高的顺序，依次插入电极，连续搅拌溶液，读取搅拌状态下的稳态电位值（E）。

在每次测量之前，都要用水将电极冲洗净，并用滤纸吸去水分。

以氟离子浓度的负对数为横坐标，电池电动势 E 为纵坐标，在半对数坐标纸上绘制出 E-$\lg c_{F^-}$ 标准曲线。

3. 水样测定

吸取适量水样，置于 50mL 容量瓶中，用乙酸钠或盐酸溶液调节至近中性。以后的操作与标准曲线的绘制相同，即同步骤 2.②、③。然后在聚乙烯杯中插入电极，连续搅拌溶液，待电位稳定后，在搅拌下读取电位值（E_X）。平行测定 2 次。

在每次测量之前，都要用水充分洗涤电极，再用滤纸吸去水分。根据测得的电池电动势，由标准曲线上查得氟化物的含量。

4. 空白试验

用蒸馏水代替水样，依相同的操作条件和步骤进行测定。

当水样组成复杂或成分不明时，宜采用一次标准加入法，减小基体的影响。其操作：先按步骤 2 测定出水样的电位值（E_1），然后向水样中加入一定量（与试液中氟的含量相近）

的氟化物标准溶液，在不断搅拌下读取稳态电位值（E_2）。

五、实验记录及数据处理

1. 计算

（1）标准曲线法　从标准曲线上可查知水样中氟离子的浓度。若为稀释水样，则由稀释倍数即可计算出水样中氟化物的含量（mg/L）。

（2）标准加入法　设向水样中加入的氟化物标准溶液的浓度为 c_S，体积为 V_S，水样的电位值为 E_1，加入氟化物标准溶液后的电位值为 E_2，被测水样中氟离子的浓度 c_0（mol/L），水样的体积为 V_0。将测得的 ΔE 数值代入下式，便可计算出被测离子浓度 c_0：

$$c_0 = \Delta c (10^{\Delta E/S} - 1)^{-1}$$

式中　　$\Delta c = \dfrac{V_S c_S}{V_0}$；

$\Delta E = E_2 - E_1$；

$S = \dfrac{2.303RT}{nF}$，25℃时，$S = \dfrac{0.059}{n}$。

2. 实验结果记录

标准曲线的绘制					
编　　号	1	2	3	4	5
加入氟离子标准溶液/（10μg/mL）	1.00mL	3.00mL	5.00mL	10.00mL	20.00mL
氟离子的浓度/（mg/L）					
氟离子浓度的负对数					
测得的电位值 E/V					

水样的测定		
编　　号	1	2
测得的电位值 E/V		
由标准曲线查得的氟离子浓度/（mg/L）		
氟离子浓度的平均值/（mg/L）		

空白试验	
测得的空白电位值 E_0/V	
由标准曲线查得的氟离子浓度/（mg/L）	

注意事项

① 电极用后应用水充分冲洗干净，并用滤纸吸去水分，放在空气中，或者放在稀的氟化物标准溶液中。如果短时间不再使用，应洗净。吸去水分，套上保护电极敏感部位的保护帽。电极使用前还应洗净，并吸去水分。

② 如果氟化物含量低，则应从测定值中扣除空白试验值。

③ 不得用手触摸电极的敏感膜；如果电极膜表面被有机物等沾污，必须先清洗干净后才能使用。

④ 一次标准加入法所加入标准溶液的浓度（c_S），应比试液浓度（c_X）高 10～100 倍，加入的体积为试液的 1/10～1/100，以使体系的 TISAB 浓度变化不大。

思考题

1. 在测定氟离子浓度的实验中，为什么要加入总离子强度调节缓冲溶液（TISAB）？其作用有哪些？

2. 氟化物的测定中，常用的定量方法有标准曲线法和标准加入法，试比较这两种方法各有什么特点？

实验 16　溶剂萃取气相色谱法测定饮用水中的氯仿

一、实验目的

1. 熟悉溶剂萃取的富集水样方法。
2. 了解气相色谱仪的基本结构、性能和操作方法。
3. 掌握气相色谱法测定水中氯仿的基本原理和定量方法。

二、实验原理

饮用水氯消毒中产生的氯仿 $CHCl_3$、二氯一溴甲烷 $CHCl_2Br$、一氯二溴甲烷 $CHClBr_2$ 和溴仿 $CHBr_3$ 等微量卤仿，用正乙烷：乙醚混合溶剂 $(V/V=1：1)$ 萃取富集后，用带有电子捕获检测器（ECD）的气相色谱（GC）法分离、定量。根据峰高或峰面积由标准曲线查出水样中卤仿的含量。

三、仪器与试剂

1. 仪器

① 配有 ECD 检测器的气相色谱仪；

② 微量注射器 $1\mu L$、$100\mu L$；

③ 容量瓶 100mL、10mL。

2. 试剂

（1）无 $CHCl_3$ 的蒸馏水　将普通蒸馏水煮沸 20min 即得。

（2）$CHCl_3$ 标准溶液　准确吸取 $67.74\mu L$ 色谱纯 $CHCl_3$，加入到盛有少量正己烷的 10mL 容量瓶中，用正己烷稀释至刻度。此溶液 $CHCl_3$ 浓度为 $10\mu g/\mu L$。

再取 $10\mu g/\mu L$ $CHCl_3$ 溶液 $250\mu L$，加入到盛有正己烷的 25mL 容量瓶中，用正己烷稀释至刻度，此溶液为 $0.1\mu g/\mu L$ 的 $CHCl_3$ 标准溶液。置于冰箱中待用。

（3）光谱纯 $CHCl_3$。

$$d_4^{20}=1.4832$$

（4）正己烷　分析纯 A.R.。

（5）乙醚　分析纯 A.R.。

（6）含 $CHCl_3$ 水样　约 2.5×10^{-4} mmol/L。

四、实验内容

1. 色谱条件的选择

根据实验确定色谱条件为

固定相与柱温：OV-101 毛细管柱 50m×0.3mm，64℃；

　　　　　　　　10％FFAP 填充柱 1.5m×3mm，90℃；

载气：99.999％氮气，流速 33.3cm/s，流量 40mL/mn；

电子捕获检测器 ECD（Ni^{63}）；

检测室温度 220℃；汽化室温度 210℃。

2. 标准曲线绘制

① 用微量注射器吸取 $0.0\mu L$、$10.0\mu L$、$20.0\mu L$、$30.0\mu L$ 和 $40.0\mu L$ $CHCl_3$ 标准溶液 $(0.1\mu g/\mu L)$，分别放入盛有少量无 $CHCl_3$ 蒸馏水的 100mL 容量瓶中，用无 $CHCl_3$ 蒸馏水稀释至刻度。

② 分别加入 1.0mL 正己烷：乙醚混合溶剂 $(V/V=1：1)$，萃取 2min。

③ 放置 2min 后，用微量注射器取有机相 $0.5\mu L$，进样。

④ 色谱条件见前。

⑤ 由色谱图测量峰高，做记录。

3. 水样的测定

吸取 100mL 水样（$CHCl_3$ 含量约 2.5×10^{-4} mmol/L），放入 100mL 容量瓶中，以下按绘制标准曲线②～⑤程序测量峰高，做记录。做 2 个平行样。

五、实验记录及数据处理

1. 实验记录

实 验 编 号	1	2	3	4	5
$CHCl_3$ 标准溶液量/μL	0	10.0	20.0	30.0	40.0
含量/μg	0	1.00	2.00	3.00	4.00
$CHCl_3$ 的浓度/($\mu g/L$)	0	10.0	20.0	30.0	40.0
峰高 h/mm					
水样峰高 h/mm					

2. 绘制标准曲线：扣除空白后，以水中 $CHCl_3$ 含量（$\mu g/L$）为横坐标，对应的峰高 h（mm）为纵坐标绘制标准曲线。

3. 由测得水样的峰高，在标准曲线上求出水样中 $CHCl_3$ 含量（$\mu g/L$）。

注意事项

① 实验前认真阅读气相色谱仪的使用说明，实验时严格遵守操作规程。

② 色谱条件的选择可由实验室指导教师完成。

③ 乙醚是挥发性有机物，也是配制标准溶液的优良溶剂。它的挥发性，与水或其他溶剂的可混溶性，对材料的弱亲和力以及易从仪器的管路中清洗等特性，使乙醚成为较合适的溶剂之一。但乙醚一般需纯化，其方法是：让乙醚通过装有活性铝的分液漏斗，以除去过氧化物，然后再经分级蒸馏。注意：乙醚易燃。

④ 如果取氯化水样，应立即加入 1g 抗坏血酸/L 水，以消除水中余氯的继续氯化作用。

⑤ $CHCl_3$ 对人体有害，操作时注意安全，勿吸入口内。

思考题

1. 根据实验数据和色谱图，你知道本实验中 $CHCl_3$ 的保留时间 t_R 吗？色谱法中 t_R 有何意义？

2. 气相色谱的定量方法有哪几种？测定色谱图中的峰高 h 有何意义？

实验 17 原子吸收光谱法测定水中钙、镁的含量

一、实验目的

1. 掌握原子吸收光谱法的基本原理；

2. 熟悉原子吸收光谱法的基本定量方法——标准曲线法；

3. 了解原子吸收分光光度计的基本结构、性能和操作方法。

二、实验原理

稀溶液中的被测离子在火焰温度（<3000K）下变成被测离子原子蒸气，由光源空心阴极灯辐射出待测离子的特征谱线被原子蒸气强烈吸收，其吸光度 A 与被测离子原子蒸气浓度 N 的关系符合朗伯-比尔定律。在固定的实验条件下，被测离子原子蒸气浓度 N 与溶液中被测离子浓度 c 成正比，故 $A = Kc$；式中，A—水样的吸光度；c—水样中被测离子的浓度；K—常数。

原子吸收分光光度分析常用的定量方法有：标准曲线法、标准加入法和浓度直读法等（参见书中内容）。本实验采用标准曲线法测定 Mg^{2+} 的含量，标准加入法测定 Ca^{2+} 的含量。

三、仪器与试剂

1. 仪器

原子吸收分光光度计；镁元素和钙元素空心阴极灯；乙炔钢瓶；空气压缩机；容量瓶 50mL、500mL、1000mL；吸量管 2mL、10mL；洗耳球。

2. 试剂

（1）镁标准贮备液（100.0μg/mL）　称取 0.1658g 光谱纯氧化镁 MgO 于烧杯中，用适量盐酸溶解后，蒸干除去过剩盐酸后，用去离子水溶解，转移到 1000mL 容量瓶中，并稀释至刻度。

（2）钙标准贮备液（100.0μg/mL）　称取 0.1249g $CaCO_3$ 基准物，用 6mol/L 的盐酸溶解后，转移到 500mL 容量瓶中，并稀释至刻度。

（3）氯化镧溶液　称取 1.76g 氯化镧 $LaCl_3$ 溶于水中，稀释至 100mL，此溶液含 La 10mg/mL。

（4）盐酸　分析纯 A.R.。

（5）去离子水。

四、实验内容

1. 熟悉所用型号仪器的使用方法，按使用说明启动仪器。

2. 镁含量的测定

（1）仪器工作条件的选择　按改变一个因素，固定其他因素来选择最佳工作条件的方法，确定实验的最佳工作条件是：

镁空心阴极灯工作电流	4mA	燃烧器高度	6mm
狭缝宽度	0.5mm	乙炔流量	1.6L/min
波长	285.2nm		

（2）标准曲线的绘制　镁标准使用溶液的配制：准确吸取 10.0mL 镁标准贮备液（100.0μg/mL），放入 100mL 容量瓶中，用去离子水稀释至刻度。此溶液镁含量为 10.0μg/mL。

镁标准系列溶液的配制：准确吸取镁标准使用液（10.0μg/mL）0.0mL（试剂空白）、1.00mL、3.00mL、5.00mL、7.50mL 和 10.00mL 分别放入 6 支 100mL 容量瓶中，再分别加入 5mL $LaCl_3$ 溶液，用去离子水稀释至刻度，摇匀（溶液浓度依次为 0.000mg/L、0.100mg/L、0.300mg/L、0.500mg/L、0.750mg/L、1.000mg/L）。

标准系列溶液的测定：按选定的工作条件，用"试剂空白"调吸光度为零，然后由稀到浓依次测定各标准溶液的吸光度值并做记录。

（3）水样中 Mg^{2+} 的测定　准确吸取水样 2.00mL（如水样中 Mg^{2+} 含量低时，可适当多取），放入 100mL 容量瓶中，用去离子水稀释至刻度，混匀。按同样条件测定吸光度值。做平行样 3 份，记录。

3. 钙含量的测定

（1）仪器工作条件的选择　将钙元素空心阴极灯调入光路，预热（灯电流 5～10mA）测定波长调到 422.7nm。其他条件与测 Mg^{2+} 相同。

（2）水中 Ca^{2+} 的半定量测定　取 100.0μg/mL 钙标准溶液 2mL 加入 50mL 容量瓶中，加入 5mL $LaCl_3$，用去离子水稀释至刻度，摇匀。取 25mL 水样加入 50mL 容量瓶中，加入 5mL $LaCl_3$，用去离子水定容。各取上述容量瓶中的溶液 25mL 于第三个容量瓶中混合均匀。在同样的工作条件下测定上述三种溶液的吸光度，即可估算出水中钙的大致含量 C_X。

（3）配制标准加入法系列溶液　取 5 只 50mL 容量瓶，分别加入 5mL 水样，再分别加入 5mL $LaCl_3$，然后向上述容量瓶中依次加入 Ca^{2+} 的标准溶液 0.0mL、V_1、$2V_1$、$4V_1$，用去离子水定容（为使溶液中的 $C_X \approx C_0$，取 $V_1 = C_X V_X / C_S$）。

（4）在所选择的工作条件下，逐个测定吸光度。

五、实验记录及数据处理

1. 实验记录

镁含量的测定

实 验 编 号	1	2	3	4	5	6
镁标准使用液体积/mL 对应的含量/μg	0.0 0.0	1.00 10.0	3.00 30.0	5.00 50.0	7.50 75.0	10.00 100.0
浓度 c/(mg/L)	0.0	0.100	0.0300	0.0500	0.750	1.000
吸光度值	0.0					
水样吸光度值						

钙含量的测定

实 验 编 号	1	2	3	4
加入钙标准溶液的体积/mL	0	V_1	$2V_1$	$4V_1$
浓度 c/(mg/L)				
吸光度值				
水样吸光度值				

2. 绘制镁标准曲线

以标准溶液浓度 c(mg/L) 为横坐标，对应的吸光度为纵坐标，绘制标准曲线。

在标准曲线上查出水样中镁的含量。

$$水样中镁的含量(mg/L) = c_标 \times 100/V_水$$

式中　$c_标$——由标准曲线上查出镁的含量，mg/L；

　　　$V_水$——取水样的体积，mL；

　　　100——水样稀释至最后体积，mL。

3. 绘制钙的标准加入法直线，并外推与横轴相交，求得钙的浓度，计算水样中的钙含量，以 mg/L 表示。

注意事项

1. 仪器操作中注意事项

① 单光束仪器一般预热 $10\sim30$min。

② 启动空气压缩机压力不允许大于 0.2MPa，乙炔压力最好不要超过 0.1MPa。

③ 点燃空气-乙炔火焰时，应先开空气，后开乙炔；熄灭火焰时，先关乙炔开关，后关空气开关。

④ 排废水管必须用水封，以防回火。

2. 在空气-乙炔火焰中，一般水中常见的阴、阳离子不影响镁、钙的测定。而 Al^{3+} 与 SiO_3^{2-}、PO_4^{3-} 和 SO_4^{2-} 共存时，能抑制钙、镁的原子化，吸光度将减少，使结果偏低。故在水样中加入过量的 La 盐或 Sr 盐，由于 La 和 Sr 能与干扰离子生成更稳定的化合物，将被测元素释放出来，可消除共存离子对 Ca^{2+}、Mg^{2+} 测定的干扰。

3. 如改用氧化亚氮-乙炔高温火焰，所有的化学干扰均会消除。但由于温度高，会出现电离干扰，水样中加入大量钾或钠盐即可消除。

4. 乙炔管道及接头禁止使用紫铜材质，否则易生成乙炔铜引起爆炸。

5. 测定水样中镁含量时，采用标准曲线法；如测定水样中钙含量时，则采用标准加入法定量。

思考题

1. 原子吸收光谱法测定不同元素时，对光源有什么要求？

2. 用原子吸收光谱法和 EDTA 配合滴定法测定水中金属元素或离子时有何异同？

实验 18　萃取分离——光度法测定环境水样中微量铅

一、实验目的

了解双硫腙（又称二苯硫腙）萃取吸光光度法测定环境水样中铅的原理和方法。

二、实验原理

铅是可在人体和动物组织中积蓄的有毒金属，其毒害可导致贫血症、神经机能失调和肾损伤。淡水中含铅 $0.06 \sim 120 \mu g/L$。世界卫生组织规定饮用水中铅最高含量不得超过 $100 \mu g/L$。

测定水中铅的方法有原子吸收法和双硫腙萃取吸光光度法，后者经萃取分离富集，选择性和灵敏度较高。原理如下：

在 pH 为 $8.5 \sim 9.5$ 的氨性柠檬酸盐-氰化物-盐酸羟胺的还原性介质中，铅与双硫腙形成淡红色双硫腙铅螯合物，此螯合物可被三氯甲烷（或四氯化碳）萃取的，萃取所得有机相最大吸收波长为 510nm，摩尔吸收系数为 $6.7 \times 10^4 L/(mol \cdot cm)$。$Fe^{3+}$ 及其他氧化性物质的存在会使双硫腙被氧化，可通过加入盐酸羟胺避免干扰；Ag^+、Hg^{2+}、Cu^{2+}、Zn^{2+}、Cd^{2+}、Ni^{2+}、Co^{2+} 等干扰离子可用氰化物掩蔽；为防止 Al^{3+}、Cr^{3+}、Fe^{3+}、Ca^{2+}、Mg^{2+} 等离子在碱性溶液中水解沉淀，可用柠檬酸盐进行配合。

本法适于测定地表水和废水中的微量铅。

三、仪器与试剂

1. 仪器

① 分光光度计。

② 250mL 分液漏斗。

2. 试剂

（1）铅标准贮备液　称取 0.1599g $Pb(NO_3)_2$（纯度 $\geqslant 99.5\%$）溶于约 200mL 水中，加入 10mL HNO_3，移入 1000mL 容量瓶，加水稀释至刻度，此溶液含铅 $100.0 \mu g/mL$。

（2）铅标准使用液　取上述铅标准贮备液 10.00mL 置于 500mL 容量瓶，用水稀释至刻度，此溶液含铅 $2.0 \mu g/mL$。

（3）双硫腙贮备液 0.1g/L　称取 100mg 纯净双硫腙溶于 1000mL 三氯甲烷中，贮于棕色瓶，放置于冰箱内备用（双硫腙试剂不纯时应提纯）。

（4）双硫腙工作液 0.04g/L　吸取 100mL 上述双硫腙贮备液置于 250mL 容量瓶中，用三氯甲烷稀释至刻度。

（5）双硫腙专用液　将 250mg 双硫腙溶于 250mL 三氯甲烷中，此溶液不必纯化，专用于萃取提纯试剂。

（6）柠檬酸盐-氰化钾还原性溶液　将 100g 柠檬酸氢二铵，5g 无水 Na_2SO_3，2.5g 盐酸羟胺，10g KCN（注意剧毒！）溶于水，用水稀释至 250mL，加入 500mL 氨水混合。

四、实验内容

1. 水样预处理

不含悬浮物的地下水、清洁地面水可不经预处理直接测定；而一般水样需进行消化预处理，方法如下。

（1）比较混浊的地面水　取 250mL 水样于烧杯中，加入 2.5mL HNO_3，在电热板上微沸消解 10min，冷却后用快速滤纸过滤，并将滤液移入 250mL 容量瓶中，滤纸则用 0.2% HNO_3 洗涤数次，洗涤后的液体倒入容量瓶至满刻度。

（2）含悬浮物和有机物较多的水样　取 200mL 水样加入 10mL HNO_3，煮沸消解至 10mL 左右，稍冷却，补加 10mL HNO_3 和 4mL $HClO_4$，继续消解蒸至近干。冷却后用

0.2% HNO$_3$ 温热条件下溶解残渣，冷却后用快速滤纸过滤，并将滤液移入 200mL 容量瓶中，再用 0.2% HNO$_3$ 洗涤滤纸，洗涤后的液体倒入容量瓶并定容至 200mL。

2. 标准曲线的绘制

① 分别移取 0.00mL、0.50mL、1.00mL、5.00mL、7.50mL、10.00mL、12.50mL、15.00mL 铅的标准溶液，并分别置于 8 只 250mL 分液漏斗中。

② 加去离子水至 100mL。

③ 加入 10mL $20\%(V)$ HNO$_3$ 和 50mL 柠檬酸盐-氰化钾还原性氨性溶液，混匀。

④ 再加入 10.00mL 双硫腙工作液，塞紧后剧烈振荡 30s，静置分层。

⑤ 在分液漏斗的颈管内塞入一小团无铅脱脂棉，然后放出下层有机相，弃去 $1\sim2$mL 流出液，再注入 1cm 比色皿中，以三氯甲烷为参比，在 510nm 处测定吸光度。

绘制出以铅含量（μg）对校正吸光度的标准曲线。

3. 试样测定

准确量取含铅量不超过 30μg 的适量试样置于 250mL 分液漏斗中，加水至 100mL。以下按标准溶液的测定步骤进行，即按步骤 2.③、④、⑤操作。平行测定 2 次。

计算： $$含铅量 = m/V$$

式中 m——从标准曲线上查出的铅的质量，μg；

V——水样的体积，L。

五、实验记录及数据处理

1. 绘制标准曲线

实验编号	1	2	3	4	5	6	7	8
铅标准溶液的体积/mL	0.00	0.50	1.00	5.00	7.50	10.00	12.50	15.00
所含铅的质量/μg	0.00							
吸光度值								

2. 实验结果

平行样	1	2
水样的吸光度值		
由标准曲线查得的铅含量/(μg/L)		
平均值/(μg/L)		

思考题

1. 为什么光度法测定环境水样中的铅要采取萃取方法？

2. 双硫腙工作液为什么要很准确加入？

附　　录

附录一　弱酸、弱碱在水中的离解常数（25℃，$I=0$）

弱　酸　名　称		K_a	pK_a
砷酸	H_3AsO_4	$6.3 \times 10^{-3}(K_{a_1})$	2.20
		$1.0 \times 10^{-7}(K_{a_2})$	7.00
		$3.2 \times 10^{-12}(K_{a_3})$	11.50
偏亚砷酸	$HAsO_2$	6.0×10^{-10}	9.22
硼酸	H_3BO_3	5.8×10^{-10}	9.24
四硼酸	$H_2B_4O_7$	$1 \times 10^{-4}(K_{a_1})$	4
		$1 \times 10^{-9}(K_{a_2})$	9
碳酸	$H_2CO_3(CO_2+H_2O)^*$	$4.2 \times 10^{-7}(K_{a_1})$	6.38
		$5.6 \times 10^{-11}(K_{a_2})$	10.25
次氯酸	$HClO$	3.2×10^{-8}	7.49
氢氰酸	HCN	4.9×10^{-10}	9.31
氰酸	$HCNO$	3.3×10^{-4}	3.48
铬酸	H_2CrO_4	$1.8 \times 10^{-1}(K_{a_1})$	0.74
		$3.2 \times 10^{-7}(K_{a_2})$	6.50
氢氟酸	HF	6.6×10^{-4}	3.18
亚硝酸	HNO_2	5.1×10^{-4}	3.29
过氧化氢	H_2O_2	1.8×10^{-12}	11.75
磷酸	H_3PO_4	$7.5 \times 10^{-3}(K_{a_1})$	2.12
		$6.3 \times 10^{-8}(K_{a_2})$	7.20
		$4.4 \times 10^{-13}(K_{a_3})$	12.36
焦磷酸	$H_4P_2O_7$	$3.0 \times 10^{-2}(K_{a_1})$	1.52
		$4.4 \times 10^{-3}(K_{a_2})$	2.36
		$2.5 \times 10^{-7}(K_{a_3})$	6.60
		$5.6 \times 10^{-10}(K_{a_4})$	9.25
正亚磷酸	H_3PO_3	$3.0 \times 10^{-2}(K_{a_1})$	1.52
		$1.6 \times 10^{-7}(K_{a_2})$	6.79
氢硫酸	H_2S	$1.3 \times 10^{-7}(K_{a_1})$	6.89
		$7.1 \times 10^{-15}(K_{a_2})$	14.15
硫酸	HSO_4^-	$1.2 \times 10^{-2}(K_{a_2})$	1.92
亚硫酸	H_2SO_3	$1.3 \times 10^{-2}(K_{a_1})$	1.89
		$6.3 \times 10^{-8}(K_{a_2})$	7.20
硫代硫酸	$H_2S_2O_3$	$2.3(K_{a_1})$	0.6
		$3 \times 10^{-2}(K_{a_2})$	1.6
偏硅酸	H_2SiO_3	$1.7 \times 10^{-10}(K_{a_1})$	9.77
		$1.6 \times 10^{-12}(K_{a_2})$	11.8
甲酸	$HCOOH$	1.7×10^{-4}	3.77
乙酸（醋酸）	CH_3COOH	1.7×10^{-5}	4.77
丙酸	$CH_3(CH_2)_2COOH$	1.3×10^{-5}	4.87
丁酸	$CH_3(CH_2)_2COOH$	1.5×10^{-5}	4.82
戊酸	$CH_3(CH_2)_3COOH$	1.4×10^{-5}	4.84

弱 酸 名 称		K_a	pK_a
羟基乙酸	$CH_2(OH)COOH$	1.5×10^{-4}	3.83
一氯乙酸	$CH_2ClCOOH$	1.4×10^{-3}	2.86
二氯乙酸	$CHCl_2COOH$	5.0×10^{-2}	1.30
三氯乙酸	CCl_3COOH	0.23	0.64
氨基乙酸盐	$^+NH_3CH_2COOH$	$4.5 \times 10^{-3}(K_{a_1})$	2.35
		$1.7 \times 10^{-10}(K_{a_2})$	9.77
抗坏血酸	$C_6H_8O_6$	$5.0 \times 10^{-5}(K_{a_1})$	4.30
		$1.5 \times 10^{-10}(K_{a_2})$	9.82
乳酸	$CH_3CHOHCOOH$	1.4×10^{-4}	3.86
苯甲酸	C_6H_5COOH	6.2×10^{-5}	4.21
草酸	$H_2C_2O_4$	$5.9 \times 10^{-2}(K_{a_1})$	1.23
		$6.4 \times 10^{-5}(K_{a_2})$	4.19
d-酒石酸	$HOOC(CHOH)_2COOH$	$9.1 \times 10^{-4}(K_{a_1})$	3.04
		$4.3 \times 10^{-5}(K_{a_2})$	4.37
邻苯二甲酸		$1.12 \times 10^{-3}(K_{a_1})$	2.95
		$3.9 \times 10^{-6}(K_{a_2})$	5.41
苯酚	C_6H_5OH	1.1×10^{-10}	9.95
乙二胺四乙酸	$H_6\text{-}EDTA^{2+}$	$0.13(K_{a_1})$	0.90
($I=0.1$)	$H_6\text{-}EDTA^+$	$2.5 \times 10^{-2}(K_{a_2})$	1.60
	$H_4\text{-}EDTA$	$8.5 \times 10^{-3}(K_{a_3})$	2.07
	$H_2\text{-}EDTA^-$	$1.77 \times 10^{-3}(K_{a_4})$	2.75
	$H_2\text{-}EDTA^{2-}$	$5.75 \times 10^{-7}(K_{a_5})$	6.24
	$H\text{-}EDTA^{3-}$	$4.57 \times 10^{-11}(K_{a_6})$	10.34
丁二酸	$HOOC(CH_2)_2COOH$	6.2×10^{-5}	4.21
		2.3×10^{-6}	5.64
顺-丁烯二酸（马来酸）	$\begin{array}{l}CHCO_2H\\ \| \\ CHCO_2H\end{array}$	1.2×10^{-2}	1.91
		4.7×10^{-7}	6.33
反-丁烯二酸（富马酸）	$\begin{array}{l}CHCO_2H\\ \| \\ HO_2CCH\end{array}$	8.9×10^{-4}	3.05
		3.2×10^{-5}	4.49
邻苯二酚		4.0×10^{-10}	9.40
		2×10^{-13}	12.80
水杨酸		1.1×10^{-3}	2.97
		1.8×10^{-14}	13.74
磺基水杨酸		4.7×10^{-3}	2.33
		4.8×10^{-12}	11.32
柠檬酸	$\begin{array}{l}CH_2CO_2H\\ C(OH)CO_2H\\ CH_2CO_2H\end{array}$	7.4×10^{-4}	3.13
		1.8×10^{-5}	4.74
		4.0×10^{-7}	6.40

弱 碱 名 称		K_a	pK_b
氨	NH_3	1.8×10^{-5}	4.74
联氨	H_2NNH_2	$3.0 \times 10^{-8}(K_{b_1})$	5.52
		$7.6 \times 10^{-15}(K_{b_2})$	14.12
羟胺	NH_2OH	9.1×10^{-9}	8.04
甲胺	CH_3NH_2	4.2×10^{-4}	3.38
乙胺	$C_2H_5NH_2$	4.3×10^{-4}	3.37
丁胺	$CH_3(CH_2)_3NH_2$	4.4×10^{-4}	3.36
乙醇胺	$HOCH_2CH_2NH_3$	3.2×10^{-5}	4.50
三乙醇胺	$(HOCH_2CH_2)_3N$	5.8×10^{-7}	6.24
二甲胺	$(CH_3)_2NH$	5.9×10^{-4}	3.23
二乙胺	$(CH_3CH_2)_2NH$	8.5×10^{-4}	3.07
三乙胺	$(CH_3CH_2)_3N$	5.2×10^{-4}	3.29
苯胺	$C_6H_5NH_2$	4.0×10^{-10}	9.40
邻甲苯胺		2.8×10^{-10}	9.55
对甲苯胺		1.2×10^{-9}	8.92
六亚甲基四胺	$(CH_2)_6N_4$	1.4×10^{-9}	8.85
咪唑		9.8×10^{-8}	7.01
吡啶		1.8×10^{-9}	8.74
哌啶		1.3×10^{-3}	2.88
喹啉		7.6×10^{-10}	9.12
乙二胺	$H_2NCH_2CH_2NH_2$	$8.5 \times 10^{-5}(K_{b_1})$	4.07
		$7.1 \times 10^{-8}(K_{b_2})$	7.15
8-羟基喹啉	C_9H_6NOH	6.5×10^{-5}	4.19
		8.1×10^{-10}	9.09

附录二　配合物的稳定常数（18～25℃）

金属离子	n	$\lg\beta_n$	I
氨配合物			
Ag^+	1,2	3.40;7.40	0.1
Cd^{2+}	1,……,6	2.65;4.75;6.19;7.12;6.80;5.14	2
Co^{2+}	1,……,6	2.11;3.74;4.79;5.55;5.73;5.11	2
Co^{3+}	1,……,6	6.7;14.0;20.1;25.7;30.8;35.2	2
Cu^+	1,2	5.93;10.86	2
Cu^{2+}	1,……,6	4.31;7.98;11.02;13.32;12.36	2
Ni^{2+}	1,……,6	2.80;5.04;6.77;7.96;8.71;8.74	2
Zn^{2+}	1,……,4	2.27;4.61;7.01;9.06	0.1
溴配合物			
Ag^+	1,……,4	4.38;7.33;8.00;8.73	0
Bi^{3+}	1,……,6	4.30;5.55;5.89;7.82;—;9.70	2.3
Cd^{2+}	1,……,4	1.75;2.34;3.32;3.70	3
Cu^+	2	5.89	0
Hg^{2+}	1,……,4	9.05;17.32;19.74;21.00	0.5
氯配合物			
Ag^+	1,……,4	3.04;5.04;5.04;5.30	0
Hg^{2+}	1,……,4	6.74;13.22;14.07;15.07	0.5
Sn^{2+}	1,……,4	1.51;2.24;2.03;1.48	0
Sb^{3+}	1,……,6	2.26;3.49;4.18;4.72;4.72;4.11	4
氰配合物			
Ag^+	1,……,4	—;21.1;21.7;20.6	0
Cd^{2+}	1,……,4	5.48;10.60;15.23;18.78	3
Co^{2+}	6	19.09	
Cu^+	1,……,4	—;24.0;28.59;30.3	0
Fe^{2+}	6	35	
Fe^{3+}	6	42	0
Hg^{2+}	4	41.4	0
Ni^{2+}	4	31.3	0.1
Zn^{2+}	4	16.7	0.1
氟配合物			
Al^{3+}	1,……,6	6.13;11.15;15.00;17.75;19.37;19.84	0.5
Fe^{3+}	1,……,6	5.2;9.2;11.9;—;15.77;—;	0.5
Th^{4+}	1,……,3	7.65;13.46;17.97	0.5
TiO_2^{2+}	1,……,4	5.4;9.8;13.7;18.0	3
ZrO_2^{2+}	1,……,3	8.80;16.12;21.94	2
碘配合物			
Ag^+	1,……,3	6.58;11.74;13.68	0
Bi^{3+}	1,……,6	3.63;—;—;14.95;16.80;18.80	2
Cd^{2+}	1,……,4	2.10;3.43;4.49;5.41	0
Pb^{2+}	1,……,4	2.00;3.15;3.92;4.47	0
Hg^{2+}	1,……,4	12.87;23.82;27.60;29.83	0.5
磷酸配合物			
Ca^{2+}	CaHL	1.7	0.2
Mg^{2+}	MgHL	1.9	0.2

金属离子	n	$\lg\beta_n$	I
Mn^{2+}	MnHL	2.6	0.2
Fe^{3+}	FeHL	9.35	0.66
硫氰酸配合物			
Ag^+	1,……,4	—;7.57;9.08;10.08	2.2
Au^+	1,……,4	—;23;—;42	0
Co^{2+}	1	1.0	1
Cu^+	1,……,4	—;11.00;10.90;10.48	5
Fe^{3+}	1,……,5	2.3;4.2;5.6;6.4;6.4	离子强度不定
Hg^{2+}	1,……,4	—;16.1;19.0;20.9	1
硫代硫酸配合物			
Ag^+	1,……,3	8.82;13.46;14.15	0
Cu^+	1,2,3	10.35;12.27;13.71	0.8
Hg^{2+}	1,……,4	—;29.86;32.26;33.61	0
Pb^{2+}	1,3	5.1;6.4	0
乙酰丙酮配合物			
Al^{3+}	1,2,3	8.60;15.5;21.30	0
Cu^{2+}	1,2	8.27;16.84	0
Fe^{2+}	1,2	5.07;8.67	0
Fe^{3+}	1,2,3	11.4;22.1;26.7	0
Ni^{2+}	1,2,3	6.06;10.77;13.09	0
Zn^{2+}	1,2	4.98;8.81	0
柠檬酸配合物			
Ag^+	Ag_2HL	7.1	0
Al^{3+}	AlHL	7.0	0.5
	AlL	20.0	
	AlOHL	30.6	
Ca^{2+}	CaH_3L	10.9	0.5
	CaH_2L	8.4	
Ca^{2+}	CaHL	3.5	
Cd^{2+}	CdH_2L	7.9	0.5
	CdHL	4.0	
	CdL	11.3	
Co^{2+}	CoH_2L	8.9	0.5
	CoHL	4.4	
	CoL	12.5	
Cu^{2+}	CuH_2L	12.0	0.5
	CuHL	6.1	0
	CuL	18.0	0.5
Fe^{2+}	FeH_2L	7.3	0.5
	FeHL	3.1	
	FeL	15.5	
Fe^{3+}	FeH_2L	12.2	0.5
	FeHL	10.9	
	FeL	25.0	
Ni^{2+}	NiH_2L	9.0	0.5
	NiHL	4.8	
	NiL	14.3	
Pb^{2+}	PbH_2L	11.2	0.5

续表

金属离子	n	$\lg\beta_n$	I
	PbHL	5.2	
	PbL	12.3	
Zn^{2+}	ZnH_2L	8.7	0.5
	ZnHL	4.5	
	ZnL	11.4	
草酸配合物			
Al^{2+}	1,2,3	7.26;13.0;16.3	0
Cd^{2+}	1,2	2.9;4.7	0.5
Co^{2+}	CoHL	5.5	0.5
	CoH_2L	10.6	
	1,2,3	4.79;6.7;9.7	0
Co^{3+}	3	~20	
Cu^{2+}	CuHL	6.25	0.5
	1,2	4.5;8.9	
Fe^{2+}	1,2,3	2.9;4.52;5.22	0.5~1
Fe^{3+}	1,2,3	9.4;16.2;20.2	0
Mg^{2+}	1,2	2.76;4.38	0.1
$Mn(Ⅲ)$	1,2,5	9.98;16.57;19.42	2
Ni^{2+}	1,2,3	5.3;7.64;8.5	0.1
$Th(Ⅳ)$	4	24.5	0.1
TiO^{2+}	1,2	6.6;9.9	2
Zn^{2+}	ZnH_2L	5.6	0.5
	1,2,3	4.89;7.60;8.15	
磺基水杨酸配合物			
Al^{3+}	1,2,3	13.20;22.83;28.89	0.1
Cd^{2+}	1,2	16.68;29.08	0.25
Co^{2+}	1,2	6.13;9.82	0.1
Cr^{3+}	1	9.56	0.1
Cu^{2+}	1,2	9.52;16.45	0.1
Fe^{2+}	1,2	5.90;9.90	1~0.5
Fe^{3+}	1,2,3	14.64;25.18;32.12	0.25
Mn^{2+}	1,2	5.24;8.24	0.1
Ni^{2+}	1,2	6.42;10.24	0.1
Zn^{2+}	1,2	6.05;10.65	0.1
酒石酸配合物			
Bi^{3+}	3	8.30	0
Ca^{2+}	CaHL	4.85	0.5
	1,2	2.98;9.01	0
Cd^{2+}	1	2.8	0.5
Cu^{2+}	1,……,4	3.2;5.11;4.78;6.51	1
Fe^{3+}	3	7.49	0
Mg^{2+}	MgHL	4.65	0.5
	1	1.2	
Pb^{2+}	1,2,3	3.78;—;4.7	0
Zn^{2+}	ZnHL	4.5	0.5
	1,2	2.4;8.32	
乙二胺配合物			
Ag^+	1,2	4.70;7.70	0.1
Cd^{2+}	1,2,3	5.47;10.09;12.09	0.5

金属离子	n	$\lg\beta_n$	I
Co^{2+}	1,2,3	5.91;10.64;13.94	1
Co^{3+}	1,2,3	18.70;34.90;48.69	1
Cu^{+}	2	10.8	
Cu^{2+}	1,2,3	10.67;20.00;21.0	1
Fe^{2+}	1,2,3	4.34;7.65;9.70	1.4
乙二胺配合物			
Hg^{2+}	1,2	14.30;23.3	0.1
Mn^{2+}	1,2,3	2.73;4.79;5.67;	1
Ni^{2+}	1,2,3	7.52;13.80;18.06	1
Zn^{2+}	1,2,3	5.77;10.83;14.11	1
硫脲配合物			
Ag^{+}	1,2	7.4;13.1	0.03
Bi^{3+}	6	11.9	
Cu^{2+}	3,4	13;15.4	0.1
Hg^{2+}	2.3,4	22.1;24.7;26.8	
氢氧基配合物			
Al^{3+}	4	33.3	2
	$Al_6(OH)_{15}^{3+}$	163	
Bi^{3+}	1,	12.4	3
	$Bi_6(OH)_{12}^{6+}$	168.3	
Cd^{2+}	1,……,4	4.3;7.7;10.3;12.0	3
Co^{2+}	1,3	5.1;—;10.2	0.1
Cr^{3+}	1,2	10.2;18.3	0.1
Fe^{2+}	1	4.5	1
Fe^{3+}	1,2	11.0;21.7	3
	$Fe_2(OH)_2^{4+}$	25.1	
Hg^{2+}	2	21.7	0.5
Mg^{2+}	1	2.6	0
Mn^{2+}	1	3.4	0.1
Ni^{2+}	1	4.6	0.1
Pb^{2+}	1,2,3	6.2;10.3;13.3	0.3
	$Pb_2(OH)^{3+}$	7.6	
Sn^{2+}	1	10.1	3
Th^{4+}	1	9.7	1
Ti^{3+}	1	11.8	0.5
TiO^{2+}	1	13.7	1
VO^{2+}	1	8.0	3
Zn^{2+}	1,……,4	4.4;10.1;14.2;15.5	0

说明：（1）β_1 为配合物的累积稳定常数，即

$$\beta_n = K_1 \times K_2 \times K_3 \times \cdots \times K_n = K_稳$$
$$\lg\beta_n = \lg K_1 + \lg K_2 + \lg K_3 + \cdots + \lg K_n$$

例如 Ag^+ 与 NH_3 配合物：

$\lg\beta_1 = 3.40$ 即 $\lg K_1 = 3.40$ $K_稳[Ag(NH_3)]^+ = 3.40$

$\lg\beta_2 = 7.40$ 即 $\lg K_1 = 3.40$ $\lg K_2 = 4.00$, $K_稳[Ag(NH_3)_2]^+ = 7.40$

（2）酸式、碱式配合物及多核氢氧基配合物的化学式标明于 n 栏中。

附录三 氨羧配位剂类配合物的稳定常数（18～25℃，$I=0.1$）

金属离子	lg$K$					NTA	
	EDTA	DCyTA	DTPA	EGTA	HEDTA	lgβ_1	lgβ_2
Ag^+	7.32			6.88	6.71	5.16	
Al^{3+}	16.13	19.5	18.6	13.9	14.3	11.4	
Ba^{2+}	7.86	8.69	8.87	8.41	6.3	4.82	
Be^{2+}	9.2	11.51				7.11	
Bi^{3+}	27.94	32.3	35.6		22.3	17.5	
Ca^{2+}	10.69	13.20	10.83	10.97	8.3	6.41	
Cd^{2+}	16.46	19.93	19.2	16.7	13.3	9.83	14.61
Co^{2+}	16.31	19.62	19.27	12.39	14.6	10.38	14.39
Co^{3+}	36				37.4	6.84	
Cr^{3+}	23.4					6.23	
Cu^{2+}	18.80	22.00	21.55	17.71	17.6	12.96	
Fe^{2+}	14.32	19.0	16.5	11.87	12.3	8.33	
Fe^{3+}	25.1	30.1	28.0	20.5	19.8	15.9	
Ga^{3+}	20.3	23.2	25.54		16.9	13.6	
Hg^{2+}	21.7	25.00	26.70	23.2	20.30	14.6	
In^{3+}	25.0	28.8	29.0		20.2	16.9	
Li^+	2.79					2.51	
Mg^{2+}	8.7	11.02	9.30	5.21	7.0	5.41	
Mn^{2+}	13.87	17.48	15.60	12.28	10.9	7.44	
$Mo(V)$	～28						
Na^+	1.66						1.22
Ni^{2+}	18.62	20.3	20.32	13.55	17.3	11.53	16.42
Pb^{2+}	18.04	20.38	18.80	14.71	15.7	11.39	
Pd^{2+}	18.5						
Sc^{2+}	23.1	26.1	24.5	18.2			24.1
Sn^{2+}	22.11						
Sr^{2+}	8.63	10.59	9.77	8.50	6.9	4.98	
Th^{4+}	23.2	25.6	28.78				
TiO^{2+}	17.3						
Tl^{3+}	37.8	38.3				20.9	32.5
$U(IV)$	25.8	27.6	7.69				
VO^{2+}	18.8	20.1					
Y^{3+}	18.09	19.85	22.13	17.16	14.78	11.41	20.43
Zn^{2+}	16.50	19.37	18.40	12.7	14.7	10.67	14.29
ZrO^{2+}	29.5		35.8			20.8	
稀土元素	16～20	17～22	19		13～16	10～12	

EDTA：乙二胺四乙酸

DCyTA（或 DCTA、CyDTA）：1,2-二氨基环己烷四乙酸

DTPA：二乙基三胺五乙酸

EGTA：乙二醇二乙醚二胺四乙酸

HEDTA：N-β-羟基乙基乙二胺三乙酸

NTA：氨三乙酸

附录四　微溶化合物的活度积和溶度积（25℃）

化　合　物	$I=0\,mol/kg$		$I=0.1\,mol/kg$	
	K_{sp}^0	pK_{sp}^0	K_{sp}	pK_{sp}
AgAc	2×10^{-3}	2.7	8×10^{-3}	2.1
AgCl	1.77×10^{-10}	9.75	3.2×10^{-10}	9.50
AgBr	4.95×10^{-13}	12.31	8.7×10^{-13}	12.06
AgI	8.3×10^{-17}	16.08	1.48×10^{-16}	15.83
Ag_2CrO_4	1.12×10^{-12}	11.95	5×10^{-12}	11.3
AgSCN	1.07×10^{-12}	11.97	2×10^{-12}	11.7
AgCN	1.2×10^{-16}	15.92		
Ag_2S	6×10^{-50}	49.2	6×10^{-49}	48.2
Ag_2SO_4	1.58×10^{-5}	4.80	8×10^{-5}	4.1
$Ag_2C_2O_4$	1×10^{-11}	11.0	4×10^{-11}	10.4
$AgAsO_4$	1.12×10^{-20}	19.95	1.3×10^{-10}	18.9
Ag_3PO_4	1.45×10^{-16}	15.34	2×10^{-15}	14.7
AgOH	1.9×10^{-8}	7.71	3×10^{-8}	7.5
$Al(OH)_3$ 无定形	4.6×10^{-33}	32.34	3×10^{-32}	31.5
$BaCrO_4$	1.17×10^{-10}	9.93	8×10^{-10}	9.1
$BaCO_3$	4.9×10^{-9}	8.31	3×10^{-8}	7.5
$BaSO_4$	1.07×10^{-10}	9.97	6×10^{-10}	9.2
BaC_2O_4	1.6×10^{-7}	6.79	1×10^{-6}	6.0
BaF_2	1.05×10^{-6}	5.98	5×10^{-6}	5.3
$Bi(OH)_2Cl$	1.8×10^{-31}	30.75		
$Ca(OH)_2$	5.5×10^{-6}	6.26	1.3×10^{-5}	4.9
$CaCO_3$	3.8×10^{-9}	8.42	3×10^{-8}	7.5
CaC_2O_4	2.3×10^{-9}	8.64	1.6×10^{-8}	7.8
CaF_2	3.4×10^{-11}	10.47	1.6×10^{-10}	9.8
$Ca_3(PO_4)_2$	1×10^{-26}	26.0	1×10^{-23}	23
$CaSO_4$	2.4×10^{-5}	4.62	1.6×10^{-4}	3.8
$CdCO_3$	3×10^{-14}	13.5	1.6×10^{-13}	12.8
CdC_2O_4	1.51×10^{-8}	7.82	1×10^{-7}	7.0
$Cd(OH)_2$(新析出)	3×10^{-14}	13.5	5×10^{-14}	13.2
CdS	8×10^{-27}	26.1	5×10^{-26}	25.3
$Ce(OH)_3$	6×10^{-21}	20.2	3×10^{-20}	19.5
$CePO_4$	2×10^{-20}	23.7		
$Co(OH)_2$(新析出)	1.6×10^{-15}	14.8	4×10^{-15}	14.4
CoS　α 型	4×10^{-21}	20.4	3×10^{-20}	19.5
CoS　β 型	2×10^{-25}	24.7	1.3×10^{-24}	23.9
$Cr(OH)_3$	1×10^{-31}	31.0	5×10^{-31}	30.3
CuI	1.10×10^{-12}	11.96	2×10^{-12}	11.7
CuSCN			2×10^{-13}	12.7

化 合 物	$I=0\,\text{mol/kg}$		$I=0.1\,\text{mol/kg}$	
	K_{sp}^0	pK_{sp}^0	K_{sp}	pK_{sp}
CuS	6×10^{-36}	35.2	4×10^{-35}	34.4
Cu(OH)$_2$	2.6×10^{-19}	18.59	6×10^{-19}	18.2
Fe(OH)$_2$	8×10^{-16}	15.1	2×10^{-15}	14.7
FeCO$_3$	3.2×10^{-11}	10.50	2×10^{-10}	9.7
FeS	6×10^{-18}	17.2	4×10^{-17}	16.4
Fe(OH)$_3$	3×10^{-39}	38.5	1.3×10^{-38}	37.9
Hg$_2$Cl$_2$	1.32×10^{-18}	17.88	6×10^{-18}	17.2
HgS(黑)	1.6×10^{-52}	51.8	1×10^{-51}	51
（红）	4×10^{-53}	52.4		
Hg(OH)$_2$	4×10^{-26}	25.4	1×10^{-25}	25.0
KHC$_4$H$_4$O$_6$	3×10^{-4}	3.5		
K$_2$PtCl$_6$	1.10×10^{-5}	4.96		
LaF$_3$	1×10^{-24}	24.0		
La(OH)$_3$（新析出）	1.6×10^{-19}	18.8	8×10^{-19}	18.1
LaPO$_4$			4×10^{-23}	22.4
			$(I=0.5\,\text{mol/kg})$	
MgCO$_3$	1×10^{-5}	5.0	6×10^{-5}	4.2
MgC$_2$O$_4$	8.5×10^{-5}	4.07	5×10^{-4}	3.3
Mg(OH)$_2$	1.8×10^{-11}	10.74	4×10^{-11}	10.4
MgNH$_4$PO$_4$	3×10^{-13}	12.6		
MnCO$_3$	5×10^{-10}	9.30	3×10^{-9}	8.5
Mn(OH)$_2$	1.9×10^{-13}	12.72	5×10^{-13}	12.3
MnS(无定形)	3×10^{-10}	9.5	6×10^{-9}	8.8
MnS(晶形)	3×10^{-13}	12.5		
Ni(OH)$_2$（新析出）	2×10^{-15}	14.7	5×10^{-15}	14.3
NiS α型	3×10^{-19}	18.5		
NiS β型	1×10^{-24}	24.0		
NiS γ型	2×10^{-26}	25.7		
PbCO$_3$	8×10^{-14}	13.1	5×10^{-13}	12.3
PbCl$_3$	1.6×10^{-5}	4.79	8×10^{-5}	4.1
PbCrO$_4$	1.8×10^{-14}	13.75	1.3×10^{-13}	12.9
PbI$_2$	6.5×10^{-9}	8.19	3×10^{-8}	7.5
Pb(OH)$_2$	8.1×10^{-17}	16.09	2×10^{-16}	15.7
PbS	3×10^{-27}	26.6	1.6×10^{-26}	25.8
PbSO$_4$	1.7×10^{-8}	7.78	1×10^{-7}	7.0
SrCO$_3$	9.3×10^{-10}	9.03	6×10^{-9}	8.2
SrC$_2$O$_4$	5.6×10^{-8}	7.25	3×10^{-7}	6.5
SrCrO$_4$	2.2×10^{-5}	4.65		
SrF$_2$	2.5×10^{-9}	8.61	1×10^{-8}	8.0
SrSO$_4$	3×10^{-7}	6.5	1.6×10^{-6}	5.8
Sn(OH)$_2$	8×10^{-29}	28.1	2×10^{-28}	27.7
SnS	1×10^{-25}	25.0		
Th(C$_2$O$_4$)$_2$	1×10^{-22}	22.0		
Th(OH)$_4$	1.3×10^{-45}	44.9	1×10^{-44}	44.0
TiO(OH)$_2$	1×10^{-29}	29.0	3×10^{-29}	28.5
ZnCO$_3$	1.7×10^{-11}	10.78	1×10^{-10}	10.0
Zn(OH)$_2$（新析出）	2.1×10^{-16}	15.68	5×10^{-16}	15.3
ZnS α型	1.6×10^{-24}	23.8		
ZnS β型	5×10^{-25}	24.3		
ZrO(OH)$_2$	6×10^{-49}	48.2	1×10^{-47}	47.0

附录五　部分氧化还原电对的条件电极电位

元　素	半　反　应	$\varphi^{\ominus\prime}/V$	介　　质
Ag	$Ag(II)+e^-\Longrightarrow Ag^+$	1.927	4mol/L HNO_3
		2.00	4mol/L $HClO_4$
	$Ag^++e^-\Longrightarrow Ag$	0.792	1mol/L $HClO_4$
		0.228	1mol/L HCl
		0.59	1mol/L NaOH
		0.288	0.1mol/L KCl
	$AgCl+e^-\Longrightarrow Ag+Cl^-$	0.2223	1mol/L KCl
		0.200	饱和 KCl
As	$H_3AsO_4+2H^++2e^-\Longrightarrow H_3AsO_3+H_2O$	0.577	1mol/L HCl,$HClO_4$
		0.07	1mol/L NaOH
		−0.16	5mol/L NaOH
Au	$Au^{3+}+2e^-\Longrightarrow Au^+$	1.27	0.5mol/L H_2SO_4(氧化金饱和)
		1.26	1mol/L HNO_3(氧化金饱和)
		0.93	1mol/L HCl
	$Au^{3+}+3e^-\Longrightarrow Au$	0.30	7~8mol/L NaOH
Bi	$Bi^{3+}+3e^-\Longrightarrow Bi$	−0.05	5mol/L HCl
		0.00	1mol/L HCl
Cd	$Cd^{2+}+2e^-\Longrightarrow Cd$	−0.80	8mol/L KOH
Ce	$Ce^{4+}+e^-\Longrightarrow Ce^{3+}$	1.74	1mol/L $HClO_4$
		1.71	2mol/L $HClO_4$
		1.75	4mol/L $HClO_4$
		1.82	6mol/L $HClO_4$
		1.87	8mol/L $HClO_4$
		1.61	1mol/L HNO_3
		1.62	2mol/L HNO_3
		1.61	4mol/L HNO_3
		1.56	8mol/L HNO_3
		1.44	0.5mol/L H_2SO_4
		1.44	1mol/L H_2SO_4
		1.43	2mol/L H_2SO_4
		1.28	1mol/L HCl
Co	$Co^{3+}+e^-\Longrightarrow Co^{2+}$	1.84	3mol/L HNO_3
	$Co(乙二胺)_3^{3+}+e^-\Longrightarrow Co(乙二胺)_3^{2+}$	−0.20	0.1mol/L KNO_3+0.1mol/L 乙二胺
Cr	$Cr^{3+}+e^-\Longrightarrow Cr^{2+}$	−0.40	5mol/L HCl
	$Cr_2O_7^{2-}+14H^++6e^-\Longrightarrow 2Cr^{3+}+7H_2O$	0.93	0.1mol/L HCl
		0.97	0.5mol/L HCl
		1.00	1mol/L HCl
		1.05	2mol/L HCl
		1.08	3mol/L HCl
		1.15	4mol/L HCl
		0.92	0.1mol/L H_2SO_4
Cr		1.08	0.5mol/L H_2SO_4
		1.10	2mol/L H_2SO_4
		1.15	4mol/L H_2SO_4
		0.84	0.1mol/L $HClO_4$
		1.10	0.2mol/L $HClO_4$
		1.025	1mol/L $HClO_4$
	$CrO_4^{2-}+2H_2O+3e^-\Longrightarrow CrO_2^-+4OH^-$	1.27	1mol/L HNO_3
		−0.12	1mol/L NaOH

元　素	半　反　应	$\varphi^{\ominus\prime}/V$	介　质
Cu	$Cu^{2+}+e^-\!\!=\!\!=\!\!Cu^+$	-0.09	pH=14
Fe	$Fe^{3+}+e^-\!\!=\!\!=\!\!Fe^{2+}$	0.73	0.1mol/L HCl
		0.71	0.5mol/L HCl
		0.70	1mol/L HCl
		0.69	2mol/L HCl
		0.68	3mol/L HCl
		0.68	0.1mol/L H_2SO_4
		0.68	0.5mol/L H_2SO_4
		0.68	1mol/L H_2SO_4
		0.68	4mol/L H_2SO_4
		0.735	0.1mol/L $HClO_4$
		0.767	1mol/L $HClO_4$
		0.46	2mol/L H_3PO_4
		0.70	1mol/L HNO_3
		-0.70	pH=14
		0.51	1mol/L HCl+0.25mol/L H_3PO_4
	$Fe(EDTA)^-+e^-\!\!=\!\!=\!\!Fe(EDTA)^{2-}$	0.12	0.1mol/L EDTA,pH=4～6
	$Fe(CN)_6^{3-}+e^-\!\!=\!\!=\!\!Fe(CN)_6^{4-}$	0.56	0.1mol/L HCl
		0.41	pH=4～13
		0.70	1mol/L HCl
		0.72	1mol/L $HClO_4$
		0.72	1mol/L H_2SO_4
		0.46	0.01mol/L NaOH
		0.52	5mol/L NaOH
I	$I_3^-+2e^-\!\!=\!\!=\!\!3I^-$	0.5446	0.5mol/L H_2SO_4
	$I_2（水）+2e^-\!\!=\!\!=\!\!2I^-$	0.6276	0.5mol/L H_2SO_4
Hg	$Hg_2^{2+}+2e^-\!\!=\!\!=\!\!2Hg$	0.33	0.1mol/L KCl
		0.28	1mol/L KCl
		0.24	饱和 KCl
		0.66	4mol/L $HClO_4$
		0.274	1mol/L HCl
	$2Hg^{2+}+2e^-\!\!=\!\!=\!\!Hg_2^{2+}$	0.28	1mol/L HCl
In	$In^{3+}+3e^-\!\!=\!\!=\!\!In$	-0.30	1mol/L HCl
		-0.47	1mol/L Na_2CO_3
Mn	$MnO_4^-+8H^++5e^-\!\!=\!\!=\!\!Mn^{2+}+4H_2O$	1.45	1mol/L $HClO_4$
		1.27	8mol/L H_3PO_4
Sn	$SnCl_6^{2-}+2e^-\!\!=\!\!=\!\!SnCl_4^{2-}+2Cl^-$	0.14	1mol/L HCl
		0.10	5mol/L HCl
		0.07	0.1mol/L HCl
		0.40	4.5mol/L H_2SO_4
	$Sn^{2+}+2e^-\!\!=\!\!=\!\!Sn$	-0.16	1mol/L $HClO_4$
Sb	$Sb(V)+2e^-\!\!=\!\!=\!\!Sb(Ⅲ)$	0.75	3.5mol/L HCl
Mo	$Mo^{4+}+e^-\!\!=\!\!=\!\!Mo^{3+}$	0.10	4mol/L H_2SO_4
	$Mo^{6+}+e^-\!\!=\!\!=\!\!Mo^{5+}$	0.53	2mol/L HCl
Tl	$Tl^++e^-\!\!=\!\!=\!\!Tl$	-0.551	1mol/L HCl
	$Tl(Ⅲ)+2e^-\!\!=\!\!=\!\!Tl(Ⅰ)$	1.23～0.78	1mol/L HNO_3,0.6mol/L HCl
U	$U(Ⅳ)+e^-\!\!=\!\!=\!\!U(Ⅲ)$	-0.63	1mol/L HCl 或 $HClO_4$
		-0.85	1mol/L H_2SO_4
V	$VO_2^++2H^++e^-\!\!=\!\!=\!\!VO^{2+}+H_2O$	-0.74	pH=14
Zn	$Zn^{2+}+2e^-\!\!=\!\!=\!\!Zn$	-1.36	CN^-配合物

附录六 标准电极电位（按照元素符号字母顺序）（18～25℃）

元素	半反应	$\varphi^{\ominus}/V$
Ag	$Ag_2S+2e^- \Longrightarrow 2Ag+S^{2-}$	-0.69
	$Ag_2S+H_2O+2e^- \Longrightarrow 2Ag+OH^-+HS^-$	-0.67
	$Ag_2S+H^++2e^- \Longrightarrow 2Ag+HS^-$	-0.272
	$Ag_2S+2H^++2e^- \Longrightarrow 2Ag+H_2S$	-0.0362
	$AgI+e^- \Longrightarrow Ag+I^-$	-0.152
	$[Ag(S_2O_3)_2]^{3-}+e^- \Longrightarrow Ag+2S_2O_3^{2-}$	0.017
	$AgBr+e^- \Longrightarrow Ag+Br^-$	0.071
	$AgCl+e^- \Longrightarrow Ag+Cl^-$	0.222
	$Ag_2O+H_2O+2e^- \Longrightarrow 2Ag+2OH^-$	0.342
	$Ag(NH_3)_2^++e^- \Longrightarrow Ag+2NH_3$	0.37
	$2AgO+H_2O+2e^- \Longrightarrow Ag_2O+2OH^-$	0.06
	$Ag^++e^- \Longrightarrow Ag$	0.793
	$Ag_2O+2H^++2e^- \Longrightarrow 2Ag+H_2O$	1.17
	$2AgO+2H^++2e^- \Longrightarrow Ag_2O+H_2O$	1.40
Al	$Al(OH)_4^-+3e^- \Longrightarrow Al+4OH^-$	-2.33
	$[AlF_6]^{3-}+3e^- \Longrightarrow Al+6F^-$	-2.07
	$Al^{3+}+3e^- \Longrightarrow Al$	-1.66
As	$As+3H_2O+3e^- \Longrightarrow AsH_3+3OH^-$	-1.37
	$AsO_2^-+2H_2O+3e^- \Longrightarrow As+4OH^-$	-0.68
	$AsO_4^{2-}+2H_2O+2e^- \Longrightarrow AsO_2^-+4OH^-$	-0.67
	$As+3H^++3e^- \Longrightarrow AsH_3$	-0.38
	$H_3AsO_3+3H^++3e^- \Longrightarrow As+3H_2O$	0.248
	$H_3AsO_4+2H^++2e^- \Longrightarrow H_3AsO_3+H_2O$	0.559
Au	$Au(CN_3)_2^-+e^- \Longrightarrow Au+2CN^-$	-0.61
	$H_2AuO_3^-+H_2O+3e^- \Longrightarrow Au+4OH^-$	0.70
	$AuBr_4^-+2e^- \Longrightarrow AuBr_2^-+2Br^-$	0.82
	$AuBr_4^-+3e^- \Longrightarrow Au+4Br^-$	0.87
	$AuCl_4^-+2e^- \Longrightarrow AuCl_2^-+2Cl^-$	0.93
	$AuBr_2^-+e^- \Longrightarrow Au+2Br^-$	0.96
	$AuCl_4^-+3e^- \Longrightarrow Au+4Cl^-$	0.99
	$AuCl_2^-+e^- \Longrightarrow Au+2Cl^-$	1.15
	$Au^{3+}+2e^- \Longrightarrow Au^+$	1.40
	$Au^{3+}+3e^- \Longrightarrow Au$	1.50
	$Au^++e^- \Longrightarrow Au$	1.69
Ba	$Ba^{2+}+2e^- \Longrightarrow Ba$	-2.91
Be	$Be^{2+}+2e^- \Longrightarrow Be$	-1.85
Bi	$Bi_2O_3+3H_2O+6e^- \Longrightarrow 2Bi+6OH^-$	-0.46
	$BiOCl+2H^++3e^- \Longrightarrow Bi+H_2O+Cl^-$	0.16
	$BiO^++2H^++3e^- \Longrightarrow Bi+H_2O$	0.32
Bi	$Bi_2O_4+H_2O+2e^- \Longrightarrow Bi_2O_3+2OH^-$	0.56
	$Bi_2O_4+4H^++2e^- \Longrightarrow 2BiO^++2H_2O$	1.59
	$NaBiO_3+4H^++2e^- \Longrightarrow BiO^++Na^++2H_2O$	>1.80

续表

元　素	半　反　应	$\varphi^{\ominus}/V$
Br	$BrO^- + H_2O + 2e^- \Longrightarrow Br^- + 2OH^-$	0.76
	$Br_2(液) + 2e^- \Longrightarrow 2Br^-$	1.087
	$HBrO + H^+ + 2e^- \Longrightarrow Br^- + H_2O$	1.33
	$BrO_3^- + 6H^+ + 6e^- \Longrightarrow Br^- + 3H_2O$	1.40
	$BrO_3^- + 6H^+ + 5e^- \Longrightarrow 1/2Br_2 + 3H_2O$	1.20
	$HBrO + H^+ + e^- \Longrightarrow 1/2Br_2 + H_2O$	1.59
C	$CNO^- + H_2O + 2e^- \Longrightarrow CN^- + 2OH^-$	-0.97
	$2CO_2 + 2H^+ + 2e^- \Longrightarrow H_2C_2O_4$	-0.49
	$CO_2 + 2H^+ + 2e^- \Longrightarrow HCOOH$	-0.20
	$CH_3COOH + 2H^+ + 2e^- \Longrightarrow CH_3CHO + H_2O$	-0.12
	$CO_2 + 2H^+ + 2e^- \Longrightarrow CO + H_2O$	-0.12
	$HCHO + 2H^+ + 2e^- \Longrightarrow CH_3OH$	0.23
	$2HCNO + 2H^+ + 2e^- \Longrightarrow (CN)_2 + 2H_2O$	0.33
	$1/2(CN)_2 + H^+ + e^- \Longrightarrow HCN$	0.37
Ca	$Ca^{2+} + 2e^- \Longrightarrow Ca$	-2.87
Cd	$[Cd(CN)_4]^{2-} + 2e^- \Longrightarrow Cd + 4CN^-$	-1.09
	$Cd^{2+} + 2e^- \Longrightarrow Cd$	-0.403
	$Cd^{2+} + 2e^- \Longrightarrow Cd(Hg)$	-0.352
Ce	$Ce^{3+} + 3e^- \Longrightarrow Ce$	-2.340
	$Ce^{4+} + e^- \Longrightarrow Ce^{3+}$	1.61
Cl	$ClO_3^- + H_2O + 2e^- \Longrightarrow ClO_2^- + 2OH^-$	0.33
	$ClO_4^- + H_2O + 2e^- \Longrightarrow ClO_3^- + 2OH^-$	0.36
	$ClO^- + H_2O + e^- \Longrightarrow 1/2Cl_2 + 2OH^-$	0.40
	$ClO_4^- + 4H_2O + 8e^- \Longrightarrow Cl^- + 8OH^-$	0.56
	$ClO_2^- + H_2O + 2e^- \Longrightarrow ClO^- + 2OH^-$	0.66
	$ClO_2^- + 2H_2O + 4e^- \Longrightarrow Cl^- + 4OH^-$	0.77
	$ClO^- + H_2O + 2e^- \Longrightarrow Cl^- + 2OH^-$	0.89
	$ClO_3^- + H_2O + e^- \Longrightarrow ClO_2^- + H_2O$	1.15
	$ClO_2 + e^- \Longrightarrow ClO_2^-$	1.16
	$ClO_3^- + 3H^+ + 2e^- \Longrightarrow HClO_2 + H_2O$	1.21
	$ClO_4^- + 8H^+ + 7e^- \Longrightarrow 1/2Cl_2 + 4H_2O$	1.34
	$Cl_2(气) + 2e^- \Longrightarrow 2Cl^-$	1.36
	$ClO_4^- + 8H^+ + 8e^- \Longrightarrow Cl^- + 4H_2O$	1.37
	$Cl_2(水) + 2e^- \Longrightarrow 2Cl^-$	1.395
	$ClO_3^- + 6H^+ + 6e^- \Longrightarrow Cl^- + 3H_2O$	1.45
	$ClO_3^- + 6H^+ + 5e^- \Longrightarrow 1/2Cl_2 + 3H_2O$	1.47
	$HClO + H^+ + 2e^- \Longrightarrow Cl^- + H_2O$	1.49
	$HClO + H^+ + e^- \Longrightarrow 1/2Cl_2 + H_2O$	1.63
	$ClO_2 + 4H^+ + 5e^- \Longrightarrow Cl^- + 2H_2O$	1.95
Co	$[Co(CN)_6]^{3-} + e^- \Longrightarrow [Co(CN)_6]^{4-}$	-0.83
	$[Co(CH_3)_6]^{2+} + 2e^- \Longrightarrow Co + 6NH_3$	-0.43
	$Co^{2+} + 2e^- \Longrightarrow Co$	-0.277
	$[Co(NH_3)_6]^{3+} + e^- \Longrightarrow [Co(NH_3)_6]^{2+}$	0.10
	$Co(OH)_3 + e^- \Longrightarrow Co(OH)_2 + OH^-$	0.17
	$Co^{3+} + 3e^- \Longrightarrow Co$	0.33
	$Co^{3+} + e^- \Longrightarrow Co^{2+}$	1.95
Cr	$Cr^{2+} + 2e^- \Longrightarrow Cr$	-0.91
	$Cr^{3+} + 3e^- \Longrightarrow Cr$	-0.74
	$Cr^{3+} + e^- \Longrightarrow Cr^{2+}$	-0.41
	$CrO_4^{2-} + 4H_2O + 3e^- \Longrightarrow Cr(OH)_3 + 5OH^-$	0.13
	$HCrO_4^- + 7H^+ + 3e^- \Longrightarrow Cr^{3+} + 4H_2O$	1.195
	$Cr_2O_7^{2-} + 14H^+ + 6e^- \Longrightarrow 2Cr^{3+} + 7H_2O$	1.33

元　素	半　反　应	$\varphi^{\ominus}/V$
Cu	$[Cu(CN)_2]^- + e^- = Cu + 2CN^-$	-0.43
	$Cu_2O + H_2O + 2e^- = 2Cu + 2OH^-$	-0.361
	$[Cu(NH_3)_2]^+ + e^- = 2Cu + 2NH_3$	-0.12
	$[Cu(NH_3)_4]^{2+} + 2e^- = Cu + 4NH_3$	-0.04
	$[Cu(NH_3)_4]^{2+} + e^- = [Cu(NH_3)_2]^+ + 2NH_3$	-0.01
	$CuCl + e^- = Cu + Cl^-$	0.137
	$Cu(EDTA)^{2-} + 2e^- = Cu + (EDTA)^{4-}$	0.13
	$Cu^{2+} + e^- = Cu^+$	0.159
	$Cu^{2+} + 2e^- = Cu$	0.337
	$Cu^+ + e^- = Cu$	0.52
	$Cu^{2+} + Cl^- + e^- = CuCl$	0.57
	$Cu^{2+} + I^- + e^- = CuI$	0.86
	$Cu^{2+} + 2CN^- + e^- = [Cu(CN)_2]^-$	1.12
Cs	$Cs^+ + e^- = Cs$	-2.923
F	$F_2 + 2e^- = 2F^-$	2.87
	$F_2 + 2H^+ + 2e^- = 2HF$	3.06
Fe	$Fe(OH)_3 + e^- = Fe(OH)_2 + OH^-$	-0.56
	$Fe^{2+} + 2e^- = Fe$	-0.44
	$Fe^{3+} + 3e^- = Fe$	-0.036
	$[Fe(C_2O_4)_3]^{3-} + e^- = [Fe(C_2O_4)_2]^{2-} + C_2O_4^{2-}$	0.02
	$Fe(EDTA)^- + e^- = Fe(EDTA)^{2-}$	0.12
	$[Fe(CN)_6]^{3-} + e^- = [Fe(CN)_6]^{4-}$	0.36
	$[FeF_6]^{3-} + e^- = Fe^{2+} + 6F^-$	0.40
	$FeO_4^{2-} + 2H_2O + 3e^- = FeO_2^- + 4OH^-$	0.55
	$Fe^{3+} + e^- = Fe^{2+}$	0.77
	$FeO_4^{2-} + 8H^+ + 3e^- = Fe^{3+} + 4H_2O$	1.90
Ga	$Ga(OH)_4^- + 3e^- = Ga + 4OH^-$	-1.26
	$Ga^{3+} + 3e^- = Ga$	-0.56
Ge	$GeO_2 + 4H^+ + 4e^- = Ge + 2H_2O$	-0.15
	$Ge^{2+} + 2e^- = Ge$	0.23
H	$H_2 - 2e^- = 2H^+$	-2.25
	$H_2O + 2e^- = H_2 + 2OH^-$	-0.828
	$2H^+ + 2e^- = H_2$	0.000
	$H_2O_2 + 2H^+ + 2e^- = 2H_2O$	1.77
Hg	$Hg_2Cl_2 + 2e^- = 2Hg + 2Cl^-$	0.268
	$Hg_2SO_4 + 2e^- = 2Hg + SO_4^{2-}$	0.615
	$2HgCl_2 + 2e^- = Hg_2Cl_2 + 2Cl^-$	0.63
	$Hg_2^{2+} + 2e^- = 2Hg$	0.793
	$Hg^{2+} + 2e^- = Hg$	0.845
	$2Hg^{2+} + 2e^- = Hg_2^{2+}$	0.908
I	$IO_3^- + 2H_2O + 4e^- = IO^- + 4OH^-$	0.14
	$IO_3^- + 3H_2O + 6e^- = I^- + 6OH^-$	0.26
	$I_3^- + 2e^- = 3I^-$	0.545
	$I_2(液) + 2e^- = 2I^-$	0.535
	$IO_3^- + 6H^+ + 6e^- = I^- + 3H_2O$	1.085
	$IO_3^- + 5H^+ + 4e^- = HIO + 2H_2O$	1.14
	$IO_3^- + 6H^+ + 5e^- = 1/2I_2 + 3H_2O$	1.20
	$2HIO + 2H^+ + 2e^- = I_2 + 2H_2O$	1.45
	$H_5IO_6 + H^+ + 2e^- = IO_3^- + 3H_2O$	1.60
In	$In^{3+} + 2e^- = In^+$	-0.40
	$In^{3+} + 3e^- = In$	-0.345

元　素	半　反　应	$\varphi^{\ominus}/V$
Ir	$IrCl_6^{3-}+3e^-\Longrightarrow Ir+6Cl^-$	0.77
	$IrCl_6^{2-}+4e^-\Longrightarrow Ir+6Cl^-$	0.835
	$IrCl_6^{2-}+e^-\Longrightarrow IrCl_6^{3-}$	1.026
	$Ir^{3+}+3e^-\Longrightarrow Ir$	1.15
K	$K^++e^-\Longrightarrow K$	-2.925
La	$La^{3+}+3e^-\Longrightarrow La$	-2.52
Li	$Li+e^-\Longrightarrow Li$	-3.042
Mg	$Mg^{2+}+2e^-\Longrightarrow Mg$	-2.37
Mn	$Mn^{2+}+2e^-\Longrightarrow Mn$	-1.182
	$Mn(CN)_6^{3-}+e^-\Longrightarrow Mn(CN)_6^{4-}$	-0.244
	$MnO_4^-+e^-\Longrightarrow MnO_4^{2-}$	0.564
	$MnO_4^{2-}+2H_2O+2e^-\Longrightarrow MnO_2+4OH^-$	0.60
	$MnO_4^-+2H_2O+3e^-\Longrightarrow MnO_2+4OH^-$	0.588
	$MnO_2+4H^++2e^-\Longrightarrow Mn^{2+}+2H_2O$	1.23
	$Mn^{3+}+e^-\Longrightarrow Mn^{2+}$	1.54
	$MnO_4^-+8H^++5e^-\Longrightarrow Mn^{2+}+4H_2O$	1.51
	$MnO_4^-+4H^++3e^-\Longrightarrow MnO_2+2H_2O$	1.695
Mo	$Mo^{3+}+3e^-\Longrightarrow Mo$	-0.20
	$MoO_2^++4H^++2e^-\Longrightarrow Mo^{3+}+2H_2O$	-0.01
	$H_2MoO_4+2H^++e^-\Longrightarrow MoO_2^++2H_2O$	0.48
	$MoO_3^{2+}+2H^++e^-\Longrightarrow MoO_2^{3+}+H_2O$	0.48
	$Mo(CN)_6^{3+}+7e^-\Longrightarrow Mo(CN)_6^{4-}$	0.73
N	$N_2+5H^++4e^-\Longrightarrow N_2H_5^2$	-0.23
	$N_2O+4H^++H_2O+4e^-\Longrightarrow 2NH_2OH$	-0.05
	$NO_3^-+H_2O+2e^-\Longrightarrow NO_2^-+2OH^-$	0.01
	$N_2+8H^++6e^-\Longrightarrow 2NH_4^+$	0.26
	$NO_3^-+2H^++e^-\Longrightarrow NO_2+H_2O$	0.80
	$NO_3^-+3H^++2e^-\Longrightarrow HNO_2+H_2O$	0.94
	$NO_3^-+4H^++3e^-\Longrightarrow NO+2H_2O$	0.96
	$HNO_2+4H^++4e^-\Longrightarrow NH+2H_2O$	1.00
	$2HNO_2+4H^++4e^-\Longrightarrow N_2O+3H_2O$	1.27
Na	$Na^++e^-\Longrightarrow Na$	-2.714
Nb	$Nb^{3+}+3e^-\Longrightarrow Nb$	-1.10
	$NbO^{3+}+2H^++2e^-\Longrightarrow Nb^{3+}+H_2O$	-0.34
	$NbO(SO_4)_2^-+2H^++2e^-\Longrightarrow Nb^{3+}+H_2O+2SO_4^{2-}$	-0.10
Ni	$Ni(CN)_4^{2-}+e^-\Longrightarrow Ni(CN)_3^{2-}+CN^-$	-0.28
	$Ni(OH)_2+2e^-\Longrightarrow Ni+2OH^-$	-0.72
	$Ni(NH_3)_6^{2+}+2e^-\Longrightarrow Ni+6NH_3$	-0.52
	$Ni^{2+}+2e^-\Longrightarrow Ni$	-0.246
	$NiO_2+2H_2O+2e^-\Longrightarrow Ni(OH)_2+2OH^-$	0.49
	$NiO_2+4H^++2e^-\Longrightarrow Ni^{2+}+2H_2O$	1.68
O	$O_2+H_2O+2e^-\Longrightarrow HO_2^-+OH^-$	-0.067
	$O_2+2H_2O+4e^-\Longrightarrow 4OH^-$	0.401
	$O_2+2H^++2e^-\Longrightarrow H_2O_2$	0.682
	$HO_2^-+H_2O+2e^-\Longrightarrow 3OH^-$	0.88
	$O_2+4H^++4e^-\Longrightarrow 2H_2O$	1.229
	$H_2O_2+2H^++2e^-\Longrightarrow 2H_2O$	1.776
	$O_3+2H^++2e^-\Longrightarrow O_2+H_2O$	2.07
Os	$OsCl_6^{3-}+e^-\Longrightarrow Os^{2+}+6Cl^-$	0.40
	$OsCl_6^{3-}+3e^-\Longrightarrow Os+6Cl^-$	0.71
	$Os^{2+}+2e^-\Longrightarrow Os$	0.85
	$OsCl_6^{2-}+e^-\Longrightarrow OsCl_6^{3-}$	0.85
	$OsO_4+8H^++8e\Longrightarrow Os+4H_2O$	0.85

元 素	半 反 应	$\varphi^{\ominus}/V$
P	$HPO_3^{2-}+2H_2O+2e^-\rule[0.5ex]{2em}{0.4pt}H_2PO_2^-+3OH^-$	-1.57
	$PO_4^{3-}+2H_2O+2e^-\rule[0.5ex]{2em}{0.4pt}HPO_3^{2-}+3OH^-$	-1.12
	$H_3PO_2+H^++e^-\rule[0.5ex]{2em}{0.4pt}P+2H_2O$	-0.51
	$H_3PO_3+2H^++2e^-\rule[0.5ex]{2em}{0.4pt}H_3PO_2+H_2O$	-0.50
	$H_3PO_4+2H^++2e^-\rule[0.5ex]{2em}{0.4pt}H_3PO_3+H_2O$	-0.276
Pb	$HPbO_2^-+H_2O+2e^-\rule[0.5ex]{2em}{0.4pt}Pb+3OH^-$	-0.54
	$Pb^{2+}+2e^-\rule[0.5ex]{2em}{0.4pt}Pb$	-0.126
	$PbO_2+H_2O+2e^-\rule[0.5ex]{2em}{0.4pt}PbO+2OH^-$	0.288
	$PbO_2+4H^++2e^-\rule[0.5ex]{2em}{0.4pt}Pb^{2+}+2H_2O$	1.455
	$PbO_2+SO_4^{2-}+4H^++2e^-\rule[0.5ex]{2em}{0.4pt}PbSO_4+2H_2O$	1.685
Pd	$PdCl_4^{2-}+2e^-\rule[0.5ex]{2em}{0.4pt}Pd+4Cl^-$	0.623
	$PdCl_6^{2-}+4e^-\rule[0.5ex]{2em}{0.4pt}Pd+6Cl^-$	0.96
	$Pd^{2+}+2e^-\rule[0.5ex]{2em}{0.4pt}Pd$	0.987
	$PdCl_6^{2-}+2e^-\rule[0.5ex]{2em}{0.4pt}PdCl_4^{2-}+2Cl^-$	1.29
Pt	$Pt(OH)_2+2e^-\rule[0.5ex]{2em}{0.4pt}Pt+2OH^-$	0.15
	$Pt(OH)_6^{2-}+2e^-\rule[0.5ex]{2em}{0.4pt}Pt(OH)_2+4OH^-$	0.20
	$PtCl_6^{2-}+2e^-\rule[0.5ex]{2em}{0.4pt}PtCl_4^{2-}+2Cl^-$	0.68
	$PtCl_4^{2-}+2e^-\rule[0.5ex]{2em}{0.4pt}Pt+4Cl^-$	0.755
	$Pt(OH)_2+2H^++2e^-\rule[0.5ex]{2em}{0.4pt}Pt+2H_2O$	0.98
	$Pt^{2+}+2e^-\rule[0.5ex]{2em}{0.4pt}Pt$	1.20
Ra	$Ra^{2+}+2e^-\rule[0.5ex]{2em}{0.4pt}Ra$	-2.92
Rb	$Rb^++e^-\rule[0.5ex]{2em}{0.4pt}Rb$	-2.924
Re	$Re+e^-\rule[0.5ex]{2em}{0.4pt}Re^-$	-0.40
	$ReO_4^-+8H^++6Cl^-+3e^-\rule[0.5ex]{2em}{0.4pt}ReCl_6^{2-}+4H_2O$	0.19
	$ReO_2+4H^++4e^-\rule[0.5ex]{2em}{0.4pt}Re+2H_2O$	0.26
	$ReCl_6^{2-}+4e^-\rule[0.5ex]{2em}{0.4pt}Re+6Cl^-$	0.50
	$ReO_4^-+4H^++3e^-\rule[0.5ex]{2em}{0.4pt}ReO_2+2H_2O$	0.51
Rh	$RhCl_6^{3-}+3e^-\rule[0.5ex]{2em}{0.4pt}Rh+6Cl^-$	0.44
	$Rh^{2+}+e^-\rule[0.5ex]{2em}{0.4pt}Rh^+$	0.60
	$Rh^++e^-\rule[0.5ex]{2em}{0.4pt}Rh$	0.60
S	$SO_4^{2-}+H_2O+2e^-\rule[0.5ex]{2em}{0.4pt}SO_3^{2-}+2OH^-$	-0.93
	$2SO_3^{2-}+3H_2O+4e^-\rule[0.5ex]{2em}{0.4pt}S_2O_3^{2-}+6OH^-$	-0.58
	$S+2e^-\rule[0.5ex]{2em}{0.4pt}S^{2-}$	0.48
	$S_2^{2-}+2e^-\rule[0.5ex]{2em}{0.4pt}2S^{2-}$	-0.48
	$2H_2SO_3+H^++2e^-\rule[0.5ex]{2em}{0.4pt}HS_2O_4^-+2H_2O$	-0.08
	$S_4O_6^{2-}+2e^-\rule[0.5ex]{2em}{0.4pt}2S_2O_3^{2-}$	0.08
	$S+2H^++2e^-\rule[0.5ex]{2em}{0.4pt}H_2S$	0.141
	$SO_4^{2-}+4H^++2e^-\rule[0.5ex]{2em}{0.4pt}H_2SO_3+H_2O$	0.17
	$S_2O_3^{2-}+6H^++4e^-\rule[0.5ex]{2em}{0.4pt}2S+3H_2O$	0.50
	$S_2O_8^{2-}+2e^-\rule[0.5ex]{2em}{0.4pt}2SO_4^{2-}$	2.01
Sb	$Sb+3H^++3e^-\rule[0.5ex]{2em}{0.4pt}SbH_3$	-0.51
	$SbO_3^-+H_2O+2e^-\rule[0.5ex]{2em}{0.4pt}SbO_2^-+2OH^-$	-0.43
	$Sb_2O_3+6H^++6e^-\rule[0.5ex]{2em}{0.4pt}2Sb+3H_2O$	-0.152
	$SbO^++2H^++3e^-\rule[0.5ex]{2em}{0.4pt}Sb+H_2O$	0.212
	$Sb_2O_5+6H^++4e^-\rule[0.5ex]{2em}{0.4pt}2SbO^++3H_2O$	0.581
	$Sb_2O_8+4H^++4e^-\rule[0.5ex]{2em}{0.4pt}Sb_2O_3+2H_2O$	0.692
Sc	$Sc^{3-}+3e^-\rule[0.5ex]{2em}{0.4pt}Sc$	-2.08

元　素	半　反　应	$\varphi^{\ominus}/V$
Se	$Se+2e^- \Longrightarrow Se^{2-}$	-0.92
	$Se+2H^+ +2e^- \Longrightarrow H_2Se$	-0.40
	$SeO_3^{2-} +3H_2O+4e^- \Longrightarrow Se+6OH^-$	-0.366
	$SeO_4^{2-} +H_2O+2e^- \Longrightarrow SeO_3^{2-} +2OH^-$	0.05
	$H_2SeO_3 +4H^+ +4e^- \Longrightarrow Se+3H_2O$	0.74
	$SeO_4^{2-} +4H^+ +2e^- \Longrightarrow H_2SeO_3 +H_2O$	1.15
Si	$SiF_6^{2-} +4e^- \Longrightarrow Si+6F^-$	-1.24
	$SiO_3^{2-} +3H_2O+4e^- \Longrightarrow Si+6OH^-$	-1.70
Sn	$Sn(OH)_6^{2-} +2e^- \Longrightarrow HSnO_2^- +3OH^- +H_2O$	-0.93
	$HSnO_2^- +H_2O+2e^- \Longrightarrow Sn+3OH^-$	-0.91
	$Sn^{2+} +2e^- \Longrightarrow Sn$	-0.136
	$SnCl_6^{2-} +2e^- \Longrightarrow SnCl_4^{2-} +2Cl^-$	0.14
	$Sn^{4+} +2e^- \Longrightarrow Sn^{2+}$	0.154
	$SnCl_4^{2-} +2e^- \Longrightarrow Sn+4Cl^-$	0.19
Sr	$Sn^{2+} +2e^- \Longrightarrow Sr$	-2.89
Ta	$Ta_2O_5 +10H^+ +10e^- \Longrightarrow 2Ta+5H_2O$	-0.81
Te	$Te+2e^- \Longrightarrow Te^{2-}$	-1.14
	$Te+2H^+ +2e^- \Longrightarrow H_2Te$	-0.72
	$TeO_4^- +8H^+ +7e^- \Longrightarrow Te+4H_2O$	0.472
	$TeO_2 +4H^+ +4e^- \Longrightarrow Te+2H_2O$	0.53
	$TeCl_6^{2-} +4e^- \Longrightarrow Te+6Cl^-$	0.646
	$H_6TeO_6 +2H^+ +2e^- \Longrightarrow TeO_2 +4H_2O$	1.02
Th	$Th(OH)_4 +4e^- \Longrightarrow Th+4OH^-$	-2.48
	$Th^{4+} +4e^- \Longrightarrow Th$	-1.90
Ti	$TiF_6^{2-} +4e^- \Longrightarrow Ti+6F^-$	-1.19
	$TiO_2 +4H^+ +4e^- \Longrightarrow Ti+2H_2O$	-0.86
	$Te^{3+} +e^- \Longrightarrow Ti^{2+}$	-0.37
	$Te^{4+} +e^- \Longrightarrow Ti^{3+}$	0.092
	$TiO^{2+} +2H^+ +e^- \Longrightarrow Ti^{3+} +H_2O$	0.099
Tl	$Tl^+ +e^- \Longrightarrow Tl$	-0.336
	$Tl^{3+} +2e^- \Longrightarrow Tl^+$	1.25
	$Tl^{3+} +Cl^- +2e^- \Longrightarrow TlCl$	1.36
U	$UO_2 +2H_2O+4e^- \Longrightarrow U+4OH^-$	-2.39
	$U^{3+} +3e^- \Longrightarrow U$	-1.80
	$U^{4+} +e^- \Longrightarrow U^{3+}$	0.61
	$UO_2^{3+} +4H^+ +2e^- \Longrightarrow U^{5+} +2H_2O$	0.33
	$UO_2^+ +4H^+ +e^- \Longrightarrow U^{4+} +2H_2O$	0.55
V	$V^{2+} +2e^- \Longrightarrow V$	-1.18
	$V^{3+} +e^- \Longrightarrow V^{2+}$	-0.256
	$VO_2^+ +4H^+ +5e^- \Longrightarrow V+2H_2O$	-0.25
	$VO^{2+} +2H^+ +e^- \Longrightarrow V^{3+} +H_2O$	0.337
	$VO_2^+ +4H^+ +3e^- \Longrightarrow V^{2+} +2H_2O$	0.36
	$VO_2^+ +2H^+ +e^- \Longrightarrow VO^{2+} +H_2O$	1.00
W	$WO_3 +6H^+ +6e^- \Longrightarrow W+3H_2O$	-0.09
	$W_2O_5 +2H^+ +2e^- \Longrightarrow 2WO_2 +H_2O$	-0.04
	$2WO_3 +2H^+ +2e^- \Longrightarrow W_2O_5 +H_2O$	-0.03
Y	$Y^{3+} +3e^- \Longrightarrow Y$	-2.37
Zn	$[Zn(CN)_4]^{2-} +2e^- \Longrightarrow Zn+4CN^-$	-1.26
	$Zn(OH)_4^{2-} +2e^- \Longrightarrow Zn+4OH^-$	-1.216
	$Zn^{2+} +2e^- \Longrightarrow Zn$	-0.763
Zr	$Zr^{4+} +4e^- \Longrightarrow Zr$	-1.53
	$ZrO_2 +4H^+ +4e^- \Longrightarrow Zr+2H_2O$	-1.43

附录七　国际相对原子质量表

元素		相对原子质量	元素		相对原子质量	元素		相对原子质量
符号	名称		符号	名称		符号	名称	
Ac	锕	227.03	Ge	锗	72.610			
Ag	银	107.87	H	氢	1.0079	Pr	镨	140.91
Al	铝	26.982	He	氦	4.0026	Pt	铂	195.08
Am	镅	243.06	Hf	铪	178.49	Pu	钚	244.06
Ar	氩	39.948	Hg	汞	200.59	Ra	镭	226.03
As	砷	74.922	Ho	钬	164.93	Rb	铷	85.468
At	砹	209.99	I	碘	126.90	Re	铼	186.21
Au	金	196.97	In	铟	114.82	Rh	铑	102.91
B	硼	10.811	Ir	铱	192.22	Rn	氡	222.02
Ba	钡	137.327	K	钾	39.098	Ru	钌	101.07
Be	铍	9.01218	Kr	氪	83.800	S	硫	32.066
Bi	铋	208.98037	La	镧	138.91	Sb	锑	121.76
Bk	锫	[247]	Li	锂	6.941	Sc	钪	44.956
Br	溴	79.904	Lr	铹	262.11	Se	硒	78.960
C	碳	12.011	Lu	镥	174.97	Si	硅	28.086
Ca	钙	40.078	Md	钔	258.10	Sm	钐	150.36
Cd	镉	112.41	Mg	镁	24.305	Sn	锡	118.71
Ce	铈	140.12	Mn	锰	54.938	Sr	锶	87.620
Cf	锎	251.08	Mo	钼	95.940	Ta	钽	180.95
Cl	氯	35.453	N	氮	14.007	Tb	铽	158.93
Cm	锔	247.07	Na	钠	22.990	Tc	锝	97.907
Co	钴	58.933	Nb	铌	92.906	Te	碲	127.60
Cr	铬	51.996	Nd	钕	144.24	Th	钍	232.04
Cs	铯	132.91	Ne	氖	20.180	Ti	钛	47.867
Cu	铜	63.546	Ni	镍	58.693	Tl	铊	204.38
Dy	镝	162.50	No	锘	259.10	Tm	铥	168.93
Er	铒	167.26	Np	镎	237.05	U	铀	238.03
Es	锿	252.08	O	氧	15.999	V	钒	50.942
Eu	铕	151.96	Os	锇	190.23	W	钨	183.84
F	氟	18.998	P	磷	30.974	Xe	氙	131.29
Fe	铁	55.845	Pa	镤	231.04	Y	钇	88.906
Fm	镄	257.10	Pb	铅	207.20	Yb	镱	173.04
Fr	钫	223.02	Pd	钯	106.42	Zn	锌	65.390
Ga	镓	69.723	Pm	钷	144.91	Zr	锆	91.224
Gd	钆	157.25	Po	钋	208.98			

附录八　常用化合物的相对分子质量

化 合 物	相对分子质量	化 合 物	相对分子质量	化 合 物	相对分子质量
Ag_3AsO_4	462.52	CdS	144.48	H_3AsO_3	141.94
AgBr	187.77	$Ce(SO_4)_2$	332.24	H_3BO_3	61.83
AgCl	143.32	$Ce(SO_4)_2 \cdot 4H_2O$	404.30	HBr	80.912
AgCN	133.89	$CoCl_2$	129.84	HCN	27.026
AgSCN	165.95	$CoCl_2 \cdot 6H_2O$	237.93	HCOOH	46.026
Ag_2CrO_4	331.73	$Co(CN)_3)_2$	182.94	CH_3COOH	60.053
AgI	234.77	$Co(NO_3)_2 \cdot 6H_2O$	291.03	H_2CO_3	62.025
$AgNO_3$	169.87	CoS	90.999	$H_2C_2O_4$	90.035
$AlCl_3$	133.34	$CoSO_4$	154.997	$H_2C_2O_4 \cdot 2H_2O$	126.07
$AlCl_3 \cdot 6H_2O$	241.43	$CrCl_3$	158.35	HCl	36.461
$Al(NO_3)_3$	213.00	$CrCl_3 \cdot 6H_2O$	266.45	HF	20.006
$Al(NO_3)_3 \cdot 9H_2O$	375.13	$Cr(NO_3)_3$	238.01	HI	127.91
Al_2O_3	101.96	Cr_2O_3	151.99	HIO_3	175.91
$Al(OH)_3$	78.00	CuCl	98.999	HNO_3	63.013
$Al_2(SO_4)_3$	342.15	$CuCl_2$	134.45	HNO_2	47.013
$Al_2(SO_4)_3 \cdot 18H_2O$	666.43	$CuCl_2 \cdot 2H_2O$	170.48	H_2O	18.015
As_2O_3	197.84	CuSCN	121.63	H_2O_2	34.015
As_2O_5	229.84	CuI	190.45	H_3PO_4	97.995
As_2S_3	246.04	$Cu(NO_3)_2$	187.56	H_2S	34.08
		$Cu(NO_3)_2 \cdot 3H_2O$	241.60	H_2SO_4	82.07
$BaCO_3$	197.34	CuO	79.545	H_2SO_4	98.07
BaC_2O_4	225.35	Cu_2O	143.09	$Hg(CN)_2$	252.63
$BaCl_2$	208.24	CuS	95.61	$HgCl_2$	271.50
$BaCl_2 \cdot 2H_2O$	244.27	$CuSO_4$	159.61	Hg_2Cl	472.09
$BaCrO_4$	253.32	$CuSO_4 \cdot 5H_2O$	249.69	HgI_2	454.40
BaO	153.33			$Hg(NO_3)_2$	525.19
$Ba(OH)_2$	171.34	$FeCl_2$	126.75	$Hg(NO_3)_2 \cdot 2H_2O$	561.22
$BaSO_4$	233.39	$FeCl_2 \cdot 4H_2O$	198.81	$Hg(NO_3)_2$	324.60
$BiCl_3$	315.34	$FeCl_3$	162.21	HgO	216.59
BiOCl	260.43	$FeCl_3 \cdot 6H_2O$	270.30	HgS	232.65
$CO(NH_2)_2$	60.06	$FeNH_4(SO_4)_2 \cdot 12H_2O$	482.20	$HgSO_4$	296.65
CO_2	44.01	$Fe(NO_3)_3$	241.86	Hg_2SO_4	497.24
CaO	56.08	$Fe(NO_3)_3 \cdot 9H_2O$	404.00		
$CaCO_3$	100.09	FeO	71.846	$KAl(SO_4)_2 \cdot 12H_2O$	474.24
CaC_2O_4	128.10	Fe_2O_3	159.69	KBr	119.00
$CaCl_2$	110.98	Fe_3O_4	231.54	$KBrO_3$	167.00
$CaCl_2 \cdot 6H_2O$	219.08	$Fe(OH)_3$	106.87	KCl	74.551
$Ca(NO_3)_2 \cdot 4H_2O$	236.15	FeS	87.91	$KClO_3$	122.55
$Ca(OH)_2$	74.09	Fe_2S_3	207.89	$KClO_4$	138.55
$Ca_3(PO_4)_2$	310.18	$FeSO_4$	151.91	KCN	65.116
$CaSO_4$	136.14	$FeSO_4 \cdot 7H_2O$	278.02	KSCN	97.18
$CdCO_3$	172.42	$FeSO_4(NH_4)_2SO_4 \cdot 6HO$	392.14	K_2CO_3	138.21
$CdCl_2$	183.32	H_3AsO_3	125.94	K_2CrO_4	194.19

化 合 物	相对分子质量	化 合 物	相对分子质量	化 合 物	相对分子质量
$K_2Cr_2O_7$	294.18	$(NH_4)_2C_2O_4$	124.10	$PbCrO_4$	323.19
$K_3Fe(CN)_6$	329.25	$(NH_4)_2C_2O_4 \cdot H_2O$	142.11	$Pb(CH_3COO)_2$	325.30
$K_4Fe(CN)_6$	368.35	NH_4SCN	76.12	$Pb(CH_3COO)_2 \cdot 3H_2O$	379.30
$KFe(SO_4)_2 \cdot 12H_2O$	503.26	NH_4HCO_3	79.056	PbI_2	461.00
$KHC_2O_4 \cdot H_2O$	146.14	$(NH_4)_2MoO_4$	196.01	$Pb(NO_2)_4$	331.21
$KHC_2O_4 \cdot H_2C_2O_4 \cdot 2H_2O$	254.19	NH_4NO_3	80.043	PbO	223.21
$KHC_4H_4O_6$	188.18	$(NH_4)_2HPO_4$	132.06	PbO_2	239.20
$KHSO_4$	136.16	$(NH_4)_2SO_4$	116.98	$Pb_3(PO_4)_2$	811.54
KI	166.00	Na_3AsO_3	191.89	PbS	239.27
KIO_3	214.00	$Na_2B_4O_7$	201.22	$PbSO_4$	303.26
$KIO_3 \cdot HIO_3$	389.91	$Na_2B_4O_7 \cdot 10H_2O$	381.37		
$KMnO_4$	158.03	$NaBiO_3$	279.97	SO_3	80.06
$KNaC_4H_4O_6 \cdot 4H_4O$	282.22	$NaCN$	49.007	SO_2	64.06
KNO_3	101.10	$NaSCN$	81.07	$SbCl_3$	228.11
KNO_2	85.104	Na_2CO_3	105.99	$SbCl_5$	299.02
K_2O	94.196	$Na_2CO_3 \cdot 10H_2O$	286.14	Sb_2O_3	291.51
KOH	56.106	$Na_2C_2O_4$	134.00	Sb_2S_3	339.70
K_2SO_4	174.26	CH_3COONa	82.034	SiF_4	104.08
KCN	65.116	$CH_3COONa \cdot 3H_2O$	136.08	SiO_2	60.084
$KSCN$	97.18	$NaCl$	58.443	$SnCl_2$	189.62
		$NaClO$	74.442	$SnCl_2 \cdot 2H_2O$	225.65
$MgCO_3$	84.314	$NaHCO_3$	84.007	$SnCl_4$	260.52
$MgCl_2$	95.210	$Na_2HPO_4 \cdot 12H_2O$	358.14	$SnCl_4 \cdot 5H_2O$	350.760
$MgCl_2 \cdot 6H_2O$	203.30	$Na_2H_2Y \cdot 2H_2O$	372.24	SnO_2	150.71
MgC_2O_4	112.32	$NaNO_2$	68.995	SnS	150.78
$Mg(NO_3)_2 \cdot 6H_2O$	256.41	$NaNO_3$	84.995	$SrCO_3$	147.63
$MgNH_4PO_4$	137.31	Na_2O	61.979	SrC_2O_4	175.64
MgO	40.304	Na_2O_2	77.978	$SrCrO_4$	203.61
$Mg(OH)_2$	58.32	$NaOH$	39.997	$Sr(NO_3)_2$	211.63
$Mg_2P_2O_7$	222.55	Na_3PO_4	163.94	$Sr(NO_3)_2 \cdot 4H_2O$	283.69
$MgSO_4 \cdot 7H_2O$	246.48	Na_2S	78.05	$SrSO_4$	183.68
$MnCO_3$	114.95	$Na_2S \cdot 9H_2O$	240.18		
$MnCl_2 \cdot 4H_2O$	197.90	$NaSO_3$	126.04	$UO_2(CH_3COO)_2 \cdot 2H_2O$	424.15
$Mn(NO_3)_2 \cdot 6H_2O$	287.04	Na_2SO_4	142.04		
MnO	70.937	$Na_2S_2O_3$	158.11	$ZnCO_3$	125.40
MnO_2	86.937	$Na_2S_2O_3 \cdot 5H_2O$	248.19	ZnC_2O_4	153.41
MnS	87.00	$NiCl_2 \cdot 6H_2O$	237.69	$ZnCl_2$	136.30
$MnSO_4$	151.00	NiO	74.69	$Zn(CH_3COO)_2$	183.48
$MnSO_4 \cdot 4H_2O$	223.06	$Ni(NO_3)_2 \cdot 6H_2O$	290.79	$Zn(CH_3COO)_2 \cdot 2H_2O$	219.51
		NiS	90.76	$Zn(NO_3)_2$	189.40
NO	30.006	$NiSO_4 \cdot 7H_2O$		$Zn(NO_3)_2 \cdot 6H_2O$	297.49
NO_2	46.006			ZnO	81.39
NH_3	17.03	P_2O_5	141.94	ZnS	97.46
CH_3COONH_4	77.083	$PbCO_3$	267.21	$ZnSO_4$	161.45
NH_4Cl	53.491	PbC_2O_4	295.22	$ZnSO_4 \cdot 7H_2O$	287.56
$(NH_4)_2CO_3$	96.086	$PbCl_2$	278.11		

参 考 文 献

[1] 华东理工大学化学系与四川大学化工学院编．分析化学．第5版．北京：高等教育出版社，2003．

[2] 张正奇主编．分析化学．北京：科学出版社，2001．

[3] 汪尔康主编．分析化学．北京：北京理工大学出版社，2002．

[4] 朱明华．仪器分析．第3版．北京：北京大学出版社，2002．

[5] 四川大学工科基础化学教学中心等．分析化学．北京：科学出版社，2003．

[6] 方惠群，于俊生，史照．仪器分析．北京：科学出版社，2002．

[7] 华东理工大学化学系，四川大学化工学院编．分析化学．北京：高等教育出版社，2004．

[8] 孙凤霞主编．仪器分析．北京：化学工业出版社，2004．

[9] 方惠群，余晓东，史坚编．仪器分析．北京：科学出版社，2004．

[10] 刘志广，张华，李亚明编著．仪器分析．大连：大连理工大学出版社，2004．

[11] 高向阳主编．新编仪器分析．北京：科学出版社，2004．

[12] 董慧茹主编．仪器分析．北京：化学工业出版社，2002．

[13] 牟世芬，刘克纳．离子色谱法及应用．北京：化学工业出版社，2000．

[14] 武汉大学主编，分析化学．第4版．北京：高等教育出版社，2000．

[15] 武汉大学．分析化学．第4版．北京：高等教育出版社，2000．

[16] 董元彦，左贤云，邬荆平等．无机及分析化学．北京：科学出版社，2000．

[17] 黎海珊．用溶氧仪代替滴定法测定 BOD_5 中 DO．理化检验-化学分册．2003，39（7）：419．

[18] 傅德黔，汪志国，孙宗光．燃烧氧化-非分散红外吸收法测定废水中 TOC．中国环境监测，2003，19（3）：23～24．

[19] 韩熔红，张峥，刘丽．用总有机碳值确定生化需氧量稀释倍数的研究．中国公共卫生，2001，17（12）：1138．